“十三五”职业教育规划教材

计算机文化基础

主　编　王雪筠
副主编　徐海峰
编　写　张兆贵　张晓蓉　谢清玉
主　审　邱　岭

U0264712

中国电力出版社
CHINA ELECTRIC POWER PRESS

内 容 提 要

本书为“十三五”职业教育规划教材。根据高等教育非计算机专业计算机基础教学的基本要求，参照《全国计算机等级考试二级 MS_Office 高级应用考试大纲》(2013 年版) 进行编写。全书共分 6 个学习情境，以等级考试为纲、任务驱动，系统地介绍了计算机基础知识、Windows 7 操作系统、Word 2010 文字处理、Excel 2010 电子表格、PowerPoint 2010 演示文稿及网络基础的相关知识点及应用。在每个任务后还精心设置实践技能训练巩固知识点，提高解决实际问题的能力。

本书注重应用能力培养，实用性强。可作为高等院校非计算机专业计算机公共基础课的教材，也可作为计算机等级考试二级 MS_Office 高级应用考试辅导用书。

图书在版编目（CIP）数据

计算机文化基础 / 王雪筠主编．—北京：中国电力出版社，2015.12（2017.9 重印）
“十三五”职业教育规划教材
ISBN 978-7-5123-7960-2

Ⅰ.①计…　Ⅱ.①王…　Ⅲ.①电子计算机－高等职业教育－教材　Ⅳ.①TP3

中国版本图书馆 CIP 数据核字（2016）第 000102 号

中国电力出版社出版、发行
（北京市东城区北京站西街 19 号　100005　http://www.cepp.sgcc.com.cn）
航远印刷有限公司印刷
各地新华书店经售

*

2015 年 12 月第一版　　2017 年 9 月北京第二次印刷
787 毫米×1092 毫米　16 开本　20 印张　488 千字
定价 **40.00** 元

版 权 专 有　侵 权 必 究

本书如有印装质量问题，我社发行部负责退换

前　言

随着计算机技术的日益普及和广泛应用，对高等学校的计算机基础教学提出了越来越高的要求。为了突出计算机基础应用的实践性，改变以往同类教材中根据理论知识组织教学的模式，特编写这本具有“等考为纲、任务驱动”特色的教材。本书依据《全国计算机等级考试二级 MS_Office 高级应用考试大纲》（2013 年版）要求编写。结合等级考试，将计算机基础知识点总结提炼成多个具体任务，全面介绍了计算机应用的基础知识。在每一个任务之后设置实践技能训练来巩固任务中所涉及的知识点，提高解决实际问题的能力。

全书分为 6 章，主要内容包括计算机基础知识、Windows 7 操作系统、Word 2010 文字处理、Excel 2010 电子表格、PowerPoint 2010 演示文稿及网络基础。

本书的特点是：

（1）实用性强。本书根据实际需求精选任务，由浅入深，循序渐进。任务的选取基本上都是针对在校期间和今后工作时具有典型代表性的实际需求，能够激发读者的学习兴趣。

（2）注重应用能力培养。以任务为主线，构建完整的教学设计布局，让学生每完成一个任务的学习，就可以立即应用到实际中，并具备触类旁通地解决实际工作中遇到的问题的能力。

（3）教师教学与学生上机实训合二为一。按照操作软件的功能分类，安排了多个任务群，每一个任务群融合了多个知识点。完成任务后，进行实践技能训练，将教师教学与学生上机实训有机结合起来，更加便于教学。

（4）紧密结合二级 MS Office 等级考试。本书内容全面，紧密联系二级 MS Office 高级应用考点，并对最基本、最重要的内容进行了新的整合。在实践技能训练中，将各个任务的知识点和二级等级考试的知识点合二为一，让学生对知识点理解更明确。

本教材由山东电力高等专科学校组织编写。参加编写者均为多年从事计算机教学工作的资深教师，具有丰富的教学工作经验。本书由王雪筠主编、徐海峰副主编。教材第 1 章由张兆贵编写；第 2 章由谢清玉、张晓蓉编写；第 3 章由徐海峰编写；第 4 章由王雪筠编写；第 5 章由张晓蓉编写；第 6 章由谢清玉编写。全书由邱岭主审，由王雪筠统稿。

限于编者水平和经验，书中难免有不足之处，恳请读者批评指正。

编　者

2015 年 12 月

目 录

前言

第 1 章 计算机基础知识……1
1.1 计算机的产生与发展……1
1.2 计算机硬件系统概述……7
1.3 计算机软件系统概述……14
习题 1……21
第 2 章 Windows 7 操作系统……24
2.1 Windows 7 操作系统基础……24
2.2 文件管理……36
2.3 个性化系统设置……47
2.4 磁盘管理……57
2.5 常用附件……61
习题 2……65
第 3 章 Word 2010 文字处理……67
3.1 Word 2010 概述……68
3.2 文档的基本操作……77
3.3 文档的编辑……85
3.4 文档的排版……91
3.5 表格制作……108
3.6 图文混排……116
3.7 页面排版和文档打印……131
习题 3……142
第 4 章 Excel 2010 电子表格……148
4.1 Excel 2010 的工作环境……148
4.2 Excel 2010 的基本操作……157
4.3 工作表格式化……168
4.4 公式和函数……173
4.5 图表……184
4.6 数据处理……197

4.7 数据透视表和数据透视图……212
4.8 打印工作表……226
习题 4……231
第 5 章 PowerPoint 2010 演示文稿……234
5.1 PowerPoint 2010 基础知识……234
5.2 幻灯片的编辑……239
5.3 幻灯片的修饰……250
5.4 演示文稿动态效果的设置……255
5.5 演示文稿的放映……260
5.6 演示文稿的打印及输出……264
习题 5……267
第 6 章 网络基础……270
6.1 计算机网络概论……270
6.2 计算机网络的组成和分类……272
6.3 网络体系结构与协议……278
6.4 Internet 基础……284
6.5 常见 Internet 应用……294
6.6 计算机安全防护……302
习题 6……309

参考文献……312

第1章 计算机基础知识

自从1946年诞生第一台电子计算机以来，计算机技术的发展如火如荼，计算机的性能越来越高，价格越来越便宜，使得计算机的应用越来越广泛，尤其随着微型计算机的出现和计算机网络的发展，使得计算机及其应用广泛渗透到社会生活的各个领域，进而迅猛地促进计算机技术及其关联技术（通信技术、网络技术）的高速发展，对人类社会的生产方式、生活方式和学习方式带来了前所未有的深刻变革。计算机技术的发展，引发了信息革命，使人类从工业社会步入了信息社会。计算机技术引导的信息产业已成为全球经济的主导产业，信息技术已成为衡量一个国家科技实力和综合国力的关键技术之一。

本章主要介绍了计算机系统（硬件系统和软件系统）的基础知识。通过本章的学习，能够系统地了解计算机系统的基本概念、组成和功能，为使用计算机打下良好的知识基础。

学 习 目 标

1．了解计算机的产生与发展方向；
2．掌握计算机的存储程序工作原理；
3．掌握计算机硬件系统的组成及其功能；
4．熟练掌握微型计算机的组成及其功能；
5．掌握常用的进位计数制的运算规则以及转换方式；
6．了解计算机软件的分类方式。

学习情境引入

通过分拆一台计算机的演示操作，介绍计算机的组成和运行机制——计算机机体的硬件以及各硬件之间的关系，计算机各类软件以及各软件之间的关系。

任 务 分 析

（1）计算机硬件。当我们拆开一台计算机时，计算机内部的部件五花八门，如CPU、内存、硬盘、主板等；而计算机的外部部件也有很多，如键盘、鼠标、显示器、打印机、音响等。这些部件都可分类归属到计算机五大组成部分中。

（2）计算机软件。当计算机运行使用后，我们会面对各类不同的软件——系统软件有Windows、Linux、程序设计软件等；应用软件有Word、Excel、QQ、游戏软件、金融软件等。各类软件都可分类归属到计算机软件的两大类中。

1.1 计算机的产生与发展

学 习 任 务

了解ENIAC的产生过程及其主要的性能指标；掌握存储程序工作原理；了解计算机的发

展与演变方向。

知识点解析

计算机（Computer）也称为电脑，是一种用于高速计算的电子计算机器，可以进行数值计算和逻辑计算，还具有存储记忆功能。它是能够按照预定程序运行，自动、高速处理海量数据的现代化智能电子设备。

1.1.1　计算机的产生

1942 年，宾夕法尼亚大学莫尔电机工程学院的教授莫希利、工程师埃克特提出了试制第一台电子计算机的初始设想——高速电子管计算装置的使用，期望用电子管代替继电器以提高机器的计算速度。

在美国军方的大力资助和支持下，以莫希利和埃克特为首的研制小组不断努力，于 1946 年研制出世界上第一台电子数值积分计算机 ENIAC（Electronic Numerical Integrator And Computer），其主要任务是弹道计算。ENIAC 工作室如图 1-1 所示。

图 1-1　ENIAC 工作室

ENIAC 长 30.48m，高 2.4m，占地面积约 170m^2，有 30 个操作台，重达 31t，耗电量 150kW・h，造价 50 万美元。它包含了 17468 个真空管、7200 个二极管、10000 个电容器、1500 个继电器、6000 多个开关，每秒执行 5000 次加法或 400 次乘法。

它比当时已有的计算装置要快 1000 倍，而且还有按事先编好的程序自动执行算术运算、逻辑运算和存储数据的功能。ENIAC 宣告了一个新时代的开始，从此科学计算的大门也被打开了。

1.1.2　冯・诺依曼与计算机

1. 冯・诺依曼与 ENIAC

冯・诺依曼（John Von Neumann，1903—1957）是 20 世纪最重要的数学家之一，他在现代计算机、博弈论和核武器等诸多领域内有杰出的建树，被称为“计算机之父”。

冯・诺依曼发现 ENIAC 本身存在以下缺点：

（1）存储量太小，最多只能存储20个字长为10位的十进制数。

（2）它不能存储程序，编程用机外布线接板进行控制，有时几分钟的计算，要花几小时，甚至几天来重新连接线路。计算的高速运行与程序的手工操作存在着很大的矛盾。

（3）采用十进制的计数方式，系统设计复杂。

2. *存储程序原理*

（1）存储程序原理。针对ENIAC的缺陷，冯·诺依曼于1945年提出了“存储程序”工作原理，也称为冯·诺依曼原理。其思想要点如下：

1）存储程序，是指事先人们把计算机要执行的程序（包含多个步骤序列）以及运行中所用到的数据，通过一定方式，输入并保存在存储器中。

2）程序控制，是指计算机运行时，能从存储器中自动地、顺序地取出程序中的一条条指令，加以分析，执行规定的操作。

3）采用二进制计数方式，系统设计简单。

（2）计算机的工作过程。由存储程序原理，决定了计算机的工作过程，可以归结为以下步骤：

1）取指令。按照指令计数器中的地址，从内存储器中取出指令并送到指令寄存器中。

2）分析指令。对指令寄存器中存放的指令进行分析，确定要执行的操作内容，并由地址码确定操作数的地址。

3）执行指令。根据分析结果，由控制器发出控制信号，控制相应设备执行对应的操作。

4）执行完上述步骤后，指令计数器加1，为下一条指令的执行做好准备。相应的工作过程如图1-2所示。

冯·诺依曼提出的计算机设计原理，对计算机的发展产生了深远的影响，时至今日仍是计算机设计制造的理论基础，是计算机的灵魂。

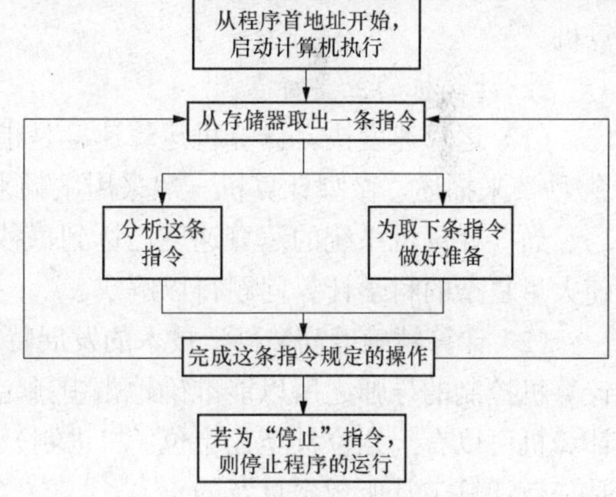

图1-2 计算机的工作过程

1.1.3 计算机的应用与发展

1. *计算机的发展阶段*

从ENIAC问世到今天，计算机技术以惊人的速度发展。人们根据计算机采用的主要元器件的不同，将电子计算机的发展分为4代。

（1）第1代：电子管计算机（1946～1957年）。这一阶段计算机的主要特征是采用电子管器件作为基本器件，用光屏管或汞延时电路作为存储器，输入与输出主要采用穿孔卡片或纸带，软件方面使用机器语言或者汇编语言编写应用程序，应用领域以军事和科学计算为主。

电子管计算机的特点是体积大、功耗高、可靠性差、速度慢（一般为每秒数千次至数万次）、价格昂贵，但为以后的计算机发展奠定了基础。

（2）第2代：晶体管计算机（1958～1964年）。20世纪50年代中期，晶体管的出现使计算机生产技术得到了根本性的发展，由晶体管代替电子管作为计算机的基础器件，用磁芯或磁鼓作为存储器，在整体性能上，比第1代计算机有了很大的提高。同时程序语言也相应地出现了，如Fortran、COBOL、Algo160等计算机高级语言。晶体管计算机被用于科学计算的同时，也开始在数据处理、过程控制方面得到应用。

晶体管计算机的特点是体积缩小、能耗降低、可靠性提高、运算速度提高（一般为每秒几十万次）、性能比第1代计算机有很大的提高。

（3）第3代：集成电路计算机（1964～1970年）。20世纪60年代中期，随着半导体工艺的发展，人们成功制造了集成电路。中小规模集成电路成为计算机的主要部件，主存储器也渐渐过渡到半导体存储器。软件方面出现了操作系统以及结构化程序设计方法。计算机开始应用到各个领域。

集成电路计算机的特点是速度更快（一般为每秒数百万次），而且可靠性有了显著提高，价格进一步下降，产品走向了通用化、系列化和标准化等。

（4）第4代：大规模集成电路计算机（1971年至今）。硬件方面，主要逻辑元器件采用大规模和超大规模集成电路。软件方面出现了数据库管理系统、网络管理系统和面向对象语言等。计算机的应用领域从科学计算、事务管理、过程控制逐步走向家庭。

1971年世界上第一台微处理器在美国硅谷诞生，开创了微型计算机的新时代。

由于集成技术的发展，半导体芯片的集成度更高，每块芯片可容纳数万乃至数百万个晶体管，可以把运算器和控制器都集中在一个芯片上，从而出现了微处理器。可以用微处理器和大规模、超大规模集成电路组装成微型计算机，就是我们常说的微电脑或PC。微型计算机体积小，价格便宜，使用方便，但它的功能和运算速度已经达到甚至超过了过去的大型计算机。另一方面，利用大规模、超大规模集成电路制造的各种芯片，已经制成了体积并不很大，但运算速度可达一亿甚至几十亿次的巨型计算机。我国继1983年研制成功每秒运算一亿次的银河Ⅰ型巨型机以后，又于1993年研制成功每秒运算十亿次的银河Ⅱ型通用并行巨型计算机。

2. 计算机的主要特点

（1）运算速度快。计算机运算速度是指每秒钟所能执行的指令条数，一般用“百万条指令/秒”来描述。微型计算机一般采用主频来描述运算速度，主频越高，运算速度就越快。

当今计算机系统的运算速度已达到每秒万亿次，微型计算机也可达每秒亿次以上，从而使大量复杂的科学计算问题得以解决。

（2）计算精确度高。科学技术的发展特别是尖端科学技术的发展，需要高度精确的计算。计算机控制的导弹之所以能准确地击中预定的目标，是与计算机的精确计算分不开的。一般计算机可以有十几位甚至几十位（二进制）有效数字，计算精度可由千分之几到百万分之几，是任何计算工具所望尘莫及的。

（3）逻辑运算能力强。计算机不仅能进行精确计算，还具有逻辑运算功能，能对信息进行比较和判断。

（4）存储容量大。计算机内部的存储器具有记忆特性，可以存储大量的信息，这些信息不仅包括各类数据信息，还包括加工这些数据的程序。

（5）自动化程度高。由于计算机具有存储记忆能力和逻辑判断能力，所以人们输入编制好的程序以后，在程序控制下，计算机可以连续、自动地工作，不需要人的干预。

3. 计算机的分类

计算机及相关技术的迅速发展带动计算机类型也不断分化，形成了各种不同种类的计算机。计算机按结构原理可分为模拟计算机、数字计算机和混合式计算机。计算机按用途可分为专用计算机和通用计算机。较为普遍的是按照计算机的运算速度、字长、存储容量等综合性能指标，可分为巨型机、大型机、中型机、小型机、微型机。

根据计算机的综合性能指标，结合计算机应用领域的分布，将其分为如下5大类。

（1）超级计算机。超级计算机，也称巨型机。目前国际上对超级计算机最为权威的评测是世界计算机排名（TOP500），通过测评的计算机是目前世界上运算速度和处理能力均堪称一流的计算机。2015年7月13日，在德国法兰克福召开的“2015国际超级计算大会”上，由国防科技大学研制的天河二号超级计算机系统再次位居第一。这是天河二号自2013年6月问世以来，连续5次位居世界超级计算机500强榜首。

（2）微型计算机。大规模及超大规模集成电路的发展是微型计算机得以产生的前提。目前微型计算机已广泛应用于办公、学习、娱乐等社会生活的方方面面，是发展最快、应用最为普及的计算机。我们日常使用的台式计算机、笔记本式计算机、掌上型计算机等都是微型计算机。

（3）工作站。工作站是一种高档的微型计算机，通常配有高分辨率的大屏幕显示器及容量很大的内存储器和外部存储器，主要面向专业应用领域，具备强大的数据运算与图形、图像处理能力。工作站主要是为满足工程设计、动画制作、科学研究、软件开发、金融管理、信息服务、模拟仿真等专业领域而设计开发的高性能微型计算机。

（4）服务器。服务器是指在网络环境下为网上多个用户提供共享信息资源和各种服务的一种高性能计算机，在服务器上需要安装网络操作系统、网络协议和各种网络服务软件。服务器主要为网络用户提供文件、数据库、应用及通信方面的服务。

（5）嵌入式计算机。嵌入式计算机是指嵌入到对象体系中，实现对象体系智能化控制的专用计算机系统。嵌入式计算机系统是以应用为中心，以计算机技术为基础，并且软硬件可裁剪，适用于应用系统，对功能、可靠性、成本、体积、功耗有严格要求的专用计算机系统。它一般由嵌入式微处理器、外围硬件设备、嵌入式操作系统以及用户的应用程序4个部分组成，用于实现对其他设备的控制、监视或管理等功能。例如，我们日常生活中使用的电冰箱、全自动洗衣机、空调、电饭煲、数码产品等都采用嵌入式计算机技术。

4. 计算机的应用

计算机的应用已渗透到社会的各个领域，正在日益改变着传统的工作、学习和生活方式。

（1）科学计算。科学计算是计算机最早的应用领域，是指利用计算机来完成科学研究和工程技术中提出的数值计算问题。在现代科学技术工作中，科学计算的任务是大量的和复杂的。利用计算机的运算速度高、存储容量大和连续运算的能力，可以解决人工无法完成的各种科学计算问题。例如，工程设计、地震预测、气象预报、火箭发射等都需要由计算机承担庞大而复杂的计算量。

（2）信息管理。信息管理是以数据库管理系统为基础，辅助管理者提高决策水平，改善运营策略的计算机技术。信息处理具体包括数据的采集、存储、加工、分类、排序、检索和发布等一系列工作。信息处理已成为当代计算机的主要任务，是现代化管理的基础。据统计，80%以上的计算机主要应用于信息管理，成为计算机应用的主导方向。信息管理已广泛应用于办公自动化、企事业计算机辅助管理与决策、情报检索、图书馆、电影电视动画设计、会计电算化等各行各业。

（3）过程控制。过程控制是利用计算机实时采集数据、分析数据，按最优值迅速地对控制对象进行自动调节或自动控制。采用计算机进行过程控制，不仅可以大大提高控制的自动化水平，而且可以提高控制的时效性和准确性，从而改善劳动条件、提高产量及合格率。因此，计算机过程控制已在机械、冶金、石油、化工、电力等部门得到广泛的应用。

（4）辅助技术。计算机辅助技术包括 CAD、CAM 和 CAI 等。

1）计算机辅助设计（Computer Aided Design，CAD）。计算机辅助设计是利用计算机系统辅助设计人员进行工程或产品设计，以实现最佳设计效果的一种技术。CAD 技术已应用于飞机设计、船舶设计、建筑设计、机械设计、大规模集成电路设计等。采用计算机辅助设计，可缩短设计时间，提高工作效率，节省人力、物力和财力，更重要的是提高了设计质量。

2）计算机辅助制造（Computer Aided Manufacturing，CAM）。计算机辅助制造是利用计算机系统进行生产设备的管理、控制和操作的过程。将 CAD 和 CAM 技术集成，可以实现设计产品生产的自动化，这种技术称为计算机集成制造系统。有些国家已把 CAD 和 CAM、计算机辅助测试（Computer Aided Test）及计算机辅助工程（Computer Aided Engineering）组成一个集成系统，使设计、制造、测试和管理有机地组成为一体，形成高度的自动化系统，因此产生了自动化生产线和“无人工厂”。

3）计算机辅助教学（Computer Aided Instruction，CAI）。计算机辅助教学是利用计算机系统进行课堂教学。教学课件可以用 PowerPoint 或 Flash 等制作。CAI 不仅能减轻教师的负担，还能使教学内容生动、形象逼真，能够动态演示实验原理或操作过程，激发学生的学习兴趣，提高教学质量，为培养现代化高质量人才提供了有效方法。

（5）多媒体应用。随着电子技术特别是通信和计算机技术的发展，人们把文本、音频、视频、动画、图形和图像等各种媒体综合起来，构成一种全新的概念——多媒体。在医疗、教育、商业、银行、保险、行政管理、军事、工业、广播、交流和出版等领域中，多媒体的应用发展很快。

（6）计算机网络。计算机网络是由一些独立的和具备信息交换能力的计算机互联构成，以实现资源共享的系统。计算机在网络方面的应用使人类之间的交流跨越了时间和空间障碍。计算机网络已成为人类建立信息社会的物质基础，它给我们的工作带来极大的方便和快捷，如在全国范围内的银行信用卡的使用、火车和飞机订票系统的使用等，可以在全球最大的互联网络——Internet 上进行浏览、检索信息、收发电子邮件、阅读书报、玩网络游戏、选购商品、参与众多问题的讨论、实现远程医疗服务等。

5. 计算机的发展趋势

从第一台计算机产生至今的半个多世纪里，计算机的应用得到不断发展，计算机类型不断分化，这就决定了计算机的发展也朝着不同的方向延伸。当今计算机技术正朝着巨型化、微型化、网络化和智能化方向发展，在未来更有一些新技术会融入计算机的发展中。

（1）巨型化。巨型化指计算机具有极高的运算速度、大容量的存储空间、更加强大和完善的功能，主要用于航空航天、军事、气象、人工智能、生物工程等学科领域。

（2）微型化。从第一块微处理器芯片问世以来，微型计算机的发展速度与日俱增。计算机芯片的集成度每 18 个月翻一番，而价格则减一半，这就是信息技术发展功能与价格比的摩尔定律。计算机芯片集成度越来越高，所完成的功能越来越强，使计算机微型化的进程和普及率越来越快。

（3）网络化。进入 20 世纪 90 年代以来，随着 Internet 的飞速发展，计算机网络已广泛应用于政府、学校、企业、科研、家庭等领域，越来越多的人接触并了解到计算机网络的概念。计算机网络将不同地理位置上具有独立功能的不同计算机通过通信设备和传输介质互连起来，在通信软件的支持下，实现网络中的计算机之间共享资源、交换信息、协同工作。计算机网络的发展水平已成为衡量国家现代化程度的重要指标，在社会经济发展中发挥着极其重要的作用。

（4）智能化。智能化是指让计算机能够模拟人类的智力活动，如学习、感知、理解、判断、推理等能力；具备理解自然语言、声音、文字和图像的能力；具有说话的能力，使人机能够用自然语言直接对话；它可以利用已有的和不断学习到的知识，进行思维、联想、推理，并得出结论，能解决复杂问题，具有汇集记忆、检索有关知识的能力。

从电子计算机的产生及发展可以看到，目前计算机技术的发展都是以电子技术的发展为基础的，集成电路芯片是计算机的核心部件。随着高新技术的研究和发展，我们有理由相信计算机技术也将拓展到其他新兴的技术领域，计算机新技术的开发和利用必将成为未来计算机发展的新趋势。

从目前计算机的研究情况可以看到，未来计算机将有可能在光子计算机、生物计算机、量子计算机等方面的研究领域上取得重大的突破。

简答题

1. 简述ENIAC的产生及其历史意义。
2. 简述冯·诺依曼的存储程序工作原理。

1.2 计算机硬件系统概述

学习任务

了解计算机硬件系统的组成；掌握信息的存储单位；了解微型计算机系统。

知识点解析

一个完整的计算机系统由硬件系统和软件系统两大部分组成。

1.2.1 计算机硬件系统

计算机硬件是计算机系统中由机械、电子和光电元器件等组成的各种计算机部件和计算机设备。这些部件和设备依据计算机系统结构的要求构成一个有机的整体，称为计算机硬件系统。按照冯·诺依曼计算机的体系结构，计算机硬件系统主要由5部分组成，即运算器、控制器、存储器、输入设备和输出设备，如图1-3所示，图中实线为数据流，虚线为控制流。

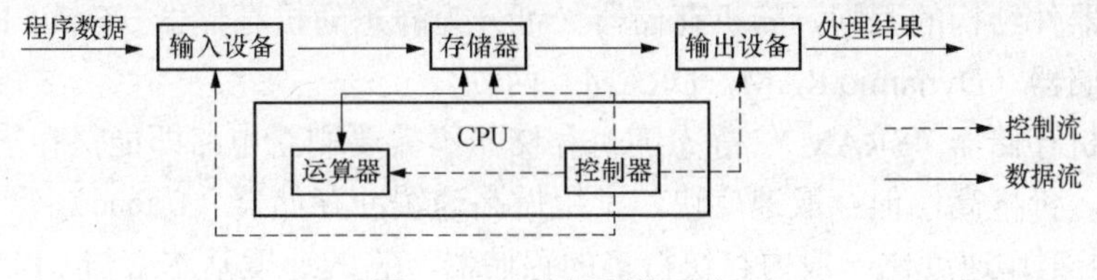

图1-3 计算机硬件系统

首先，在控制器控制下，输入设备把解题程序和原始数据输入存储器中并得以保存。

然后，控制器再从存储器中依次读出程序的一条条指令，经过译码分析，发出一系列操作信号，以指挥运算器、存储器等部件完成所规定的运算操作。

最后，由控制器发出控制命令，使输出设备以适当方式输出最后结果。

这是一个自动的连续运行的过程。其中的一切工作都由控制器来控制整个系统有条不紊地运行，而控制器的控制信号是由存放于存储器中的程序决定的。这就是计算机的存储程序控制方式，即“存储程序”和“程序控制”。下面分别介绍计算机的各个组成部件及其功能。

1. 运算器

运算器通常由算术逻辑运算单元（ALU）及寄存器等组成，是计算机中进行算术运算和逻辑运算的部件，运算器有两个主要功能：

（1）执行算术运算。算术运算是各种数值运算，如加、减、乘、除四则运算。

（2）执行逻辑运算。逻辑运算是进行逻辑判断的非数值运算，如与、或、非、比较、移位等。

2. 控制器

控制器对输入的指令进行分析，用以控制和协调计算机各部件自动、连续地执行各条指令。它通常由指令部件、时序部件及操作控制部件组成。

计算机的工作方式是执行程序，程序就是为完成某一任务所编制的特定指令序列，各种指令操作按一定的时间关系有序安排，控制器产生各种最基本的不可再分的操作命令信号，以指挥整个计算机有条不紊地工作。它是计算机的指挥系统，因此控制器也称为计算机的“神经中枢”。

一般来说，把控制器、运算器和寄存器集成制作在一块芯片，称为中央处理器 CPU（Central Processing Unit）。CPU 是计算机系统的核心部件，它的工作速度、字长等性能指标，对计算机的整体性能有决定性的影响。

3. 存储器

存储器的主要功能是用来保存各类程序和数据信息。存储器可分为主存储器和辅助存储器两类。

（1）主存储器。主存储器（也称内存储器），属于主机的一部分，用于存放系统当前正在执行的数据和程序，属于临时存储器。主存储器按其工作方式可分为随机存储器（Random Access Memory，RAM）和只读存储器（Read Only Memory，ROM）两类。

1）随机存储器 RAM。RAM 在计算机工作时，既可从中读出信息，也可随时写入信息，目前计算机大都使用半导体随机存储器。半导体随机存储器是一种集成电路，其中有成千上万个存储单元。

根据内存器件结构的不同，随机存储器又可分为静态随机存储器（Static RAM，SRAM）和动态随机存储器（Dynamic RAM，DRAM）两种。

①静态随机存储器（SRAM）。静态随机存储器不需要刷新电路即能保存它内部存储的数据，集成度低，价格高，但存取速度快，常用做高速缓冲存储器（Cache）。

Cache 是指工作速度比一般内存快得多的存储器，它的速度基本上与 CPU 速度相匹配，它的位置在 CPU 与内存之间，如图 1-4 所示。

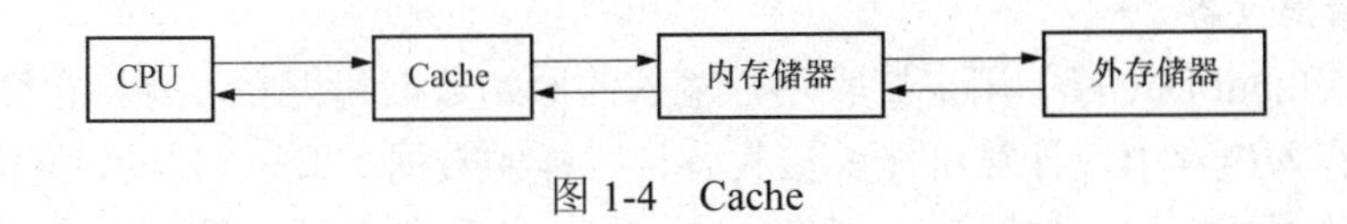

图1-4 Cache

在通常情况下，Cache 中保存着内存中部分数据映像。CPU 在读写数据时，首先访问 Cache。如果 Cache 含有所需的数据，就不需要访问内存；如果 Cache 中不含有所需的数据，才去访问内存。设置 Cache 的目的，就是为了提高机器运行速度。

②动态随机存储器（DRAM）。动态随机存储器每隔一段时间，要刷新充电一次，否则内部的数据即会消失，这类存储器集成度高、价格低、存储速度慢。微机中的内存一般指 DRAM。

随机存储器存储当前使用的程序和数据，一旦机器断电，就会丢失数据，而且无法恢复。因此，用户在操作计算机过程中应养成随时存盘的习惯，以免断电时丢失数据。

2）只读存储器 ROM。ROM 容量较小，只能做读出操作而不能做写入操作。只读存储器中的信息是在制造时用专门的设备一次性写入的，用来存放固定不变重复执行的程序，一般存放系统的基本输入输出系统（BIOS）等，只读存储器中的内容是永久性的，即使关机或断电也不会消失。

CPU（运算器和控制器）和主存储器组成了计算机的主机部分。

（2）辅助存储器。辅助存储器（也称外存储器）属于外部设备，用于存放暂时不用的数据和程序，属于永久存储器。

外存储器大都采用磁性（如硬盘）和光学材料（如光盘）制成。与内存储器相比，外存储器的特点是存储容量大，价格较低，而且在断电的情况下也可以长期保存信息，所以称为永久性存储器。其缺点是存取速度比内存储器慢（依靠机械转动选择数据区域）。

外存储器既可作为输入设备，也可作为输出设备。

（3）信息存储单位。描述内、外存储容量的常用信息存储单位有位、字节、字等。

1）位（bit，缩写为 b）。度量数据的最小单位，表示一位二进制信息，0 或 1。

2）字节（Byte，缩写为 B）。1 字节由 8 位二进制数组成，即 1Byte=8bit。字节是信息存储的基本单位。

3）其他常用单位及对应的换算关系如下：

KB（千字节）：1KB=1024B；

MB（兆字节）：1MB=1024KB；

GB（吉字节）：1GB=1024MB；

TB（太字节）：1TB=1024GB；

PB（拍字节）：1PB=1024TB；

EB（艾字节）：1EB=1024PB；

ZB（泽字节）：1ZB=1024EB。

4）字（Word）。计算机处理数据时，CPU 通过数据总线一次存取、传送和加工的数据称为字，一个字通常由一个或多个字节组成。一个字的位数称为字长，它是衡量计算机精度和运算速度的主要技术指标。字长越长，速度越快，精度越高。常见的字长有 8 位、16 位、32 位、64 位等。

4. 输入/输出设备

输入设备（Input Device）用来接收用户输入的原始数据和程序，并将它们变为计算机能识别的二进制存入内存中。计算机能够接收各种各样的数据，既可以是数值型的数据，也可以是各种非数值型的数据，如图形、图像、声音等。各种数据可以通过不同类型的输入设备输入计算机中，进行存储、处理和输出。键盘、鼠标、摄像头、扫描仪、光笔、手写输入板、游戏杆、语音输入装置等都属于输入设备。

输出设备（Output Device）用于将计算机处理的数据或信息，以数字、字符、图像、声音等形式输出。常见的输出设备有显示器、打印机、绘图仪、影像输出系统、语音输出系统、磁记录设备等。

输入/输出设备统称为 I/O（Input/Output）设备。键盘、鼠标和显示器是每一台计算机必备的 I/O 设备。除了 I/O 设备外，外部设备还包括存储器设备、通信设备和外部设备处理机等。

1.2.2 微型计算机系统

微型计算机简称微机，一个完整的微型计算机系统包括硬件系统和软件系统两大部分。硬件系统由运算器、控制器、存储器、输入/输出设备组成。下面我们主要介绍组成微型计算机的硬件。

1. 主板

图 1-5 所示为采用 i845D 芯片组的微星 845 主板结构。

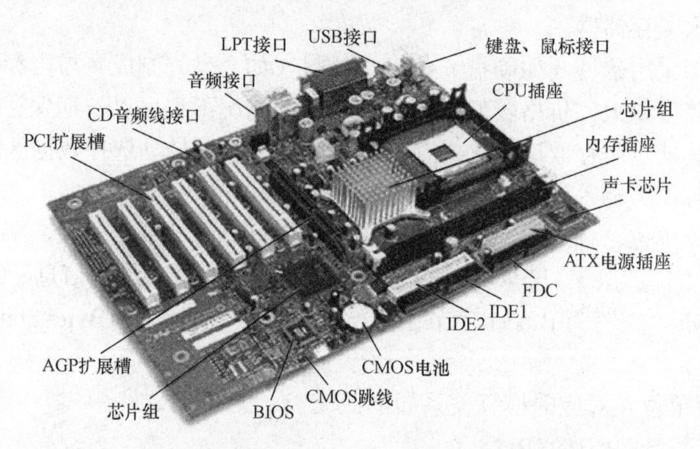

图 1-5 微星 845 主板结构

主板是计算机中各个部件工作的一个平台，它把计算机的各个部件紧密连接在一起，各个部件通过主板进行数据传输。也就是说，计算机中重要的“交通枢纽”都在主板上，它工作的稳定性影响着整机工作的稳定性。主板一般为矩形电路板，上面安装了组成计算机的主要电路系统，一般有 BIOS 芯片、I/O 控制芯片、键盘和面板控制开关接口、指示灯插接件、扩充插槽、主板及插卡的直流电源供电接插件等元器件。

2. CPU

CPU（Central Processing Unit）即中央处理器，是一台计算机的运算核心和控制核心。其功能主要是解释计算机指令以及处理计算机软件中的数据。CPU 由运算器、控制器、寄存器、高速缓存及实现它们之间联系的数据、控制及状态总线构成。作为整个系统的核心，CPU 也是整个系统最高的执行单元，因此 CPU 已成为决定计算机性能的核心部件，通常都以 CPU 为标准来判断计算机的档次。图 1-6 所示为 Intel 酷睿 i5 4690K CPU。

图 1-6 Intel 酷睿 i5 4690K CPU

计算机的性能在很大程度上由 CPU 的性能决定，而 CPU 的性能主要体现在其运行程序的速度上。影响运行速度的性能指标包括 CPU 的工作频率、Cache 容量、指令系统和逻辑结构等参数。

（1）主频。主频也称时钟频率，单位是赫兹，表示单位时间内 CPU 发出的脉冲数，用来表示 CPU 的运算、处理数据的速度。通常，主频越高，CPU 处理数据的速度就越快。

（2）多核心。随着对 CPU 处理运行效率的提高，尤其对多任务处理速度的要求提高，Intel 和 AMD 两个公司分别推出了多核心处理器。所谓多核心处理器，简单说就是在一块 CPU 基板上集成两个或两个以上的处理器核心，并通过并行总线将各处理器核心连接起来。多核心处理技术的推出，极大地提高了 CPU 的多任务处理能力，现在已成为市场的应用主流。

3. 内存储器

内存（Memory）也称内存储器，是 CPU 能直接寻址的存储空间。其作用暂时存放 CPU 中的运算数据，以及与硬盘等外部存储器交换的数据。

内存包括只读存储器（ROM）、随机存储器（RAM），以及高速缓冲存储器（Cache）。

（1）只读存储器（ROM）。ROM 表示只读存储器（Read Only Memory），在制造 ROM 的时候，信息（数据或程序）就被存入并永久保存。这些信息只能读出，一般不能写入，即使机器停电，这些数据也不会丢失。ROM 一般用于存放计算机的基本程序和数据。

（2）随机存储器（RAM）。随机存储器（Random Access Memory）表示既可以从中读取数据，也可以写入数据。当机器电源关闭时，存于其中的数据就会丢失。我们通常购买或升级的内存条就是用做计算机的内存，内存条就是将 RAM 集成块集中在一起的一小块电路板，它插在计算机中的内存插槽上，以减少 RAM 集成块占用的空间。内存是由内存芯片、电路板、插槽等部分组成的，如图 1-7 所示。

图 1-7 DDR3 内存条

（3）高速缓冲存储器（Cache）。Cache 常见的有一级缓存（L1 Cache）、二级缓存（L2 Cache）、三级缓存（L3 Cache）等。它位于 CPU 与内存之间，是一个读写速度比内存更快的存储器。当 CPU 向内存中写入或读出数据时，这个数据也被存储进高速缓冲存储器中。当

CPU 再次需要这些数据时，CPU 就从高速缓冲存储器读取数据，而不是访问较慢的内存，当然，如需要的数据在 Cache 中没有，CPU 会再去读取内存中的数据。

4. 外存储器

（1）硬盘。硬盘是主要的外部存储器，用于存放系统文件、用户的应用程序和数据。

（2）软盘。软驱用来读取软盘中的数据。软盘为可读写外部存储设备，与主板用 FDD 接口连接，现已淘汰。

（3）光盘。光盘是利用激光原理进行读、写的设备。目前用于计算机系统的光盘可分为只读光盘（CD-ROM、DVD）、追记型光盘（CD-R、WORM）和可改写型光盘（CD-RW、MO）等。光盘存储介质具有价格低、保存时间长、存储量大等特点，已成为微机的标准配置。

（4）闪存盘。闪存盘通常也被称为优盘、U 盘、闪盘。它用闪存作为存储介质，一般由闪存（Flash Memory）、控制芯片和外壳组成。闪存盘具有可多次擦写、速度快而且防磁、防震、防潮的优点。它采用流行的 USB 接口，体积小，质量轻，不用驱动器，无需外接电源，即插即用，实现在不同计算机之间进行文件交流，存储容量从 1～32GB 不等，满足不同的需求。

（5）移动存储卡。存储卡是利用闪存技术达到存储电子信息目的的存储器，一般应用在数码相机、掌上电脑、MP3、MP4 等小型数码产品中，犹如一张卡片，所以又称为闪存卡。

由于闪存卡本身并不能直接被计算机辨认，读卡器就是两者的沟通桥梁，作为存储卡的信息存取装置。读卡器使用 USB 接口，支持热拔插。

5. 输入设备

输入设备把外界信息转换成计算机能处理的数据形式。计算机输入的信息有数字、模拟量、文字符号、音频和图形图像等形式。对于这些信息形式，必须把它们转换成相应的二进制数字编码后，计算机才能处理。输入设备的种类很多，按功能可分为下列几类：

字符输入设备：键盘；

图形输入设备：鼠标、操纵杆、光笔；

图像输入设备：摄像机、扫描仪、传真机；

光学阅读设备：光学标记阅读机、光学字符阅读机；

模拟输入设备：语言模数转换识别系统。

下面我们重点介绍键盘的布局和功能键，以及鼠标。

（1）键盘。键盘是计算机的输入设备，通过键盘，可以向计算机输入信息，包括指令、数据和程序。

键盘主要分为主键盘区、功能键区、编辑键区和数字键区 4 个分区。键盘布局如图 1-8 所示。

主键盘区——位于键盘的左部，各键上标有英文字母、数字和符号等，共计 62 个键，其中包括 3 个 Windows 操作用键。主键盘区分为字母键、数字键、符号键和控制键。该区是我们操作计算机时使用频率最高的键盘区域。

功能键区——主要分布在键盘的最上一排，从“F1”到“F12”。在不同的软件中，可以对功能键进行定义，或者是配合其他键进行定义，起到不同的作用。

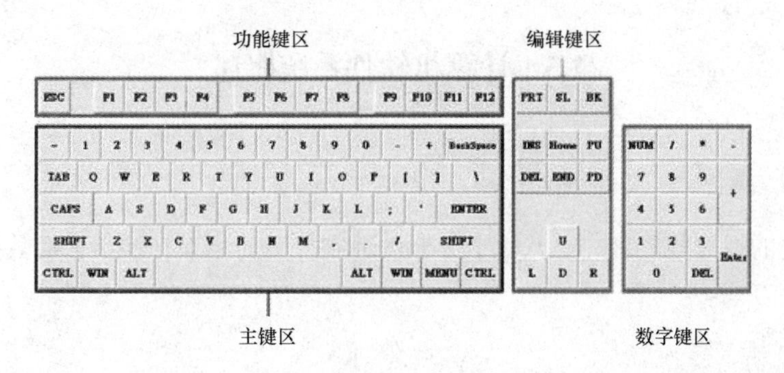

图 1-8　键盘布局

编辑键区——位于主键盘区的右边，由 13 个键组成。在文字编辑中有着特殊的控制功能。

数字键区——位于键盘的最右边，又称小键盘区。该键区兼有数字键和编辑键的功能。

（2）鼠标。鼠标是一种常用的输入设备，它可以对当前屏幕上的光标进行定位，并通过按键和滚轮装置对光标所经过位置的屏幕元素进行操作。鼠标按其工作原理及其内部结构的不同可以分为机械式、光电式。

6. 输出设备

输出设备将计算机中的数据或信息以数字、字符、图像、声音等形式表示出来。常见的输出设备有显示器、打印机、绘图仪、影像输出系统、语音输出系统、磁记录设备等。

（1）显示系统。显示系统包括显示器和显示适配器（又称为显卡）。显示器包括阴极射线管（CRT）显示器、液晶显示器（LCD）和等离子显示器等。图 1-9 所示为 CRT 显示器，图 1-10 所示为 LCD 显示器。与 CRT 显示器相比，LCD 显示器具有体积小、无辐射、耗电量低等优点，目前已成为主流配置。显卡把信息从计算机中取出并显示到显示器上，它决定了颜色数目和图形效果。目前很多主板集成了显卡，能满足一般用户的要求。

图 1-9　CRT 显示器

图 1-10　LCD 显示器

（2）打印机。打印机按工作方式分为针式打印机、喷墨式打印机、激光打印机等。

学生上机操作

1. 在实验室中，在教师的指导下对微机进行简单的拆装，了解微机的组成部件及连接方式，提升对计算机系统的认识。

2. 键盘的使用：按照机装的软件进行打字练习。

1.3 计算机软件系统概述

学习任务

掌握二进制的运算规则和二、八、十、十六进制之间的相互转换；了解数据的编码方式；了解软件的分类方式。

知识点解析

输入计算机的信息一般有两类，一类称为数据，另一类称为程序。计算机是通过执行程序所规定的各种指令来处理各种数据的。

1.3.1 二进制

1. 采用二进制的原因

计算机内部是一个二进制的世界，各种类型的信息（数值、文字、声音、图像）必须转换成二进制数字编码的形式，才能在计算机中进行处理。也就是说，计算机内信息的表示形式是二进制数字编码。那么，为何采用二进制编码呢？

（1）易于物理实现。二进制数只有 0 和 1 两个基本符号，易于用两种对立的物理状态表示。数字装置简单可靠，所用元器件少。例如，可用“1”表示开关的“闭合”状态，用“0”表示“断开”状态；晶体管的导通表示“1”，截止表示“0”。电容器的充电和放电、电脉冲的有和无、脉冲极性的正与负、电位的高与低等所有具有两种对立稳定状态的元器件都可以表示二进制的 0 和 1。而十进制数有 10 个基本符号（0、1、2、3、4、5、6、7、8、9），要用 10 种状态才能表示，要用电子元器件实现起来是很困难的。

（2）运算简单。二进制数的算术运算简单，加法和乘法各有 3 条运算规则（0+0=0、0+1=1、1+1=10 和 0×0=0、0×1=0、1×1=1），运算时不易出错。此外，二进制数的 1 和 0 正好可与逻辑值“真”和“假”相对应，这样就为计算机进行逻辑运算提供了方便。算术运算和逻辑运算是计算机的基本运算，采用二进制可以简单方便地进行这两类运算。

2. 二进制数运算规则

二进制数与十进制数一样，同样可以进行加、减、乘、除四则运算。二进制的进位规则是“逢二进一”，借位规则是“借一当二”。

其运算规则如下：

（1）加法运算：0+0=0、0+1=1、1+0=1、1+1=10（向高位进位：逢二进一）。

【例】求 1011+11 的和。

解：

```
     1 0 1 1
+        1 1  ———→ 逢二进一
——————————————
     1 1 1 0
```

1 加 1 应该等于 2，因为没有数码 2，只能向上一个数位进一，再如：1+1=10、10+1=11、11+1=100、100+1=101。

下面列出了十进制数对应的二进制数的转换关系：

0=0

1=1

2=10

3=11

4=100

5=101

6=110

7=111

8=1000

9=1001

10=1010

（2）减法运算：1−1=0、1−0=1、0−0=0、10−1=1（向高位借位：借一当二）。

（3）乘法运算：0×0=0、0×1=0、1×0=0、1×1=1。

（4）除法运算：0÷1＝0、1÷1＝1。

1.3.2　进位计数制

1．常用数制

用进位的原则进行计数称为进位计数制，简称数制。它是人类自然语言和数学中广泛使用的一类符号系统。通常采用的数制有十进制、二进制、八进制和十六进制等。

首先介绍数制中的几个名词术语。

数码：数制中表示基本数值大小的不同数字符号。例如，十进制有 10 个数码：0、1、2、3、4、5、6、7、8、9；二进制有 2 个数码：0、1。

基数：数制所使用数码的个数。常用 R 表示，称为 R 进制。例如，二进制的基数为 2，十进制的基数为 10。

位权：数码在不同位置上的权值。二进制数的位权是以 2 为底的幂。位置不同，权值不同。例如，二进制数据 110.11，其权值的大小顺序为 2^2、2^1、2^0、2^{-1}、2^{-2}。

（1）十进制（Decimal）：人们日常生活中最熟悉的进位计数制。在十进制数中，用 0、1、2、3、4、5、6、7、8、9 这 10 个符号数码来描述，基数为 10。其计数规则是逢十进一，借一当十。

十进制数 242.2 按权展开的展开式为

$$(242.2)_{10}=2\times10^2+4\times10^1+2\times10^0+2\times10^{-1}$$

（2）二进制（Binary）：在计算机系统中采用的进位计数制。在二进制中，数用 0 和 1 两个符号数码来描述，基数为 2。其计数规则是逢二进一，借一当二。

二进制数 1011.01 按权展开的展开式为

$$(1011.01)_2=1\times2^3+0\times2^2+1\times2^1+1\times2^0+0\times2^{-1}+1\times2^{-2}$$

（3）八进制（Octal）：在八进制中，数用 0、1、2、3、4、5、6、7 这 8 个符号数码来描述，基数为 8。其计数规则是逢八进一，借一当八。

八进制数 137.25 按权展开的展开式为

$$(137.25)_8=1\times8^2+3\times8^1+7\times8^0+2\times8^{-1}+5\times8^{-2}$$

（4）十六进制（Hexadecimal）：人们在计算机指令代码和数据的书写中经常使用的数制。

在十六进制中，数用 0、1、…、9 和 A、B、C、D、E、F（分别代表 10、11、12、13、14、15）这 16 个符号数码来描述，基数为 16。其计数规则是逢十六进一，借一当十六。

十六进制数 34EF.5D 按权展开的展开式为

$$(34EF.5D)_{16}=3\times16^3+4\times16^2+14\times16^1+15\times16^0+5\times16^{-1}+13\times16^{-2}$$

在计算机科学中，为了不混淆各种进制，必须使用不同的标志表示。一般在十进制末尾加字母 D，二进制加 B，八进制加 O，十六进制加 H。因此，32D、111B、77O、AF2H，根据它们最后一个字母就可以识别出，它们分别是十进制数、二进制数、八进制数、十六进制数。也可以用下标的形式来区分不同的进制，如 $(1011.01)_2$、$(137.25)_8$、$(34EF.5D)_{16}$ 等。

2. 进制转换

（1）r 进制（二进制、八进制、十六进制）数转化为十进制数。对于任何一个二进制数、八进制数、十六进制数，均可以先写出它的按权展开式，然后再按十进制进行计算，即可将其转换为十进制数。

$$\begin{aligned}(1011.01)_2&=1\times2^3+0\times2^2+1\times2^1+1\times2^0+0\times2^{-1}+1\times2^{-2}\\&=8+0+2+1+0+0.25\\&=(11.25)_{10}\end{aligned}$$

$$\begin{aligned}(34EF.5)_{16}&=3\times16^3+4\times16^2+14\times16^1+15\times16^0+5\times16^{-1}\\&=12288+1024+224+15+0.3125\\&=(13551.3125)_{10}\end{aligned}$$

（2）把十进制数转换成 r 进制（二进制、八进制、十六进制）数。十进制数转换成 r 进制数，整数部分和小数部分要分别转换成 r 进制数，然后组合起来。

1）十进制整数的转换方法：采用“除以 r 取余，逆序排列”（除 r 取余法）。除以 r 取余数，一直除到商为零为止。最先得到的余数是 r 进制的最低位，最后得到的余数是 r 进制的最高位。例如，把 $(225)_{10}$ 转换成二进制数。

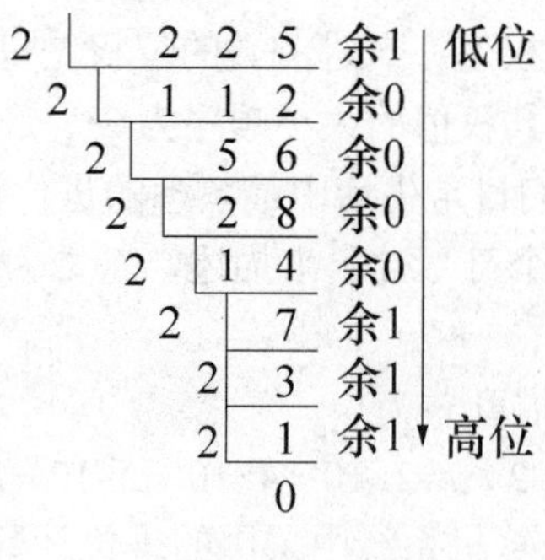

除数	被除数/商	余数	
2	225	余1	低位
2	112	余0	
2	56	余0	
2	28	余0	
2	14	余0	
2	7	余1	
2	3	余1	
2	1	余1	高位
	0		

所以，$(225)_{10}=(11100001)_2$。

再如，把 $(549)_{10}$ 转换成八进制数。

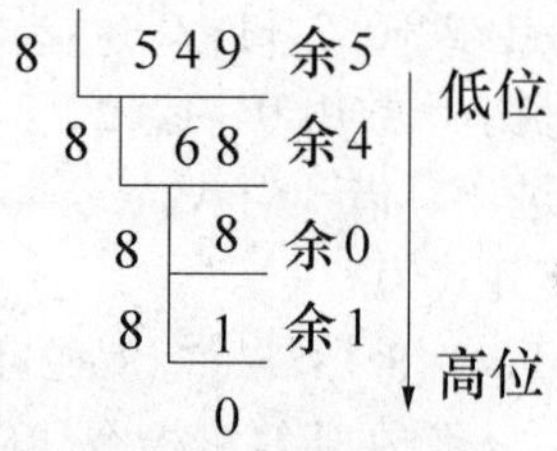

除数	被除数/商	余数	
8	549	余5	低位
8	68	余4	
8	8	余0	
8	1	余1	高位
	0		

所以，$(549)_{10}=(1045)_8$。

2）十进制小数的转换方法：“乘以 r 取整，顺序排列”（乘 r 取整法）。乘以 r 取整数，一直乘到小数部分为零或精确到某一位为止。最先得到的整数是转换成的 r 进制小数的最高位，最后得到的整数是转换成的 r 进制小数的最低位。例如，把 $(0.625)_{10}$ 转换成二进制数。

0.625×2=1.25……整数为 1

0.25×2=0.50……整数为 0

0.50×2=1.00……整数为 1

所以，$(0.625)_{10}=(0.101)_2$。

既有整数又有小数的，将两部分分别转换后，由小数点连接起来即可。例如，$(225.625)_{10}=(11100001.101)_2$。

（3）二进制数与八进制数之间的转换。因二进制的基数是 2，八进制的基数是 8，而 $2^3=8$，所以 1 位八进制数对应 3 位二进制数。

1）二进制数转换成八进制数。以小数点为基准，整数部分从右向左，每 3 位一组分组，最高位不够 3 位，添 0 补足 3 位；小数部分从左向右，每 3 位一组分组，最低位不够 3 位，添 0 补足 3 位。然后按照二进制与八进制数的对应关系，即可把二进制数转换成八进制数。例如，把 $(1110010110.0101)_2$ 转换成八进制数为 $(1626.24)_8$。

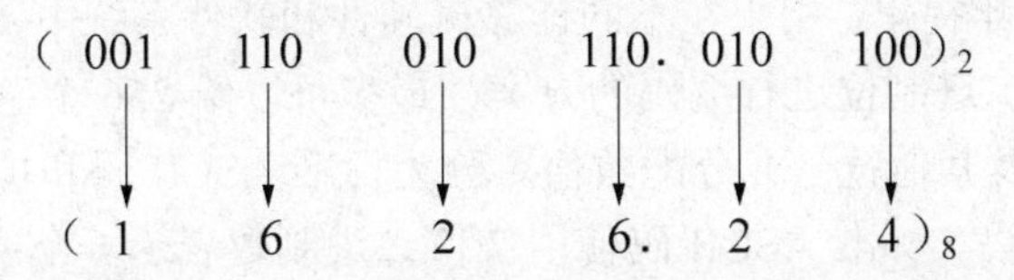

2）八进制数转换成二进制数。把八进制数中的每位数码转换成与之对应的 3 位二进制数，然后把无意义的前 0 与后 0 去掉，即可得到转换成的二进制数。例如，把 $(1626.24)_8$ 转换成二进制数为 $(1110010110.0101)_2$。

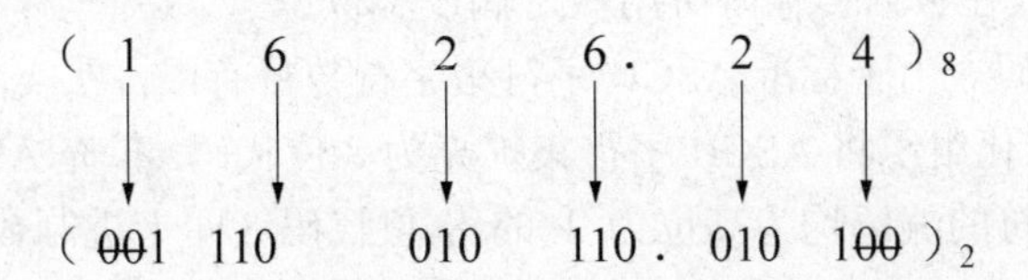

（4）二进制数与十六进制数之间的转换。因二进制的基数是 2，十六进制的基数是 16，而 $2^4=16$，所以 1 位十六进制数对应 4 位二进制数。

1）二进制数转换成十六进制数。以小数点为基准，整数部分从右向左，每 4 位一组分组，最高位不够 4 位，添 0 补足 4 位；小数部分从左向右，每 4 位一组分组，最低位不够 4 位，添 0 补足 4 位。然后按照二进制与十六进制数的对应关系，即可把二进制数转换成十六进制数。例如，把 $(1110011111.1101)_2$ 转换成十六进制数为 $(39F.D)_{16}$。

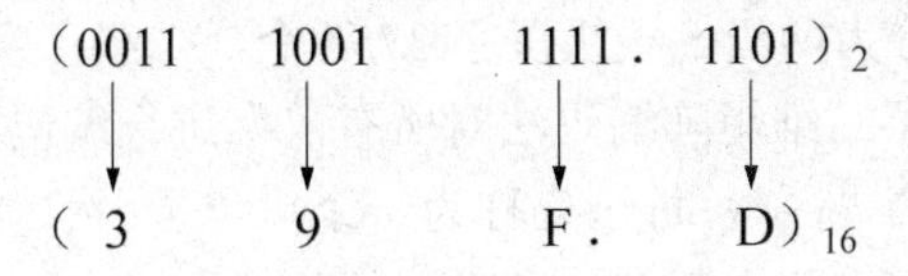

2）十六进制数转换成二进制数。把十六进制数中的每位数码转换成与之对应的 4 位二进

制数，然后把无意义的前 0 与后 0 去掉，即可得到转换成的二进制数。例如，把（39F.D）$_{16}$ 转换成二进制数为（1110011111.1101）$_2$

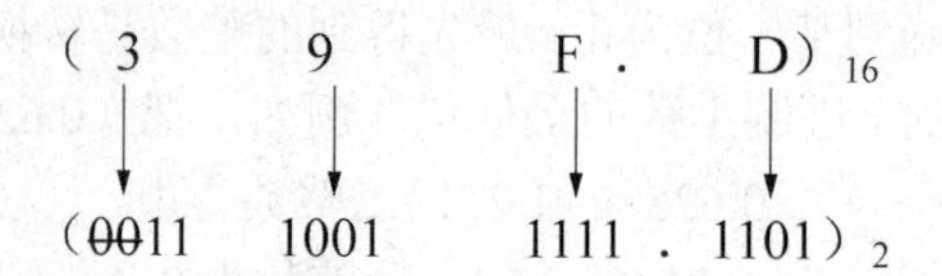

1.3.3 字符编码

字符是各种文字和符号的总称，包括文字、标点符号、图形符号、数字等。字符集是多个字符的集合，字符集种类较多，每个字符集包含的字符个数不同，常见字符集有 ASCII 字符集、ISO 8859 字符集、GB2312 字符集、BIG5 字符集、GB18030 字符集、Unicode 字符集等。计算机要准确的处理各种字符集文字，需要进行字符编码，以便计算机能够识别和存储各种文字。

字符编码就是以二进制形式来表示对应字符集的字符。规定每个“字符”可以用一个字节或者多个字节编码，进行字符信息的存储。

1. ASCII 码

ASCII 码是美国信息交换标准代码（American Standard Code for Information Interchange）的缩写，它同时也被国际标准化组织（ISO）批准为国际标准。

ASCII 码于 1961 年提出，用于在不同计算机硬件和软件系统中实现数据传输标准化，是一种使用 7 个或 8 个二进制位进行编码的方案，最多可以给 256 个字符（包括字母、数字、标点符号、控制字符及其他符号）分配数值。分为标准 ASCII 码和扩展 ASCII 码两类。

（1）标准 ASCII 码。标准 ASCII 码使用 7 位二进制数表示一个字符，7 位二进制数可以表示出 2^7 共 128 个字符，如表 1-1 所示。

虽然标准 ASCII 码是 7 位编码，但由于计算机基本处理单位为字节（1Byte=8bit），所以一般仍以一个字节来存放一个 ASCII 字符。每一个字节中多余出来的一位（最高位）在计算机内部通常保持为 0（在数据传输时可用做奇偶校验位）。

（2）扩展 ASCII 码。由于标准 ASCII 字符集字符数目有限，在实际应用中往往无法满足要求。为此，国际标准化组织将 ASCII 字符集扩充为 8 位代码。扩充 ASCII 字符集扩充了 128 个字符，这些扩充字符的编码均为高位为 1 的 8 位代码（即十进制数 128~255），称为扩展 ASCII 码。

2. GB2312 编码

为了满足在计算机中使用汉字的需要，中国国家标准总局发布了一系列的汉字字符集国家标准编码，统称为 GB 码，或国标码。其中最有影响的是于 1980 年发布的《信息交换用汉字编码字符集　基本集》，标准号为 GB 2312—1980，也称国标码。GB2312 编码通行于我国内地，新加坡等地也采用此编码，绝大多数的中文系统和国际化的软件都支持 GB 2312。

GB 2312 是一个简体中文字符集，由 6763 个常用汉字和 682 个全角的非汉字字符组成。其中汉字根据使用的频率分为两级。一级汉字 3755 个，二级汉字 3008 个。由于汉字数量比较大，因此 GB 2312 采用了二维矩阵编码法对所有汉字进行编码。首先构造一个 94 行 94 列的方阵，对每一行称为一个“区”，每一列称为一个“位”，然后将所有汉字依照规律填写到方阵中。这样所有的汉字在方阵中都有一个唯一的位置，这个位置可以用区号、位号合成表示，称为汉字的区位码。例如，汉字“啊”出现在第 16 区的第 1 位上，其区位码为 1601。

表 1-1 标准 ASCII 码表

高四位 / 低四位		ASCII 控制字符												ASCII 打印字符												
		0000						0001						0010		0011		0100		0101		0100		0111		
		0						1						2		3		4		5		6		7		
		十进制	字符	Ctrl	代码	转义字符	字符解释	十进制	字符	Ctrl	代码	转义字符	字符解释	十进制	字符	十进制	字符	十进制	字符	十进制	字符	十进制	字符	十进制	字符	Ctrl
0000	0	0		^@	NUL	\0	空字符	16	►	^P	DLE		数据链路转义	32		48	0	64	@	80	P	96	`	112	p	
0001	1	1	☺	^A	SOH		标题开始	17	◄	^Q	DC1		设备控制 1	33	!	49	1	65	A	81	Q	97	a	113	q	
0010	2	2	☻	^B	STX		正文开始	18	↕	^R	DC2		设备控制 2	34	"	50	2	66	B	82	R	98	b	114	r	
0011	3	3	♥	^C	ETX		正文结束	19	‼	^S	DC3		设备控制 3	35	#	51	3	67	C	83	S	99	c	115	s	
0100	4	4	♦	^D	EOT		传输结束	20	¶	^T	DC4		设备控制 4	36	$	52	4	68	D	84	T	100	d	116	t	
0101	5	5	♣	^E	ENQ		查询	21	§	^U	NAK		否定应答	37	%	53	5	69	E	85	U	101	e	117	U	
0110	6	6	♠	^F	ACK		肯定应答	22	—	^V	SYN		同步空闲	38	&	54	6	70	F	86	V	102	f	118	v	
0111	7	7	•	^G	BEL	\a	响铃	23	↨	^W	ETB		传输块结束	39	'	55	7	71	G	87	W	103	g	119	w	
1000	8	8	◘	^H	BS	\b	退格	24	↑	^X	CAN		取消	40	(	56	8	72	H	88	X	104	h	120	x	
1001	9	9	○	^I	HT	\t	横向制表	25	↓	^Y	EM		介质结束	41	)	57	9	73	I	89	Y	105	i	121	y	
1010	A	10	◙	^J	LF	\n	换行	26	→	^Z	SUB		替代	42	*	58	:	74	J	90	Z	106	j	122	z	
1011	B	11	♂	^K	VT	\v	纵向制表	27	←	^[	ESC	\e	溢出	43	+	59	;	75	K	91	[	107	k	123	{	
1100	C	12	♀	^L	FF	\f	换页	28	∟	^\	FS		文件分隔符	44	,	60	<	76	L	92	\	108	l	124	|	
1101	D	13	♪	^M	CR	\r	回车	29	↔	^]	GS		组分隔符	45	-	61	=	77	M	93	]	109	m	125	}	
1110	E	14	♫	^N	SO		移出	30	▲	^^	RS		记录分隔符	46	.	62	>	78	N	94	^	110	n	126	~	
1111	F	15	☼	^O	SI		移入	31	▼	^-	US		单元分隔符	47	/	63	?	79	O	95	_	111	o	127	⌂	^Backspace 代码：DEL

注　表中的 ASCII 字符可以用“Alt+小键盘上的数字键”方法输入。

把换算成十六进制的区位码加上 2020H，就得到国标码。国标码 GB 2312 不能直接在计算机中使用，因为它没有考虑与 ASCII 码的冲突。例如，“大”的国标码是 3473H，与字符组合“4S”的 ASCII 码相同；“嘉”的汉字编码为 3C4EH，与码值为 3CH 和 4EH 的两个 ASCII 码字符“<”和“N”混淆。

为了能区分汉字与 ASCII 码，在计算机内部表示汉字时把国标码两个字节最高位改为 1，称为“机内码”。国标码加上 8080H，就得到计算机机内码。机内码是计算机内部存储和处理汉字信息时所用的代码。

1.3.4 计算机软件分类

计算机软件（Software）是指计算机系统中的程序及其文档，程序是计算任务的处理对象和处理规则的描述；文档是程序所需的阐明性资料。软件是用户与硬件之间的接口界面，用户主要是通过软件与计算机进行交流。

计算机软件总体分为系统软件和应用软件两大类。

1. 系统软件

系统软件是管理、监控和维护计算机资源（包括硬件和软件）、开发应用软件的软件。系统软件居于计算机系统中最靠近硬件的一层，它主要包括操作系统、语言处理程序、数据库管理系统、支撑服务软件等。

（1）操作系统。操作系统是一组对计算机资源进行控制与管理的系统化程序集合，它是用户和计算机硬件系统之间的接口，为用户和应用软件提供了访问和控制计算机硬件的桥梁。

操作系统是直接运行在裸机上的最基本的系统软件，任何其他软件必须在操作系统的支持下才能运行。常用的操作系统有 Windows、Linux、UNIX 等。

（2）语言处理程序（翻译程序）。人和计算机交流信息使用的语言称为计算机语言或程序设计语言。计算机只能直接识别和执行机器语言，用各种程序设计语言编写的源程序，计算机是不能直接执行的，必须经过翻译（对汇编语言源程序是汇编，对高级语言源程序则是编译或解释）才能执行，这些翻译程序就是语言处理程序，包括汇编程序、编译程序和解释程序等，它们的基本功能是把用高级语言或汇编语言编写的源程序翻译成机器可执行的二进制语言程序。翻译的方法有以下两种：

一种称为“解释”。早期的 BASIC 源程序的执行都采用这种方式。它调用机器配备的 BASIC“解释程序”，逐条把 BASIC 的源程序语句进行解释和执行，它不保留目标程序代码，即不产生可执行文件。这种方式速度较慢，每次运行都要经过“解释”，边解释边执行。

另一种称为“编译”，它调用相应语言的编译程序，把源程序变成目标程序（以.OBJ 为扩展名），然后连接程序，把目标程序与库文件相连接形成可执行文件。尽管编译的过程复杂一些，但它形成的可执行文件（以.exe 为扩展名）可以反复执行，速度较快。运行程序时只要输入可执行程序的文件名，再按 Enter 键即可。

（3）数据库管理系统。数据库管理系统是一种操纵和管理数据库的大型软件，用于建立、使用和维护数据库。

数据库是指按照一定联系存储的数据集合，可为多种应用共享。数据库管理系统则是能够对数据库进行加工、管理的系统软件。

常用的数据库管理系统有微机上的 FoxPro、FoxBASE+、Access 和大型数据库管理系统如 Oracle、DB2、Sybase、SQL Server 等，它们都是关系型数据库管理系统。

（4）系统支撑和服务软件。又称工具软件，如系统诊断程序、调试程序、排错程序、编辑程序、查杀病毒程序等，都是为维护计算机系统的正常运行或支持系统开发所配置的软件系统。

2. 应用软件

应用软件是为了某种特定的用途而被开发的软件。它可以是一个特定的程序，如一个图像浏览器；也可以是一组功能联系紧密，可以互相协作的程序的集合，如微软的 Office 软件；也可以是一个由众多独立程序组成的庞大的软件系统，如数据库管理系统。较常见的应用软件如下：

（1）文字处理软件，如 WPS、Word 等。

（2）信息管理软件。

（3）辅助设计软件，如 Auto CAD。

（4）实时控制软件，如极域电子教室等。

（5）教育与娱乐软件。

软件开发是根据用户要求设计出软件系统或者系统中的软件部分的过程。软件开发是一项包括需求捕捉、需求分析、设计、实现和测试的系统工程。

计算题

1. 二进制数 110110010 转换为十六进制数、八进制数、十进制数分别是多少？

2. 字符“A”和“a”的 ASCII 码值分别是多少？并由之推算出“F”和“f”的 ASCII 码值。

习 题 1

一、选择题

1. 在计算机内部，一切信息的存取、处理和传送都是以（　　）进行的。

A. ASCII 码　　B. 二进制　　C. 十六进制　　D. EBCDIC 码

2. 计算机的中央处理器是指（　　）。

A. CPU 和控制器　　B. 存储器和控制器

C. 运算器和控制器　　D. CPU 和存储器

3. 世界上第一台计算机诞生于（　　）。

A. 1943 年　　B. 1946 年　　C. 1945 年　　D. 1949 年

4. 冯 • 诺依曼计算机体系的计算机硬件系统所包含的五大部件是（　　）。

A. 输入设备、运算器、控制器、存储器、输出设备

B. 输入/输出设备、运算器、控制器、内/外存设备、电源设备

C. CPU、RAM、ROM、I/O 设备

D. 主机、键盘、显示器、打印机、磁盘驱动器

5. 微型计算机内存容量的基本单位是（　　）。

A. 字符　　B. 字节　　C. 二进制位　　D. 扇区

6. 目前微机普遍采用的逻辑元器件是（　　）。

A．电子管　B．大规模和超大规模集成电路

C．晶体管　D．小规模集成电路

7．计算机辅助设计的简称是（　）。

A．CAD　B．CAM　C．CAE　D．CBE

8．在计算机运行时，把程序和数据一同放在内存中，这是 1946 年由（　）提出并论证的。

A．图灵　B．布尔　C．冯·诺依曼　D．爱因斯坦

9．存储器 1GB 容量表示（　）。

A．1024　B．1024B　C．1024KB　D．1024MB

10．通常的 CPU 是指（　）。

A．内存储器和控制器　B．控制器与运算器

C．内存储器和运算器　D．内存储器、控制器和运算器

11．在计算机中存储一个汉字需要的存储空间为（　）。

A．1 字节　B．2 字节　C．半字节　D．4 字节

12．硬件和软件之间的关系为（　）。

A．没有软件就没有硬件

B．没有软件，硬件也能发挥作用

C．硬件只能通过软件起作用

D．没有硬件，软件也能起作用

13．高级语言编译软件的作用是（　）。

A．把高级语言程序转化为源程序

B．把不同的高级语言编写的程序转化成同一种语言编写的程序

C．把高级语言源言程序转化成能被 CPU 直接接受和执行的机器语言程序

D．自动生成源程序

14．下列 4 个数中，不是合法的八进制数的是（　）。

A．177758　B．177757　C．177756　D．177755

15．计算机系统的五大基本组成部件，一般通过（　）连接。

A．适配器　B．电缆　C．中继器　D．总线

16．在微型计算机中，访问速度最快的是（　）。

A．磁盘　B．软盘　C．RAM　D．磁带

17．要完成一次基本运算或判断，CPU 要执行（　）。

A．一次语言　B．一条指令　C．一个程序　D．一个软件

18．冯·诺依曼计算机工作原理的设计思想是（　）。

A．程序设计　B．程序存储　C．程序编制　D．算法设计

19．计算机中，运算器的主要功能是（　）。

A．分析指令并执行　B．控制计算机的运行

C．负责存取存储器中的数据　D．算术运算和逻辑运算

20．数字字符“1”的 ASCII 码的十进制表示为 49，那么数字字符“8”的 ASCII 码的十进制表示为（　）。

A. 56　　B. 58　　C. 60　　D. 54

二、填空题

1. 计算机辅助制造的英文简称是______。

2. CPU是计算机的核心部件，它主要由______和______组成。

3. 0.5MB=______KB。

4. 十六进制数3E转换为十进制数为______。

5. 二进制数0.1转换为十进制数为______。

6. 十进制数291转换成二进制、八进制、十六进制分别为______、______、______。

7. 二进制数110110010转换为十六进制数、八进制数、十进制数分别为______、______、______。

8. 未来计算机朝着微型化、巨型化、______、智能化方向发展。

三、简答题

1. 计算机由哪几个部分组成？请分别说明各部件的作用。

2. 存储器的容量单位有哪些？

3. 指令和程序有什么区别？试述计算机执行指令的过程。

4. 请分别说明系统软件和应用软件的功能。

5. 解释冯·诺依曼的存储程序工作原理。

6. 计算机采用二进制的原因是什么？

7. 什么是ASCII码？

8. 解释汉字编码的方式。

9. 计算机的应用领域主要有哪些？

四、操作题

1. 实验室中，在教师的指导下，对微机进行简单的拆装，进而了解微机的组成部件及连接方式，提升对计算机系统的认识，并在练习过程中，深刻理解计算机硬件和计算机软件的关系。

2. 键盘的识别、使用：按照机装的软件进行打字练习。输入1000个英文字符、1000个汉字，测算对应的打字速度。多次练习，提高打字效率。

第2章 Windows 7 操作系统

Windows 是 Microsoft 公司在 1985 年 11 月发布的第一代窗口式多任务系统，它开启了PC 使用图形用户界面的时代。2009 年，微软公司发布了 Windows 7 操作系统，它是继 Windows XP之后的又一新作。它吸收了以前版本的优点，既保持了 Windows XP 的安全性、稳定性和高性能等特点，又继承了 Windows 系列的操作简单、兼容性好的特点。与 Windows XP 相比，其界面、性能、系统配置、数据处理速度等方面，均有不错的优化效果，并且 Windows 7 的操作简单、易用，使熟悉 Windows XP 的用户，可以很快掌握 Windows 7。

学习情境引入

公司为新员工罗庆配发了一台新计算机，罗庆是一名计算机初学者，打开计算机后一片茫然。学习操作系统的使用、管理和维护，可以帮助我们创造一个舒心的操作环境，使计算机能够更好地为我们服务。

学 习 目 标

1．掌握 Windows 7 的窗口、菜单、对话框等基本操作方法；
2．掌握文件和文件夹管理的基本操作方法；
3．掌握用户系统设置的相关操作；
4．掌握磁盘清理和整理的相关操作；
5．掌握附件中小程序的操作方法。

2.1 Windows 7 操作系统基础

学 习 任 务

熟悉 Windows 7 系统的界面环境；掌握 Windows 7 系统的基本操作。

知识点解析

Windows 7 是由微软公司开发的操作系统，可供家庭及商业工作环境、笔记本式计算机、平板式计算机、多媒体中心等使用。

Windows 7 操作系统包括 6 个版本：Windows 7 Starter（初级版）、Windows 7 Home Basic（家庭普通版）、Windows 7 Home Premium（家庭高级版）、Windows 7 Professional（专业版）、Windows 7 Enterprise（企业版）和 Windows 7 Ultimate（旗舰版）。本书以 Windows 7 旗舰版为基础进行介绍。

2.1.1 Windows 7 的启动和退出

1. Windows 7 的启动

在安装了 Windows 7 操作系统的计算机中，系统开机自动启动 Windows 7。计算机根据用户的不同设置，启动时可出现图 2-1 和图 2-2 两种情况。

（1）图 2-1 是需要输入用户名和密码的登录界面。如果在“控制面板”→“用户账户”中选择“为您的账户创建密码”命令，那么用户在登录时，必须要输入用户名以及相应的密码，然后单击“确定”按钮，才能登录到 Windows 7 系统，屏幕显示 Windows 7 的桌面，如图 2-2 所示。

图 2-1 “登录到 Windows 7”对话框

图 2-2　Windows 7 的桌面

（2）图 2-2 是未设置用户登录密码的登录界面，启动时直接登录到 Windows 7 操作系统，屏幕直接显示 Windows 7 的桌面。

2. Windows 7 的退出

退出 Windows 7 系统可以通过关机、休眠、注销等操作实现。

关机是关闭计算机系统，此时电源指示灯关闭，计算机停止工作。

注销用户是指当操作系统中有多个用户同时使用一台计算机时，可以通过注销用户来实现此用户的退出，此时计算机不关闭。

休眠是一种暂停状态，这种状态仅仅是待机，当用户希望继续工作时，可以快速恢复工作，这种状态耗电量小，屏幕和硬盘关闭，但是电源不会关闭，一般情况下，晃动鼠标或按键盘的任意键就可唤醒计算机。

正常情况下关闭或重新启动计算机，不可采取直接按主机电源的错误方法，否则，可能会破坏一些未保存的文件和正在运行的程序，导致操作系统文件损坏，系统不能正常启动。

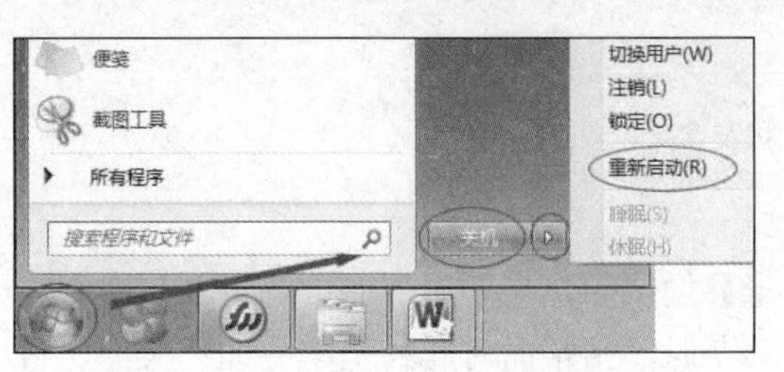

图 2-3 “开始”菜单

正确的关机步骤为

（1）首先关闭所有正在运行的应用程序。

（2）单击 Windows 7 桌面左下角的“开始”按钮，弹出“开始”菜单，如图 2-3 所示。

（3）单击“开始”菜单中的“关机”按钮，系统开始执行关机命令。如果需要重启计算机、注销用户、锁定用户、切换用户等操作，单击

“关机”按钮右侧的▶按钮，选择相应命令即可。

（4）当系统完全关闭后，主机上的指示灯灭。关闭显示器电源开关。

3. 鼠标的使用

鼠标通常是一种带有按键的手持输入设备。图形用户界面中的基本操作就是使用鼠标来选取、移动和激活显示在屏幕上的元素。常见的鼠标分为两种：机械式鼠标和光电鼠标。

（1）机械式鼠标。机械式鼠标下面有个圆形小球，当鼠标在平面上移动时，小球与平面摩擦转动，带动鼠标器的两个光盘转动，产生脉冲，测出X-Y方向上的相对位移量，从而反映出屏幕上鼠标的位置。机械式鼠标的价格比较便宜，但故障率高，需要经常清洗。目前已基本淘汰。

（2）光电鼠标。光电鼠标与机械鼠标最大的不同之处在于其定位方式不同。光电鼠标是通过红外线或激光检测鼠标的位移，将位移信号转换为电脉冲信号，再通过程序的处理和转换来控制屏幕上的光标箭头移动的一种硬件设备。

光电鼠标较可靠，故障率低，但价格比机械式贵。光电鼠标已经取代了传统的机械鼠标，是目前常用的鼠标类型。

鼠标分两键鼠标和三键鼠标，目前常用的是三键鼠标。鼠标基本操作有3种：单击、双击、拖动。如果在桌面上移动鼠标，屏幕上的鼠标指针（箭头或其他形状）也会随之而动，所有鼠标操作都是下列基本操作的组合，如表2-1所示。

表2-1　　鼠标操作基本组合

鼠标动作名称	操作方法
指向（Point）	移动鼠标，将鼠标移到屏幕的一个特定位置或指定对象（为下一个鼠标动作做准备）
单击（Click）	（将鼠标指向目标）快速地按一下鼠标按键（选取一个对象）
双击（Double-Click）	（将鼠标指向目标）快速地按两下鼠标按键（一般用于启动或结束某项程序）
拖动（Drag）	（将鼠标指向目标）按下鼠标按键不放，并移动鼠标（可拖动对象移到新位置，或选取一段文本）

鼠标指针的形状取决于它所在的位置以及程序运行的状态。图2-4列出了常见的几种鼠标形状所代表的不同含义。

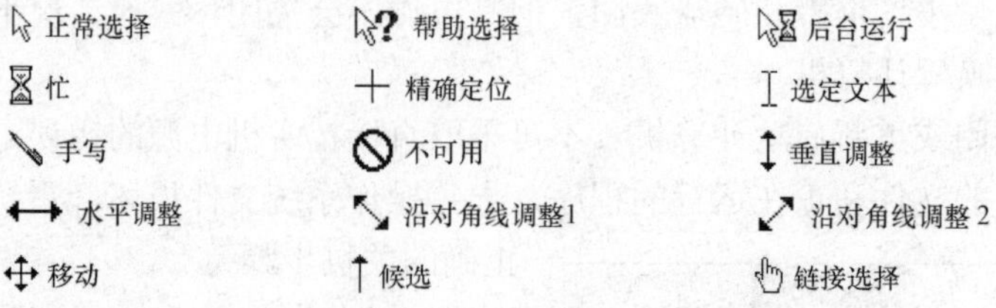

正常选择　帮助选择　后台运行
忙　精确定位　选定文本
手写　不可用　垂直调整
水平调整　沿对角线调整1　沿对角线调整2
移动　候选　链接选择

图2-4　鼠标形状及含义

2.1.2 Windows 7操作系统的桌面

Windows 7为用户提供了操作极其方便的图形界面，用户只要对界面中的各图形对象进行选择就能实现所需的功能。用户在使用Windows 7时，常常面对4种基本界面：桌面、窗口、菜单和对话框。

1. 桌面的组成

桌面是在启动 Windows 7 后，首先出现在屏幕上的区域。它像一张办公桌，因此我们称它为桌面。桌面就是工作区，由桌面背景、桌面图标和任务栏 3 部分组成，而任务栏又由“开始”按钮、程序按钮区、通知区域和“显示桌面”按钮 4 部分组成，如图 2-5 所示。

图 2-5　Windows 7 桌面

（1）桌面背景。桌面背景就是桌面所使用的背景图片，可以根据大小和分辨率来做相应调整。壁纸能让计算机看起来更漂亮，更有个性。

（2）桌面图标。在 Windows 7 中，图标是打开某个应用程序的钥匙。桌面图标由一个小图形和说明文字组成。图标是它的标识，文字则是它的名称。桌面图标分为两种：一种是系统图标；一种是快捷方式图标。快捷方式图标是指应用程序的快捷启动方式。Windows 7 桌面上常见的图标有计算机、用户的文件、网络、Internet Explorer、回收站、应用程序的快捷方式图标等。

1）计算机：利用它可以查看、管理计算机资源。

2）Sim（用户名）文件：是一个用户的文件夹（Sim 是图例中的用户，此用户是操作系统中的自建用户，用户名按个人需要自行设定），其中可以存储用户经常使用的文件夹和文件，便于用户以最快的速度找到所需的文件。

3）网络：可以查看和使用网络，实现资源共享。

4）Internet Explorer：一个应用程序，它是 Web 浏览器，使用它浏览网络中的信息。

5）回收站：如同办公桌旁的废纸篓。用户从硬盘删除的文件都存放在这里，如果误删了文件，还可以随时恢复。

（3）任务栏。

1）“开始”按钮：是 Windows 7 应用程序的入口。通过执行“开始”菜单中的命令，用户可以启动程序、打开文档、查找信息、关闭系统等。

2）程序按钮区：用一个个按钮表示用户正在运行的程序的最小化图标。每当用户运行一个程序时，在任务区域上都将出现一个与之对应的按钮。单击图标，就可以运行相应的应用程序。例如，打开 Word 文档，在任务区域中就会出现按钮。

3）通知区域：位于任务栏右侧，通知区域中的图标表示了系统的某些可用特性。根据系统配置的不同，该区域中的指示器个数和内容也不同。该区域中常见的图标有输入法指示器、音量、Internet 连接图标、时钟等。

4）“显示桌面”按钮：位于任务栏的最右侧，单击此按钮可以将所有打开的窗口最小化到任务栏，直接显示桌面。

2. “开始”菜单的组成

“开始”菜单是 Windows 7 的重要组件之一，它是由“固定程序”列表、“常用程序”列表、“所有程序”菜单、“启动”菜单、“搜索”文本框、“关机”按钮、“用户”头像几部分组成，如图 2-6 所示。

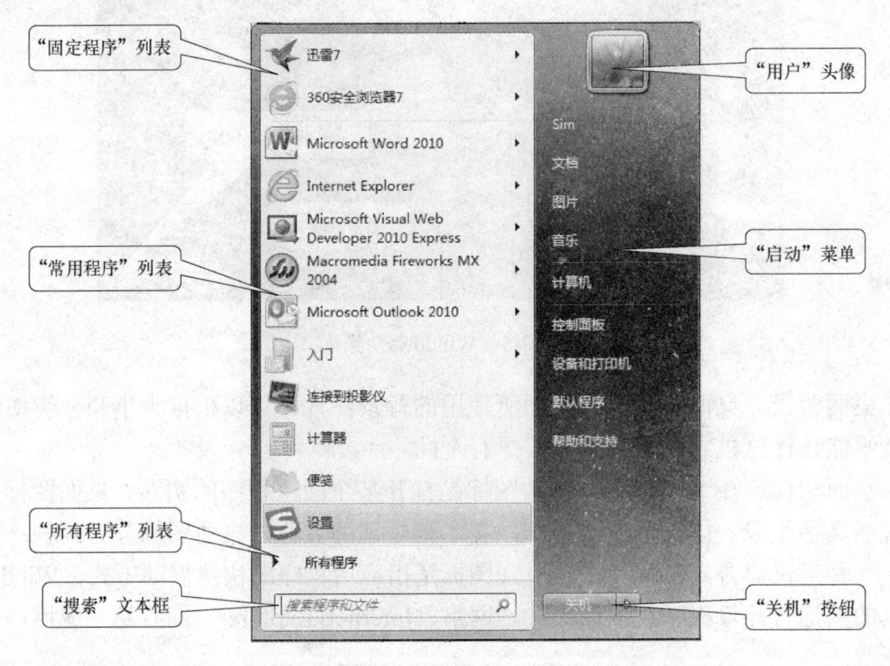

图 2-6 “开始”菜单

（1）“固定程序”列表：在“开始”菜单的最上边，显示被用户固定的程序清单，单击某个程序将直接打开该程序，这样可以为用户节省时间。

（2）“常用程序”列表：在“固定程序”列表的下边，用一条横线隔开，列出最近打开的 10 个程序，按时间顺序依次替换，单击某个程序将直接打开该程序。

（3）“所有程序”菜单：“所有程序”菜单是系统中安装的所有应用程序的列表。将鼠标指针移动到“所有程序”选项，会出现下一级子菜单，用户只要将鼠标指针指向要执行的应用程序项，单击即可运行该程序。

（4）“搜索”文本框：Windows 7 的“开始”菜单中加入了强大的搜索功能，通过“搜索”文本框可以搜索和查找本机或网络中其他计算机中的文件或资源，使查找更方便。

3. 桌面图标的基本操作

桌面是所有操作的起点，对计算机的所有操作也是在桌面上完成的。因此，整理好自己的桌面，适当美化自己的桌面是非常必要的。

（1）排列桌面图标。

1）自动排列桌面图标。在桌面上的任意空白处右击，弹出快捷菜单，选择“查看”→“自动排列图标”命令，使桌面上的图标自动排列，如图 2-7 所示。

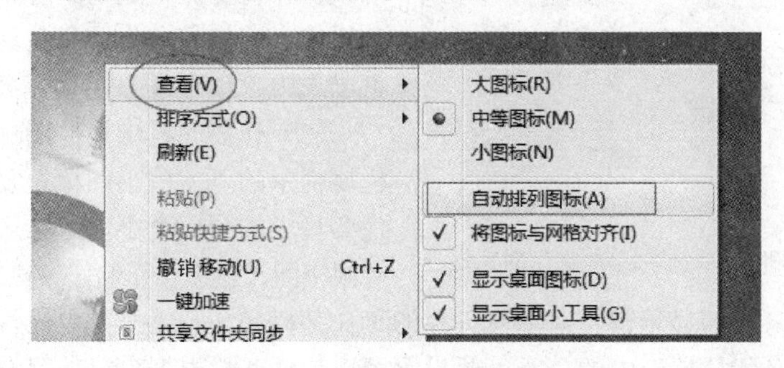

图 2-7 自动排列桌面图标

2）自行设置桌面图标的排列方式。在桌面上的任意空白处右击，在弹出的快捷菜单中选择“排序方式”命令，然后按所需选择子菜单中的排列方式，可按名称、大小、项目类型和修改日期排序，如图 2-8 所示。此时用户会发现桌面上的图标已经按照设置进行排列了。

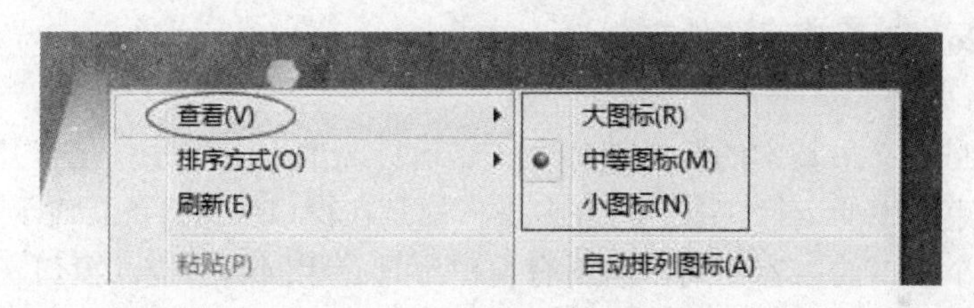

图 2-8 查看桌面图标

3）拖动图标按自己意愿排列。不管桌面上的图标按照何种方式进行排列，都不可能完全符合用户的使用习惯。对此，用户可以在取消“自动排列图标”命令的前提下，用鼠标随意拖动桌面上的图标，按照个人喜好进行摆放，将平时最常用的图标放在自己最顺手的位置。

（2）查看桌面图标。用户可以按照自己的需要设定桌面图标的显示方式，常用的图标显示方式有 3 种：大图标、小图标和中等图标。在桌面上的任意空白处右击，弹出快捷菜单，选择“查看”命令，单击选择需要的查看方式，图 2-8 中选择的是中等图标。

（3）删除桌面图标。当桌面存在用户暂时不需要的图标时，可以通过删除桌面图标清理桌面。删除桌面的图标有两种方式：

1）选中桌面上需要删除的图标，按住鼠标左键，将图标拖动到“回收站”里，当“回收站”的图标变为深色时释放鼠标左键，即可删除桌面图标。

2）鼠标指针移动到需要删除的图标之上，右击，在弹出的快捷菜单中选择“删除”命令，弹出“删除快捷方式”对话框，单击“是”按钮，完成删除操作。

4. 任务栏的设置

与 Windows XP 相比，Windows 7 操作系统的任务栏有了较大的改观，增加了很多新的功能，因此 Windows 7 操作系统的任务栏也被称为“超级任务栏”。任务栏的外观可以根据自己的需求自行设置。

在任务栏的空白位置右击，在弹出的快捷菜单中选择“属性”命令，弹出“任务栏和「开

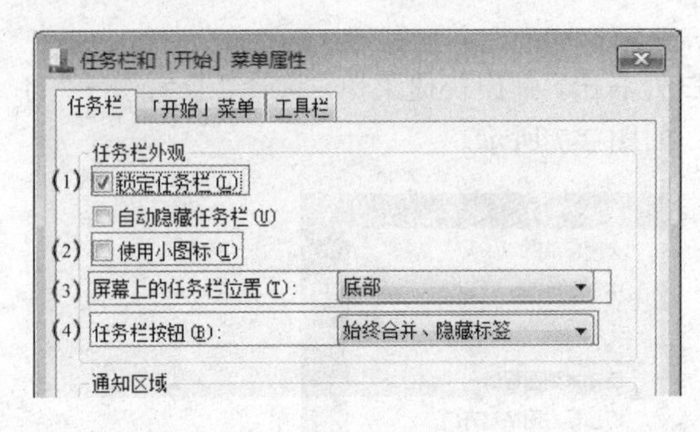

图 2-9 “任务栏和「开始」菜单属性”对话框

始」菜单属性”对话框，如图 2-9 所示。

（1）锁定任务栏：用户在工作时，容易出现误操作将任务栏拖动到屏幕的两侧，或将任务栏的高度拉高，为了避免这些情况的发生，可以选中“锁定任务栏”复选框。

（2）让任务栏中快捷图标变小：选中任务栏属性中的“使用小图标”复选框，就可以把任务栏中的图标变小，这样可以节省任务栏的有限空间，也不会影响任务栏的其他任何操作。

（3）选择任务栏的显示位置：在任务栏的“任务栏和「开始」菜单属性”对话框中，选择“屏幕上的任务栏位置”中的命令，此设置可以让任务栏根据自己的习惯，在桌面的上、下、左、右 4 个不同位置显示。

（4）定义任务栏中的按钮：在任务栏的“任务栏和「开始」菜单属性”对话框中，选择“任务栏按钮”中的命令，可以定义任务栏按钮的模式，如果您不喜欢全新的任务栏图标，可以选择“从不合并”，单击“确定”按钮后会变为“图标+窗口名称”的传统方式。

2.1.3　Windows 7 操作系统的窗口

1. 窗口的组成

窗口是 Windows 7 最基本的组成部件之一。运行一个应用程序就是打开了一个窗口，关闭窗口就可以结束程序的运行。用户的许多操作都是在窗口中进行的。对于不同程序、文件、文件夹，虽然每个窗口的内容不同，但所有窗口都具有相同的结构。窗口一般由标题栏、地址栏、搜索框、菜单栏、工具栏、窗格、工作区和状态栏几部分组成。下面以“计算机”窗口为例，介绍窗口的组成，如图 2-10 所示。

图 2-10　窗口的组成

（1）标题栏：显示当前窗口的标题。在 Windows 7 的窗口中，有些标题栏只显示了控制按钮区，在控制按钮区中有3个控制按钮，分别是“最小化”、“最大化”或“向下还原”、“关闭”按钮。

（2）地址栏：显示当前窗口的路径，通过它还可以访问Internet中的资源。

（3）“搜索”文本框：在“搜索”文本框中输入想要搜索的文件名或文件关键字，按Enter键或单击后面的“搜索”按钮即可定位到文件。

（4）工具栏：由常用命令按钮组成，单击命令按钮即可执行相应操作。有些工具按钮右侧有▼按钮，单击此按钮可打开下拉列表。

（5）菜单栏：由命令菜单组成，每个菜单中可以有多个菜单项。单击某个菜单按钮便会弹出相应的下拉菜单，若某菜单项中含有▶图标，则还可以弹出子菜单，通常称为级联菜单。

（6）窗格：Windows 7系统的窗口窗格有多种类型，在“计算机”窗口中有3种类型：导航窗格、细节窗格和预览窗格。选择工具栏中的“组织”→“布局”命令，在级联菜单中可选择显示或取消显示任一窗格。

（7）工作区：是窗口中最大的区域，用来显示用户对文件和对象的完成操作过程，并在显示器中输出操作结果。当窗口中显示内容太多时，窗口的右侧会出现垂直滚动条，单击滚动条两端的▲、▼按钮或拖动滚动条或滚动鼠标滚轮都可以使窗口中的内容垂直滚动。

（8）状态栏：位于窗口最下方的一行，主要用来显示应用程序中相关信息或选中对象的有关状态和操作提示。

2. 窗口的基本操作

Windows 7操作系统中，用户的许多操作都是在窗口中进行的。窗口的操作是Windows 7中最基本最重要的操作之一。下面依次介绍窗口的基本操作。

（1）打开窗口。Windows 7操作系统中，打开窗口就是启动程序，有很多种方法可以打开窗口，下面以“计算机”窗口为例介绍常用的操作方法。

1）首先找到应用程序图标所在的目录，这里是桌面，鼠标指针指向“计算机”图标，双击图标，即可打开“计算机”窗口。

2）找到“计算机”图标位置，鼠标指针移动到“计算机”图标上，右击，在弹出的快捷菜单中选择“打开”命令，打开“计算机”窗口。

3）单击“开始”按钮，从“开始”菜单中选择“计算机”命令，打开“计算机”窗口。

（2）关闭窗口。关闭窗口就意味着结束一个程序的运行。当窗口暂时不再使用时，应该将窗口关闭，以节约系统资源，提高系统响应速度。下面以关闭“计算机”窗口为例，介绍关闭窗口的常用操作方法。

1）单击“计算机”窗口右上角的关闭按钮，即可关闭窗口。

2）在“计算机”窗口的菜单栏中选择“文件”→“关闭”命令，也可关闭窗口。

3）在“计算机”窗口标题栏的空白位置右击，在弹出的快捷菜单中选择“关闭”命令，可以关闭窗口。

4）使用Alt+F4组合键，可快速关闭“计算机”窗口。

（3）改变窗口大小。Windows 7的操作系统中，窗口大小可以按照用户的需求进行调整。下面以“计算机”窗口为例介绍改变窗口大小的操作方法。

1）手动调整窗口大小。当窗口没有处于最大化或最小化时，用户可以通过手动的方式任意调整窗口大小。需要手动改变窗口大小时，将鼠标指针指向窗口的边框或四角上，鼠标指针自动变成双箭头形状，此时拖动窗口，就可改变窗口的大小。双箭头的方向有以下4种：⤢、⤡、⟺、⇕，分别出现在窗口的左下角或右上角、右下角或左上角、左右边框和上下边框。⤢、⤡箭头用于等比例放大或缩小窗口，⟺用于改变窗口的宽度，⇕用于改变窗口的高度。

2）控制按钮调整窗口大小。我们还可以利用“最小化”按钮、“最大化”按钮和“向下还原”按钮来调整窗口大小。

（4）切换窗口。在Windows 7中可以同时打开多个窗口，但在某一时刻，只有其中的一个窗口是活动窗口。活动窗口位于非活动窗口的前面，活动窗口的标题栏处于高亮度状态，说明此窗口是活动窗口，否则为非活动窗口。只有活动窗口才能与用户进行交互操作。因此用户在操作过程中经常需要在各窗口之间进行切换，切换窗口的方法有以下两种：

1）使用程序按钮区。所有正在运行的程序在任务栏上会出现它的程序图标按钮，通过单击用户需要的程序图标，完成各程序窗口之间的切换。

2）使用快捷键。使用组合键在各窗口之间切换也是不错的选择，组合键切换窗口有Alt+Tab和Alt+Esc两种组合方式，Alt+Tab组合键在窗口之间切换时，会弹出运行程序的图标和程序名称。而Alt+Esc组合键在窗口之间切换时，是直接在各窗口之间切换，而不出现程序图标。两种组合键的操作方法类似，都是按住Alt键不动，再按Tab或Esc键，依次挑选窗口，直至出现所需窗口时，同时松开组合快捷键。

2.1.4 Windows 7 操作系统的菜单

菜单是Windows 7系统中一个比较重要的组件，将各种命令以分类的形式集合在一起就构成了菜单。

1. 菜单的类型

Windows 7系统中菜单主要包括开始菜单、窗口菜单和快捷菜单。

（1）开始菜单：开始菜单是应用程序运行的总起始点。

（2）窗口菜单：也称为“下拉菜单”。窗口菜单是文件夹或应用程序菜单栏中的菜单。

使用鼠标操作：单击窗口菜单栏上的菜单项，可以弹出下拉菜单，在各菜单项中移动鼠标指针可切换下拉菜单，选择下拉菜单中的命令，可完成相关操作。

使用快捷键操作：菜单也可使用“Alt+快捷键”打开，快捷键的标识字母在菜单项的后面。例如，“文件”菜单项的快捷键字母为F，按下Alt键的同时，再按F键即可打开“文件”的下拉菜单，如图2-11所示。

文件(F) 编辑(E) 查看(V) 工具(T) 帮助(H)

图2-11 菜单项的快捷键

（3）快捷菜单：快捷菜单是右击一个项目或一个区域时弹出的菜单列表。在不同的位置右击会弹出不同的快捷菜单，结合具体的对象可以具体使用。

2. 常用标识符号

在打开的菜单中，用户会发现有些菜单项颜色暗淡，这表示该菜单项在当前状态下不可选用。

在菜单中，Windows 7使用了许多特殊符号标示，分别代表不同的含义，常见的标示如下：

（1）▶：如果菜单项后面有箭头▶，则选择此命令将引出子菜单，这种菜单也称为级联菜单。

（2）…：菜单项后有省略号…，表示一个没有完成的命令，单击它后会弹出一个对话框，以期待用户输入必要的信息或做进一步的选择。

（3）√：表示此命令为开关命令，此时处于打开状态。再次选择时√将消失，该开关命令被关闭。

（4）●：表示此菜单为单选菜单，在列出的菜单组中，同时只能有一项被选中。

3. 菜单栏的设置

窗口中的菜单栏是默认出现的，因为某些误操作导致菜单栏未显示的时候，我们需要将菜单栏显示在窗口中。操作方法如下：在打开窗口中，选择“组织”→“布局”命令，选中“菜单栏”复选框，即可添加该菜单栏，如图 2-12 所示。如果取消选中“菜单栏”复选框，菜单栏将不再显示在窗口中。

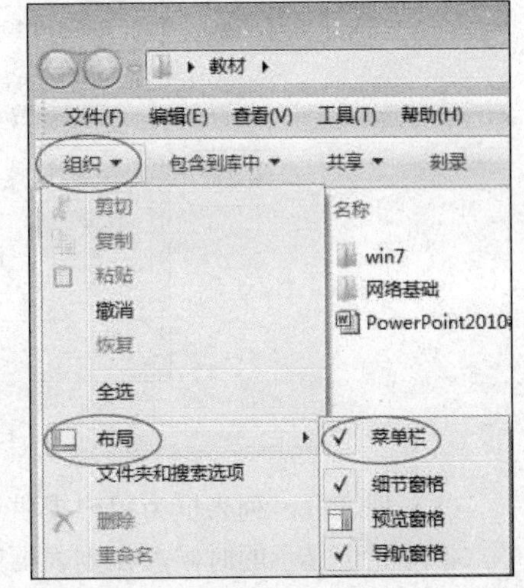

图 2-12　显示菜单栏

2.1.5　Windows 7 操作系统的对话框

对话框实际上是一个小型的特殊窗口，它是系统和用户进行信息交流的一个界面。在执行某些命令时，系统需要询问用户，获得用户信息，就通过对话框来提问，用户通过回答问题来完成对话。对话框一般由标题栏、选项卡、组合框、文本框、列表框、下拉列表、微调框、命令按钮、单选按钮和复选框组成。由于对话框类型比较多，不同类型的对话框中所包含的构件各不相同。

（1）标题栏：位于对话框的最上方，左侧显示对话框的名称，右侧是“关闭”按钮 和“帮助”按钮 ，如图 2-13 所示。

（2）选项卡：位于标题栏的下方，对话框中的选项，相当于窗口中的菜单。对话框由一个或多个选项卡组成，用户通过在选项卡之间切换来设置相应的操作，如图 2-13 所示。

（3）组合框：选项卡中包含几个不同的组合框，中间由横线或方框隔开，用于将不同类别的操作分类隔开，如图 2-13 所示。

（4）文本框：是用于输入文本信息的一种矩形区域，供用户输入文字信息。首先将鼠标指针指向文本框，然后单击，文本框中出现一个 I 字形指针，此时用户就可以输入文字内容，如图 2-13 所示。

（5）单选按钮：是一组相互排斥的选项，使用一个小圆圈 表示，通过单击就可以在选中和非选中状态之间切换，被选中的单选按钮中间会出现一个实心圆点 。任意时刻必须且只能从中选择一项，如图 2-13 所示。

（6）复选框：是一个可以“开”或“关”的任选项，在列出的一组复选框中，可以选择一个选项也可以选择多个选项。使用正方形 表示，被选中的复选框中间会出现一个勾 ，如图 2-13 所示。单击选项前面的 形图标，图标变成 形状，表示选中，再单击一次，又回到未选中状态。很多对话框中常列出若干个复选框，用户可根据自己的需要来选取其中的某些选项。

（7）命令按钮：是带有文字、并且突出的矩形区域，例如，“确定”按钮、“取消”按钮是各对话框中几乎都有的命令按钮。当单击“确定”按钮后，则执行对话框对应的命令，该对话框也同时被正常关闭。单击“取消”按钮，则不执行对话框对应的命令而关闭对话框，如图 2-13 所示。

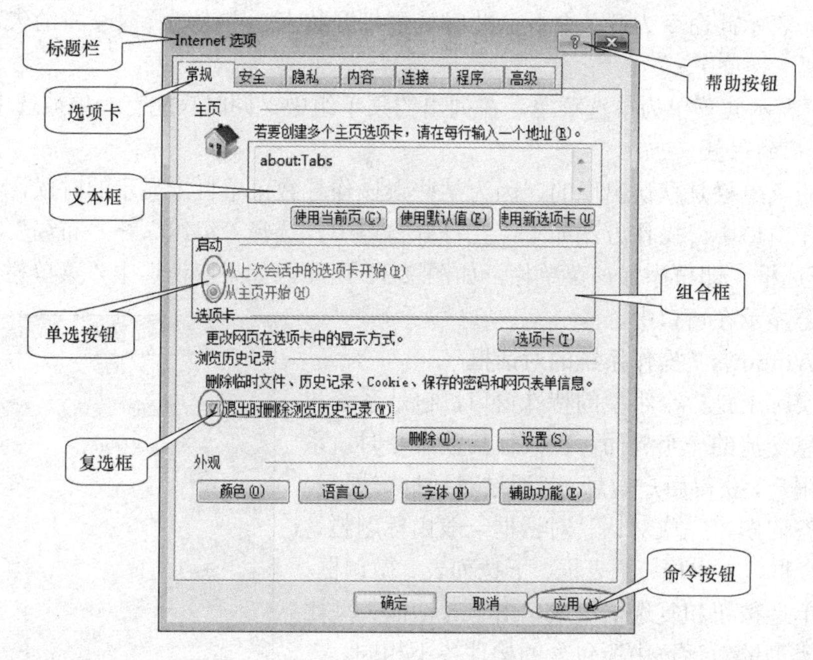

图 2-13　Internet 选项对话框组成

（8）列表框：列表框为用户提供选择的选项，用户不需要输入信息，当列表框中内容较多，不能完全显示的时候，在列表框的右侧会出现垂直滚动条。用户可以通过单击右侧的上下按钮或拖动滚动条或滚动鼠标滚轮来查看列表框的内容，如图 2-14 所示。

（9）下拉列表：单击下拉列表右侧的▼按钮可以展开或折叠下拉列表，用户可以从弹出的下拉列表中选择需要的选项，如图 2-14 所示。列表关闭时，框中显示被选中的项。

（10）数值框：文本框与调整按钮组合在一起组成数值框，用户既可以通过单击数值框右边的调整按钮，改变数值大小，也可以在框中直接输入数值大小，如图 2-14 所示。

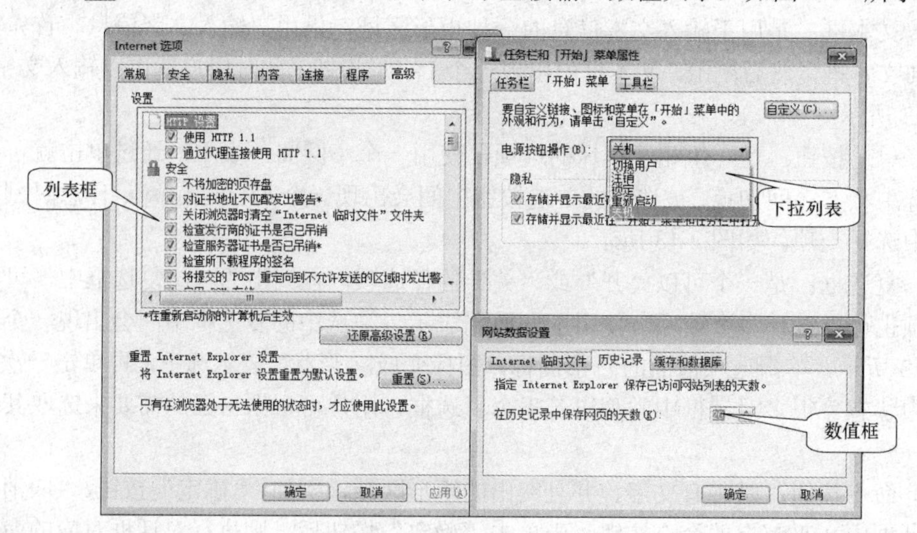

图 2-14　对话框组合

2.1.6　Windows 7 操作系统的跳转列表

相对于 Windows XP，Windows 7 的快捷方式做了很明显的改进。在 Windows 7 系统中可以创建一个跳转列表（Jump List），是 Windows 7 及以上系统等同于超级任务栏的一部分，如图 2-15 所示。Windows 7 的跳转列表将每个程序的文件、网站或任务单独列出，并保存文档记录，打开过的文档都在这里记录。每次打开文件、网站或任务时，只需通过 Windows 7 的跳转列表，即可选择列表中的快捷方式。

1. 打开“跳转列表”

（1）要打开“开始”菜单的跳转菜单，只需将鼠标指针移动到需要打开的程序上，即可弹出相应的“跳转列表”，如图 2-15（a）所示。

（2）要打开任务栏处的跳转菜单，首先将鼠标指针移动到需要打开的程序上，右击，即可弹出“跳转列表”，如图 2-15（b）所示。

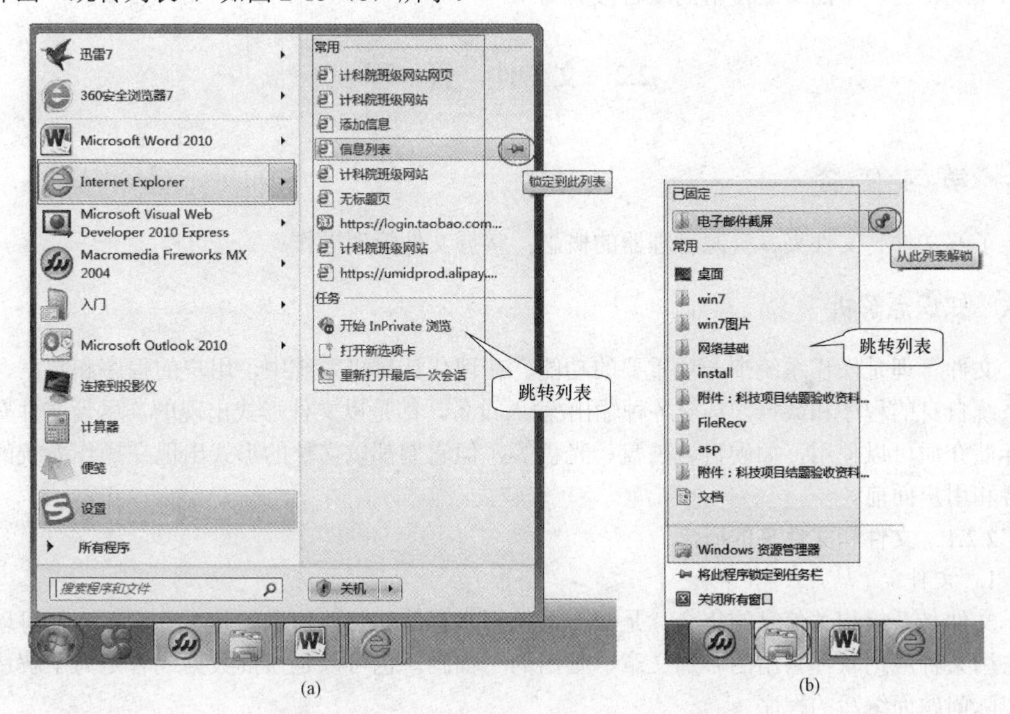

图 2-15 “开始”菜单和任务栏的“跳转列表”

2. 锁定和解锁“跳转列表”

（1）锁定“跳转列表”：对于经常使用的文档或资源，可以使用锁定“跳转列表”功能。锁定的方法有两种：

方法一：在“跳转列表”中，选择需要锁定的文档，单击“锁定到此列表”按钮。

方法二：在“跳转列表”中，选择需要锁定的文档，右击，在弹出的快捷菜单中选择“锁定到此列表”命令。

（2）解锁“跳转列表”：解锁“跳转列表”的方法也有两种：

方法一：在“跳转列表”中，选择需要解锁的文档，单击“从此列表解锁”按钮。

方法二：在“跳转列表”中，选择需要解锁的文档，右击，在弹出的快捷菜单中选择“从此列表解锁”命令。

学生上机操作

1．启动计算机，查看计算机启动后是否需要输入账号和密码；并重新启动计算机系统。

2．打开“计算机”窗口、“网络”窗口、“回收站”窗口、“IE 浏览器”窗口；使“计算机”窗口最大化，“网络”窗口最小化；并使用快捷键将“IE 浏览器”切换为活动窗口。

3．设置“计算机”窗口出现预览窗格。

4．使桌面图标按名称的方式排序，并以大图标的形式显示；设置桌面上不显示“用户的文件”图标。

5．设置任务栏通知区域中的系统图标只显示“声音”图标。

6．打开“计算机”窗口的跳转列表，并锁定“常用”组合框中的任意文件夹，设置“要显示在跳转列表中的最近使用的项目数”为 15 个。

2.2 文 件 管 理

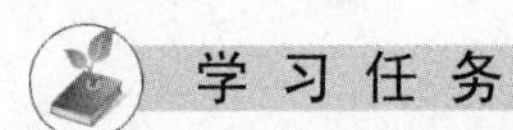

学 习 任 务

了解文件、文件夹、资源管理器的概念；掌握文件管理操作。

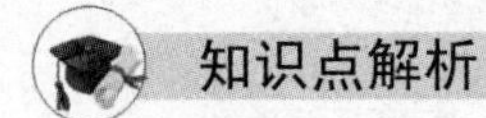

知识点解析

文件管理是操作系统中一项重要的功能。在现代计算机系统中，用户的程序和数据、操作系统自身的程序和数据，甚至各种输出/输入设备，都是以文件形式出现的。尽管文件有多种存储介质可以使用，如硬盘、软盘、光盘等，但它们都以文件的形式出现在操作系统的管理者和用户面前。

2.2.1 文件和文件夹的概念

1. 文件

文件是一组相关信息的集合，是操作系统用来存储和管理信息的基本单位。文件可以是用户用某种应用软件写出的一篇文章、画出的一幅画，也可以是一批数据或者是为了解决某个实际问题而编写的程序。

文件存放在磁盘中，磁盘可以保存大量文件。为了便于管理这些文件，操作系统仿效日常生活中人们整理图书资料的方法，允许用户在磁盘中建立文件夹，通常也称为目录，将文件分门别类地存放。

2. 文件夹

文件夹是用于存储程序、文档、快捷方式和其他子文件夹的地方。一个文件夹对应一块磁盘空间。文件夹的路径是一个地址，它告诉操作系统如何才能找到该文件夹。

文件夹作为一个存放其他对象（如子文件夹、文件）的容器，是以图标的方式来显示的。使用它可以访问大部分应用程序和文档，很容易实现对象的复制、移动和删除。

用户可以这样来理解磁盘、文件夹和文件：磁盘可以看做文件柜，文件柜中的公文袋就是文件夹，公文袋中的文稿或图样就是文件。当然文稿或图样也可以不放在公文袋中，而是直接放在文件柜中，公文袋中也可以装有小公文袋，即文件夹中还可以有子文件夹。

3. 文件名及文件夹名

文件和文件夹是“按名存取的”，所以每个文件或文件夹必须有一个确定的名字。文件的名称由文件名和扩展名组成，扩展名和文件名之间用一个字符“.”隔开。通常扩展名用来表明文件的类型，由 1~3 个合法字符组成。例如，.exe 表示可执行文件，.docx 表示 Word 文档，.txt 表示文本文件等。

文件夹的命名规则与文件的命名规则相同，但是文件夹没有扩展名。

文件名和文件夹名的命名规则约定如下：

（1）Windows 7 支持长文件名，允许文件名最长可达 256 个字符。这些字符可以是英文、中文、数字或特殊字符等。

（2）文件名中不能出现 \、/、:、*、？、“、<、>、| 9 个字符。

（3）文件名不区分英文大小写，但是显示时可以保留大小写格式。

（4）文件名除了开头之外任何地方都可以使用空格。

（5）文件名可以有多于一个的圆点。

（6）同一文件夹中的文件不能重名。

2.2.2 资源管理器

用户在使用计算机时，很大一部分工作是对文件进行管理，即对文件和文件夹进行组织、保护、处理、查找等工作。因此，能否熟练地进行文件管理是衡量初学者使用计算机能力的一个重要指标。Windows 系统中资源管理器是用户经常浏览和查看文件的重要窗口。在 Windows 7 系统中，微软对资源管理器进行了很多改进，并赋予了更多新颖有趣的功能，操作更便利。

Windows 7 中，“资源管理器”和“计算机”都是文件管理的工具，二者的功能相似，也可以说在“计算机”中能完成的功能，在“资源管理器”中也一样能实现。但是如果要处理大量的对象或者复制或删除整个文件夹，使用“资源管理器”更方便、更容易。本节主要介绍在“资源管理器”中如何进行文件管理，在“计算机”中的相关操作与之类似。

1. 启动“资源管理器”

“资源管理器”的启动方法有下面两种：

（1）单击桌面左下角的“开始”按钮，依次选择“所有程序”→“附件”→“Windows 资源管理器”命令，即可打开“资源管理器”窗口。

（2）将鼠标指针指向“开始”按钮，右击，在弹出的快捷菜单中，选择“打开 Windows 资源管理器”命令。

2. “资源管理器”窗口的关闭

关闭“资源管理器”窗口的方法和关闭“计算机”窗口的操作完全一样。操作步骤参见窗口关闭的基本操作。

3. 资源管理器的使用

在 Windows 7 资源管理器中，在窗口左侧的列表区，包含收藏夹、库、计算机和网络等四大类资源。当浏览文件时，特别是文本文件、图片和视频时，可以在资源管理器中直接预览其内容。

（1）调节“资源管理器”窗格大小。“资源管理器”窗格的大小可以调节，调节方法如下：将鼠标指针指向窗格之间的分隔条处，待鼠标指针变成双箭头形式时，按住鼠标左键拖动，待调整到适当位置时，松开鼠标左键即可。

（2）浏览计算机资源。“资源管理器”的左侧导航窗格中用图标显示出计算机的各种资源。如图 2-16 所示，资源管理器左侧的窗格中显示出硬盘的文件夹结构，图标“Windows 7_OS（C:）”表示根文件夹，在根文件夹中有“alipay”、“asp”、“game”等文件夹。

从图 2-16 中可以看到，有些文件夹图标前有一个三角形按钮 ▷，表示该文件夹还包含子文件夹，但在树形结构中没有显示出来。单击 ▷ 按钮，可以展开该文件夹，▷ 变为 ◢ 按钮，子文件夹显示出来。再单击 ◢ 按钮，◢ 变为 ▷，将文件夹折叠起来，不显示该文件夹中包含的子文件夹。

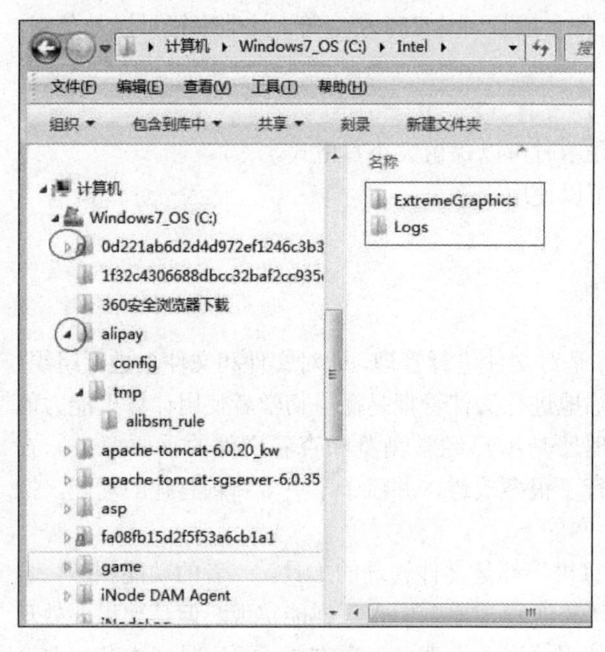

图 2-16 “资源管理器”窗格

（3）查看磁盘或文件夹的内容。“资源管理器”左侧窗格中只显示文件夹结构而不显示文件，用户若想查看磁盘的某个文件夹中包含哪些文件，就要在左侧窗格中单击选定该文件夹。选定后，右侧窗格中就将显示该文件夹中包含的文件和子文件夹。如图 2-16 所示，左侧窗格中选中的是 C 盘中的“alipay”文件夹，右侧窗格中显示的就是该文件夹中的文件及子文件夹。

（4）快速切换目录。Windows 7 操作系统默认的地址栏用按钮模式取代了传统的纯文本模式，如图 2-17 所示。地址栏中文件夹的路径以按钮的方式依次显示。在地址栏区域中文件夹按钮的后面有一个▶按钮，单击文件夹后的▶按钮，箭头方向会变为▼，并且弹出下拉菜单，该下拉菜单会显示此目录下所有文件夹的名称，方便用户快速切换目录。

图 2-17　按钮模式的地址栏

（5）显示文件路径。单击地址栏空白区域，可显示文件或文件夹的路径，如图 2-18 所示。

（6）查找文件或文件夹。Windows 7 操作系统的资源管理器将搜索框搬到了窗口表面，位置在“资源管理器”的右上角，在“搜索”文本框中输入关键字即可在当前文件夹中查找文件或文件夹。

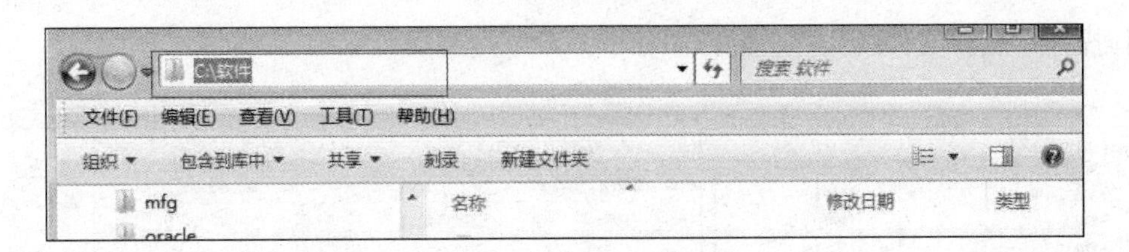

图 2-18　显示文件路径的地址栏

（7）显示或隐藏窗格。

1）当“导航窗格”隐藏时，可以通过选择工具栏中的“组织”→“布局”命令，在级联菜单中选中“导航窗格”复选框，即可显示出“导航窗格”。使用同样的方法可以将“细节窗格”或“预览窗格”显示出来。如果需要隐藏任一窗格，仅需取消选中该复选框即可，如图 2-19（a）所示。

2）“预览窗格”的显示和隐藏也可通过单击任务栏右侧的“显示预览窗格”按钮切换，如图 2-19（b）所示。

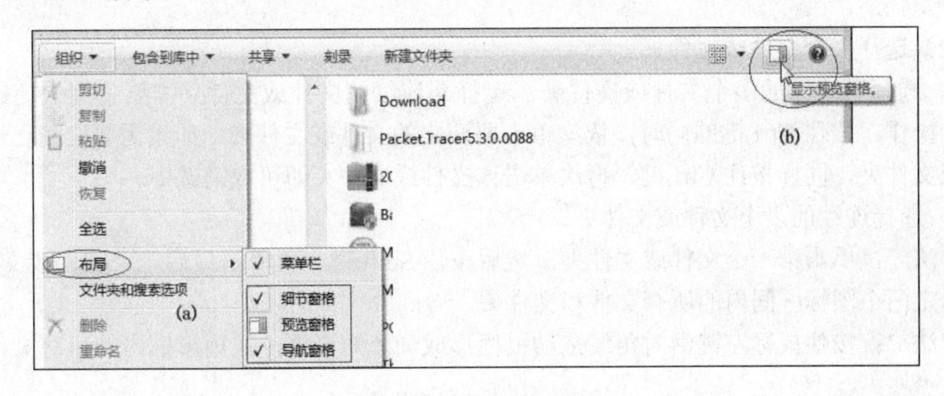

图 2-19　窗格的显示

2.2.3　文件和文件夹管理

文件管理操作包括创建文件夹、复制文件或文件夹、删除文件或文件夹、移动文件或文件夹、重命名文件或文件夹、查找文件或文件夹等。

文件管理操作可以选用菜单命令完成，可以使用组合键完成，也可以借助工具按钮来完成，有些操作还可以用鼠标拖动的方式实现。下面具体介绍文件管理的操作方法。

1. 显示文件或文件夹

单击右上角的“更改您的视图”按钮，可以更改文件或文件夹的显示类型，Windows 7 中文件或文件夹的显示类型有超大图标、大图标、中等图标、小图标、列表、详细信息、平铺等。

（1）单击“更改您的视图”按钮，可依次在不同的显示方式之间切换。单击“更改您的视图”按钮右侧的▼按钮，可打开图 2-20（b）中的菜单，选择合适的显示类型即可。

（2）还可在窗口的工作区空白处，右击，在弹出的快捷菜单中选择“查看”命令，在二级菜单中选择合适的显示类型，如图 2-20（a）所示。

2. 选择文件和文件夹

文件管理操作要遵循“先选择后操作”的原则，即先选择操作对象，然后针对操作对象做具体操作。选择文件或文件夹的方法如下：

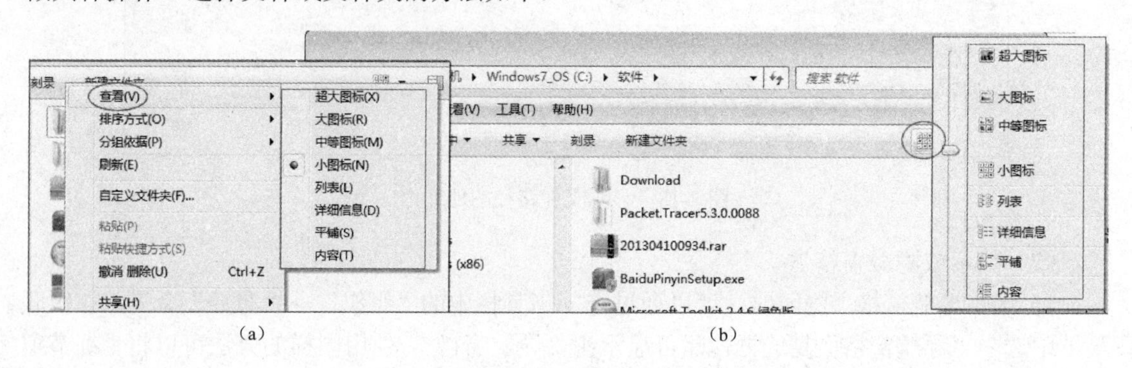

(a) (b)

图 2-20 文件的显示方式

（1）选择单个文件或文件夹。找到要选择的文件或文件夹的存放位置，单击要选择的文件或文件夹即可。当文件或文件夹的图标背景变为蓝色时，表示此文件或文件夹已被选中。

（2）选择多个文件或文件夹。

1）选择不连续的多个文件或文件夹。选择不连续的文件或文件夹需要使用快捷键 Ctrl 键配合操作，按住 Ctrl 键的同时，依次单击要选定的文件或文件夹。如果需要取消已选定的文件或文件夹，同样按住 Ctrl 键，再次单击该文件或文件夹即可取消选中。

2）选择连续的多个文件或文件夹。

方法一：单击第一个文件或文件夹，然后按住 Shift 键，再单击最后一个文件或文件夹，即可选定两个图标区间内的所有文件和文件夹。

方法二：按住鼠标左键沿对角线拖动鼠标形成一个矩形框，在矩形框内的所有文件都被选定。

（3）全选所有文件。全选文件夹中的所有文件和文件夹，也可以通过两种方法实现：

方法一：选择“编辑”→“全选”命令，即可选定文件夹下的所有文件和文件夹。

方法二：使用 Ctrl+A 组合键。

3. 新建文件或文件夹

（1）文件的创建方法。一般情况下都是通过应用程序创建文件。通过应用程序向新文档中加进一些数据，然后选择应用程序菜单栏中“文件”→“另存为”命令把它存放在磁盘上，就会形成一个新文件。无论哪种应用程序，新建文件的过程都是相似的。现在我们以“画图”软件为例来阐述新建文件的过程，如图 2-21 所示。

1）启动“画图”软件：选择“开始”→“所有程序”→“附件”→“画图”命令，打开“画图”窗口。

2）绘制图形：使用画笔在画布上画图。

3）保存文件：单击“画图”窗口左上角的“保存”按钮，在弹出的“另存为”对话框中选择存放文件的位置，并输入文件名，单击“保存”按钮。

4）关闭“画图”程序的窗口，完成文件的建立。

（2）文件夹的创建方法。首先选择我们要创建的文件夹的存放位置，这里我们以“桌面”为例。

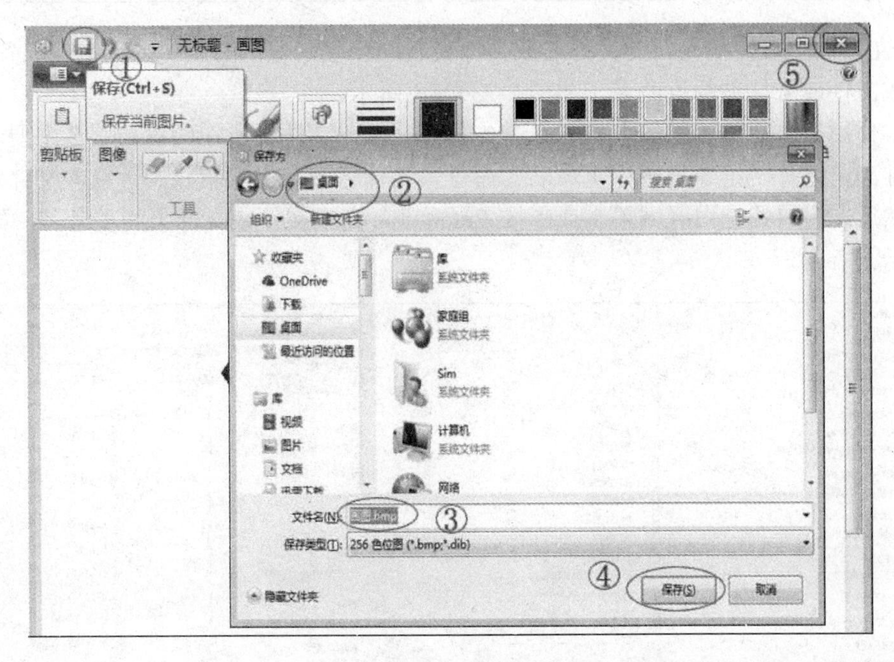

图 2-21 “画图”程序

方法一：选择“文件”→“新建”→“文件夹”命令，在管理器的右侧窗格中将出现新创建的文件夹图标，图标旁的“新建文件夹”是它的临时名字。删除临时名字，输入新文件夹名字，按 Enter 键，即完成新文件夹的创建，如图 2-22（a）所示。

方法二：鼠标指针放于窗口的工作区空白区域，右击，在弹出的快捷菜单中选择“新建”→“文件夹”命令，也可创建新的文件夹，如图 2-22（b）所示。

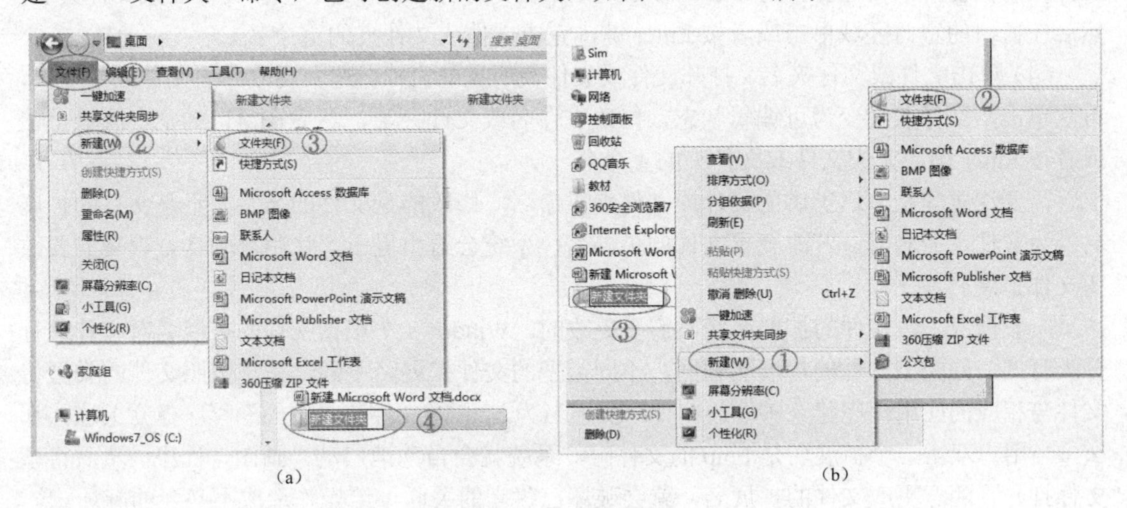

图 2-22 文件夹的创建

4. 重命名文件或文件夹

对文件和文件夹管理，经常遇到文件和文件夹改名的情况，常用的方法有以下 3 种。

（1）使用菜单栏的“文件”菜单。首先打开文件或文件夹所在的窗口，选中要改名的文件或文件夹，选择“文件”→“重命名”命令，此时文件或文件夹处于可编辑状态（蓝底白字），在文本框中直接输入新的文件名或文件夹名，然后在窗口的空白区域单击或者按 Enter 键，完成文件或文件夹的重命名，如图 2-23（a）所示。

（2）使用工具栏的“组织”按钮。首先打开文件或文件夹所在的窗口，选中要改名的文件或文件夹，选择“组织”→“重命名”命令，文件名变为可编辑状态，修改文件名或文件夹名，然后在窗口的空白区域单击或者按 Enter 键，完成文件或文件夹的重命名，如图 2-23（b）所示。

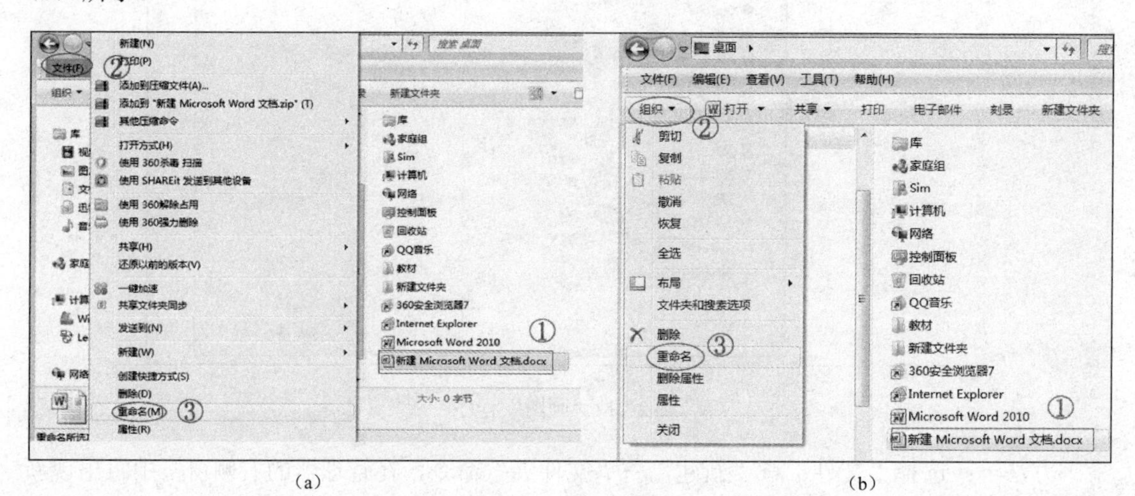

（a）（b）

图 2-23 文件的重命名

（3）使用快捷菜单。打开文件或文件夹所在的窗口，选中要改名的文件或文件夹，右击，从弹出的快捷菜单中选择“重命名”命令，文件名变为可编辑状态，修改文件名或文件夹名，然后在窗口的空白区域单击或者按 Enter 键，完成文件或文件夹的重命名。

（4）单击文件或文件夹名。打开文件或文件夹所在的窗口，选中要改名的文件或文件夹，再次单击，文件名会变为可编辑状态，修改文件名或文件夹名，然后在窗口的空白区域单击或者按 Enter 键，完成文件或文件夹的重命名。

需要注意的是，这里讲的文件或文件夹重命名，修改的是文件的名字而不是文件的扩展名。为文件重命名时，若改变了文件的扩展名，系统会给出提示，让用户确认是否真的要改变文件扩展名。

一般情况下，文件的扩展名是不需要更改的。Windows 7 根据文件的扩展名对文件进行分类管理，同类型文件的扩展名相同，不同类型的文件扩展名不同。系统按照文件的类型将文件与相应的应用程序建立关联。例如，扩展名为.bmp 的文件与“图画”程序建立关联，那么，当用户双击一个扩展名是.bmp 的文件时，系统就会自动地启动“画图”程序，然后将该文件打开。随意更改文件的扩展名，就会破坏已建立的关联，给操作造成不必要的麻烦。

5. 复制文件或文件夹

所谓“复制”，是指原来位置上的文件或文件夹保留不动，而在指定的位置上建立源文件的副本。复制的操作方法一般有以下 5 种：

（1）使用菜单栏的“编辑”菜单。

1）打开源文件所在的“资源管理器”窗口，选中要复制的文件或文件夹。可以选择一个文件或文件夹，也可以选中多个文件或文件夹。

2）选择“编辑”→“复制”命令，如图2-24（a）所示。

3）选择目标文件夹所在的位置。

4）选择“编辑”→“粘贴”命令，即可完成复制操作，如图2-24（b）所示。

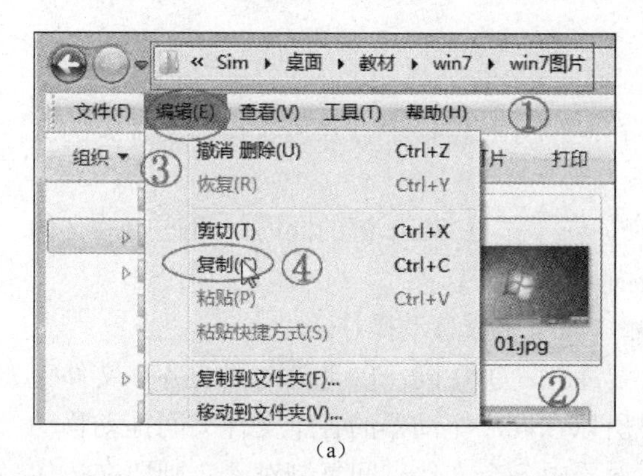

（a）

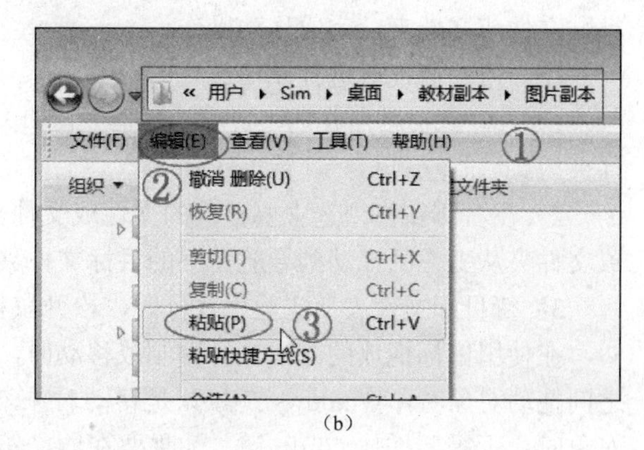

（b）

图2-24 “编辑”菜单中的“复制”和“粘贴”命令

（2）使用工具栏的“组织”按钮。打开源文件所在的“资源管理器”窗口，选中要复制的文件或文件夹，选择“组织”→“复制”命令，选择目标文件夹所在的位置后，选择“组织”→“粘贴”命令，即可完成复制操作。

（3）使用快捷菜单。打开源文件所在的“资源管理器”窗口，选中要复制的文件或文件夹，右击，弹出快捷菜单，选择“复制”命令；再右击目标文件夹的空白区域，弹出快捷菜单，选择“粘贴”命令，即可完成复制操作。

（4）使用组合键。打开源文件所在的“资源管理器”窗口，选中要复制的文件或文件夹，使用 Ctrl+C 组合键复制文件或文件夹，选择目标文件夹所在的位置后，使用 Ctrl+V 组合键粘贴文件或文件夹，完成复制操作。

（5）用鼠标拖放方式。

1）打开源文件所在的“资源管理器”窗口，在左侧导航窗格中打开包含目标文件夹的文件夹树。

2）在右侧窗格中选中要复制的文件或文件夹，左手按住 Ctrl 键的同时，将选中的文件或文件夹从工作区拖动到导航窗格的目标文件夹内。

3）待目标文件夹变成蓝色底框时，松开鼠标，即可完成复制操作。

注意：在按住 Ctrl 键的同时用鼠标拖动要复制的文件或文件夹时，鼠标指针的下方会出现一个标有“+”的小方框，表示此时完成的操作是复制操作，否则是移动操作。

6. 移动文件或文件夹

所谓“移动”是指文件从原来的位置上消失，而出现在指定的新位置上。移动文件或文件夹的操作与复制文件或文件夹的操作非常相似。移动操作也允许同时移动多个文件或文件夹。常用的移动操作方法有以下5种：

（1）使用菜单栏的“编辑”菜单。

（2）使用工具栏的“组织”按钮。

（3）使用快捷菜单。

这 3 种方法移动文件与复制文件的区别在于将“复制”命令改成“剪切”命令，其他不变。

（4）使用组合键。打开源文件所在的“资源管理器”窗口，选中要移动的文件或文件夹，使用 Ctrl+X 组合键剪切文件或文件夹，选择目标文件夹所在的位置后，使用 Ctrl+V 组合键粘贴文件或文件夹，完成移动操作。

（5）用鼠标拖放进行操作。

1）打开源文件所在的“资源管理器”窗口，在左侧导航窗格中打开包含目标文件夹的文件夹树。

2）在右侧窗格中选中要移动的文件或文件夹，左手按住 Shift 键的同时，将选中的文件或文件夹从工作区拖动到导航窗格的目标文件夹内。

3）待目标文件夹变成蓝色底框时，松开鼠标，即可完成移动操作。

在使用鼠标拖放的方式进行复制或移动时，要注意：①在同一磁盘驱动器的各个文件夹之间拖动对象时，Windows 7 默认是移动对象，所以在同一驱动器的各个文件夹间拖动移动对象时，不需要按住 Shift 键，如果要在同一驱动器中各个文件夹间复制对象，则要在按住 Ctrl 键的同时拖动对象；②在不同磁盘驱动器之间拖动对象时，Windows 7 默认是复制对象，所以在不同的磁盘驱动器之间复制文件，拖动时可以不必按住 Ctrl 键，在不同磁盘驱动器间移动文件，必须按住 Shift 键；③如果出现误操作，用户可以选择“编辑”→“撤销”命令，或“组织”→“撤销”命令，或使用 Ctrl+Z 组合键，来撤销刚完成的移动或复制操作。

7. 删除文件或文件夹

对于那些不需要的文件和文件夹，用户应该及时地从硬盘上将其删除。与移动和复制操作相同，用户也可以一次删除一个或多个文件或文件夹。具体操作方法如下：

（1）使用“文件”菜单或工具栏“组织”按钮。打开源文件所在的“资源管理器”窗口，选定要删除的一个或多个文件或文件夹。选择“文件”→“删除”命令或“组织”→“删除”命令，弹出“删除文件”对话框，单击“删除文件”对话框中的“是”按钮，完成删除操作。如果要取消本次操作，可单击“否”按钮。

（2）使用快捷菜单。打开源文件所在的“资源管理器”窗口，选定要删除的一个或多个文件或文件夹，右击，弹出快捷菜单，选择“删除”命令，弹出“删除文件”对话框，单击“删除文件”对话框中的“是”按钮，完成删除操作。

（3）直接使用 Delete 键删除。选定要删除的一个或多个文件或文件夹，按 Delete 键，在随之出现的“删除文件”对话框中单击“是”按钮；如果要取消本次操作，可单击“否”按钮。

（4）直接拖动到“回收站。”打开源文件所在的“资源管理器”窗口，选定要删除的一个或多个文件或文件夹，直接拖动对象到“回收站”内，完成删除操作。

注意：

（1）如果删除的对象是文件夹，那么该文件夹内的子文件夹、文档、应用程序将一起被删除。

（2）如果删除的对象是在硬盘上，Windows 7 会自动将被删除的文件或文件夹放在“回收站”内暂时保存，以备误删除操作时恢复用。

（3）如果想直接删除硬盘上的对象而不送入“回收站”，只需在按住 Shift 键的同时，进行删除操作。此时弹出“确认删除文件”对话框。

（4）如果删除的是 U 盘或移动硬盘上的文件或文件夹，删除后不会送入“回收站”，将直接永久删除。

8. “回收站”的使用

回收站是硬盘上的一块存储区域，该区域的大小一般为硬盘总容量的10%。为了保护用户的文件，Windows 7 将从硬盘删除的文件暂时放在“回收站”中，用户可以根据需要将其恢复或永久删除。

要从“回收站”中恢复删除的文件，首先要双击桌面或“资源管理器”中的“回收站”图标，打开“回收站”窗口，选中要恢复的文件，选择“文件”→“还原”命令，或者单击工具栏上的“还原此项目”按钮，就可将文件恢复到原来的位置，如图 2-25 所示。

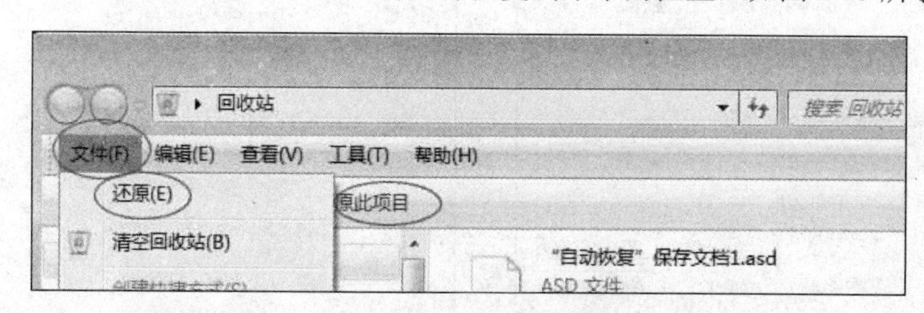

图 2-25 还原回收站

要从“回收站”中永久删除文件，首先要从“回收站”窗口中选中要永久删除的文件或文件夹，选择“文件”→“删除”命令，完成永久删除命令。

若要将“回收站”中的所有文件都永久删除，则选择“文件”→“清空回收站”命令，或者单击工具栏上的“清空回收站”按钮，即可清空回收站，如图 2-25 所示。

9. 查找文件或文件夹

由于现在计算机的硬盘越来越大，存储的文件越来越多，因此用户常常忘了文件或文件夹存放的位置。利用 Windows 7 提供的搜索功能，可以快速、方便地找到指定的文件或文件夹。要查找文件和文件夹，首先要打开“搜索”对话框。打开该对话框的方法有很多种，可以使用以下方法中的任意一种：

（1）单击“开始”菜单中的“搜索”文本框，输入检索关键字进行搜索。

（2）单击“资源管理器”窗口右上角的“搜索”文本框，输入检索关键字进行搜索。

在“要搜索的文件或文件夹名为”处输入要查找的文件或文件夹的名字。在查找文件和文件夹时，可以在名称中使用通配符“*”和“？”。“？”代表其所在位置上可以是任意的单个字符；“*”表示其所在位置上可以是任意的多个字符。例如，p*.com 代表用字母 p 开头，且扩展名为.com 的所有文件。？.docx 代表所有主文件名是一个字符且扩展名为.docx 的文件。

10. 查看文件夹和文件属性

属性是文件系统用来识别文件的某种性质的记号。Windows 7 中的文件和文件夹中都有属性页，属性页显示有关文件或文件夹的信息，如大小、位置以及创建日期等。属性是表明文件是否为只读、隐藏、准备存档（备份）、压缩或加密以及是否应当索引文件内容以便快速搜索文件的信息。

查看和更改文件或文件夹属性的方法如下：

（1）打开“资源管理器”窗口。

（2）单击要更改或查看属性的文件或文件夹。

（3）选择“文件”→“属性”命令，或右击文件或文件夹，从弹出的快捷菜单中选择“属性”命令，就会弹出“属性”对话框，如图 2-26 所示。

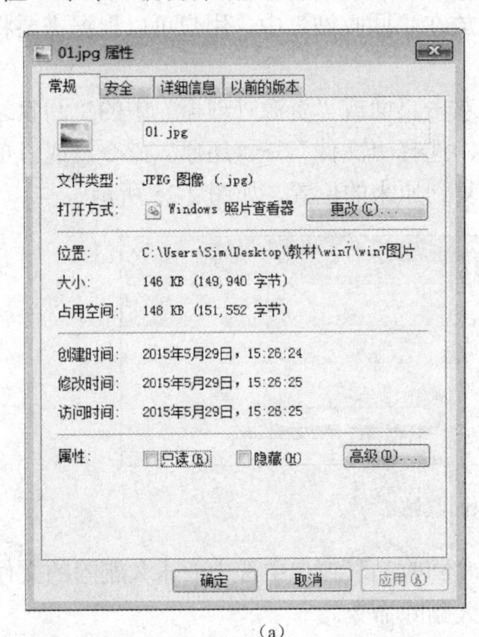

（a）

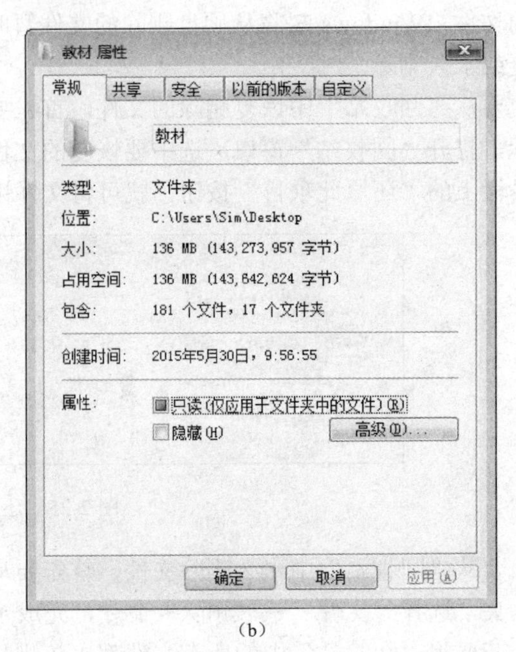

（b）

图 2-26 文件和文件夹的“属性”对话框

通过查看文件或文件夹的属性，可以获得如下信息：文件或文件夹名、文件类型、打开该文件的应用程序的名称、位置、大小、占用空间、文件夹中所包含的文件和子文件夹的数量、创建时间、最近一次修改或访问文件的时间等。

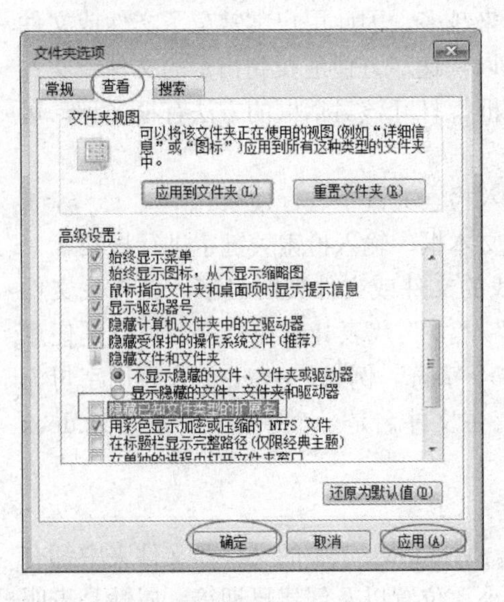

图 2-27 “查看”选项卡

11. 显示或隐藏文件扩展名

在系统默认状态下，“资源管理器”工作区中一般不显示文件的扩展名。文件的扩展名可以由用户决定是需要显示还是隐藏，方法如下：

（1）在“资源管理器”窗口中打开“工具”菜单。

（2）选择“工具”→“文件夹选项”命令，弹出“文件夹选项”对话框，如图 2-27 所示。

（3）在该对话框的“查看”选项卡中，如果选中“隐藏已知文件类型的扩展名”复选框，一些常用文件的扩展名就会被隐藏；取消选中此复选框，所有文件的扩展名就会显示出来。

（4）最后单击“应用”→“确定”按钮，完成显示文件扩展名的操作。

2.2.4 剪贴板的使用

剪贴板是内存中的一块存储区域，是 Windows 应用程序之间传递信息的一个临时存储区域。用户可以从一个应用程序中剪切或复制信息到剪贴板上，然后将这些信息从剪贴板传送到其他应用程序中去，或者传送到本应用程序的其他地方。

剪贴板不但可以存储文字，还可以存储图像、声音等其他信息。通过它可以把多个文件中的文字、图像、声音粘贴在一起，形成一个图文并茂、有声有色的文件。

文件中的内容在进行复制、移动时，需要借助剪贴板来完成。以复制操作为例，当用户从原文件复制文件内容时，被复制的内容就放到剪贴板中，当用户执行粘贴命令时，剪贴板中存放的文件内容就被复制到目的文件中。

使用剪贴板在应用程序之间传递信息的步骤如下：

（1）将信息复制或剪切到剪贴板上。

（2）确定信息插入的位置。

（3）选择“编辑”→“粘贴”命令，或者选择“组织”→“粘贴”命令，或者使用 Ctrl+V 组合键。

除了在应用程序之间交换信息外，用户还可以将屏幕上显示的内容复制下来，插入文本中或图像中。

将屏幕内容复制到剪贴板上的步骤如下：

（1）要复制整个屏幕：按 Print Screen 键即可将整个屏幕的内容复制到剪贴板中。

（2）要复制活动窗口：将 Alt 键和 Print Screen 键同时按下，即可完成活动窗口的复制。

Windows 剪贴板上的信息是最后一次复制或剪切上去的信息。剪切或复制到剪贴板上的信息能一直保留到清除剪贴板，或有新的剪切或复制信息放到剪贴板上，或是退出 Windows 7 时。因为信息一直保留在剪贴板上，所以可以随时将其粘贴到文件中。

学生上机操作

1. 在 C 盘根目录下新建文件夹，文件名为“自己的姓名”。

2. 在 C 盘中查找扩展名为.jpg 的文件，并选择任意 4 个文件，复制到“自己的姓名”的文件夹中。

3. 删除“自己的姓名”文件夹中的任意 2 个.jpg 文件，并从回收站中删除此文件。

4. 将“自己的姓名”文件夹的属性设置为“只读”，并设置显示计算机中所有文件的扩展名。

2.3 个性化系统设置

学习任务

设置 Windows 7 的桌面、屏幕显示方式、对系统账户和程序进行设置与修改。

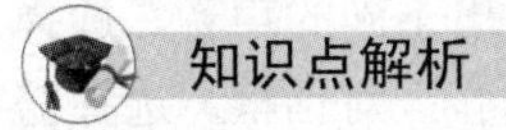

知识点解析

随着 Windows 7 系统的广泛应用，对系统的个性化设置已成为用户追求舒适化和效率化的必然趋势。在操作系统中，常见的有桌面、显示、账户的设置，以及软、硬件的管理。

2.3.1 个性化桌面

1. Windows 7 主题

Windows 7 主题由桌面背景、窗口颜色、声音和屏幕保护程序 4 部分组成。

（1）设置系统主题。右击桌面空白处，在弹出的快捷菜单中选择“个性化”命令，打开“个性化”窗口。“Aero 主题”共预设了 7 种，默认的主题是“Windows 7”。用户单击选择自己喜爱的主题，即可为系统应用该主题，如图 2-28 所示。

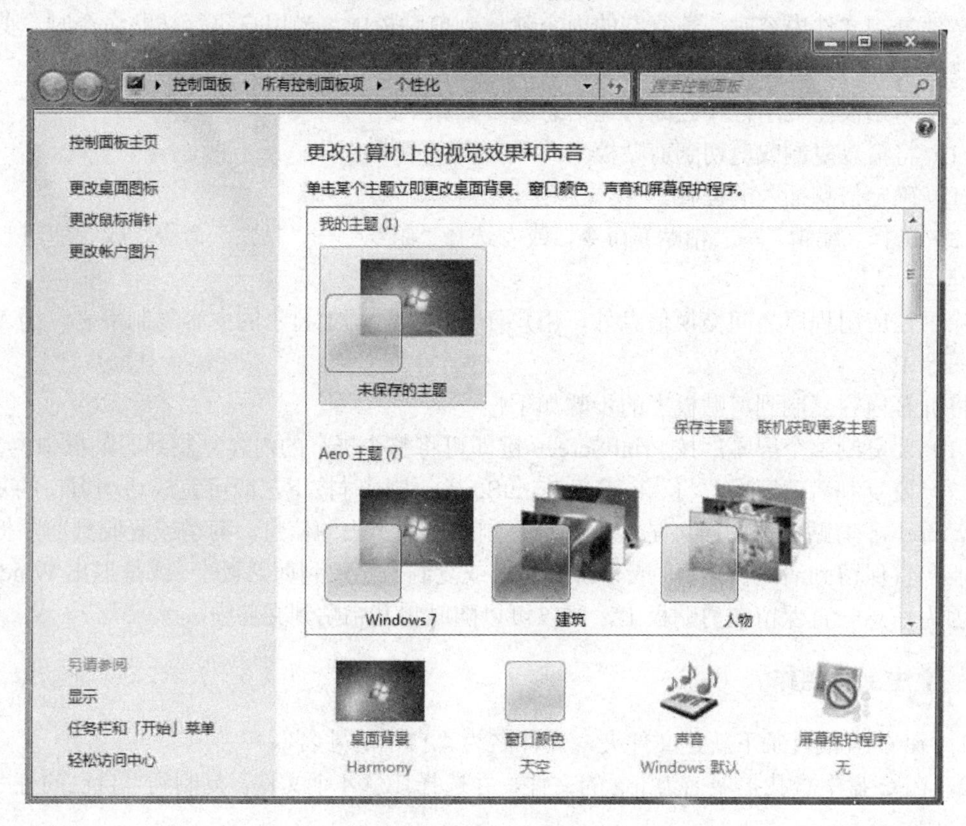

图 2-28 Windows 7 主题

（2）设置桌面背景。桌面背景是指窗口的背景图片、颜色或幻灯片。用户可以选择自带的桌面背景图片，也可以使用自己准备的图片。

打开“个性化”窗口后，单击“桌面背景”按钮，打开“选择桌面背景”窗口，可以在预设的图片中进行选择，也可单击“浏览”按钮找到自己想要设置的图片，单击“保存修改”按钮即可，如图 2-29 所示。

（3）设置窗口边框颜色。窗口边框颜色是窗口边框、任务栏和“开始”菜单的颜色。打开“个性化”窗口后，单击“窗口颜色”按钮，打开“窗口颜色和外观”窗口，选择自己想要设置的颜色，单击“保存修改”按钮即可，如图 2-30 所示。

（4）设置声音。用户可以设置不同的操作（如打开或关闭窗口）发出不同的声音。选择“个性化”命令，打开“个性化”窗口后，单击“声音”按钮，弹出“声音”对话框。选择需要提示声音的事件，如 Windows 注销，然后单击“浏览”按钮打开系统自带的声音文件，选择其中一个后单击“确定”按钮，返回声音设置界面可以单击“预览”按钮，最后单击“确认”按钮，如图 2-31 所示。

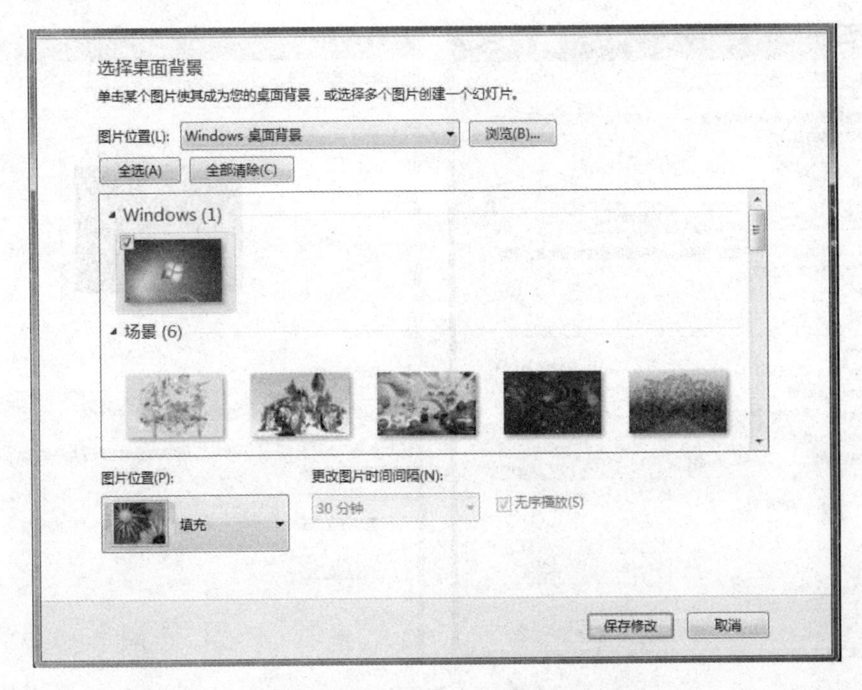

图 2-29　Windows 7 桌面背景

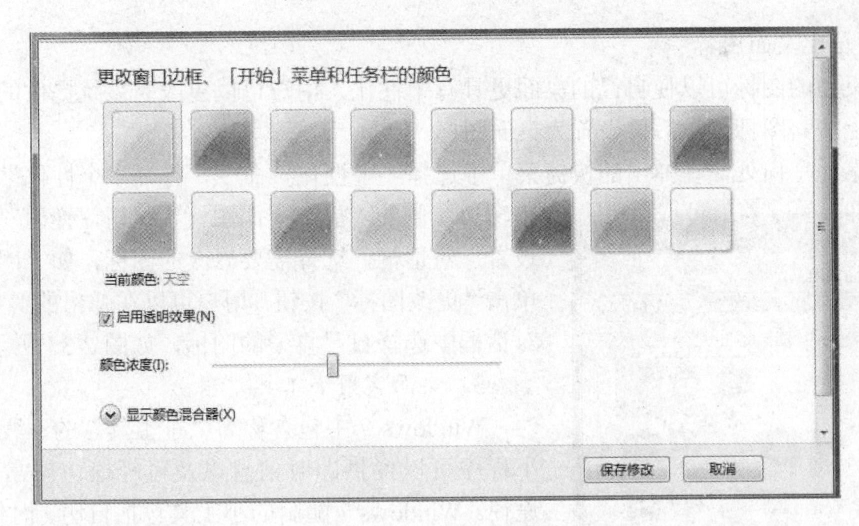

图 2-30　窗口边框颜色

（5）设置屏幕保护程序。如果在使用计算机的过程中临时停止对计算机的操作，就可以启动屏幕保护程序，将屏幕上正在进行的工作状况画面隐藏起来。屏幕保护程序有省电的作用，还可以保护显示器。

选择“个性化”命令，打开“个性化”窗口后，单击“屏幕保护程序”按钮，弹出“屏幕保护程序设置”对话框，如设置为“三维文字”后，单击“设置”按钮，弹出“三维文字设置”对话框，可以自定义文字，设置文字的分辨率、大小、旋转速度、旋转类型、表面字样等，单击“确定”按钮即可返回屏幕保护程序设置界面，看到预览界面，可同时设置等待多长时间后进行屏幕保护，如图 2-32 所示。

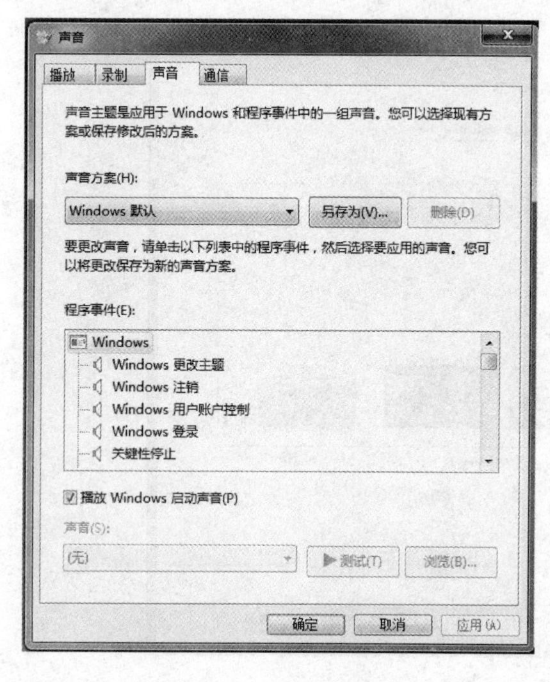

图 2-31 个性化声音

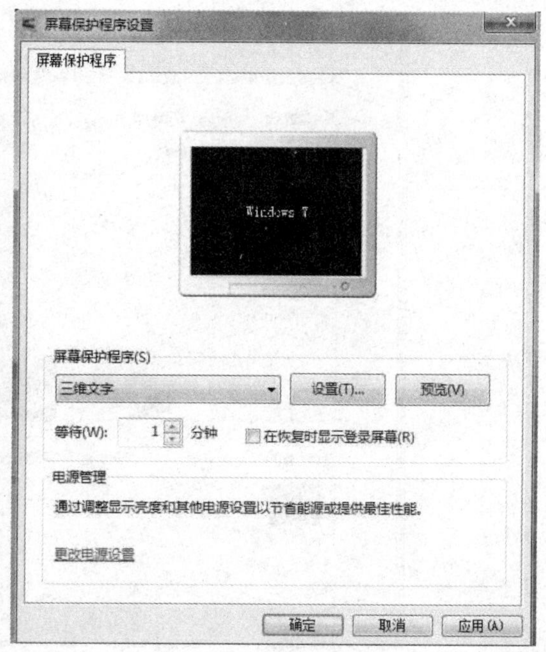

图 2-32 屏幕保护程序

2. 个性化桌面图标

更改桌面的图标可以使自己的桌面更具有个性化。用户可以更改为系统提供的图标，也可以上网上搜索图标，然后再设置为桌面图标。

右击桌面空白处，在弹出的快捷菜单中选择“个性化”命令，打开“个性化”窗口。单击窗口左侧的“更改桌面图标”按钮，弹出“桌面图标设置”对话框，选择需要修改的图标，如“网上邻居”。单击“更改图标”按钮，用户可以在弹出的“更改图标”对话框中选择自己喜爱的图标，如图 2-33 所示。

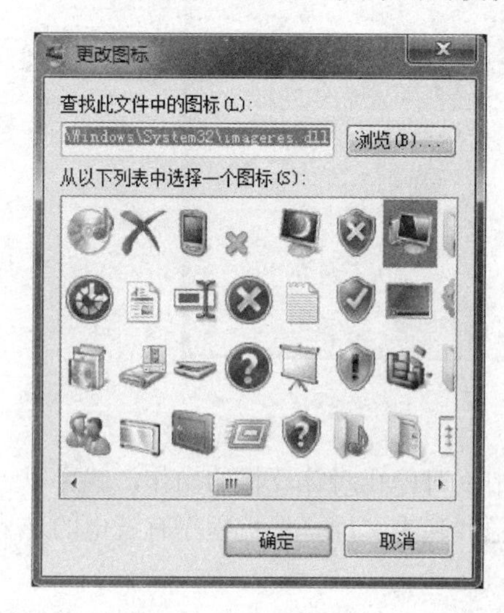

图 2-33 设置桌面图标

3. 桌面实用小工具

Windows 7 中包含称为“小工具”的小程序，这些小程序可以提供即时信息以及可轻松访问常用工具的途径。Windows 7 随附的小工具包括日历、时钟、天气、源标题、幻灯片放映和图片拼图板等。在桌面空白处右击，在弹出的快捷菜单中选择“小工具”命令，打开桌面小工具管理界面，如图 2-34 所示。

只要双击喜欢的小工具，它就会自动加载到桌面的右上角。例如，在“时钟”小工具上右击，可以打开“时钟”设置界面，可以从系统提供的 8 种样式中选择，也可以设置名称、时区等参数，如图 2-35 所示。

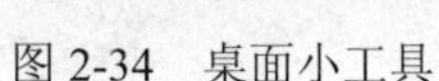
图 2-34　桌面小工具

图 2-35　时钟工具

2.3.2　屏幕显示管理

1. 屏幕显示分辨率

通过设置计算机的分辨率，我们可以更加舒服地使用计算机，分辨率设置较大，可以方便我们显示更多的内容；设置较小，可以让我们看得更清楚。

在桌面空白处右击，在弹出的快捷菜单中选择“屏幕分辨率”命令，打开“屏幕分辨率”设置窗口，然后在分辨率列表中，选择想要的分辨率即可，如图 2-36 所示。

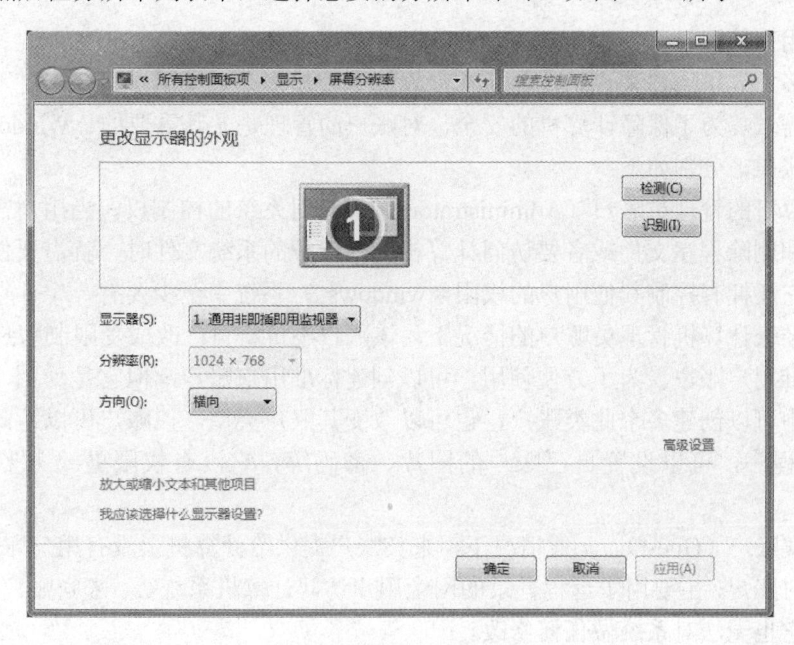

图 2-36　屏幕显示分辨率

2. 显示器刷新频率

在桌面空白处右击，在弹出的快捷菜单中选择“屏幕分辨率”命令，打开“屏幕分辨率”

窗口，单击“高级设置”按钮后，系统弹出“通用非即插即用 XX 显示器属性”对话框，选择“监视器”选项卡，可以进行监视器类型、屏幕刷新频率等设置。

3. 用户界面文字尺寸自定义

Windows 7 给我们带来很多方便的功能，如为视力稍差的人员提供可以设置界面文字大小的功能，方便用户阅读。

右击桌面空白处，在弹出的快捷菜单中选择“个性化”命令，打开“个性化”窗口。单击窗口左侧的“显示”按钮，打开“显示”窗口，用户可以按照需要进行设置，如图 2-37 所示。

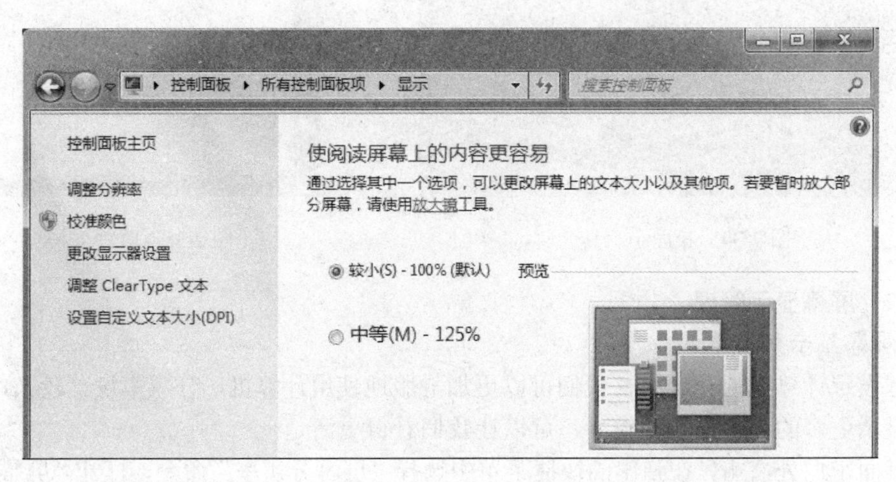

图 2-37 个性化显示

2.3.3 用户管理

对于许多计算机用户来说，往往会在计算机中创建多个登录用户，以满足不同用户使用不同桌面的需求。为了保障计算机的安全，对账户的管理是尤其重要的。Windows 7 有 3 种不同类型的账户，分别如下：

（1）计算机的管理员账户（Administrator）。拥有对系统的控制权，当用户需要设置系统时，如安装和删除程序文件或者要访问计算机上受保护的系统文件时，就需要使用管理员账户，另外，它还拥有控制其他用户的权限，windows 7 系统中至少要有一个计算机管理员账户，在只有一个计算机管理员账户的情况下，该账户不可将自己改成受限制账户。

（2）标准用户账户。为了方便使用，可以创建标准用户账户，但它是受到一定限制的账户。在系统中可以创建多个此类账户，也可以改变其账户类型，该账户可以访问已经安装在计算机上的程序，可以设置自己账户的图片、密码等，它没有权限更改大多数计算机的设置。

（3）来宾账户（Guest）。一般情况下，来宾账户提供给计算机上没有用户账户的人使用，只是一个临时账户，主要用于远程登录的网上用户访问计算机系统等，来宾账户的权限最低，没有密码，它也无法对系统做任何修改。

1. 新建账户

打开“控制面板”，选择“查看方式”为“大图标”，如图 2-38 所示，单击“用户账户”按钮。

在“更改用户账户”窗口中，单击“管理其他账户”按钮，如图 2-39 所示。

在“管理账户”窗口中，单击“创建一个新账户”按钮，填写账户名，并设置好账户类型后，单击“创建账户”按钮即可，如图 2-40 所示。

2. 修改账户

返回“管理账户”窗口，单击想要设置密码的账户，如图 2-41 所示。

进入“更改账户”窗口，即可创建这个账户的密码，或者更改账户名称、更改账户类型等，如图 2-42 所示。

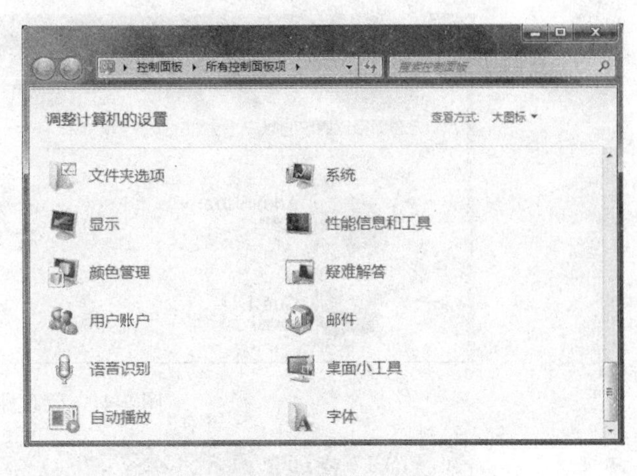

图 2-38　用户账户

3. 启用或禁用账户

在管理员账户权限下，可以对其他账户进行启用或禁用设置。

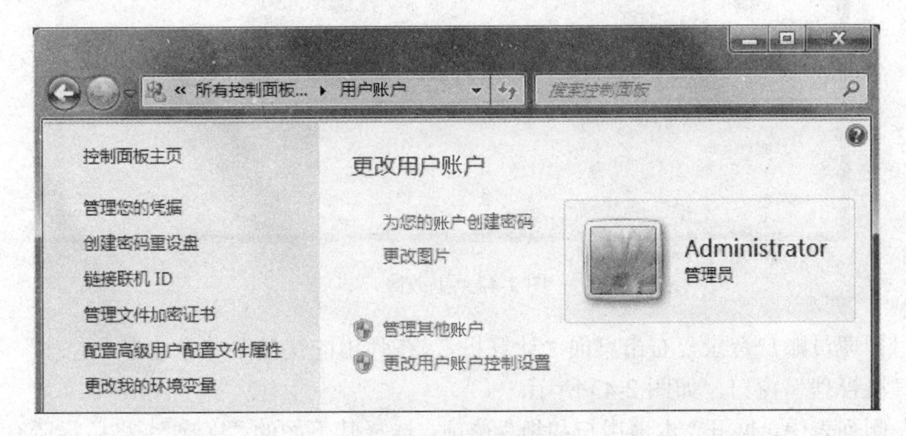

图 2-39　更改用户账户

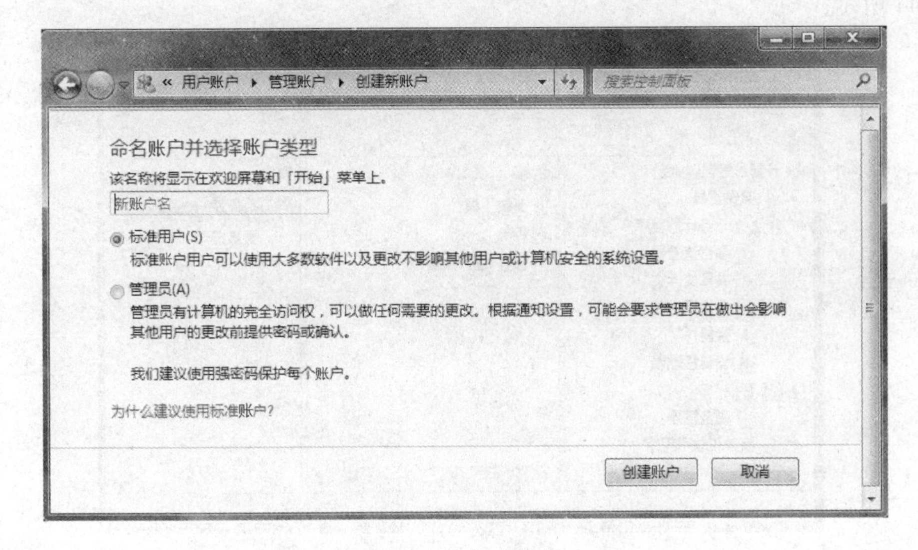

图 2-40　创建账户

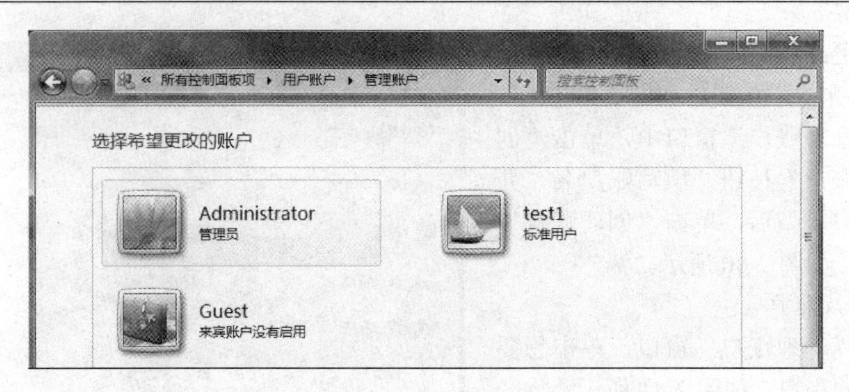

图 2-41　管理账户

图 2-42　更改账户

使用管理员账户登录，右击桌面“计算机”，在弹出的快捷菜单中选择“管理”命令，打开“计算机管理”窗口，如图 2-43 所示。

在左侧列表中，展开“本地用户和组”选项，选择其下面的“用户”，将显示所有的账户，如图 2-44 所示。

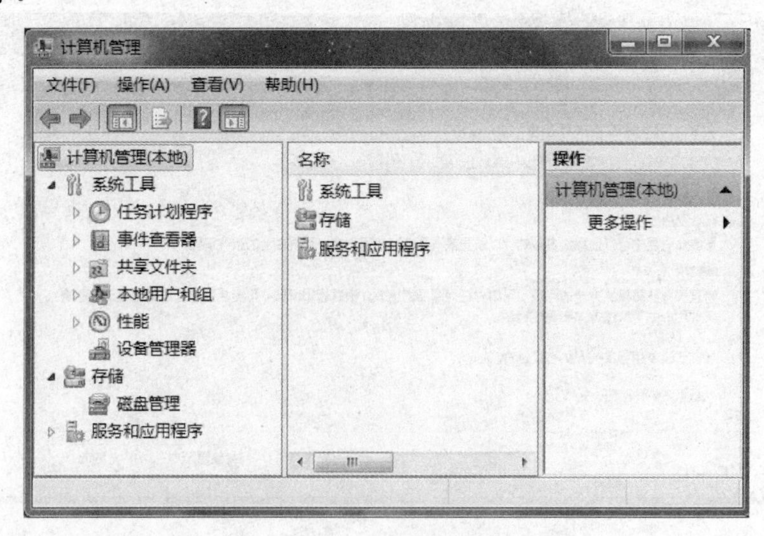

图 2-43　计算机管理

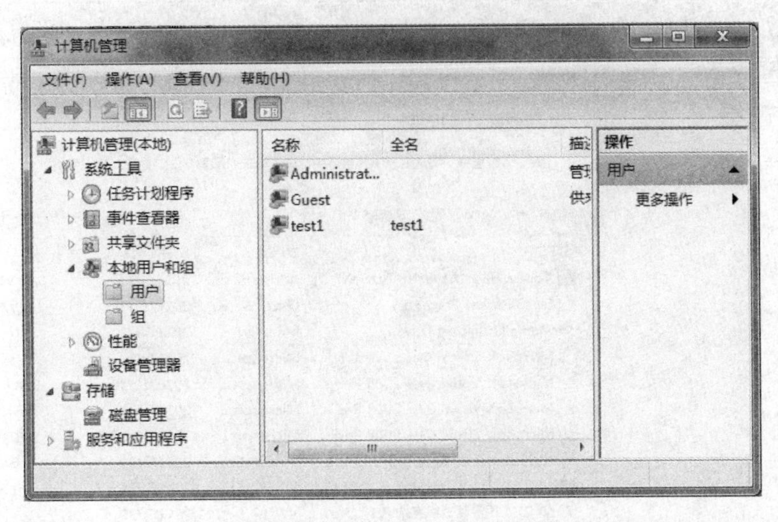

图 2-44　本地用户和组

在名称列表的“Guest”上，右击，在弹出的快捷菜单中选择“属性”命令，弹出“Guest属性”对话框，在“账户已禁用”前面的复选框中，选中是禁用该账户，取消选中则是启用该账户，如图 2-45 所示。

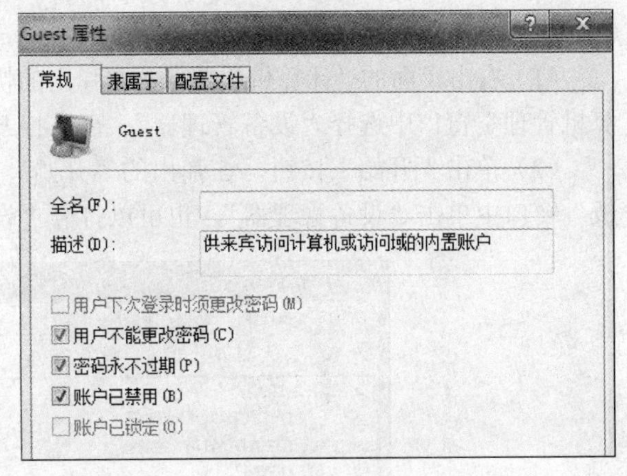

图 2-45　Guest 属性

2.3.4　程序管理

1. 安装程序

目前，一般的程序都有安装文件，用户可以直接运行进行安装。

2. 卸载程序

Windows 7 系统中程序卸载的方法有以下 2 种：

（1）使用软件自带的卸载程序。当软件安装完成后，会自动在“开始”菜单中添加对应的快捷方式，如果需要卸载软件，可以在“开始”菜单中查找自带的卸载程序的快捷方式，启动卸载程序。

（2）使用“程序和功能”卸载程序。操作系统自带添加或删除程序功能，用户可以利用此功能卸载程序，具体操作步骤如下：

1）单击“开始”按钮，在弹出的“开始”菜单中选择“控制面板”命令。

2）在“控制面板”窗口中单击“程序和功能”。

3）在打开的“程序和功能”窗口中单击用户要删除的程序，再单击上方的“卸载”按钮即可开始进行卸载，如图 2-46 所示。卸载完毕后，程序就会在下面的清单中自动消失。

2.3.5　硬件管理

每台计算机都配置了很多外部设备，它们的性能和操作方式都不一样。操作系统的设备管理就是负责对设备进行有效的管理。

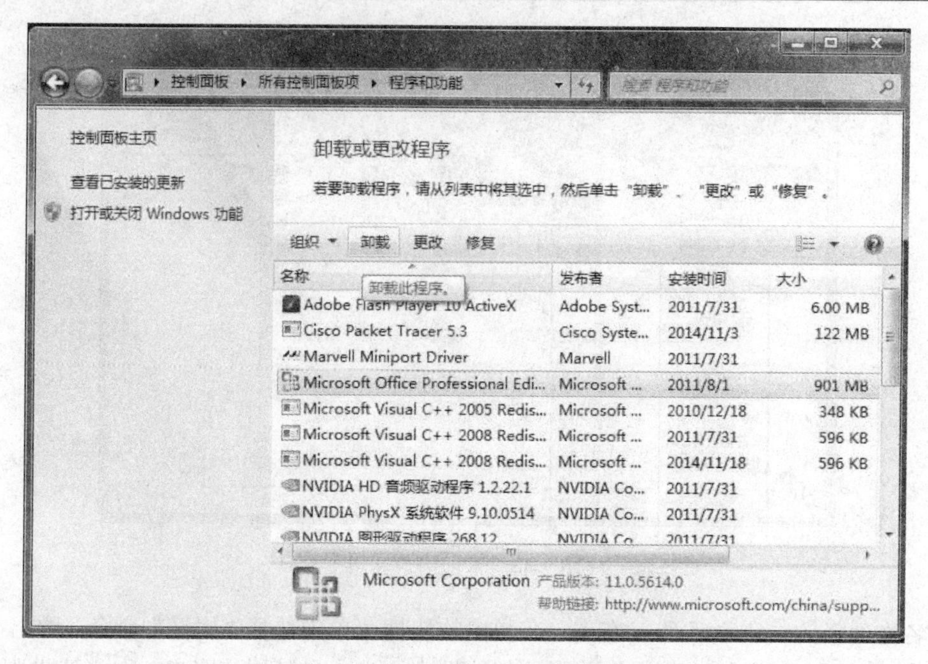

图 2-46　卸载或更改程序

打开设备管理器主要有以下 2 种方法：

（1）右击桌面的"计算机"图标，在弹出的快捷菜单中选择"管理"命令，在打开的"计算机管理"窗口中选择"设备管理器"，可以打开"设备管理器"窗口。

（2）单击"开始"按钮，在弹出的"开始"菜单中选择"控制面板"命令。在"控制面板"窗口中单击"设备管理器"，也可以打开"设备管理器"窗口，如图 2-47 所示。

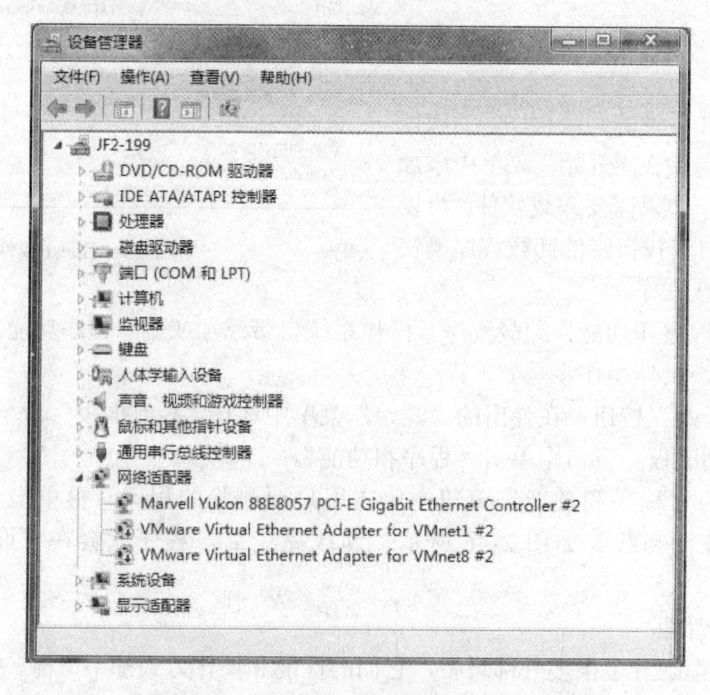

图 2-47　设备管理器

在“设备管理器”窗口，显示计算机中所有的硬件。例如，右击“键盘”，在弹出的快捷菜单中选择“属性”命令，弹出“键盘属性”对话框，可以对键盘属性进行设置，如图 2-48 所示。

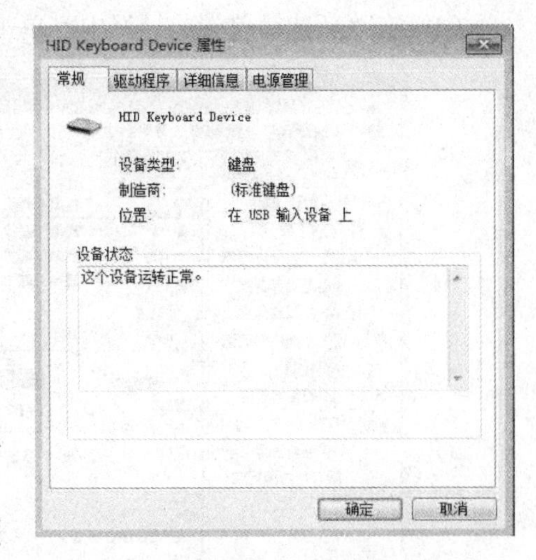

图 2-48　键盘属性

学生上机操作

1．将桌面主题设置为“地球”。

2．在桌面背景中，设置图片放置方式为“居中”，图片时间间隔为 15min。

3．创建一个名为“KAOSHI”的账户，设置其密码为“1234”，账户类型为“管理员”。

4．在“程序与功能”窗口中，选择一个使用频率很低的应用程序进行卸载，观察卸载后窗口内容的变化。

2.4　磁　盘　管　理

学 习 任 务

使用磁盘管理工具，对自己的磁盘创建新分区，并进行磁盘清理。

知识点解析

磁盘通常是指硬盘划分出的分区，用于存放计算机中的各种资源。计算机磁盘在长期使用过程中会产生大量的凌乱文件，占用一定的磁盘空间，定期使用磁盘管理可以提高计算机的整体性能和运行速度。

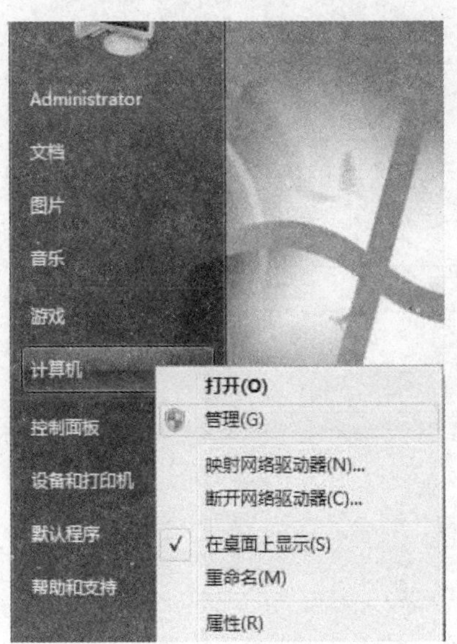

图 2-49　计算机管理

2.4.1　创建新分区（卷）

计算机的硬盘一般要分割成不同的区域后再使用，这就是磁盘分区。分区有主分区和扩展分区两类。主分区一般用来安装操作系统，扩展分区用来存放非系统文件，扩展分区要分割成为一个个逻辑分区后才能使用，一个扩展分区中的逻辑分区可以有任意多个。

（1）在“开始”菜单的“计算机”上右击，在弹出的快捷菜单中选择“管理”命令，如图 2-49 所示。

（2）在打开的“计算机管理”窗口中，选择左侧列表中“存储”下面的“磁盘管理”命令，如图 2-50 所示。

（3）其中，深蓝色的区域是主分区，蓝色区域是逻辑分区，绿色区域是未分配的区域，右击硬盘上未分配的区域，在弹出的快捷菜单中选择“新建简单卷”命令，如图 2-51 所示。

（4）在“新建简单卷向导”中，单击“下一步”按钮。

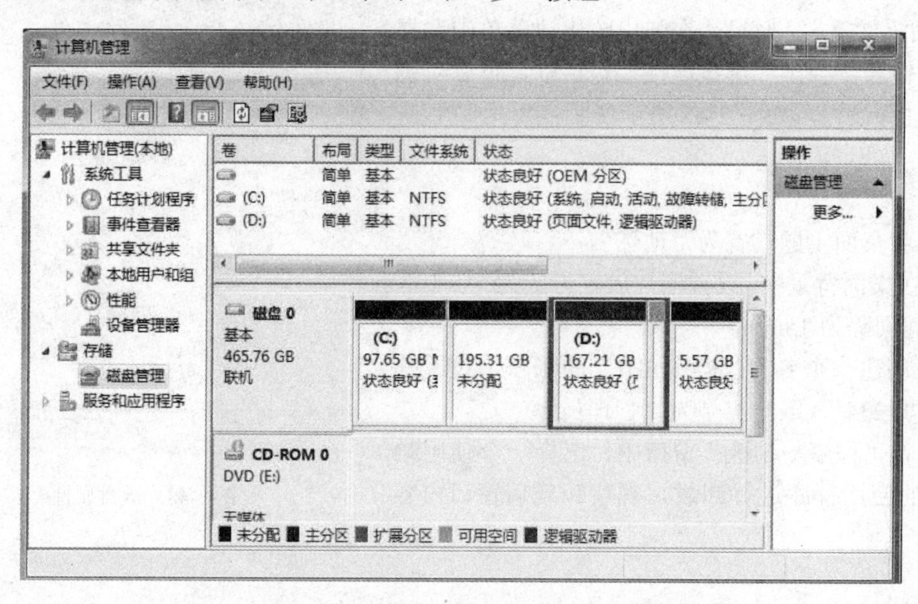

图 2-50 磁盘管理

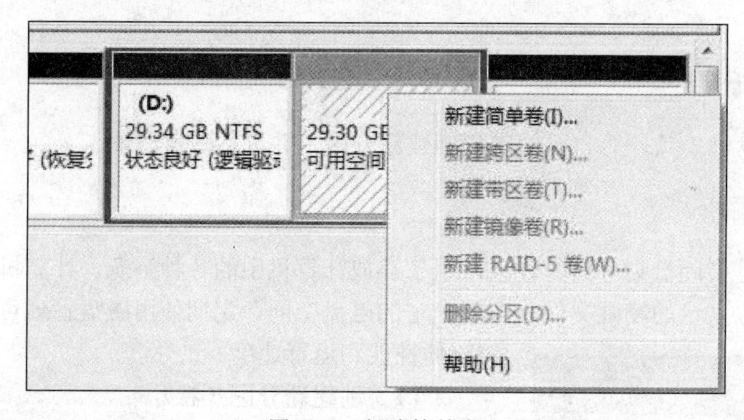

图 2-51 新建简单卷

（5）输入要创建的卷的大小（MB）或接受最大默认大小，然后单击“下一步”按钮，如图 2-52 所示。

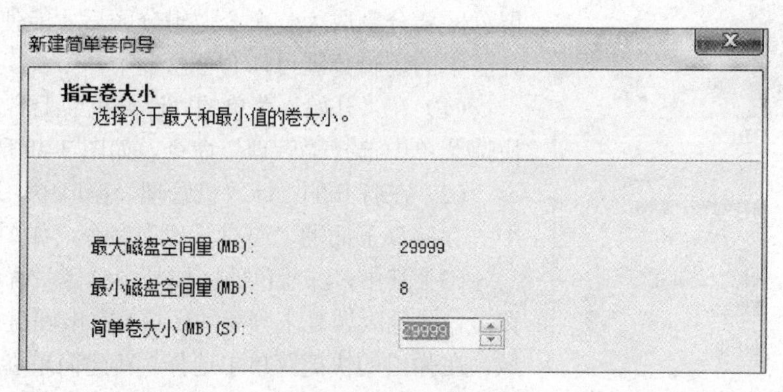

图 2-52 指定卷大小

（6）接受默认驱动器号或选择其他驱动器号以标示分区，然后单击“下一步”按钮，如图 2-53 所示。

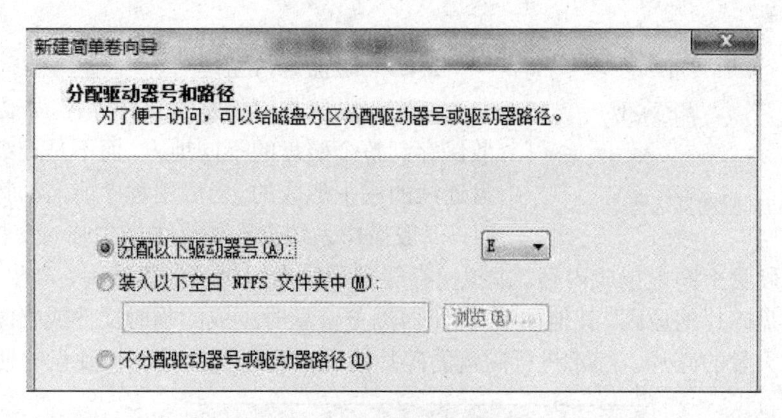

图 2-53　驱动器号和路径

（7）在“格式化分区”对话框中，如果不想立即格式化该卷，选中“不要格式化这个卷”单选按钮，然后单击“下一步”按钮。若要使用默认设置格式化该卷，则单击“下一步”按钮，如图 2-54 所示。格式化完成后，就可以使用这个分区存储数据了。

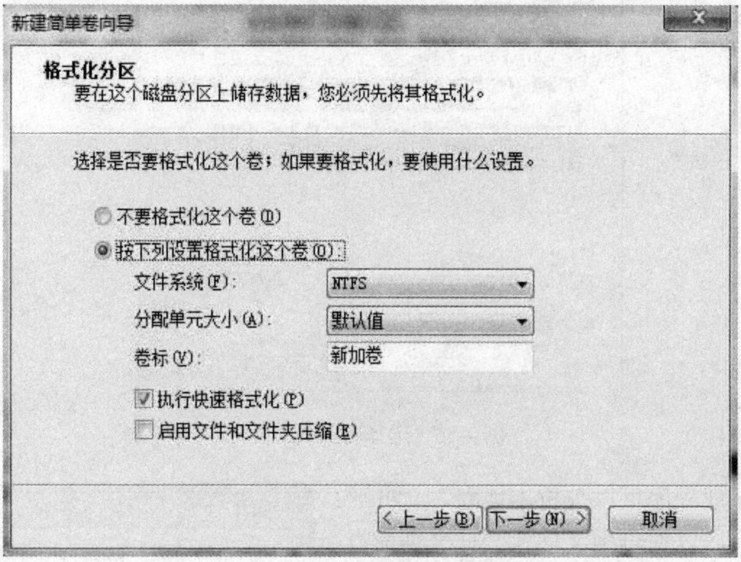

图 2-54　格式化分区

2.4.2　磁盘清理

磁盘清理是一种用于删除计算机上不再需要的文件并释放硬盘空间的方便途径。该程序可删除临时文件、清空回收站并删除各种临时文件和其他不再需要的文件。

要使用 Windows 7 的磁盘清理程序，可以选择“开始”→“所有程序”→“附件”→“系统工具”→“磁盘清理”命令，弹出“磁盘清理：驱动器选择”对话框，如图 2-55 所示。这里，我们选择 C 盘，单击“确定”按钮。

在弹出的“（C:）的磁盘清理”对话框中，可以在“要删除的文件”列表框中选中需要

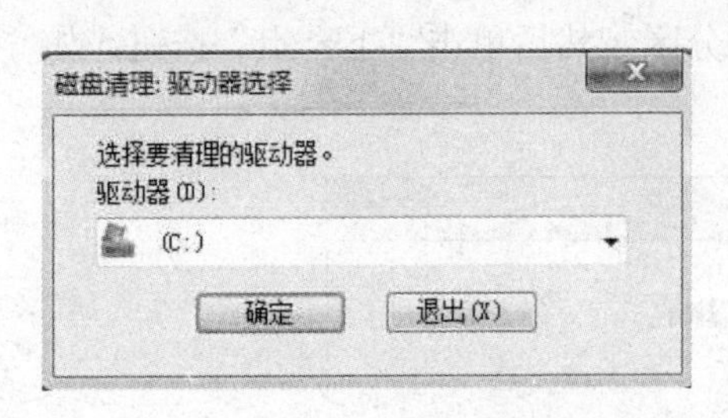

图 2-55 驱动器选择

清理的内容，单击“确定”按钮，如图 2-56 所示。

磁盘清理程序对选中的文件进行清理，如图 2-57 所示。

2.4.3 磁盘碎片整理

其实磁盘碎片应该称为文件碎片，是因为文件被分散保存到整个磁盘的不同地方，而不是连续地保存在磁盘连续的簇中形成的。当应用程序所需的物理内存不足时，一般操作系统会在硬盘中产生临时交换文件，用该文件所占用的硬盘空间虚拟成内存。虚拟内存管理程序会对硬盘频繁读写，产生大量的碎片，这也是产生硬盘碎片的原因。其他如 IE 浏览器浏览信息时生成的临时文件或临时文件目录的设置也会造成大量的碎片。经常进行磁盘的碎片清理，可以提升计算机硬盘的使用效率。

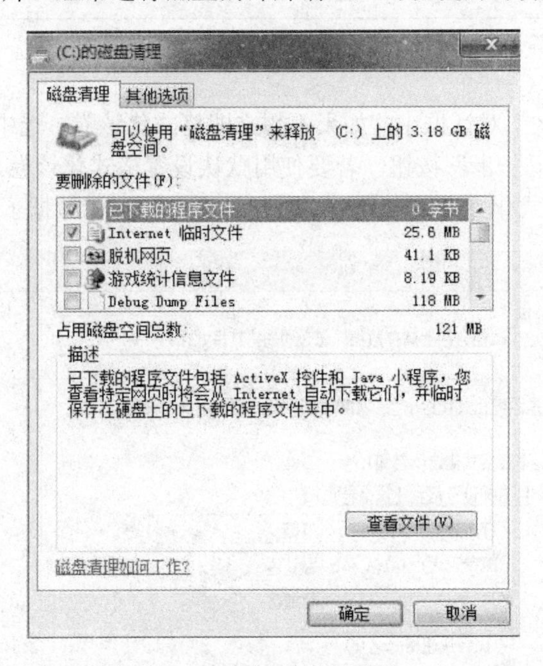

图 2-56 选择删除的文件

磁盘碎片整理程序可以分析本地卷、合并碎片文件和文件夹，以便每个文件或文件夹都能占用卷上单独而连续的磁盘空间。这样，系统就可以更有效地访问文件或文件夹，可以更有效地保存新的内容。

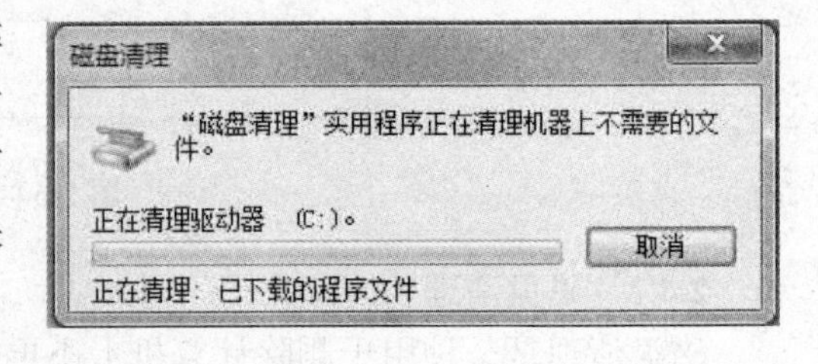

图 2-57 磁盘清理

启动 Windows 7 的磁盘碎片整理程序，可以选择“开始”→“所有程序”→“附件”→“系统工具”→“磁盘碎片整理程序”命令，打开“磁盘碎片整理程序”窗口，如图 2-58 所示。

选择一个分区，单击“分析磁盘”按钮，即可分析磁盘碎片文件占磁盘容量的百分比。

根据得到的数据，决定是否需要对磁盘进行碎片整理。如果需要，可单击“磁盘碎片整理”按钮即可。

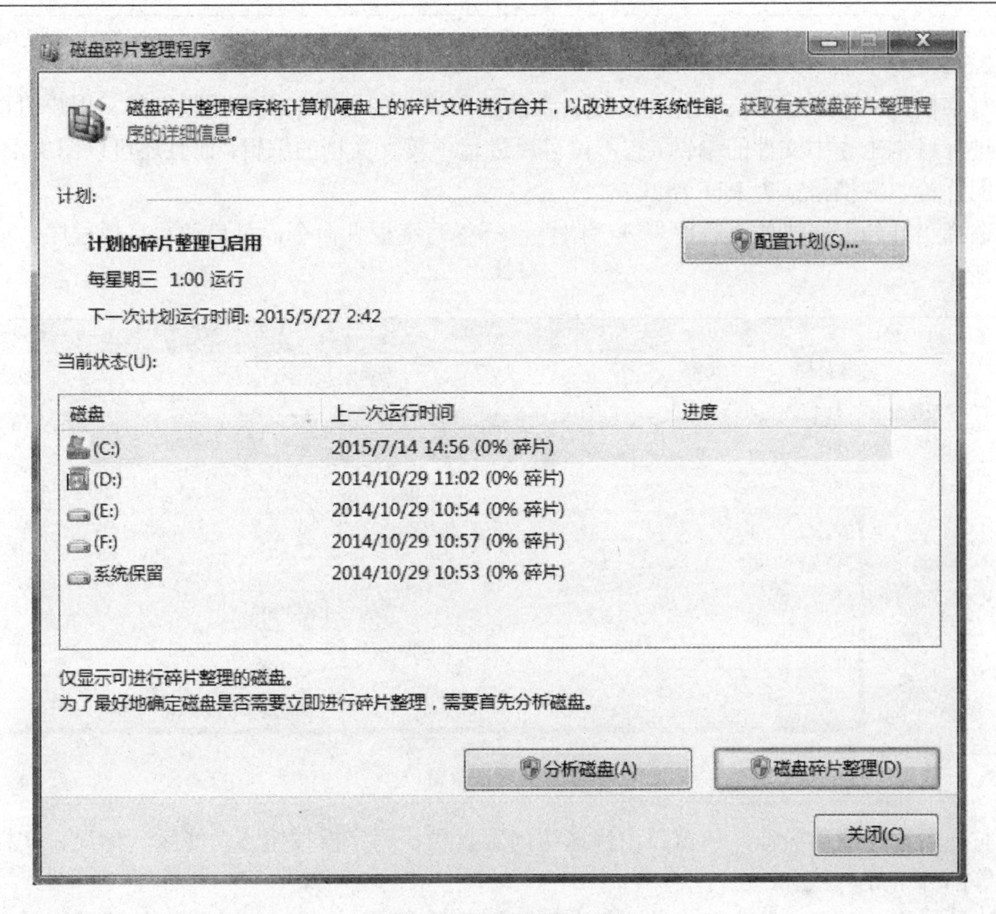

图 2-58　磁盘碎片整理

学生上机操作

1．选择 C 盘进行磁盘清理，要求要删除的文件为“Internet 临时文件”和“脱机网页”。

2．选择 C 盘进行磁盘分析，启动磁盘碎片整理程序。

3．打开“计算机管理”中的“磁盘管理”，在未分配的区域进行“新建简单卷”设置，要求不进行格式化设置。

2.5　常 用 附 件

学 习 任 务

掌握常用附件程序的使用方法，使用截图工具截取一张矩形图片进行保存。

知识点解析

Windows 7 操作系统自带了许多附件小程序，这些小程序方便、实用，用户可以轻松地解决工作、学习和娱乐方面的需要。

2.5.1 写字板

写字板是一个 Windows 7 操作系统自带的使用简单的文字编辑和排版工具。用户可以利用它进行日常工作中文件的编辑。它不仅可以进行中英文文档的编辑，而且还可以图文混排、插入图片等，文档格式为 RTF 格式。

选择“开始”→“所有程序”→“附件”→“写字板”命令，可启动写字板程序，如图 2-59 所示。

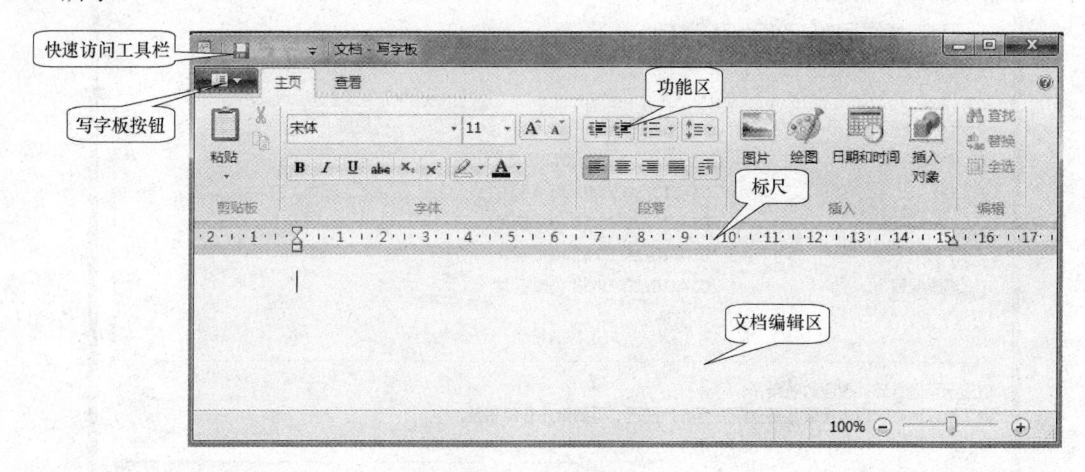

图 2-59 写字板窗口

与一般程序窗口类似，该窗口由快速访问工具栏、写字板按钮、功能区、标尺、文档编辑区等部分组成。

快速访问工具栏：单击其中的“保存”按钮可保存文件，单击“撤销”按钮可撤销上一步操作，单击“重做”按钮可重做撤销的操作。

写字板按钮提供了“新建”、“打开”、“保存”、“打印”等文档操作命令。

图中显示的是默认的“主页”选项卡，该选项卡有 5 个功能选项组。

（1）剪贴板：用于临时存放用户选中的文字等对象。

（2）字体：对于选中的文字，可以设置字体、字号和颜色等。

（3）段落：对于选中的段落，可以设置对齐格式、缩进格式、行距等。

（4）插入：可以实现图片、日期时间等对象的插入。

（5）编辑：可以实现字符的查找、替换。

选择“查看”选项卡，可以看到有“缩放”、“显示或隐藏”、“设置”3 个功能选项组，用于显示设置。

2.5.2 画图

画图是操作系统自带的图形处理软件，既可以绘制图形，也可以对图片进行简单的处理。选择“开始”→“所有程序”→“附件”→“画图”命令，即可启动画图程序。

该窗口由画图按钮、快速访问工具栏、功能区、画布和状态栏等部分组成，如图 2-60 所示。

（1）画图按钮：单击该按钮，在展开的下拉列表中选择相应选项，可以执行新建、保存和打印图像文件以及设置画布属性（包括颜色和大小）等操作。

图 2-60　“画图”窗口

（2）功能区：包含“主页”和“查看”2 个选项卡，每个选项卡又分为几个组（如“主页”选项卡中包含“图像”、“工具”、“颜色”等组）。利用功能区中的按钮可以完成画图程序的大部分操作（将鼠标指针移至某按钮上，可显示该按钮的作用）。

（3）画布：相当于真实绘画时的画布，用户可以拖动画布的边角来调整画布的大小。

（4）状态栏：用来显示画图程序的当前工作状态。此外，拖动其右侧的滑块可调整画布的显示比例。

启动画图程序后，用户可以发挥自己的想象力和创意，使用“主页”选项卡中提供的各绘图工具绘制和编辑图像。

2.5.3　便笺

利用 Windows 7 系统附件中自带的便笺功能，可以方便用户在使用计算机的过程中随时记录信息。便笺具有备忘录、记事本的特点。用户可以使用便笺编写待办事列表、快速记下电话号码，或者记录任何可用便笺纸记录的内容。

选择“开始”→“所有程序”→“附件”→“便笺”命令，此时在桌面的右上角位置将出现一个黄色的便笺纸，然后便可在便笺中输入内容，如图 2-61 所示。

1. 编辑便签

新建便笺：单击便笺上方的“+”按钮，即可新建便笺。

删除便笺：单击便笺上方的“×”按钮，即可删除便笺。

更改便笺颜色：在便笺上右击，在弹出的快捷菜单中选择相应的颜色即可。

改变便笺大小：在便笺的边或角上拖动，即可改变便笺大小。

图 2-61　打开便笺

2. 常用快捷键

选定便签上的文本后，按 Ctrl+B 组合键可加粗选中文字；

按 Ctrl+U 组合键可给选中文字加上下划线；按 Ctrl+I 组合键可使选中文字变成斜体；按

Ctrl+Shift+>组合键可放大文字，按 Ctrl+Shift+<组合键可缩小文字；

按 Ctrl+L 组合键文字居左，按 Ctrl+R 组合键文字居右，按 CTRL+E 组合键文字居中。

图 2-62 打开超链接

对于超链接，鼠标放在链接上面同时按 Ctrl 键，鼠标指针形状会变成手型，此时单击，可直接打开超链接，如图 2-62 所示。

2.5.4 截图工具

截图工具是 Windows 7 中自带的一款用于截取屏幕图像的工具，使用它能够截取屏幕上的任何对象，如图片、网页等。它提供矩形、窗口、任意格式、全屏幕截图 4 种截图方式，还可以使用“截图工具”窗口中的按钮对截取的图像添加标注、保存或将它通过电子邮件发送出去。

选择“开始”→“所有程序”→“附件”→“截图工具”命令，可启动截图工具。单击“新建”按钮右侧的下拉按钮，在打开的列表中可以看到 4 种截图方式，如图 2-63 所示。

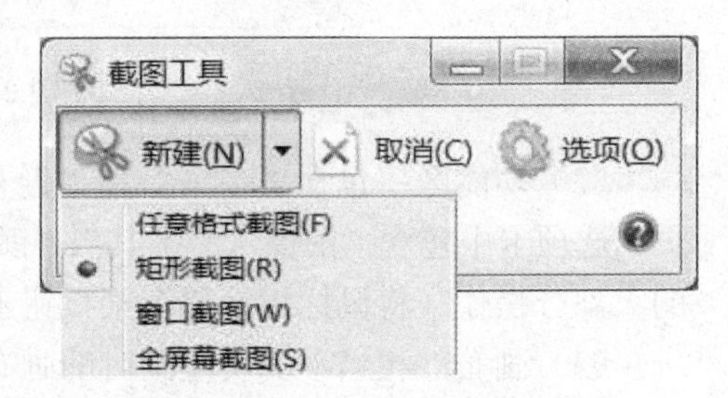

图 2-63 新建截图

（1）任意格式截图：选择该方式，在屏幕中按住鼠标左键并拖动，可以将屏幕上任意形状和大小的区域截取为图片。

（2）矩形截图：这是程序默认的截图方式。选择该方式，在屏幕中按住鼠标左键并拖动，可以将屏幕中的任意矩形区域截取为图片。

（3）窗口截图：选择该方式，在屏幕中单击某个窗口，可将该窗口截取为完整的图片。

（4）全屏截图：选择该方式，可以将整个显示器屏幕中的图像截取为一张图片。

以矩形截图为例，选择“矩形截图”命令，进入截取屏幕模式。拖动鼠标，松开鼠标后选中的部分就会被截取出来，如图 2-64 所示。

图 2-64 矩形截图

截取屏幕图像后，利用常用工具栏上的“笔”和“荧光笔”可以在图片上添加标注，用“橡皮擦”可以擦去错误的标注。

单击“保存截图”按钮，可以将截图保存到本地硬盘；单击“发送截图”按钮，则可以将截取的屏幕图像通过电子邮件发送出去。

学生上机操作

1．在桌面新建一个写字板文件，在里面输入“自己的班级+学号+姓名”，以“自己的姓名”保存。

2．打开画图程序，在里面粘贴一张自己喜欢的图片，以“自己的姓名”为名保存在桌面，保存类型为 jpeg 格式。

3．在桌面创建一个便签，输入文字“课堂练习作业”。

4．打开截图程序，对桌面操作结果进行截图，并保存为“学号+姓名”，进行提交。

习 题 2

一、单选题

1．在 Windows 7 操作系统中，将打开窗口拖动到屏幕顶端，窗口会（　　）。

A．关闭　　B．消失　　C．最大化　　D．最小化

2．文件的类型可以根据（　　）来识别。

A．文件的大小　　B．文件的用途

C．文件的扩展名　　D．文件的存放位置

3．我们查看照片文件时最常用的视图方式是（　　）。

A．大图标　　B．列表　　C．详细信息　　D．平铺

4．文本文件的扩展名是（　　）。

A．.tif　　B．.txt　　C．.avi　　D．.pdf

5．选定多个不连续文件，可以按住（　　）键逐个单击。

A．Shift　　B．空格　　C．Alt　　D．Ctrl

6．关于文件或文件夹，下列说法正确的是（　　）。

A．文件或文件夹的移动操作是不可逆的

B．选定多个不连续文件或文件夹，要按住 Shift 键，然后逐个单击文件或文件夹

C．全部选定文件或文件夹的快捷键是 Ctrl+A 组合键

D．在 Windows 7 窗口中无法对文件进行搜索操作

7．关于任务栏，下列说法错误的是（　　）。

A．任务栏位于桌面的下方，显示正在运行的程序

B．单击“开始”菜单不可以显示最近打开过的文件名称

C．在任务栏上可以调节播放声音的音量

D．任务栏的最左边是“开始”菜单按钮

8．下面说法正确的是（　　）。

A．设置 IP 地址时，在本地连接属性对话框要选择“Internet 协议版本 6”

B．在不同磁盘下，直接拖动可以实现文件或文件夹的复制操作

C．窗口右上角最大化按钮和还原按钮可以同时存在

D．全部选定文件或文件夹的快捷键为 Ctrl+B 组合键

9．Windows 7 的“桌面”指的是（　　）。

A．桌布、图标、任务栏等　　B．全部窗口

C．某个窗口　　D．活动窗口

二、判断题

1．对于台式个人计算机，当接通电源后，正确的顺序是：先开主机再开显示器。（　　）

2．关机时无需烦琐的操作步骤，只需要直接拔掉电线就行。（　　）

3．计算机的桌面背景不可以修改。（　　）

4．“开始”菜单中不能显示近期用到的程序或最近打开过的文件名称。（　　）

5．双击鼠标右键可以打开相应的文件或文件夹。（　　）

6．我们在看有许多页的 Word 文档时，利用鼠标中间的滚轮翻页时，每次都能翻一页。（　　）

7．桌面背景可以一次选多张图片，Windows 定时切换背景，窗口下方可设置切换时间。（　　）

8．在指定的时间内没有使用鼠标或键盘后，屏幕保护程序就会出现在计算机屏幕上。（　　）

9．窗口导航窗格的折叠三角号可折叠/隐藏，使我们能更清楚、更直观地认识计算机的文件和文件夹。（　　）

10．键盘上的 Ctrl+空格键组合键用于切换中英文输入法。（　　）

三、上机操作题

1．在 D 盘根目录下，新建一个名为“文件操作练习”的文件夹。

2．在该文件夹下，新建一个名为“个人简历”的文本文档。

3．在该文档里输入自己的个人简历，要求 100 字左右。

4．将“文件操作练习”文件夹复制到 C 盘根目录。

5．将 C 盘根目录下“文件操作练习”文件夹重命名为“个人简历介绍”。

6．将“个人简历介绍”文件夹下的“个人简历”的文件属性设置为“只读”。

7．删除“个人简历介绍”文件夹下的“个人简历”文本文档。

8．从回收站中恢复刚删除的“个人简历介绍”文件夹下的“个人简历”。

9．在“C：\Windows\system32”文件夹中搜索前两个字符为 as 的文件和文件夹，复制到 C 盘“文件操作练习”文件夹，最后关闭搜索面板。

10．在 C 盘上搜索文件“Notepad.exe”。

11．打开“画图”软件，自己画一幅画，并命名为“自画像.BMP”，保存在在 D：\中。

12．将“自画像.BMP”发送到 C 盘根目录下的“个人简历介绍”文件夹中。

13．设置等待 15min 进入屏幕保护程序“彩带”。

14．设置桌面背景为“风景”组的“img8.jpg”，图片位置为“填充”。

第3章　Word 2010 文字处理

文字信息处理，简称字处理，就是利用计算机对文字信息进行加工处理。

Word 2010 软件是 Microsoft 公司推出的办公自动化套装软件——Office 2010 套件中的一款软件，它是当今流行也是功能最强大的高级文字处理软件之一，它有极强的编辑功能，能方便、高效地制作出各种各样的专业化文档。它既能进行文字、图形、图像、声音、动画等综合文档编辑排版，也可以和其他多种软件进行信息交换编辑出图、文、声并茂的文档；因为它界面友好，使用方便直观，具有"所见即所得"的特点，因此深受用户青睐。

本章详细讲解了 Word 2010 的基础知识与功能。通过本章的学习，能够系统地掌握 Word 2010 的使用方法和使用技巧，并能应用该软件完成各种文档的编辑与排版，满足办公所需，为各专业服务。

学习目标

1. 认识 Word 2010；
2. 掌握 Word 2010 的基本操作；
3. 掌握在文档中使用表格；
4. 掌握图文混排；
5. 掌握文档的审阅与修订；
6. 掌握页面排版与打印。

学习情境引入

"大学生求职难"，"发出去的简历都石沉大海了"，"等一个面试通知真是难"，当代大学生毕业时发出如此感慨的比比皆是，其中重要原因之一就是求职简历制作简单而被淘汰。一份精美的简历，可以在众多求职简历中脱颖而出，给招聘人员留下深刻的印象，它可以说是帮助应聘者成功应聘的敲门砖。

准备找工作的罗庆的首要任务就是制作一份精美的求职简历。

任务分析

简历中一般包含自荐书、个人简介及封面等文档。自荐书是一份 Word 文档；个人简历一般采用表格的形式完成，形式简洁、明了；封面是简历的门面，通常会以图文混排的形式出现。

办公软件中 Word 2010 应用程序除了方便对文本进行排版，快捷地插入剪贴画或图片、图形、艺术字外，还可以在文档中灵活地绘制表格，边框和底纹可以有各种形状和多种组合，能够增强表格的美观性。因此，根据实际需求，罗庆选择办公软件 Word 2010 完成整个简历的制作。

3.1 Word 2010 概 述

学习任务

认识 Word 2010；熟悉 Word 2010 的视图方式及窗口操作；为制作求职简历做准备。

知识点解析

Word 2010 是 Microsoft Office 2010 系列办公软件的重要组件之一，它的功能十分强大，可以用于日常办公文档处理、文字排版、数据处理、建立表格、办公软件开发等。

从整体特点上看，Word 2010 拥有全新的用户界面，丰富了人性化功能体验，改进了用来创建专业品质文档的功能，较原有 Office 软件“菜单+工具栏”的界面有以下几个优点：

（1）用户能够更加迅速地找到所需功能。

（2）操作更简单。

（3）用户容易发现并使用更多的功能。

3.1.1 Word 2010 的启动和退出

1. *Word 2010 的启动*

安装好 Microsoft Office 2010 套装软件后，启动 Word 2010 最常用的方法如下：

（1）选择“开始”→“所有程序”→“Microsoft Office”→“Microsoft Word 2010”命令，即可启动 Word 2010。

（2）双击桌面上的“Microsoft Word 2010”快捷图标，可快速启动 Word 2010。

（3）在“资源管理器”窗口中，直接双击已经生成的 Word 文档可启动 Word 2010，并同时打开该文档。

另外还可以直接通过可执行程序打开，或者新建 Word 文件方式启动。

启动 Word 2010 后，打开图 3-1 所示的操作界面，表示系统已进入 Word 工作环境。

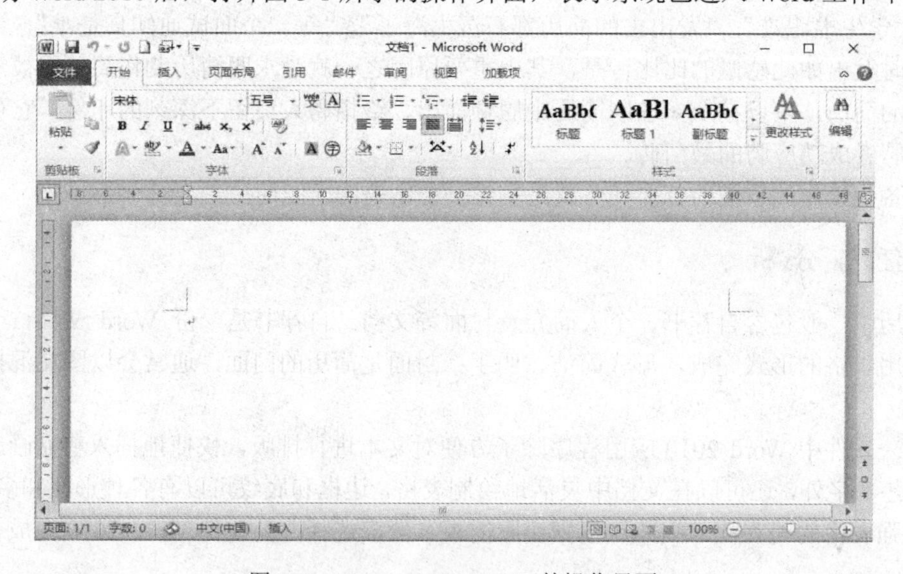

图 3-1 Microsoft Word 2010 的操作界面

2. Word 2010 的退出

退出 Word 2010 的方法有多种，常用的方法如下：

（1）单击 Word 2010 标题栏右端的☒按钮。

（2）选择“文件”→“退出”命令。

（3）使用 Alt+F4 组合键，快速退出 Word 2010。

（4）双击 Word 2010 窗口左上角的控制菜单图标W。

提示：退出 Word 2010 表示结束 Word 程序的运行，这时系统会关闭已打开的 Word 文档。如果文档在此之前做了修改而未存盘，则系统会出现图 3-2 所示的提示对话框，提示用户是否对所修改的文档进行存盘。根据需要选择“保存”或“不保存”，“取消”表示不退出 Word 2010。

图 3-2 保存文件对话框

3.1.2 Word 2010 的工作界面

Word 2010 工作界面由上至下主要由标题栏、功能区、文档编辑区和状态栏 4 部分组成，如图 3-3 所示。

图 3-3 Word 2010 的工作界面

1. 标题栏

标题栏位于窗口的最上方，由 Word 图标、快速访问工具栏、标题显示区和窗口控制按钮组成，如图 3-4 所示。

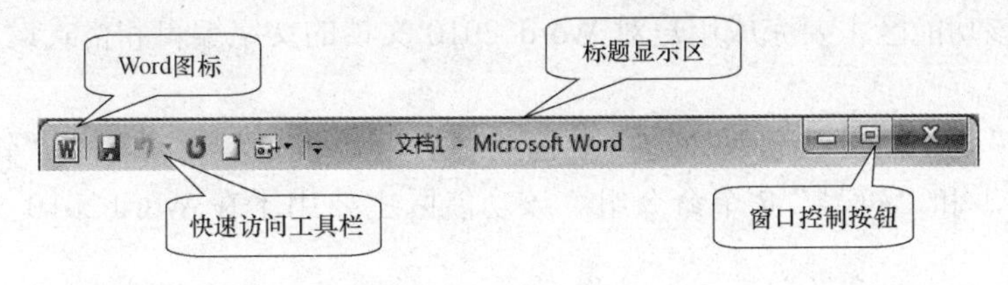

图 3-4 标题栏

（1）Word 图标W。在 Word 2010 中，Word 图标位于窗口的左上角，可以最大化、最小化、移动与关闭文档，还可以调整文档的大小。

（2）快速访问工具栏。在默认的情况下，快速访问工具栏位于 Word 图标的右侧，是一个可自定义工具按钮的工具栏，主要放置一些常用的命令按钮，用于快速执行某些操作。默认情况下放置“保存”、“撤销”和“恢复”按钮。在快速访问工具栏的末尾是一个下拉菜单，在其中可以添加其他常用命令。

（3）标题显示区。标题显示区位于标题栏的中间，显示正在编辑的文档的文件名以及所使用的软件名。

（4）窗口控制按钮。窗口控制按钮位于标题栏的最右侧，包括标准的“最小化”、“还原”和“关闭”按钮。

2. 功能区

功能区位于标题栏下方，几乎包括了 Word 2010 所有的编辑功能。“功能区”以选项卡的形式将各相关的命令分组显示在一起，使各种功能按钮直观地显示出来，方便使用，如图 3-5 所示。

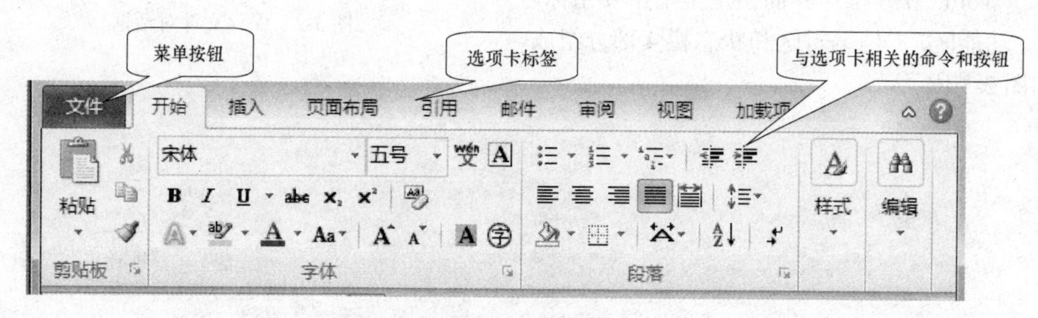

图 3-5 功能区

提示：功能区可以隐藏并根据用户的需要显示。

方法 1：把功能区隐藏起来的方法为双击任意命令选项卡；若要再次打开功能区可再次双击任意命令选项卡即可。

方法 2：单击功能区右上方的“功能区最小化”按钮 来隐藏和展开功能区。

（1）命令选项卡。Word 2010 功能区中的选项卡依次为“开始”、“插入”、“页面布局”、“引用”、“邮件”、“审阅”和“视图”，每个选项卡下面都是相关的操作命令。

在功能区的各个命令组中的右下方，大多数包含有图标 ，单击该图标可以弹出一个设置对话框，从而进行相关的命令设置；部分命令按钮的下面或右边有下拉按钮 ，单击下拉按钮可以打开下拉列表，完成相关的设置。

1）“开始”选项卡。“开始”选项卡包括“剪贴板”、“字体”、“段落”、“样式”和“编辑”5 个命令组。该功能区主要完成用户对 Word 2010 文档的文字编辑和格式设置，是用户最常用的功能区。

2）“插入”选项卡。“插入”选项卡包括“页”、“表格”、“插图”、“链接”、“页眉和页脚”、“文本”和“符号”7 个命令组。该功能区主要用于在 Word 2010 文档中插入各种元素。

3）“页面布局”选项卡。“页面布局”选项卡包括“主题”、“页面设置”、“稿纸”、“页面背景”、“段落”和“排列”6 个命令组。该功能区用于设置 Word 2010 文档页面样式。

4）“引用”选项卡。“引用”选项卡包括“目录”、“脚注”、“引文与书目”、“题注”、“索引”和“引文目录”6 个命令组。该功能区用于实现在 Word 2010 文档中插入目录等比较高级的功能。

5）“邮件”选项卡。“邮件”选项卡包括“创建”、“开始邮件合并”、“编写和插入域”、“预览结果”和“完成”5 个命令组。该功能区专门用于在 Word 2010 文档中进行邮件合并方面的操作。

6）“审阅”选项卡。“审阅”选项卡包括“校对”、“语言”、“中文简繁转换”、“批注”、“修订”、“更改”、“比较”和“保护”8 个命令组。该功能区主要用于对 Word 2010 文档进行校对和修订等操作，适用于多人协作处理 Word 2010 长文档。

7）“视图”选项卡。“视图”选项卡包括“文档视图”、“显示”、“显示比例”、“窗口”和“宏”5 个命令组。该功能区主要用于帮助用户设置 Word 2010 操作窗口的视图类型，以方便操作。

（2）“文件”菜单。单击“文件”菜单可以查找对文档本身而非对文档内容进行操作的命令。

单击“文件”菜单，打开图 3-6 所示的文件下拉菜单和相应的操作界面。左面窗格为下拉菜单命令按钮，右边窗格显示选择不同命令后的结果。利用该菜单，可对文件进行各种操作及设置。

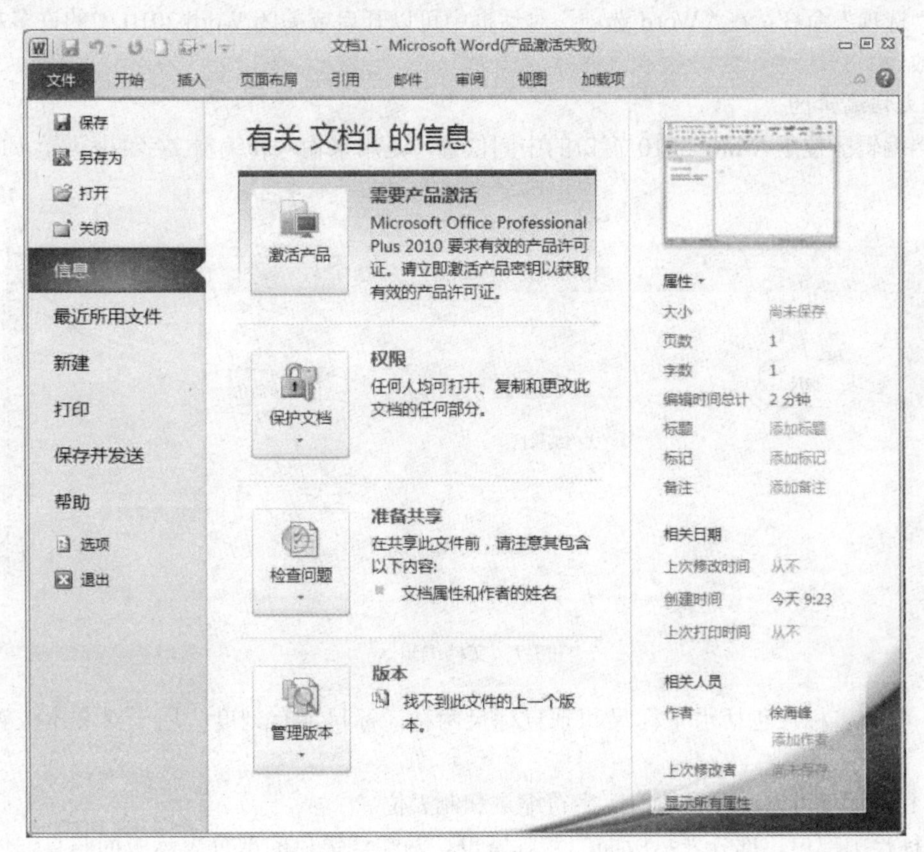

图 3-6 “文件”菜单的窗口界面

“文件”下拉菜单中包括“保存”、“另存为”、“打开”、“关闭”、“信息”、“最近所有文件”、“新建”、“打印”、“保存并发送”、“帮助”、“选项”、“退出”等常用命令。

1）“信息”命令：可以进行保护文档（包含设置 Word 文档密码）、检查问题和管理自动保存的版本。

2）“最近所有文件”命令：右侧窗格可以查看最近使用的 Word 文档列表，用户可以通过该面板快速打开使用的 Word 文档。

提示：在每个 Word 文档名称的右侧含有一个固定按钮，单击该按钮，变为，表示将该记录固定在当前位置，而不会被后续 Word 文档名称替换。不需要固定时，单击按钮取消。

3）“新建”命令：可以看到丰富的 Word 2010 文档类型，包括“空白文档”、“博客文章”、“书法字帖”等 Word 2010 内置的文档类型。用户还可以通过 Office.com 提供的模板新建如“报表”、“标签”、“表单表格”、“费用报表”、“会议日程”、“证书奖状”、“小册子”等实用 Word 文档。

4）“打印”命令面板：在该面板中可以详细设置多种打印参数，如双面打印、指定打印页等参数，从而有效控制 Word 2010 文档的打印结果。

5）“保存并发送”命令：可以在面板中将 Word 2010 文档发送到博客文章、发送电子邮件或创建 PDF 文档。

6）“选项”命令：在“Word 选项”对话框中可以开启或关闭 Word 2010 中的许多功能或设置参数。

3. 文档编辑区

文档编辑区位于 Word 2010 窗口的中间位置，是用来输入和编辑文字的区域，如图 3-7 所示。

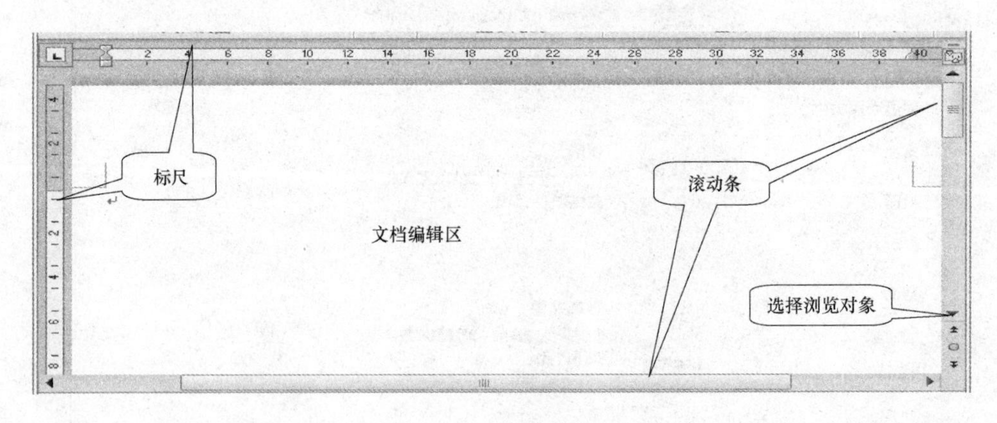

图 3-7 文档编辑区

（1）标尺。标尺包括水平标尺和垂直标尺两种，标尺上有刻度，用于对文本位置进行定位。

1）利用标尺可以设置页边距、字符缩进和制表位。

2）标尺中部白色部分表示版面的实际宽度，两端浅银色的部分表示版面与页面四边的空白宽度。

3）在“视图”选项卡→“显示”命令组中选中“标尺”复选框，或者单击“标尺”按钮，将标尺显示在文档编辑区。

（2）滚动条。滚动条可以对文档进行定位，文档窗口有水平滚动条和垂直滚动条。

单击滚动条两端的三角按钮或用鼠标拖动滚动条可使文档上下滚动。

（3）选择浏览对象。“选择浏览对象”按钮位于“上一页”按钮和“下一页”按钮之间，可以按页、按节、按脚注、按尾注、按图形、按表格等浏览方式查看文档。

4. 状态栏

状态栏在窗口的最下方，由状态栏、视图按钮与显示比例组成，如图 3-8 所示。

图 3-8　状态栏

（1）状态栏。状态栏位于窗口左下角，用于显示当前的状态信息，包括文档页数、字数及校对信息等。

（2）视图按钮。视图按钮主要用于切换视图的显示方式。

（3）显示比例。视图显示比例滑块位于窗口右下角，用于调整视图的显示百分比，其调整范围为 10%～500%。

3.1.3　Word 2010 的视图方式

在对文档进行编辑时，由于编辑的着重点不同，因此可以选择不同的视图方式进行编辑，以便更好地完成工作。Word 2010 提供了 5 种不同的视图方式，以适应不同的编辑需要，分别是“页面视图”、“阅读版式视图”、“Web 版式视图”、“大纲视图”和“草稿”。

1. 视图方式

（1）页面视图。页面视图 Word 的默认视图方式，该视图方式按照文档的打印效果显示文档，具有“所见即所得”的效果。在页面视图中，可以直接看到文档的外观、图形、文字、页眉、页脚等在页面的位置，即在屏幕上就可以看到文档打印在纸上的样子，常用于对文本、段落、版面或者文档的外观进行修改。

（2）阅读版式视图。阅读版式视图适合用户查阅文档，用模拟书本阅读的方式让人感觉在翻阅书籍。

（3）大纲视图。大纲视图用于显示、修改或创建文档的大纲，它将所有的标题分级显示出来，层次分明，特别适合多层次文档，使得查看文档的结构变得很容易。

（4）Web 版式视图。Web 版式视图以网页的形式来显示文档中内容。

（5）草稿。草稿视图是将页面的布局简化，只显示了字体、字号、字形、段落及行间距等最基本的格式，不会显示页眉、页脚等文档元素，适合于快速输入或编辑文字并编排文字的格式。

2. 切换视图方式

（1）选择“视图”选项卡，在图 3-9 所示的“文档视图”命令组中单击需要的视图模式按钮。

（2）单击状态栏中的视图按钮，如图 3-10 所示，即可选择相应的视图模式。

图 3-9 “文档视图”命令组

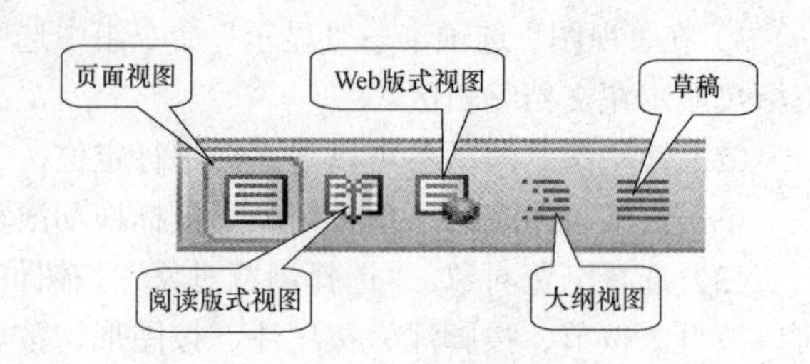

图 3-10 视图按钮

3.1.4 Word 2010 的个性化设置

1. 窗口元素的个性化设置

Word 2010 中的窗口元素包括标尺、网格线和导航窗格。通过显示窗口中的元素可以精确编辑文档中对象的位置。不使用的时候可以将其隐藏，扩展编辑区的显示比例。

（1）标尺。标尺常用于文档中的文本、图形、表格和其他元素的对齐，如图 3-11 所示。

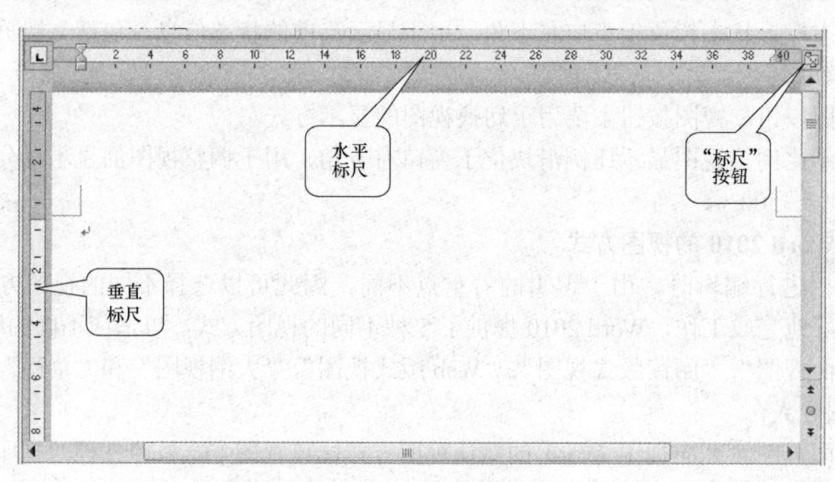

图 3-11 标尺

显示方法：

1）选择“视图”选项卡，在“显示”命令组中选中“标尺”复选框，如图 3-12 所示，即可显示标尺。

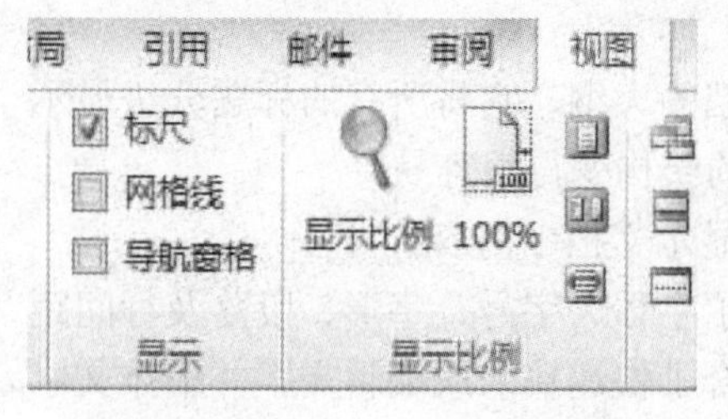

图 3-12 选中“标尺”复选框

2）单击右侧垂直滚动条顶端的“标尺”按钮，如图 3-11 所示，可显示标尺。

3）选择“文件”→“选项”命令，在弹出的“Word 选项”对话框里激活“高级”选项卡，在“显示”里选中“在页面视图中显示垂直标尺”复选框，即可显示垂直标尺。

（2）网格线。网格线是显示文档的页面视图时，在屏幕上出现的细线。

在“视图”选项卡的“显示”命令组中，选中“网格线”复选框，即可显示网格线，显示效果如图 3-13 所示。

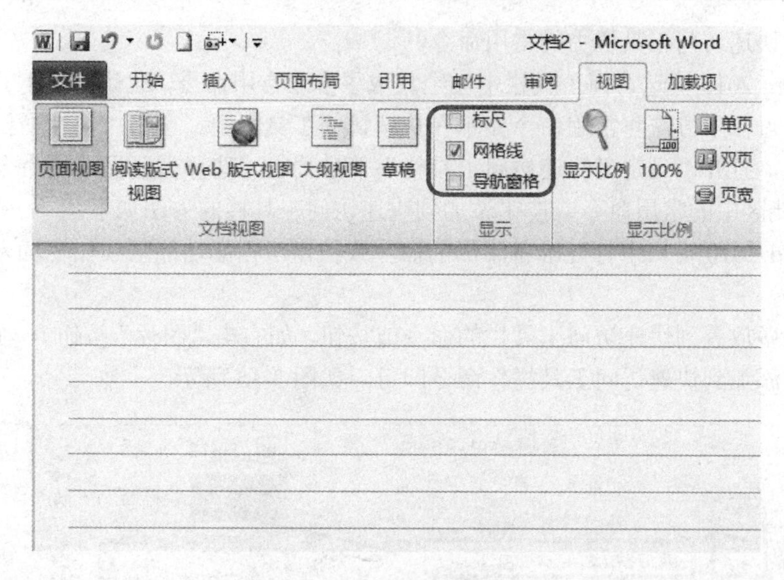

图 3-13 使用“网格线”效果

（3）导航窗格。Word 2010 增加了导航窗格功能，方便在导航窗格中快速切换至任何章节的开头；同时也可在输入框中进行即时搜索，包含关键词的章节标题会在输入的同时，瞬时地高亮显示，方便用户对文档结构进行快速浏览。

选中“视图”选项卡→“显示”命令组→“导航窗格”复选框，即可打开导航窗格视图，如图 3-14 所示。

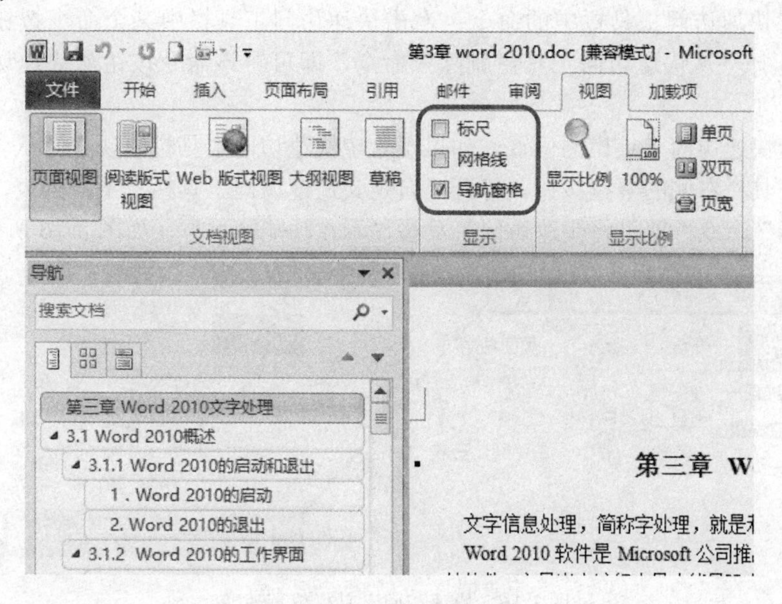

图 3-14 导航窗格视图

2. 自定义快速访问工具栏

快速访问工具栏包含一组独立于当前所显示的选项卡的命令，是一个可自定义的工具栏，可以将最常使用的命令或按钮添加到此处，同时也是 Word 2010 窗口中唯一允许自定义的窗口元素。

（1）添加快速访问工具栏中的常用命令。

1）在 Word 2010 快速访问工具栏中已经集成了多个常用命令，默认情况下并没有被显示出来，可以通过以下方法将常用命令显示在快速访问工具栏中：单击“快速访问工具栏”右侧的下拉按钮，打开“自定义快速访问工具栏”下拉列表，选择需要显示的命令即可。

2）将功能区中的常用命令或按钮添加到快速访问工具栏的方法如下：

①在 Word 2010 窗口中打开准备添加的命令或按钮所在的功能区（如“插入”功能区的“图片”按钮）。

②右击准备放置到快速访问工具栏的命令或按钮（如右击“图片”按钮），在弹出的快捷菜单中选择“添加到快速访问工具栏”命令即可，如图 3-15 所示。

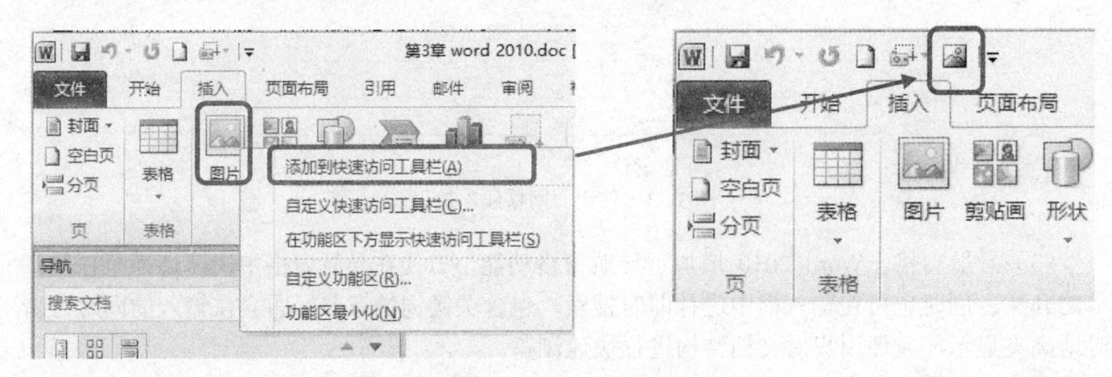

图 3-15　添加功能区中的“图片”命令到快速访问工具栏

（2）删除快速访问工具栏中的命令。右击快速访问工具栏中某个命令按钮，在弹出的快捷菜单中选择“从快速访问工具栏删除”命令，即可将该命令按钮从快速访问工具栏中删除。

（3）改变快速访问工具栏的位置。如果不希望快速访问工具栏出现在默认位置，可以单击快速访问工具栏右侧的下拉按钮，打开“自定义快速访问工具栏”下拉列表，选择“在功能区下方显示”命令，就可将快速访问工具栏显示在功能区下方，如图 3-16 所示。

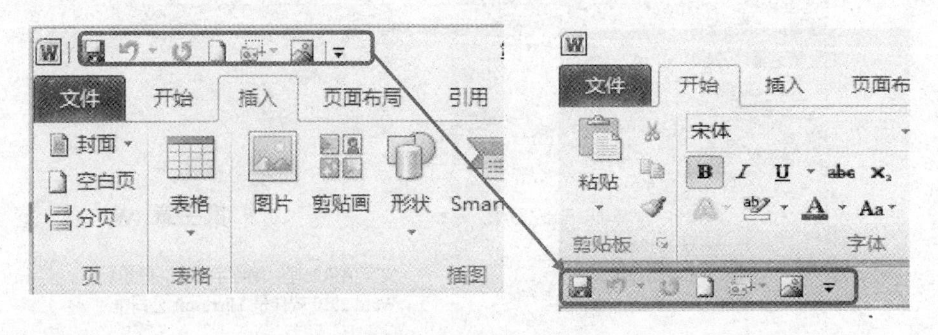

图 3-16　快速访问工具栏位置改变

3. *更改 Word 2010 界面的颜色*

默认情况下，Office 2010 工作界面的颜色为银色，可以通过更改界面颜色定制符合自己需求的软件窗口颜色。

启动 Word 2010，单击“文件”按钮，从弹出的下拉菜单中选择“选项”命令，选择“Word

选项”对话框的“常规”选项卡，在“用户界面选项”选项区域的“配色方案”下拉列表中选择需要的颜色，如图 3-17 所示，单击“确定”按钮，此时 Word 2010 工作界面的颜色由原来的银色变为需要的颜色。

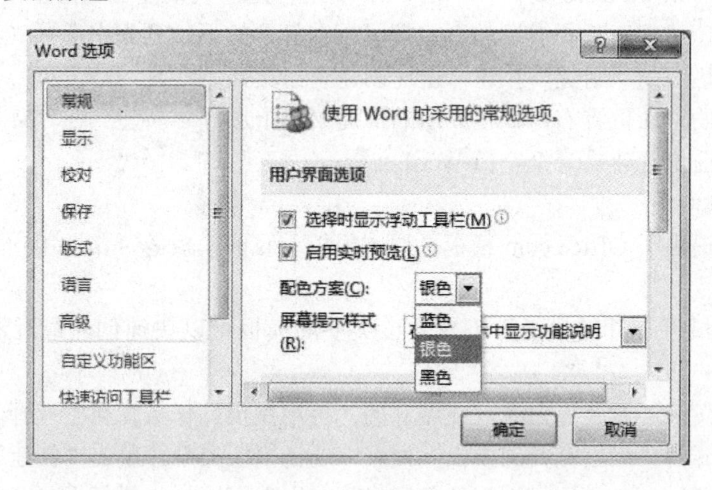

图 3-17　配色方案

学生上机操作

1．采用 3 种方法启动和退出 Word 2010。
2．在文档中打开导航窗格、剪贴板，并适当调整左右窗格的大小。
3．将视图方式分别设置为页面视图和大纲视图。
4．在 Word 2010 的快速访问工具栏中添加“新建”按钮、“屏幕截图”按钮。

3.2　文档的基本操作

学 习 任 务

创建新文档，输入自荐书内容，以“自荐书”为名保存。

知识点解析

在使用 Word 2010 编辑文档之前，必须掌握文档的一些基本操作，主要包括新建、保存、打开、关闭文档。只有熟悉了这些基本操作后，才能更好地使用 Word 2010。

3.2.1　新建文档

在 Word 2010 中，用户可以建立和编辑多个文档。创建一个新文档是编辑和处理文档的第一步。创建新文档时，可根据实际需求创建空白文档与模板文档。

1. 新建空白文档

空白文档是指文档中没有任何内容的文档。

Word 2010 启动后，屏幕上将出现一个标题为“文档 1”的空白文档，可以在此文档中输入文本，编辑文本。除此之外，常用的新建文档的方法还有如下 4 种：

（1）在打开的 Word 文档中，选择“文件”→“新建”→“空白文档”→“创建”命令，建立空白文档。

（2）在打开的 Word 2010 文档中，按 Ctrl+N 组合键，直接建立一个空白文档。

（3）单击快速访问工具栏右侧的下拉按钮，在打开的下拉列表中选择“新建”命令，单击快速访问工具栏中的“新建”按钮，快速创建空白文档。

（4）在桌面的空白位置右击，在弹出的快捷菜单中选择“新建”→“Microsoft Word 文档”命令，在当前位置建立一个空白 Word 文档。

2. 新建模板文档

Word 2010 提供了 Office.com 模板、样本模板、我的模板等，帮助用户快速创建固定格式的文档。

（1）通过“最近打开的模板”创建。该类型的模板可以快速创建最近经常使用的模板文档。

选择“文件”→“新建”命令，在展开的“可用模板”任务窗格中选择“最近打开的模板”选项，在展开的“最近打开的模板”列表中选择模板类型，单击“创建”按钮即可。

类似的可以通过在“可用模板”任务窗格中分别选择“样本模板”、“我的模板”、“根据现有内容新建”选项，然后在展开的列表中选择模板类型，单击“创建”按钮或“新建”按钮即可。

（2）通过 Office.com 模板创建。Word 2010 中还提供了多种统一规格、统一框架的文档的模板，如传真、信函或者简历等，通过这些模板可以很方便地创建文档。例如，新建信函文档，选择“文件”→“新建”命令，在展开的“可用模板”的“Office.com 模板”任务窗格中选择“信函”选项，选择需要样式，单击“下载”按钮即可。

3.2.2 文档的输入

使用文字处理软件的最基本操作就是输入文本，并对它们进行必要的编辑操作，以保证所输入的文本内容与所要求的文稿一致。

新建一个空白文档后，在文档的开始位置将出现一个闪烁的光标，称为插入点。在 Word 中输入任何文本都会在插入点处出现。确定了插入点的位置后，即可在文档中输入内容。

1. 认识光标

光标在文档的编辑中起到定位的作用，无论输入文本还是插入图形都是从当前光标所在的位置开始。使用光标定位的方式有两种：键盘（见表 3-1）或鼠标单击。

表 3-1 Word 光标定位的方式

键盘名称	光标移动情况	键盘名称	光标移动情况
↑	上移一行	Ctrl+↑	光标移到当前段落或上一段的开始位置
↓	下移一行	Ctrl+↓	光标移到下一个段落的首行首字前面
←	左移一个字符或一个汉字	Ctrl+←	光标向左移动一个词的距离
→	右移一个字符或一个汉字	Ctrl+→	光标向右移动一个词的距离
Home	移到行首	Ctrl+Home	光标移到文档的开始位置
End	移到行尾	Ctrl+End	光标移到文档的结束位置

续表

键盘名称	光标移动情况	键盘名称	光标移动情况
PageUp	上移一页	Ctrl+PageUp	光标移到当前页或上一页的首行首字前面
PageDown	下移一页	Ctrl+PageDown	光标移到下页的首行首字前面
Backspace	删除光标左边的内容	Delete	删除光标右边的内容

2. 输入文字

文字的输入分为中文输入和英文输入两种。

输入文本以后，插入点自动后移，同时文本被显示在屏幕上。当输入文本到达右边界时，Word 会自动换行，移动到下一行开头，继续输入，当输入满一屏时自动下移。

（1）中文字符输入。一般情况下，系统会自带一些基本的输入法，如微软拼音、中文（简体）等；也可以自己安装一些输入法，如搜狗拼音输入法、谷歌拼音输入法等。

中文字符输入基本格式的默认设置如下：

1）中文为宋体，英文为 Times New Roman，字体大小为五号，字符缩放为 100%。

2）段落对齐方式为两端对齐，单倍行距。

3）纸张大小为 A4，上下页边距均为 2.54cm，左右页边距均为 3.17cm。

一般使用默认的输入切换方式，选择一种熟悉的汉字输入法，如打开/关闭输入法控制组合键 Ctrl+空格键、切换输入法 Ctrl+Shift 组合键等。选择好输入法后，在插入点处直接输入即可。

提示：文本输入到一行的末尾时，不需要按 Enter 键换行，在输入下一个字符时将自动转到下一行的开头。按一次 Enter 键表示生成了一个新的段落。

（2）英文字符输入。在文档中输入英文时，一定要先切换到英文状态下，输入的各种字母、数字、符号即可以本来面目出现在文档中。

输入大写的英文字母的方法有两种：一是按键盘上的 Caps Lock 键，键盘右上角的 Caps Lock 灯会亮，此时输入的任何字母都是大写；二是按住 Shift 键的同时再按下输入的字母，此时输入的字母也是大写的。

3. 输入符号

输入文本时，经常遇到一些需要插入的特殊符号，如希腊字母、商标符号、图形符号、数学运算符等，这些特殊符号通过键盘是无法输入的。Word 2010 提供了非常完善的特殊符号，通过插入符号功能来实现符号的输入。

方法如下：

（1）插入点定位到要插入符号处。

（2）选择“插入”选项卡，在“符号”命令组中单击“符号”按钮，打开图 3-18 所示的下拉列表。在下拉列表中上部显示的是最近常用的特殊符号。如果上面有要插入的符号，直接单击插入即可，如果没有，选择下拉列表最下面的“其他符号（M）”命令，弹出图 3-19 所示的对话框。

（3）在“符号”对话框中拖动垂直滚动条查找需要的符号，然后单击“插入”按钮即可将符号插入文档中。也可以通过改变“字体”下拉列表中的字体类型和“子集”下拉列表中的子集来快速定位到所需符号。

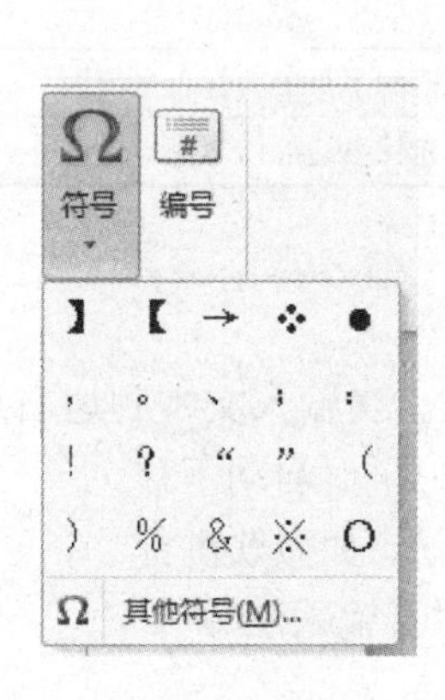

图 3-18 最近常用的符号

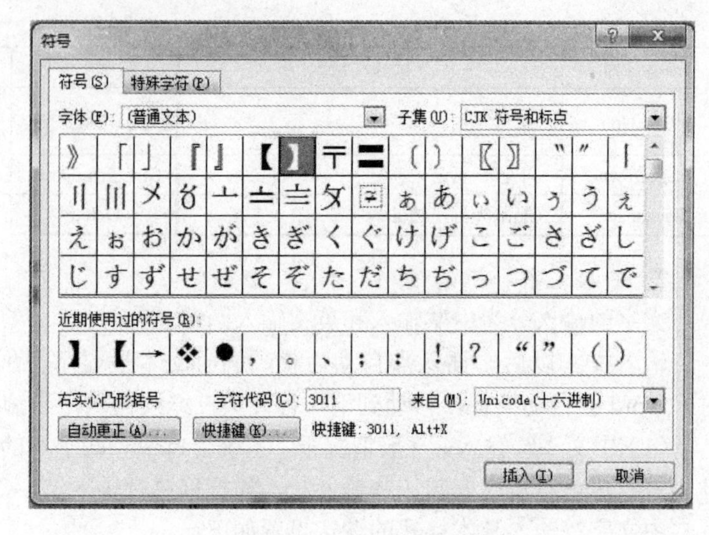

图 3-19 “符号”对话框

4. 输入日期和时间

使用 Word 2010 输入日期和时间时，除了手动输入外，还可以使用插入日期和时间功能来输入当前日期和时间。

在 Word 2010 中输入日期类格式的文本时，Word 2010 会自动显示默认格式的当前日期，按 Enter 键即可完成当前日期的输入，如图 3-20 所示。

图 3-20 手动输入日期

如果需要输入其他格式的日期和时间，可以通过“日期和时间”对话框进行插入。选择“插入”选项卡，在“文本”命令组中单击“日期和时间”按钮，弹出“日期和时间”对话框，在“可用格式”列表框中选择合适的格式，如图 3-21 所示。

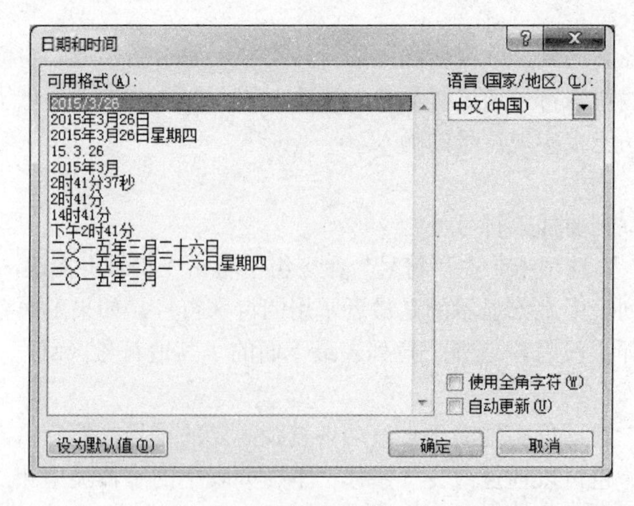

图 3-21 “日期和时间”对话框

技能拓展

文档录入时要注意：

（1）为了方便排版，在各行结尾处不要按Enter键，开始一个新段落时才可按Enter键。

（2）对齐文本时不要使用空格键，用缩进对齐方式（后续章节会介绍）。

（3）要将插入点重新定位，有以下3种方法：

1）利用键盘（↑、↓、←、→、PageUp、PageDown等）。

2）利用鼠标拖动或拖动滚动条，然后单击。

3）对于长文档，选择“开始”选项卡的“编辑”命令组中的“查找与替换”对话框中的“定位”命令，再输入所需定位的页码。或者直接在状态栏单击“页码”处，再输入所需定位的页码。

（4）如果发现输入有错时，将插入点定位到错误的文本处，按Delete键删除插入点右边的错字，按BackSpace键删除插入点左边的错字。

（5）如果需要在输入的文本中间插入新的内容，可将插入点定位到需插入处，然后输入内容。要注意当前的编辑状态应处于“插入”状态，Word 2010默认状态是“插入”状态，即在一个字符前面插入另外的字符时，后面的字符自动后移。按下Insert键后，就变为“改写”状态，此时，在一个字符的前面插入另外的字符时原来的字符会被现在的字符替换；再次按下Insert键后，则又回到“插入”状态。

3.2.3 保存文档

对于新建的文档，只有将其保存起来，才可以再次对其进行查看或编辑修改。而且，在编辑文档的过程中，养成随时保存文档的习惯，可以避免因计算机故障而丢失信息。

保存文档分为保存新建的文档、保存已保存过的文档、另存Word文档和自动保存文档4种方式。

1. 保存新建的文档

在第一次保存文档时，需要指定文件名、文件的保存位置和保存格式等信息。保存新建文档的常用方法如下：

（1）单击“文件”按钮，从弹出的下拉菜单中选择“保存”命令。

（2）单击快速访问工具栏上的“保存”按钮。

（3）按Ctrl+S组合键，快速保存文档。

提示：选择任一种方法之后，如果是新文件的第一次存盘，则会弹出“另存为”对话框，在对话框中设置文件存放的位置、文件的名称、文件的保存类型。Word 2010文档对应的类型为扩展名.docx。

2. 保存已保存过的文档

（1）直接保存。对已保存过的文档进行保存，可单击“文件”按钮，从弹出的下拉菜单中选择“保存”命令，或者单击快速访问工具栏上的“保存”按钮，此时系统不会弹出“另存为”对话框，而是直接按照原有的路径、名称以及格式进行保存。

（2）另存Word文档。对于已保存的Word文档，如果要改变文档保存的位置、文件名或保存类型，可以执行“另存为”操作，原来的文档不受影响。方法如下：

1）打开要另行保存的文档，选择“文件”→“另存为”命令，弹出“另存为”对话框。

2）在对话框的“文件名”文本框中输入文档的新名称，在“保存类型”下拉列表中选择文档的属性。

3）单击“保存”按钮，完成操作。

3. 自动保存文档

如果不习惯随时对修改的文档进行保存操作，则可以将文档设置为自动保存。设置自动保存后，无论文档是否进行了修改，系统均会根据设置的时间间隔在指定时间自动对文档进行保存。

选择“文件”→“选项”命令，在弹出的“Word选项”对话框左窗格中选择“保存”命令，打开图3-22所示的“保存”选项的设置对话框，可以完成保存文档的相关设置。

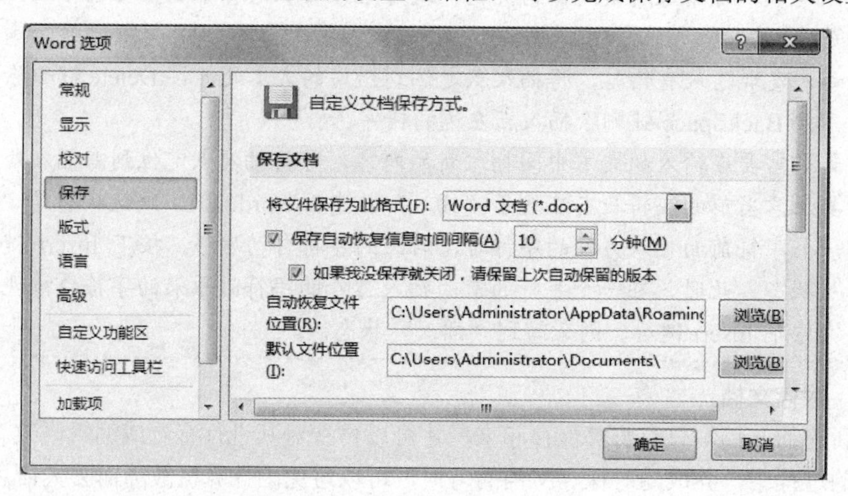

图3-22 “保存”选项对话框

（1）在“将文件保存为此格式”下拉列表中选择保存文件的默认格式，保存时在不修改保存格式的情况下，Word都会按照设置的格式保存文件。

（2）选中“保存自动恢复信息时间间隔”复选框，设置“保存自动恢复信息时间间隔”的时间，系统就会自动按照设置的时间自动保存文档。一般自动恢复的时间不要设置过长，以免意外丢失数据。

（3）在“自动恢复文件位置”和“默认文件位置”处设置文档自动恢复和存放的位置。

3.2.4 打开文档

打开文档是 Word 的一项最基本的操作。如果要对保存的文档进行编辑，首先需要将其打开。打开文档的方法有如下几种。

1. 直接打开文档

对所有已保存的 Word 2010 文档（存盘时文件扩展名为.docx），用户可以直接找到所需要的文档，然后双击该文档名，在启动 Word 2010 的同时打开该文档。

2. 通过“打开”对话框打开文档

在编辑文档的过程中，若需要使用或参考其他文档中的内容，则可使用“打开”对话框来打开文档。

启动 Word 2010 后，选择“文件”→“打开”命令，或者使用 Ctrl+O 组合键快速弹出图

3-23 所示的“打开”对话框，选择要打开的文档即可。

提示：“打开”对话框中“打开”下拉列表中提供了多种打开文档的方式。使用只读方式打开的文档，将以只读方式存在，对文档的编辑修改将无法直接保存在原文档上，需要将编辑修改后的文档另存为一个新的文档；使用以副本方式打开的一个文档，将不打开原文档，对该副本文档所做的编辑修改将直接保存到副本文档中，对原文档没有影响。

3. 快速打开最近使用过的文档

在 Word 2010 中默认会显示 20 个最近打开或编辑过的 Word 文档，可以通过打开“开始”选项卡里的“最近所有文件”面板，在面板右侧的“最近使用的文档”列表中单击准备打开的 Word 文档名称。

图 3-23 “打开”对话框

3.2.5 关闭文档

当不需要使用文档时，应将其关闭。关闭文档的常用方法如下：

（1）单击标题栏右上角的“关闭”按钮☒。

（2）按 Alt+F4 组合键。

（3）选择“文件”→“关闭”命令。

（4）单击窗口左上角 Word 图标W，在下拉菜单中选择“关闭”命令。

（5）双击窗口左上角 Word 图标W。

提示：如果文档经过了修改，但没有保存，那么在进行关闭文档操作时，将会自动弹出信息提示框询问是否要保存更改。若要保存更改，则单击“是”按钮；若要退出而不保存更改，则单击“否”按钮。如果错误地进行了关闭操作，则单击“取消”按钮。

技能拓展

1. 文档加密

在日常工作中会有很多机密的文档，这时就需要用到加密功能。Word 2010 中给文档加密方法如下:

（1）选择“文件”→“信息”→“保护文档”→“用密码进行加密”命令，如图 3-24 所示。

（2）在弹出的“加密文档”对话框中输入密码，如图 3-25 所示。

（3）在下次启动该文档时会弹出“密码”对话框，如图 3-26 所示，只有输入正确密码后才能正常打开。

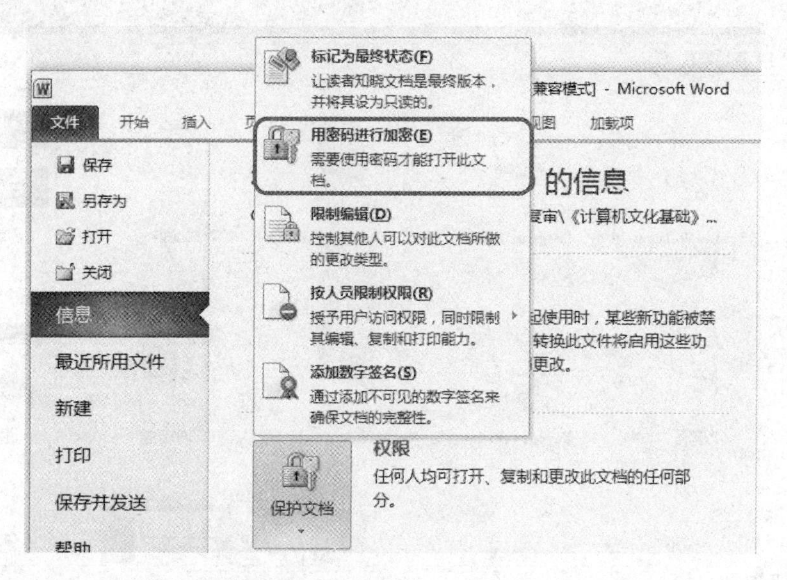

图 3-24 “保护文档”下拉菜单

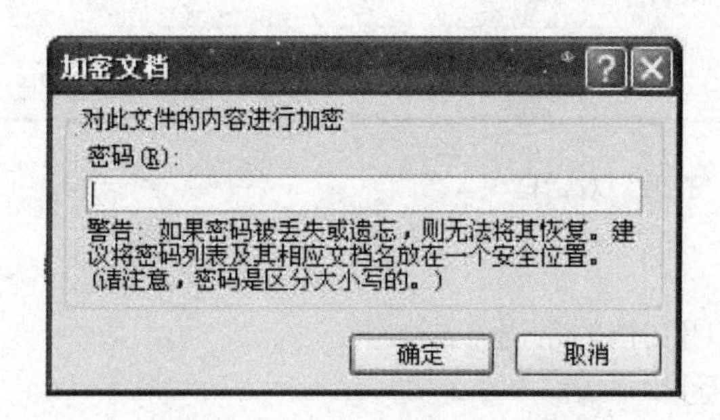

图 3-25 “加密文档”对话框

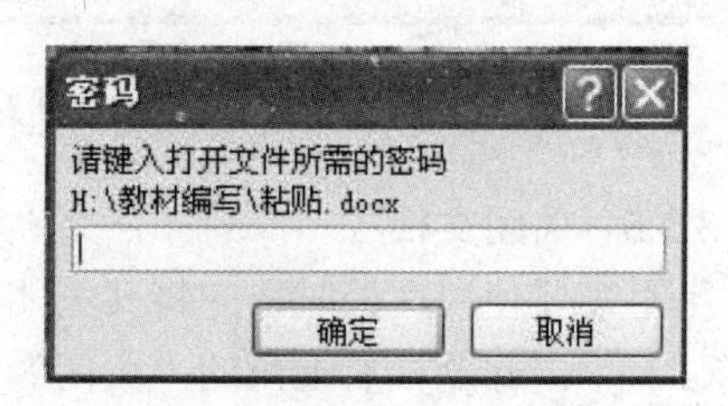

图 3-26 “密码”对话框

2. .doc 与.docx 相互转换

平时使用的办公软件有 Office 2010，也有 Office 2003，这时会出现文件格式的不兼容。例如，Word 2010 默认保存文件的格式为.docx，低版本的 Word 如果没有装插件就打不开。如果需要，我们可以设置让 Word 2010 默认保存文件格式为.doc。

启动 Word 2010，选择“文件”→“选项”命令，在弹出的“Word 选项”对话框的左侧窗格中选择“保存”命令，然后在右侧的窗格中，将“将文件保存为此格式”设置为“Word97-2003文档（*.doc）”即可。

采用同样的方法，我们可以将Excel 2010和PowerPoint 2010的默认保存文件格式设置为低版本的.xls和.ppt。

学生上机操作

1．新建文件夹，以“求职简历”命名，并保存在D盘根目录下。

2．采用3种方式新建一个空白文档，选其中一个文档以“我的自荐”为名保存在“求职简历”文件夹里。

3．采用多种方式关闭文档。

4．打开文档“我的自荐”，在文档中输入下面自荐的内容，并保存。

尊敬的领导：您好！

首先，真诚的感谢你能在百忙之中抽时间来看我的自荐书。

我叫罗庆，是山东泰安职业技术学院计算机软件开发专业的应届毕业生，2015年7月我将顺利毕业。作为一名即将步入社会的毕业生，我向往一份能展示自己才华，实现自我价值的职业，为此我向贵单位坦诚自荐。

我个性开朗活泼，兴趣广泛；思路开阔，办事沉稳；关心集体，责任心强；待人诚恳，工作主动认真，富有敬业精神。在三年的学习生活中，我很好地掌握了专业知识。在学有余力的情况下，我阅读了大量专业和课外书籍，使我懂得也是我一直坚信的信念：只有努力去做，我一定会成功的！

三年大学生活，造就了我勇于开创进取的创新意识。课堂内外拓展的广博的社会实践、扎实的基础知识和开阔的视野，使我更了解社会；在不断的学习和工作中养成的严谨、踏实的工作作风，吃苦耐劳、团结协作的优秀品质，我相信我的能力和知识正是贵单位所需要的，我真诚渴望能加盟公司，为公司的明天奉献自己的青春和热血！

此致敬礼！

自荐人：罗庆

2015年3月19日

3.3 文档的编辑

学习任务

经过检查发现“自荐书”中输入的内容有一些错误，现要对自荐书进行修改，使内容正确、完整。

知识点解析

在文档中输入内容后，还要对其进行编辑。Word 2010提供了强大的编辑功能，可以很方便地完成对输入信息的修改和编辑，如插入、移动、复制、删除以及查找等。

3.3.1　文本的选取

要对输入的信息进行编辑修改，首先要选取进行修改的内容，即“先选取，后操作”。被选取的文本在屏幕上表现为“黑底白字”。

文本左边的空白处称为文本选定区，当鼠标指针移进该区后，鼠标指针就会变成右指的箭头形状。

1. 全文选取

全文选取的操作方法主要有以下几种：

（1）选择“开始”→“编辑”→“选择”→“全选”命令选取全文。

（2）移动鼠标指针至文本选定区任意位置，指针变为指向右上角的箭头，然后三击左键即可选中全文；

（3）使用 Ctrl+A 组合键选取全文。

（4）按住 Ctrl 键的同时单击文档左边的选定区选取全文。

2. 部分文档的选取

选取部分文档的操作方法如表 3-2 所示。

表 3-2　　选取部分文档的操作方法

选取范围	操作方法
字符的选取	选取一个字符：将鼠标指针移到字符前，单击并拖动一个字符的位置
	选取多个字符：把鼠标指针移到要选取的第一个字符前，按住鼠标左键，拖动到选取字符的末尾，松开鼠标
行的选取	选取一行：在行左边文本选定区单击
	选取多行：选取一行后，继续按住鼠标左键并向上或下拖动便可选取多行或者按住 Shift 键，单击结束行
	选取光标所在位置到行尾（行首）的文字：把光标定位在要选取文字的开始位置，按 Shift+End 组合键（或 Shift+Home 组合键）
	选取从当前插入点到光标移动所经过的行或文本部分：确定插入点，按 Shift+光标移动键
句的选取	选取单句：按住 Ctrl 键，单击文档中的一个地方，单击处的整个句子就被选取 选中多句：按住 Ctrl 键，在第一个要选中句子的任意位置单击，松开 Ctrl 键，按住 Shift 键，单击最后一个句子的任意位置，也可选中多句
段落的选取	双击选取段落左边的选定区，或三击段落中的任何位置
矩形区的选取	按住 Alt 键，同时拖动鼠标
多页文本选取	先在文本的开始处单击，然后按住 Shift 键，并单击所选文本的结尾处

3. 撤销选取的文本

在文本选定区外的任何地方单击。

3.3.2　文本的移动、复制与删除

当选定了文本后，就可对其进行移动、复制、删除等编辑操作。

1. 移动文本

移动文本是指将被选定的文本从原来的位置移动到另一位置的操作。在移动的同时会删除原来位置上的原文本，即移动文本后，原位置的文本消失。常用的文本移动方法有如下

几种：

（1）使用功能区命令按钮。

1）选定要移动的文本内容。

2）单击“开始”选项卡→“剪贴板”命令组→“剪切”按钮，选中的内容就被放入剪贴板中。

3）将光标定位到要插入文本的位置，单击“开始”选项卡→“剪贴板”命令组→“粘贴”按钮，在“粘贴”下拉列表中选择“保留源格式按钮”，则被剪切的文本就会移动到光标所在的位置。

（2）使用鼠标拖动。

1）选定要移动的文本内容。

2）将鼠标指针定位到被选中内容，单击并拖动鼠标，此时会看到鼠标指针下面带有一个虚线小方框，同时出现一条虚竖线指示插入的位置。

3）在需要插入文本的位置释放鼠标左键即可完成移动。

（3）使用右键快捷菜单。

1）选定要移动的文本内容。

2）把鼠标指针停留在选定的内容上，右击，在弹出的快捷菜单中选择“剪切”命令，选中的内容就被放入剪贴板中。

3）将光标定位到要插入文本的位置，右击，在弹出的快捷菜单中选择“粘贴”选项下的“保留源格式按钮”。

（4）使用快捷键。

1）选定要移动的文本内容。

2）按 Ctrl+X 组合键。

3）将光标定位到要插入文本的位置，按 Ctrl+V 组合键，完成移动操作。

提示：在 Word 2010 中，在选择“粘贴”命令时，会出现图 3-27 所示的“粘贴”选项窗口。在窗口中，有 3 个图标按钮，分别是“保留源格式按钮”（保留文本原来的格式）、“合并格式按钮”（使文本与当前文档的格式保持一致）、“只保留文本按钮”A（只保留纯文本内容），根据需要选择不同的按钮完成粘贴操作。

粘贴选项:

图 3-27　粘贴选项

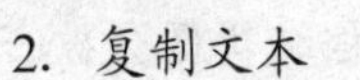

2. 复制文本

复制文本是指将一段文本复制到另一位置，原位置上被选定的文本仍留在原处的操作。常用的文本复制方法有如下几种：

（1）使用功能区命令按钮。

1）选定要复制的文本内容。

2）单击“开始”选项卡→“剪贴板”命令组→“复制”按钮，则选中的内容就被复制到剪贴板之中。

3）将光标定位到要插入文本的位置，单击“开始”选项卡→“剪贴板”命令组→“粘贴”按钮，在“粘贴”选项窗口中选择“保留源格式按钮”，则被复制的文本就会插入光标所在的位置。

（2）使用鼠标拖动。使用鼠标拖动进行复制的步骤如下：

1）选定要复制的文本。

2）将鼠标指针定位到被选定文本的任何位置，按住 Ctrl 键的同时按下鼠标左键拖动鼠标，鼠标箭头处会出现一个虚线框和一个“+”号，将选中的文本拖动到需要插入文本的位置释放即可。

（3）使用右键快捷菜单。

1）选定要复制的文本内容。

2）把鼠标指针停留在选定的内容上，右击，在弹出的快捷菜单中选择“复制”命令，选中的内容就被放入剪贴板中。

3）将光标定位到要插入文本的位置，右击，在弹出的快捷菜单中选择“粘贴”选项下的“保留源格式按钮”，完成复制操作。

（4）使用快捷键。

1）选定要复动的文本内容。

2）按 Ctrl+C 组合键。

3）将光标定位到要插入文本的位置，按 Ctrl+V 组合键，完成复制操作。

3. 删除文本

在编辑文档的过程中，经常需要删除一些不需要的文本，常用的删除方法有如下 3 种：

（1）用 Delete 键删除：按 Delete 键的作用是删除插入点后面的字符，它通常只是在删除的文字不多时使用。

（2）用 Backspace 键删除：按 Backspace 键的作用是删除插入点前面的字符，常用于删除当前输入的错误文字。

（3）快速删除：选定要删除的文本区域，按 Delete 键或 Backspace 键即可删除所选择的文本区域。

技能拓展

编辑长文件更轻松

在使用 Word 编辑长文档时，有时需要将文章开始的多处内容复制到文章末尾。但通过拖动滚动条来回移动非常麻烦，还会出错。其实只要将鼠标指针移动到垂直滚动条最上面的“-”标志，这时鼠标指针变成双箭头，按住鼠标左键向下拖动，文档编辑区会被一分为二。只需在上面编辑区找到文章开头的内容，在下面编辑区找到需要粘贴的位置，这样即可以复制内容，而不必来回切换。这种方法特别适合复制相距很远且复制次数较多的内容。

3.3.3 文本的查找与替换

在篇幅较长的文档中，使用 Word 2010 提供的查找与替换功能可以快速地找到文档中某个文本或者更正文档中多次出现的某个词语，从而不必反复地查找文本，使烦琐的操作变得简单快捷。

1. 查找文本

“查找”命令的功能是指在文档中搜索指定的内容。

在 Word 2010 文档中快速查找特定的字符，可以使用“导航”窗格进行查找，也可以使用 Word 2010 的高级查找功能。

方法 1：使用导航窗格查找。

（1）单击“开始”选项卡→“编辑”命令组→“查找”按钮，在屏幕左侧打开“导航”窗格，如图 3-28 所示。

（2）在文本框中输入需要查找的内容，文档中所有被查找的内容就被突出显示出来。

提示：若要取消查找，单击“导航”窗格中文本框右侧的 ✖ 按钮即可。

方法 2：使用高级查找功能。

（1）单击“开始”选项卡→“编辑”命令组→“查找”按钮，在屏幕左侧打开图 3-28 所示的“导航”窗格。

（2）单击文本框右侧的下拉按钮，打开下拉列表，如图 3-29 所示，在下拉列表中选择“高级查找”命令，弹出图 3-30 所示的“查找与替换”对话框。

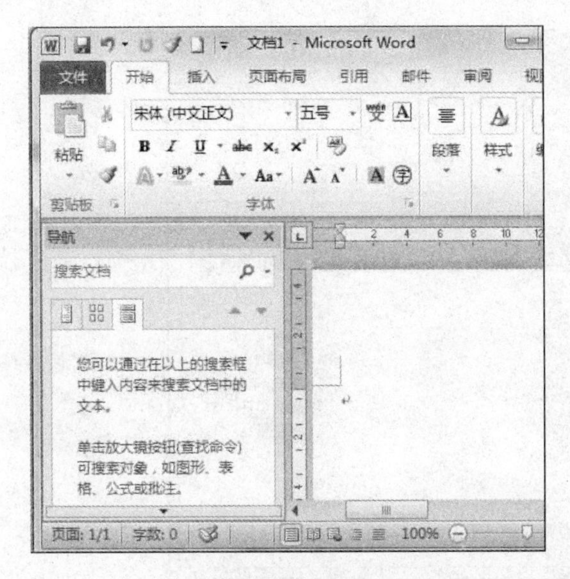

图 3-28 “导航”窗格

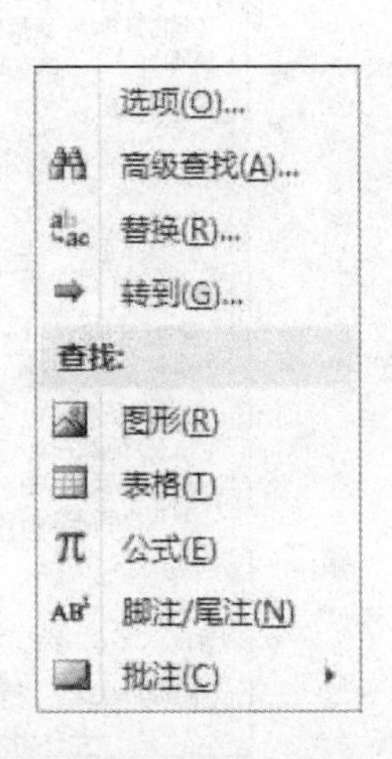

图 3-29 查找选项和其他搜索命令

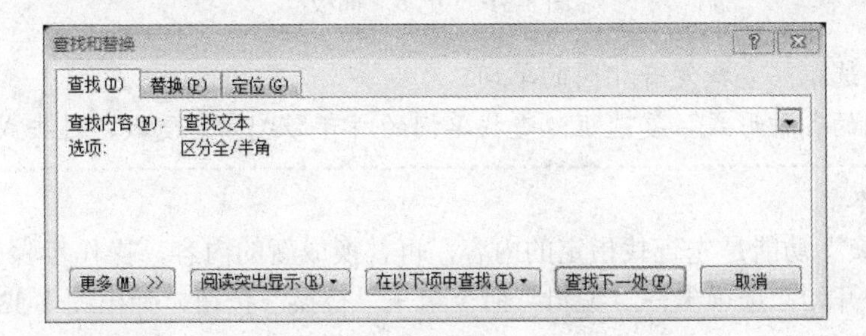

图 3-30 “查找和替换”对话框

（3）在“查找内容”编辑框中输入要查找的内容。

（4）单击“查找下一处”按钮，Word 2010 即从插入点处向后搜索并选中所查找到的内容。

（5）按 Shift+F4 组合键或单击“查找下一处”按钮继续查找。

技能拓展

除了查找输入的文字外，有时需要查找某些特定的格式或符号，这就要设置高级查找选项。在图 3-30 所示的对话框中单击“更多”按钮，即会出现图 3-31 所示的对话框。

“搜索”列表框：设置搜索的方向。

“格式”按钮：设置要查找对象的排版格式，如字体、段落、样式的设置。

“特殊格式”按钮：查找对象是特殊字符，如制表符、分栏符、分页符等。

“不限定格式”按钮：取消“查找内容”文本框下指定的所有格式。

“搜索”方式的 5 个复选框的意义如下：

“区分大小写”复选框：查找大小写完全匹配的文本。

“全字匹配”复选框：仅查找整个单词，而不是较长单词的一部分。

“使用通配符”复选框：在查找内容中使用通配符。

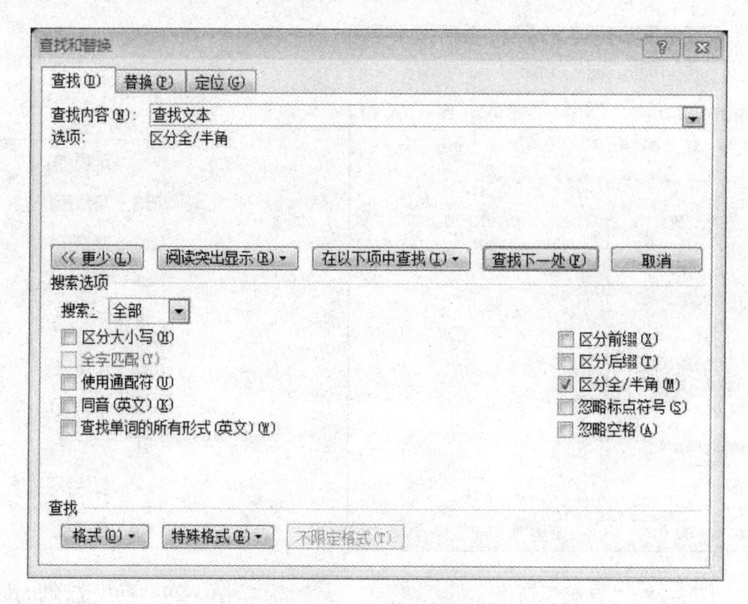

图 3-31 “更多”面板

“同音”复选框：查找发音相同的单词。

“查找单词的各种形式”复选框：查找单词的所有形式，如复数、过去式、现在时等。

2. 替换文本

“查找和替换”功能是先查找指定的内容，再替换成新的内容，操作步骤如下：

（1）单击“开始”选项卡→“编辑”命令组→“替换”按钮，弹出图 3-32 所示的“查找和替换”对话框。

（2）在“查找内容”文本框中输入要查找的内容。

（3）在“替换为”文本框中输入要替换的内容。

（4）单击“查找下一处”按钮，Word 将逐个查找所选内容。单击“替换”按钮，Word 将替换所查到的内容。若单击“全部替换”按钮，则 Word 会自动搜索所查找内容并一次性替换完毕。

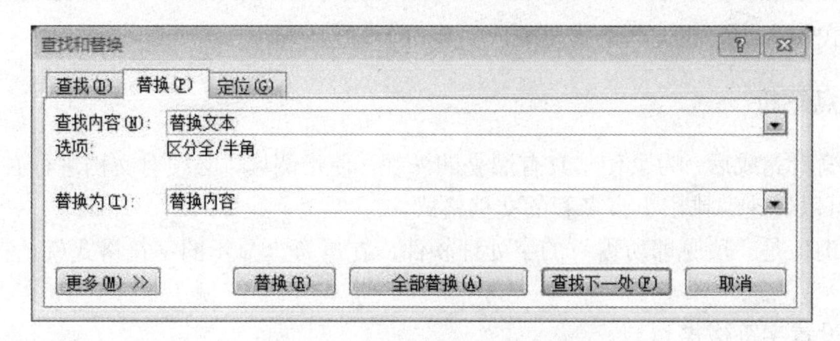

图 3-32 “查找和替换”对话框

（5）单击“更多（M）>>”按钮，可以进行更高级的自定义替换操作设置。

（6）单击“关闭”按钮，关闭“查找和替换”对话框，完成替换。

3.3.4 撤销与恢复

在编辑文档时，Word 2010 会自动记录最近执行的操作，因此对于不慎出现的误操作，可以使用撤销功能将其撤销。如果误撤销了某些操作，还可以使用恢复功能将其恢复。

1．撤销操作

在编辑文档时，使用 Word 2010 提供的撤销功能可以将编辑过的文档恢复到原来的状态。常用的方法有以下两种：

（1）单击快速访问工具栏上的“撤销”按钮；如果连续单击“撤销”按钮，Word 将依次撤销从最近一次操作往前的各次操作。单击按钮右侧的下拉按钮，在弹出的列表中选择要撤销的操作，将撤销列表中该项操作之上的所有操作。

（2）使用 Ctrl+Z 组合键，可以撤销最近的操作。

2．恢复操作

恢复操作用来还原撤销操作，恢复成撤销以前的文档。

常用的方法有以下两种：

（1）单击快速访问工具栏上的“恢复”按钮，以恢复刚刚的撤销操作。

（2）使用 Ctrl+Y 组合键，可以恢复最近的操作。

提示：恢复不能像撤销那样一次性还原多个操作，所以在“恢复”按钮右侧没有可展开列表的下拉按钮。当一次撤销多个操作时，再单击“恢复”按钮时，最先恢复的是第一次撤销的操作。

学生上机操作

1．打开桌面上的“简历”文件夹中的“我的自荐”，重命名为“自荐书”。

2．将视图方式设置为页面视图。

3．查找自荐书中的“单位”，并替换为“公司”。

3.4 文档的排版

学习任务

完成自荐书的文本录入、编辑后，经检查发现格式不符合要求。现要对文本进行必要的排版，使格式符合一般的文档格式要求，美观、大方，便于阅读。

知识点解析

对文档编辑完成后，为了使其具有漂亮的外观，便于阅读，必须对文档进行必要的排版。Word 2010 可以快速编排出丰富多彩的文档格式。

Word 2010 是“所见即所得”的字处理软件，在屏幕上显示的字符格式就是实际打印时的形式。

3.4.1 设置字符格式

在 Word 文档中输入的字符系统默认字体为宋体、字号为五号。为了使文档更加美观、条理更加清晰，通常需要对文本进行格式化操作。

设置并改变字符的外观称为字符格式化，它包括设置字体与字号，使用粗体、斜体，添加下划线，改变字符颜色，设置特殊效果，调整字符间距等。

提示：如果设置格式时不提前选定字符，则设置的格式只对当前插入点处要输入的文本起作用。

1. 字体效果的设置

（1）利用“字体”命令组设置。选定要设置格式的文本，选择“开始”选项卡→“字体”命令组，如图 3-33 所示，使用相应的按钮完成字体设计。在该命令组中可以完成字体、字号、文本效果、颜色、清除格式等多种设置。

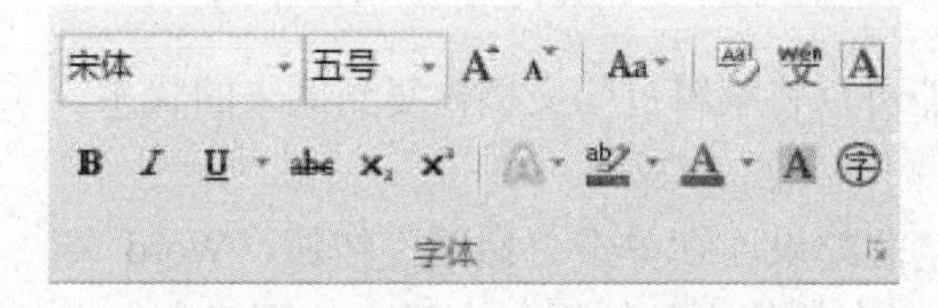

图 3-33 “字体”命令组

“字体”命令组中各按钮的功能如图 3-34 所示。

在 Word 2010 中还提供了多种字体特效设置，有轮廓、阴影、映像、发光 4 种具体设置。设置方法如下：选择要设置特效的字体，在“开始”选项卡→“字体”命令组中，单击 按钮，打开图 3-35 所示的特效设置菜单，根据需要完成设置。

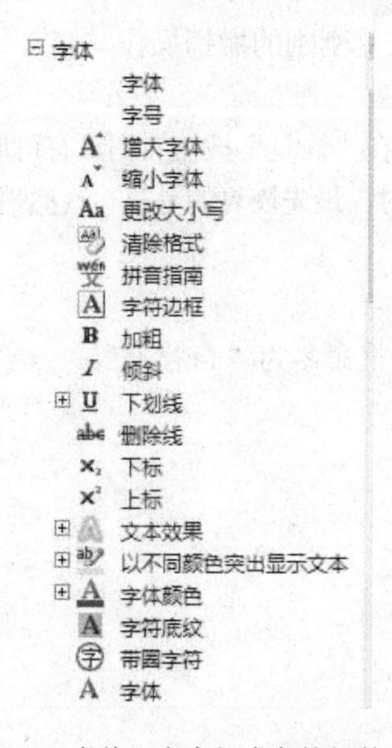

图 3-34 “字体”命令组中各按钮的功能

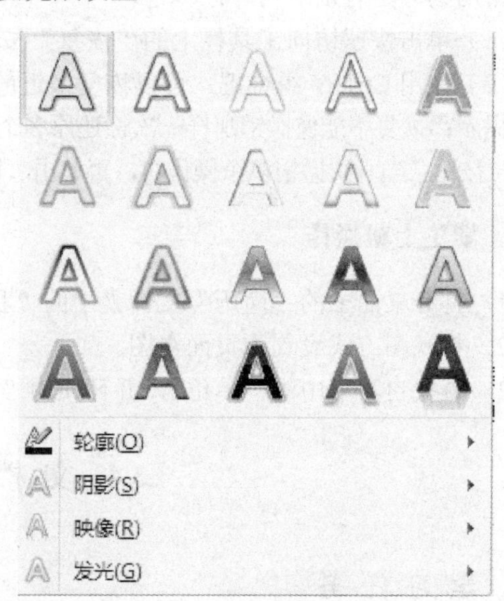

图 3-35 “字体特效设置”菜单

（2）利用“字体”对话框设置。选定要设置格式的文本，单击“开始”选项卡→“字体”命令组右下角箭头（或按 Ctrl+Shift+F 组合键），弹出图 3-36 所示的“字体”对话框。在“字体”选项卡中可以完成字体、字号、字形、颜色、效果等的设置，设置效果显示在预览中。在图 3-36 的“字体”对话框中，单击“文字效果”按钮，弹出图 3-37 所示的“设置文本效果格式”对话框，在左边窗格中选择设置项目，在右边窗格中完成具体的设置。

（3）利用浮动工具栏设置。选定要设置格式的文本，此时选中文本区域右上角将出现浮动工具栏，如图 3-38 所示，浮动工具栏中的按钮功能与“字体”命令组对应按钮的功能类似。使用工具栏提供的按钮就可以进行文本格式的设置。

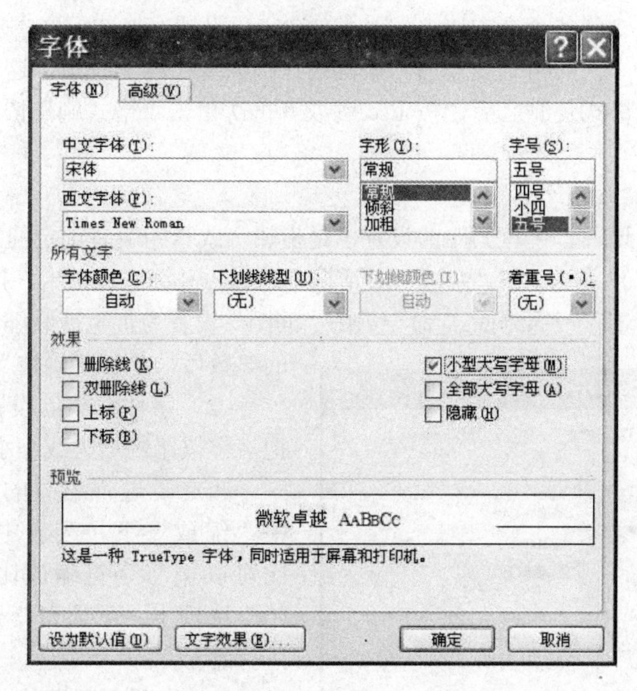

图 3-36 “字体”对话框

图 3-37 “设置文本效果格式”对话框

图 3-38 浮动工具栏

提示：选择“文件”→“选项”命令，在弹出的“Word 选项”对话框的“常规”选项卡中找到“选择时显示浮动工具栏”复选框，取消选中该复选框后，单击“确定”按钮即可关闭 Word 2010 浮动工具栏。用同样方法还可打开 Word 2010 的浮动工具栏。

（4）利用格式刷设置。对一部分文字设置了某种格式后，可以把同样的格式快速应用于其他文本，即可以将已设置好的字符格式复制到其他文本上。

复制字符格式的操作步骤如下：选定已设置了某种格式的文本，单击“开始”选项卡→“剪贴板”命令组→“格式刷”按钮，鼠标指针将变成“刷子”形，拖动鼠标指针刷过需要复制字符格式的文本，字符格式即复制完毕。

如果要将格式复制到多个文本块上，则需在选定已设置好格式的文本后，双击“格式刷”按钮。当完成一个文本块的格式复制后，鼠标指针仍保持“刷子”形，这样就可以一个接一个地复制格式。完成格式复制之后，按 Esc 键或者再次单击“格式刷”按钮，即可取消“刷子”形鼠标指针。

2. 字符间距及缩放的设置

（1）字符间距的设置。字符间距的设置，是指加宽或紧缩所有选定的字符的横向间距。

选定要进行设置的文字，在“字体”对话框中选择“高级”选项卡，打开图 3-39 所示的“高级”设置对话框，将“字符间距”命令组的“间距”设置为加宽或紧缩，并选择需要设置的参数后，单击“确定”单击钮即可。

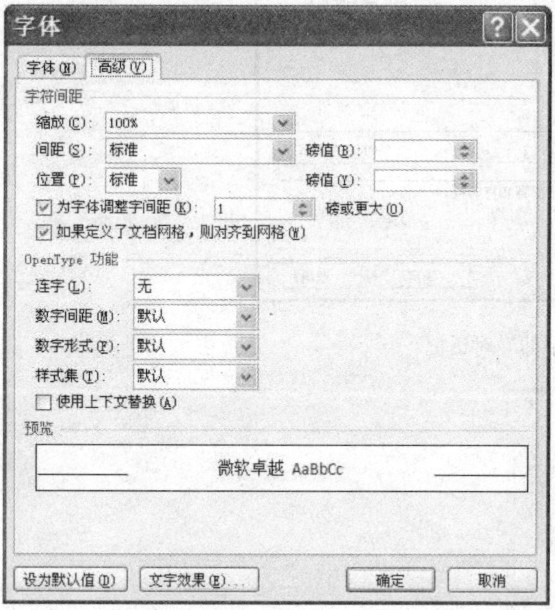

图 3-39 “高级”设置对话框

（2）字体缩放的设置。字体缩放是指把字体按比例增大或缩小。

选定要进行缩放的本文，在图 3-39 中“缩放”下拉列表中选择不同的百分比可以调节字符缩放比例，或单击“开始”选项卡→“段落”命令组→按钮进行缩放设置。

3.4.2 设置段落格式

在 Word 2010 中，段落是独立的信息单位，是文本、图形、对象或其他项目等的集合，可以具有自身的格式特征，如对齐方式、间距和样式。

每个段落都是以段落标记 ↵ 作为段落的结束标志。段落标记不仅标示一个段落的结束，还存储了该段落的格式信息。每按 Enter 键结束一段而开始另一段时，生成的新段落会具有与前一段相同的特征，当然也可以为每个段落设置不同的格式。

段落的排版是指整个段落的外观设置，包括段落缩进、对齐、行间距和段间距等。

提示：要对某个段落进行格式设置，只需将插入点放在该段中任一位置或者选定要操作段落的部分或全部文本。如果要排版两个或两个以上的段落，必须先选定这些段落，再进行各种段落的排版操作。

1. “段落”命令组中的常用按钮

在“开始”选项卡的“段落”命令组中有多个按钮，利用这些按钮可以完成段落格式的设置。“段落”命令组如图 3-40 所示，各按钮的功能如图 3-41 所示。

图 3-40 “段落”命令组

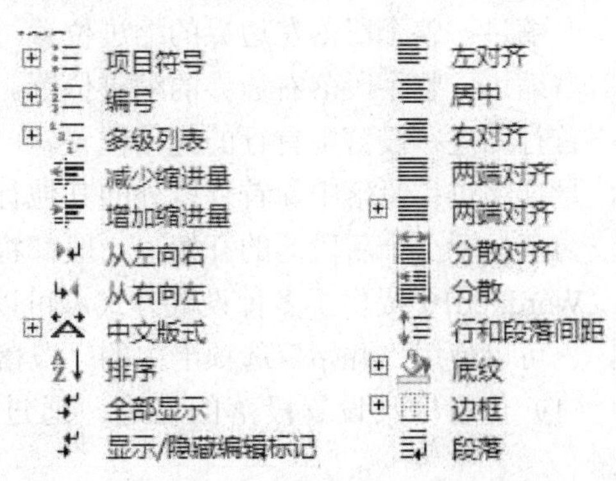

图 3-41 “段落”命令组中各按钮功能

2. 段落的对齐方式设置

段落对齐指文档边缘的对齐方式，包括两端对齐、居中对齐、左对齐、右对齐和分散对齐。

（1）两端对齐：默认设置。两端对齐时文本左右两端均对齐，但是段落最后不满一行的文字右边是不对齐的。在编排书籍或较长的文档时常使用这种对齐方式。

（2）居中对齐：文本居中排列。该对齐方式常用于标题的格式编排。

（3）左对齐：文本的左边对齐，右边参差不齐。

（4）右对齐：文本的右边对齐，左边参差不齐。该对齐方式可用于右对齐的数据和文档中的落款和日期。

（5）分散对齐：文本左右两边均对齐，段落的最后一行不满一行时将拉开字符间距，使该行均匀分布。

设置段落对齐方式时，先选定要对齐的段落，单击“开始”选项卡→“段落”命令组右下角按钮，弹出图 3-42 所示的“段落”对话框来进行设置。

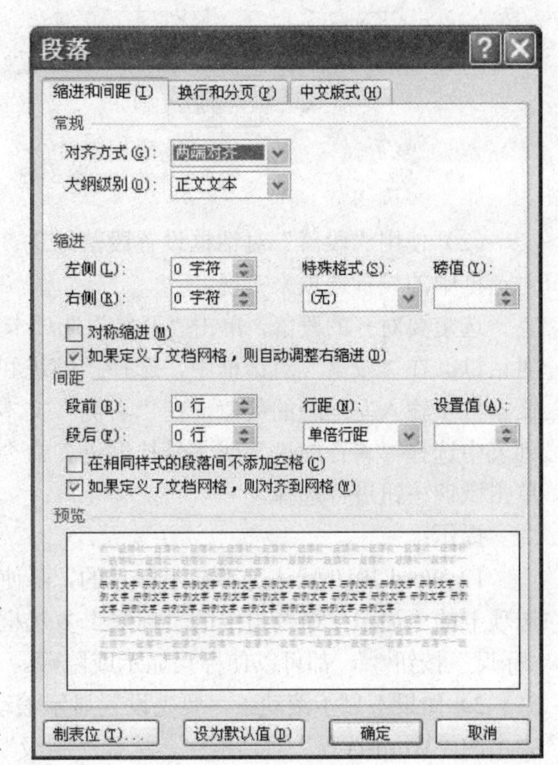

图 3-42 “段落”对话框

也可以利用“开始”选项卡的“段落”命令组（或浮动工具栏）中的相应按钮来设置段落的对齐方式，单击“两端对齐”按钮、“居中对齐”按钮、“右对齐”按钮和“分散对齐”按钮将实现不同的对齐功能。使用“段落”命令组是最快捷，也是最常用的方法。

3. 段落的缩进设置

段落的缩进是指段落中的文本与页边距之间的距离。Word 2010 提供了 4 种缩进方式：左缩进、右缩进、首行缩进和悬挂缩进。

左缩进：整个段落左边界的缩进位置。

右缩进：整个段落右边界的缩进位置。

首行缩进：段落中首行的起始位置。

悬挂缩进：段落中除首行以外的其他行的起始位置。

为了标示一个新段落的开始，一般都将一个段落的首行缩进 2 个字符的间距。

Word 2010 提供了多种设置方式，可以使用“段落”对话框进行设置、使用标尺进行设置，也可以使用“开始”选项卡中的“段落”命令组中的相关按钮设置。

（1）使用标尺设置段落的缩进。通过水平标尺可以快速地设置段落的缩进方式和缩进量。

水平标尺中包含首行缩进、悬挂缩进、左缩进和右缩进 4 个标记，如图 3-43 所示。

使用标尺设置段落的缩进时，首先把光标定位到需要设置缩进的段落内，然后拖动各标记就可以设置相应的段落缩进。在拖动鼠标时，整个页面上将出现一条垂直的虚线，以显示新边界的位置。

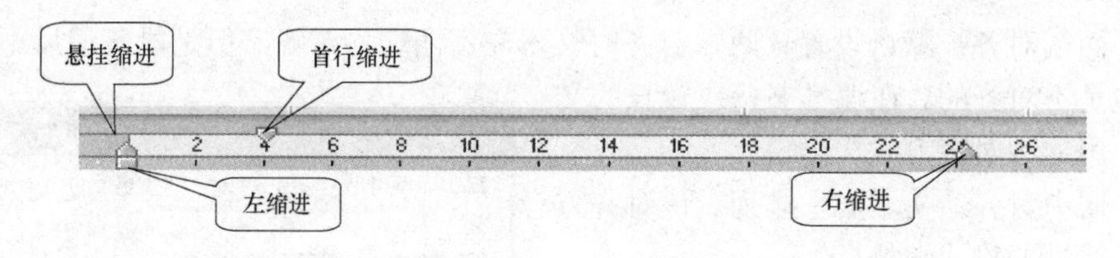

图 3-43 水平标尺

（2）使用“段落”对话框设置段落缩进。如果要精确地设置缩进量，就要使用“段落”对话框中的设置选项来实现。

选定要对齐的段落，单击“开始”选项卡→“段落”命令组右下角按钮，弹出“段落”对话框。在“段落”对话框中，选择“缩进和间距”选项卡。在“缩进”命令组的“左侧”文本框中输入左缩进的数值，在“右侧”文本框中输入右缩进的数值，在“特殊格式”下拉列表中选择“首行缩进”或“悬挂缩进”命令，然后在右侧的“磅值”文本框中填入数字或单击微调按钮进行选择。

提示：

1）Word 2010 默认是不显示标尺的，要使用标尺，首先要让标尺显示出来。选中“视图”选项卡的“显示”命令组中的“标尺”复选框，或者单击编辑区右侧垂直滚动条的最上方的“标尺”按钮，都可以使标尺显示或隐藏。

2）如果不显示滚动条，要先设置显示滚动条，方法是选择“文件”→“选项”命令，在弹出的“Word 选项”对话框中，选择“高级”选项卡，再在右侧窗格中选中“显示垂直滚动条”复选框即可。

3）在使用水平标尺格式化段落时，按住 Alt 键不放，拖动标记，水平标尺上将显示具体的度量值。

（3）使用命令组中的按钮设置段落的缩进。使用“段落”命令组中的按钮只能完成段落左缩进量的增加和减少。

把光标定位到需要改变缩进量的段落内或选中要改变缩进量的段落，单击“开始”选项卡→“段落”命令组→（增加）按钮或（减少）按钮即可。

4. 段落的间距设置

段落的间距包括文档的行间距和段间距。行间距是指段落中行与行之间的距离，段间距是指前后相邻的段落之间的距离。

（1）行间距的设置。行间距决定了各行文本间的垂直距离。改变行间距将影响整个段落中所有的行。

选定要更改其行间距的段落，在图 3-42 的“行距”下拉列表中选择所需的命令。

1）单倍行距：行距设置为该行最大字体的高度加上一小段额外间距，额外的间距的大小取决于所用的字体。

2）1.5 倍行距：段落行距为单倍行距的 1.5 倍。

3）2 两倍行距：段落行距为单倍行距的 2 倍。

4）最小值：恰好容纳本行中最大的文字或图形。

5）固定值：行距固定，在“设置值”文本框中输入或选择所需行距，默认值为 12 磅。

（2）段间距的设置。段间距决定了段落前后空白距离的大小。

选定要更改段间距的段落，在图 3-42 的“间距”命令组的“段前”和“段后”下拉列表中选择或输入所要的数值，单击“确定”按钮。

3.4.3 设置边框和底纹

在 Word 2010 中，给文档增加一些底纹和边框，可以使文档看起来更加美观大方。Word 2010 提供了为文字、图形和表格添加边框，并用底纹填充背景的功能。

1. 添加边框

（1）设置文本的边框。完成文本的边框设置有以下两种操作方法：

1）选定要设置边框的文本，单击“开始”选项卡→“字体”命令组→“字符边框”按钮 A 即可完成边框设置。若要取消边框设置再单击一下“字符边框”按钮 A 即可。

2）选定要设置边框的文本，单击“页面布局”→“页面设置”命令组右下角按钮，弹出“页面设置”（见图 3-44）对话框，选择“版式”选项卡，单击“边框”按钮，弹出图 3-45 所示的“边框和底纹”对话框。

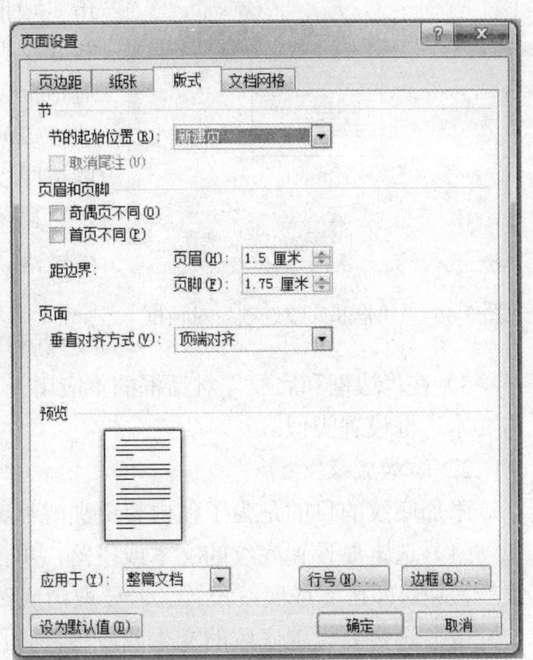

图 3-44 “页面设置”对话框

在“设置”命令组中选择要设置的边框形式，如果要取消边框线则选择“无”；在“样式”下拉列表中选择需要的边框样式；在“颜色”下拉列表中选择符合需要的边框颜色；在“宽度”下拉列表中选择合适的边框宽度；在“应用于”下拉列表中选择“文字”命令；单击“选

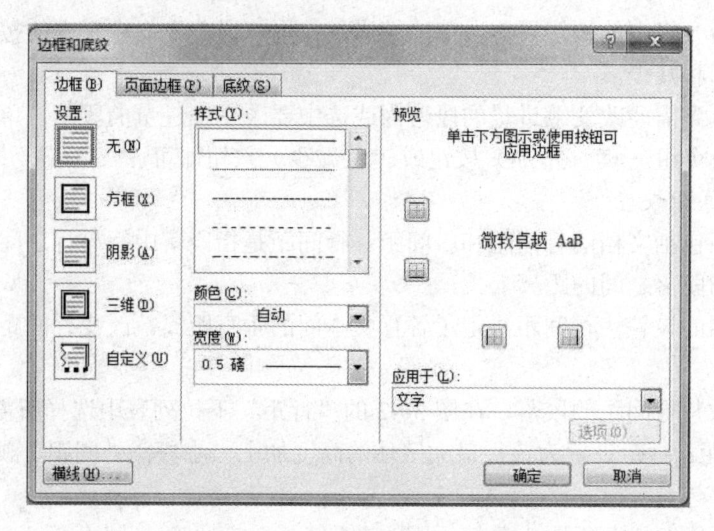

图 3-45 “边框和底纹”对话框

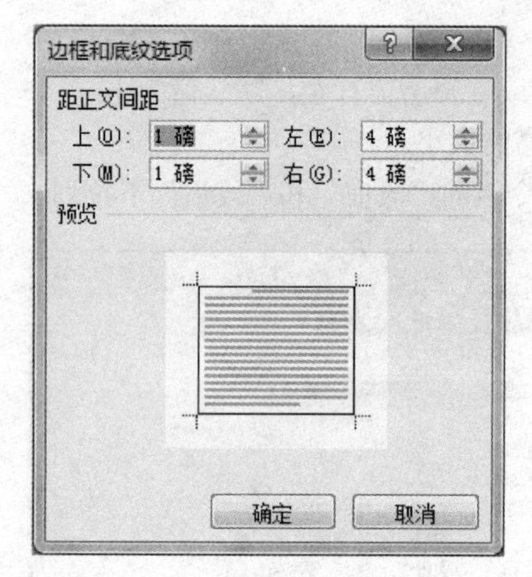

图 3-46 “边框和底纹选项”对话框

项”按钮，弹出图 3-46 所示的“边框和底纹选项”对话框，设置边框距正文间距的数值；设置完成后在“边框和底纹”对话框中单击“确定”按钮即可使设置生效。

提示：在“开始”选项卡的“段落”命令组中，单击“边框”下拉按钮，在弹出的下拉菜单中选择“边框和底纹”命令同样可以弹出图 3-45 所示的“边框和底纹”对话框。

（2）设置段落的边框。如果要给段落添加边框，可以按照以下步骤进行：

1）将插入点置于要添加边框的段落中，或者选定多个段落。

2）用设置文本边框相同的方法打开图 3-45 所示的“边框和底纹”对话框。

3）在“边框和底纹”对话框的“应用于”下拉列表中选择“段落”命令，其他设置方法与文本边框设置类似。

2. 添加底纹

添加底纹的目的是为了使内容更加醒目突出。完成底纹设置有如下两种操作方法：

（1）选定要设置底纹的文本或段落，单击“开始”选项卡→“字体”命令组→“字符底纹”按钮A即可完成底纹设置。若要取消底纹设置再单击一下“字符底纹”按钮A即可。

（2）选定要设置底纹的文本或段落，弹出“边框和底纹”对话框，在“边框和底纹”对话框中选择“底纹”选项卡，如图 3-47 所示，分别设置填充色、底纹的图案样式和颜色，并在预览中查看设置的效果。若要取消底纹，则在“填充”下拉列表中选择“无颜色”命令即可。

提示：若要将此设置应用于整个段落，则在“应用于”下拉列表中选择“段落”命令，若是只应用于所选文字，则选择“文字”命令即可。

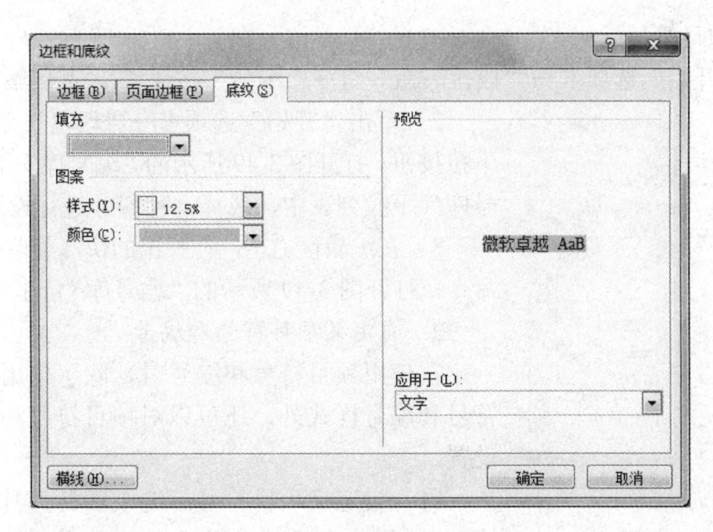

图 3-47 “底纹”选项卡

3.4.4　设置项目符号和编号

使用项目符号和编号，可以对文档中并列的项目进行组织，或者将内容的顺序进行编号，从而使文档的层次结构更加清晰、更有条理，易于阅读和理解。

Word 2010 提供了 7 种标准的项目符号和编号，并且允许自定义项目符号和编号。

1. 添加项目符号和编号

（1）自动添加项目符号和编号。Word 2010 提供了自动添加项目符号和编号的功能，方便使用。

1）段落的开始有数字或字母，如“1”、“a)”、“(一)”等，当按 Enter 键时，从下一段落开始将自动出现“2”、“b)”、“(二)”等字符。

2）在段落的开始输入一个星号“*”或两个连字符“-”，后跟一个空格或制表符，然后输入文本。当按 Enter 键时，将自动转换为项目符号列表，星号转换成黑色的圆点，两个连字符转换成黑色的方块。

（2）添加项目符号。将光标置于要添加项目符号的段落中或选中要添加项目符号的段落后，有以下几种方法可以添加项目符号：

1）单击“开始”选项卡→“段落”命令组→“项目符号”按钮，直接添加项目符号。

2）单击“开始”选项卡→“段落”命令组→“项目符号”下拉按钮，打开图 3-48 所示的“项目符号库”下拉列表。在“项目符号库”中，选择一种符号作为项目符号进行设置。

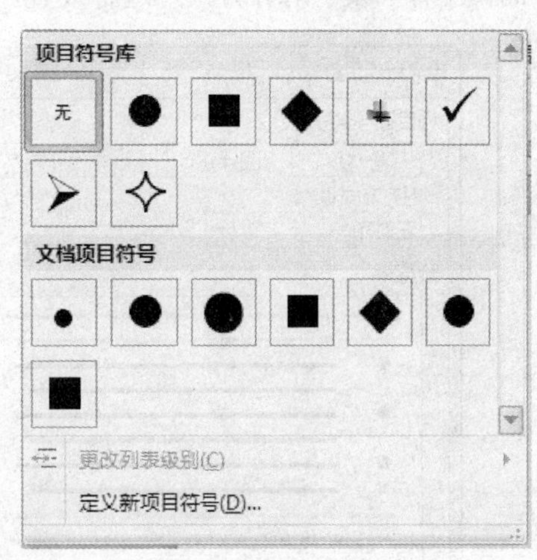

图 3-48 “项目符号库”下列拉表

3）在编辑区内右击，在弹出的快捷菜单中选择“项目符号”命令，打开图 3-48 所示的“项目符号库”下拉列表，选择需要的项目符号。

（3）添加编号。将光标置于要添加编号的段落中或选中要添加编号的段落，有以下几种方法可以添加项目符号：

1）单击“开始”选项卡→“段落”命令组→“编号”按钮，直接添加编号。

图 3-49 “编号库”下列拉表

2）单击“开始”选项卡→“段落”命令组→“编号”下拉按钮，打开图 3-49 所示的“编号库”下拉列表。在“编号库”下拉列表中，选择一种编号进行设置。

3）在编辑区右击，在弹出的快捷菜单中，选择“编号”命令，打开图 3-49 所示的“编号库”下拉列表，选择编号。

2. 自定义项目符号和编号

在使用项目符号和编号时，除了使用系统自带的项目符号和编号样式外，还可以对项目符号和编号进行自定义设置。

（1）自定义项目符号。选取项目符号段落，单击“开始”选项卡→“段落”命令组→“项目符号”下拉按钮，打开图 3-48 所示的“项目符号库”下拉列表，选择“定义新项目符号”命令，弹出“定义新项目符号”对话框，如图 3-50 所示。可以选择一种“符号”或“图片”作为项目符号，并且可以对项目符号的“字体”及“对齐方式”进行设置。

（2）自定义编号。选取编号段落，单击“开始”选项卡→“段落”命令组→“编号”下拉按钮，打开图 3-49 所示的“编号库”下拉列表。选择“定义新编号格式”命令，弹出“定义新编号格式”对话框，如图 3-51 所示。可以选择一种“编号样式”，并且可以对编号样式的“字体”及“对齐方式”进行设置。

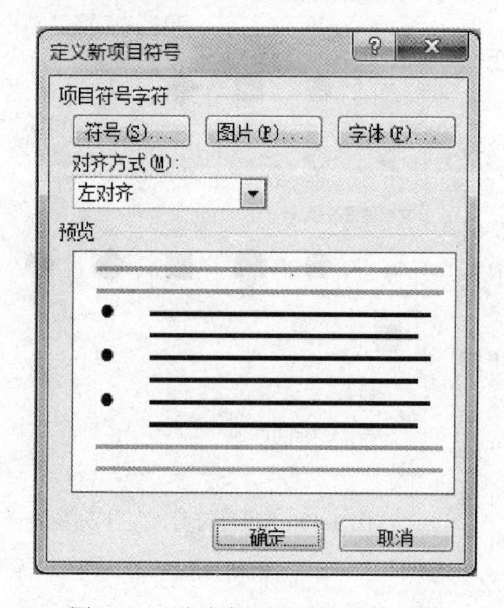

图 3-50 “定义新项目符号”对话框

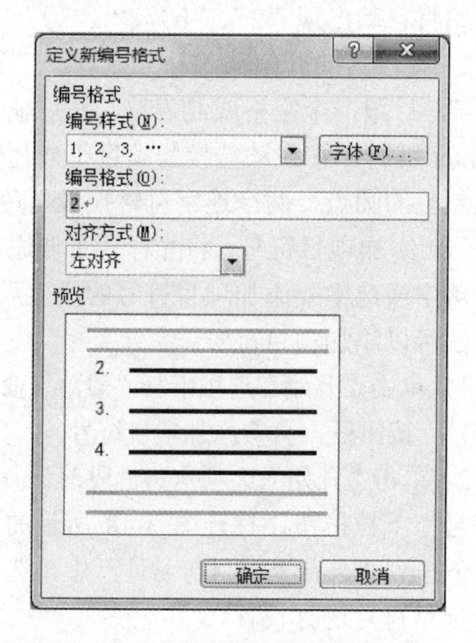

图 3-51 “定义新编号格式”对话框

提示：单击“开始”选项卡→“段落”命令组→“编号”下拉按钮，在打开的下拉列表里选择“设置编号值”命令，弹出“起始编号”对话框可以自定义编号的起始值。

（3）删除项目符号和编号。要删除项目符号，单击“开始”选项卡→“段落”命令组→“项目符号”下拉按钮，在打开的图 3-48 所示的“项目符号库”下拉列表中选择“无”命令即可。

要删除编号，单击“开始”选项卡→“段落”命令组“编号”下拉按钮，打开图 3-49 所示的“编号库”下拉列表。在“编号库”下拉列表中，选择“无”命令即可。

如果要删除单个的项目符号或编号，可以选择该项目符号或编号，然后按 Delete 键或 Backspace 键即可。

3.4.5　设置特殊的排版方式

Word 2010 提供了多种特殊的排版方式，如分栏、首字下沉、文字竖排、带圈字符等。

1. 分栏设置

在文档中经常需要分成多个栏目，这些栏目有的等宽，有的不等宽，从而使整个页面显得错落有致，方便读者阅读。

Word 2010 中的分栏功能，就能够轻松地制作出多栏格式的文档。

（1）创建分栏。在页面视图模式下，选定要设置分栏格式的文本，选择“页面布局”选项卡，在“页面设置”命令组中单击“分栏”按钮，根据需要设置；或者单击“分栏”下拉按钮，在打开的下拉列表中选择“更多分栏”命令，弹出图 3-52 所示的“分栏”对话框，设置所需的栏数、栏宽、栏间距、分隔线和应用范围等内容，单击“确定”按钮，则对选定的文本区域完成分栏。

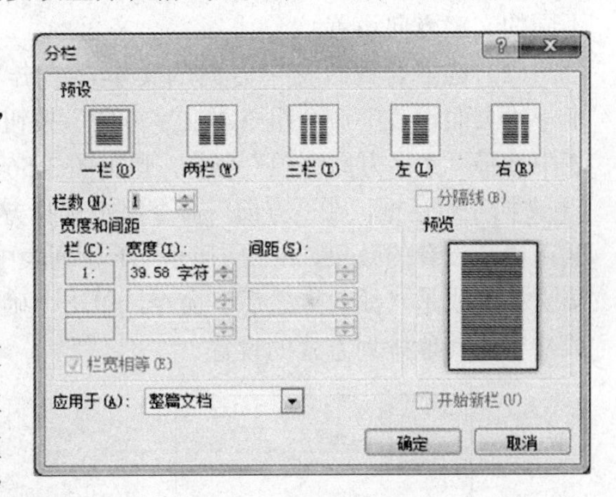

图 3-52　“分栏”对话框

（2）调整栏宽和栏间距。对于已分栏的文本，要调整栏宽和栏间距的方法是选定已分栏的文本，拖动水平标尺上的分栏标记，或者在图 3-52 所示的“分栏”对话框中修改“宽度”和“间距”的值以调整栏宽和栏间距。

（3）删除分栏。删除分栏的方法是重复执行分栏设定中的操作方法，选择“一栏”命令后单击“确定”按钮，则可取消分栏。

2. 首字下沉设置

首字下沉是报纸杂志中较为常用的一种文本修饰方式，它可以很好地改善文档的外观，使文章具有突出显示效果，引起读者注意。

首字下沉是指段落的第一个字符加大并下沉，放大的程度可以自行设定，而其他字符围绕在它的右下方。

Word 2010 中提供了两种下沉方式，一种是下沉，另一种是悬挂。它们的区别是：“下沉”方式设置的下沉字符紧靠其他文字，而“悬挂”方式设置的字符可以随意移动其位置。

设置首字下沉的步骤如下：

（1）选择首字下沉的段落。

（2）选择“插入”选项卡→“文本”命令组。

（3）单击“首字下沉”按钮，打开图 3-53 所示的首字下沉列表。

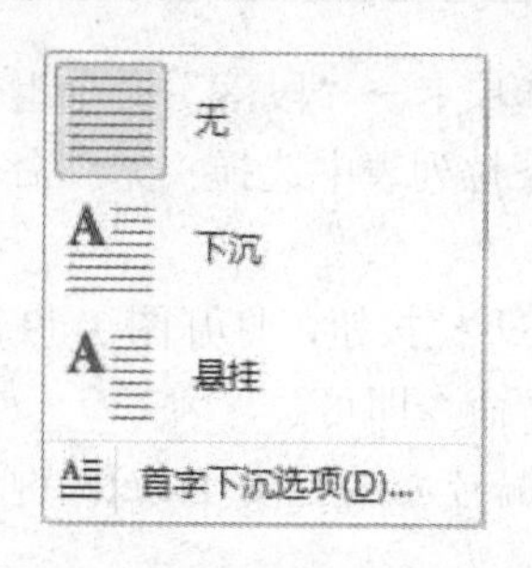

图 3-53 所示的首字下沉列表

（4）选择“下沉”或“悬挂”命令，按默认的参数完成设置。

如果想改变下沉行数和距正文的距离，可以选择“首字下沉选项”命令，弹出图 3-54 所示的“首字下沉”对话框，在对话框中，选择“下沉”或“悬挂”命令，可对“字体”、“下沉行数”、“距正文”等参数进行设置，如不进行选择，则计算机默认为“无”。

提示：下沉的首字是以图文框的形式插入的，所以可以通过鼠标来调节其具体的格式。

3. 文字方向设置

Word 2010 中可以方便地更改文字的显示方向，实现不同的效果。

文字方向的设置方法有如下两种：

（1）选中要更改文字方向的文本，单击“页面布局”选项卡→“页面设置”命令组→“文字方向”按钮，打开图 3-55 所示的“文字方向”下拉列表。在该列表中选择不同的命令，以完成不同的文字方向设置。

（2）选中要更改文字方向的文本，单击“页面布局”选项卡→“页面设置”命令组→“文字方向”按钮，在打开的下拉列表中选择“文字方向选项”命令，弹出图 3-56 所示的“文字方向-主文档”对话框，在“方向”命令组中选择方向类型，右侧预览区可显示设置的效果，在“应用于”下拉列表中选择“本节”、“整篇文档”或是“插入点之后”命令，单击“确定”按钮，即可完成文字的其他排列方式的设置。

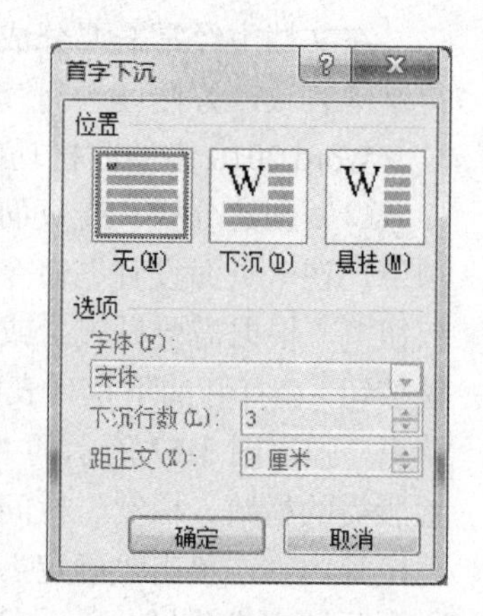

图 3-54 “首字下沉”对话框

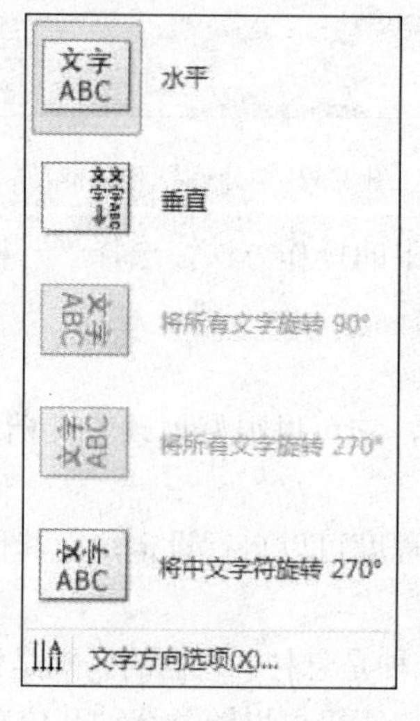

图 3-55 “文字方向”下拉列表

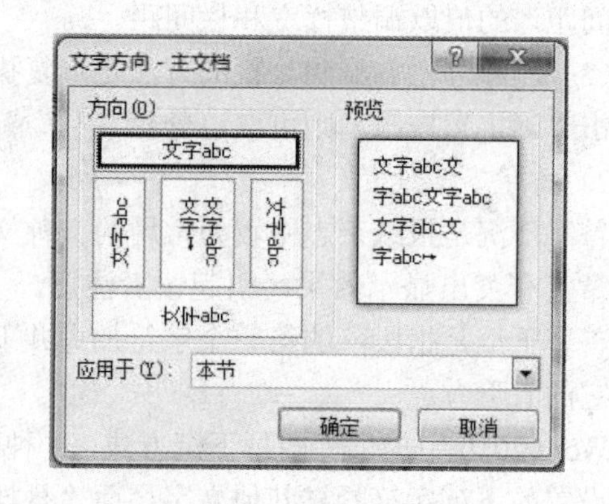

图 3-56 “文字方向-主文档”对话框

3.4.6 文档的审阅与修订

为了便于沟通交流，Word 2010 可以启动审阅修订模式。启动审阅修订模式后，Word 将记录显示出所有用户对该文件的修改。

Word 2010 提供了多种方式来协助完成文档审阅的相关操作，同时还可以通过全新的审阅窗格来快速对比、查看、合并同一文档的多个修订版本。

1. 修订文档

（1）单击“审阅”选项卡→“修订”命令组→“修订”按钮。

（2）单击“修订”下拉按钮，在打开的下拉列表中选择“修订选项”命令，弹出“修订选项”对话框，根据自己的习惯和要求进行设置后单击“确定”按钮。此时“修订”按钮变亮，表示修订模式已经启动，接下来对文件的所有修改都会有标记。

修订文档的显示方式也分为以下几种：

“最终：显示标记”：系统默认。显示修订后的内容，有修订标记，并在右侧显示出对原文的操作，如删除、格式调整等。

“最终状态”：只显示修订后的内容，不含任何标记。

“原始：显示标记”：显示原文的内容，有修订标记，并在右侧显示出修订操作，如添加的内容等。

“原始状态”：只显示原文，不含任何标记。

提示：对于是否使用文档修改的内容、格式，可以在选中的修改内容上右击，在弹出的快捷菜单里选择“接受修改”或者“拒绝修改”命令；或者单击“审阅”选项卡→“更改”命令组→“接受”或者“拒绝”按钮。

（3）修订完成后再次单击“修订”按钮即可撤销修订。

2. 添加批注

（1）将光标定位在文档中需要插入批注的位置。

（2）单击“审阅”选项卡→“批注”命令组中的“新建批注”按钮，如图 3-57 所示。

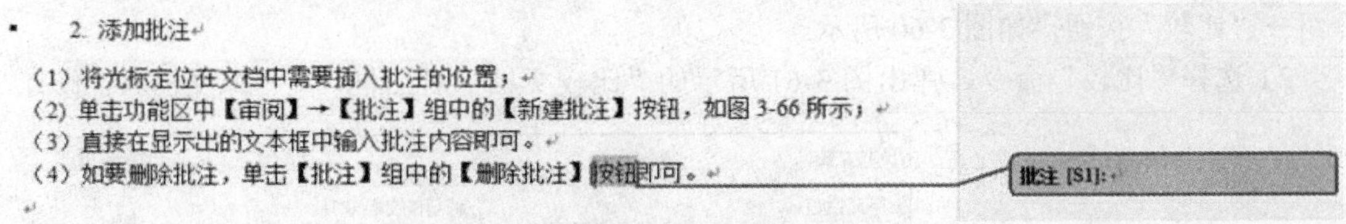

图 3-57　添加批注

（3）直接在显示出的文本框中输入批注内容即可。

（4）如要删除批注，单击“审阅”选项卡→“批注”命令组→“删除批注”按钮即可。

3. 审阅修订和批注

（1）单击“审阅”选项卡→“更改”命令组→“上一条”或“下一条”按钮，即可定位到文档的上一条或下一条修订或批注。

（2）单击“审阅”选项卡→“更改”命令组→“拒绝”或“接受”按钮来选择拒绝或接受当前修订对文档的更改。

（3）重复上述步骤直至审阅完所有的修订和批注。

4. 多窗口和多文档的编辑

（1）查看多个文档。Word 2010 具有多个文档窗口并排查看的功能，通过多窗口并排查看，可以对不同窗口中的内容进行比较。

在 Word 2010 中实现并排查看窗口的步骤如下：

1）打开两个或两个以上 Word 2010 文档窗口，在当前文档窗口中切换到“视图”选项卡，单击“窗口”命令组中的“并排查看”命令，如图 3-58 所示。

2）在弹出的“并排比较”对话框中，选择一个准备进行并排比较的 Word 文档，并单击“确定”按钮，如图 3-59 所示。

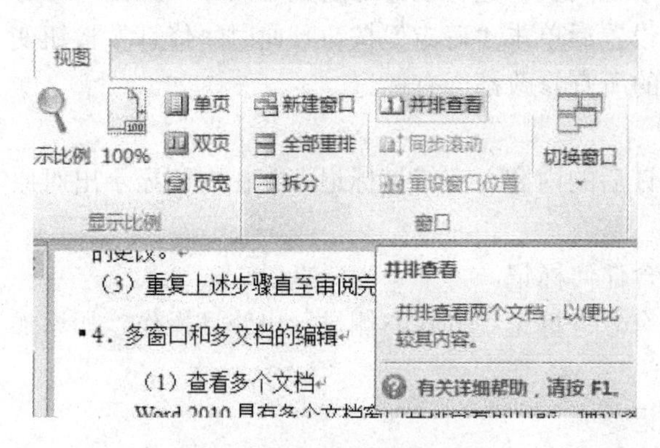

图 3-58 “并排查看”命令

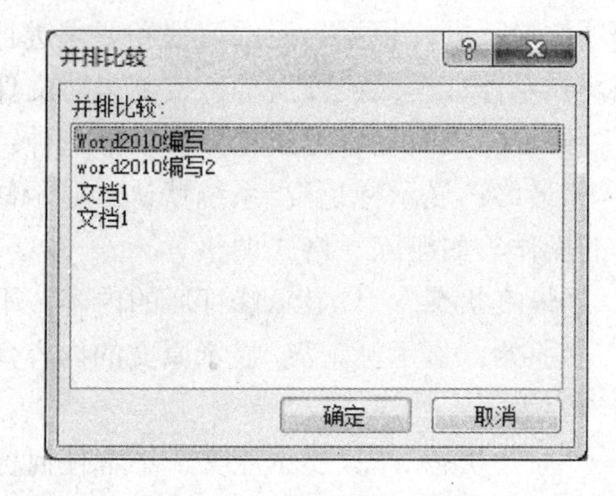

图 3-59 “并排比较”对话框

3）在其中一个 Word 2010 文档的“窗口”命令组中单击“同步滚动”按钮（系统默认），则可以实现在滚动当前文档时另一个文档同时滚动。

（2）比较文档。如果需要精确比较两个文档的版本，使用 Word 2010 提供的比较文档功能更方便。

在 Word 2010 中实现比较文档的步骤如下：

1）打开一个要比较的主文档，或者新建一个空文档，单击“审阅”选项卡→“比较”命令组→“比较”按钮，如图 3-60 所示。

2）选择“比较”命令，弹出图 3-61 所示的“比较文档”对话框，在“原文档”、“修订

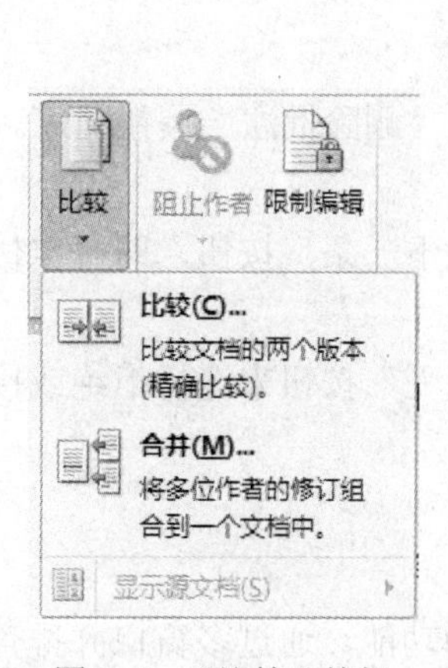

图 3-60 “比较”按钮

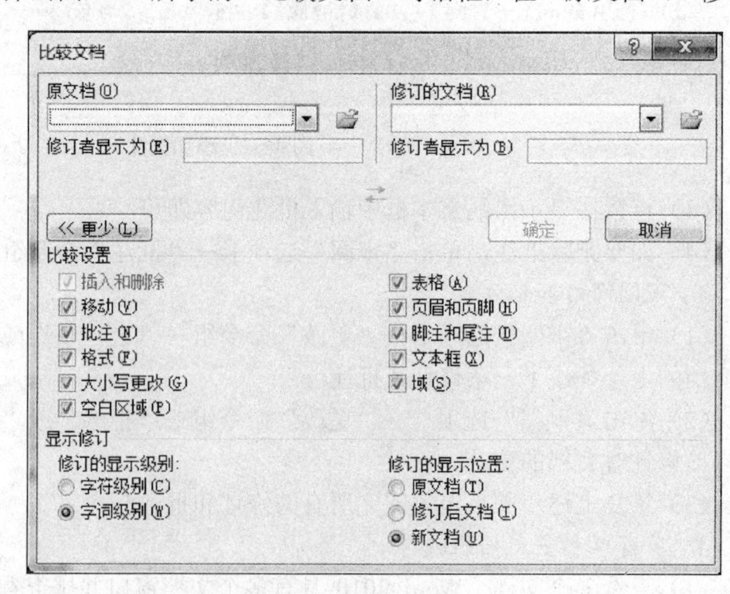

图 3-61 “比较文档”对话框

的文档”中选择要比较的文档，在“比较设置”命令组中进行相关比较项目的设置，如需进行页眉页脚的比较，选中相应的复选框即可。

3）设置好后单击“确定”按钮即可进行比较。

比较完成后显示新文档，新文档显示3块，如图3-62所示，最左侧是比较后有变化的摘要，可以看出有哪些变化；中间是把变化的内容突出显示后的文档，右侧是原文档和修订的文档。

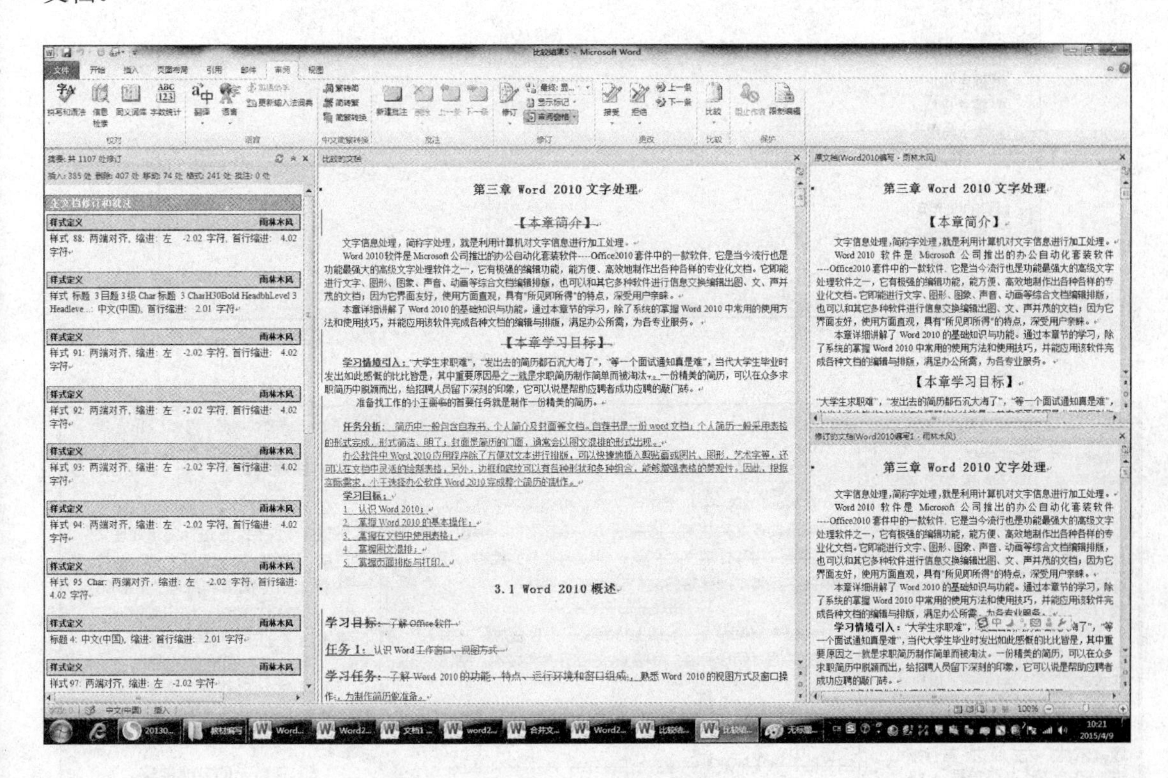

图3-62 比较文档

提示：最好把要比较的文档放在同一文件夹下，方便查找。如果原文档和修订文档放错位置，不用重新浏览查找，直接单击下面的双向箭头，就可以调换位置。

（3）合并文档。有时需要将多个文档合并成一个文档，将2个或3个文档中的内容全部放到一起，Word 2010提供了合并文档功能。

在Word 2010中实现合并文档的步骤如下：

1）新建一个文档，在“审阅”选项卡的“比较”命令组中，单击图3-60所示的“比较”下拉按钮，在打开的下拉列表中选择“合并”命令，弹出“合并文档”对话框，如图3-63所示。

2）在对话框中设置“原文档”和“修订的文档”，如果下拉列表里没有所需文档就从“浏览”里找。

3）设置好后单击“确定”按钮即可进行合并。这时Word 2010中会出现4个窗口：摘要、合并的文档、原文档、修订的文档，如图3-64所示。在这些窗口中对照检查一下，没有问题可以关闭并保存。

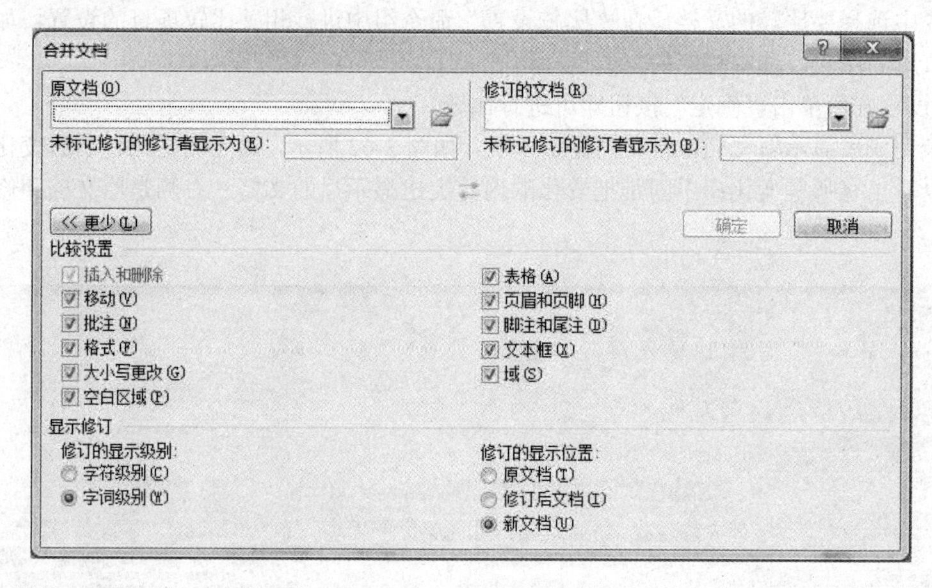

图 3-63 “合并文档”对话框

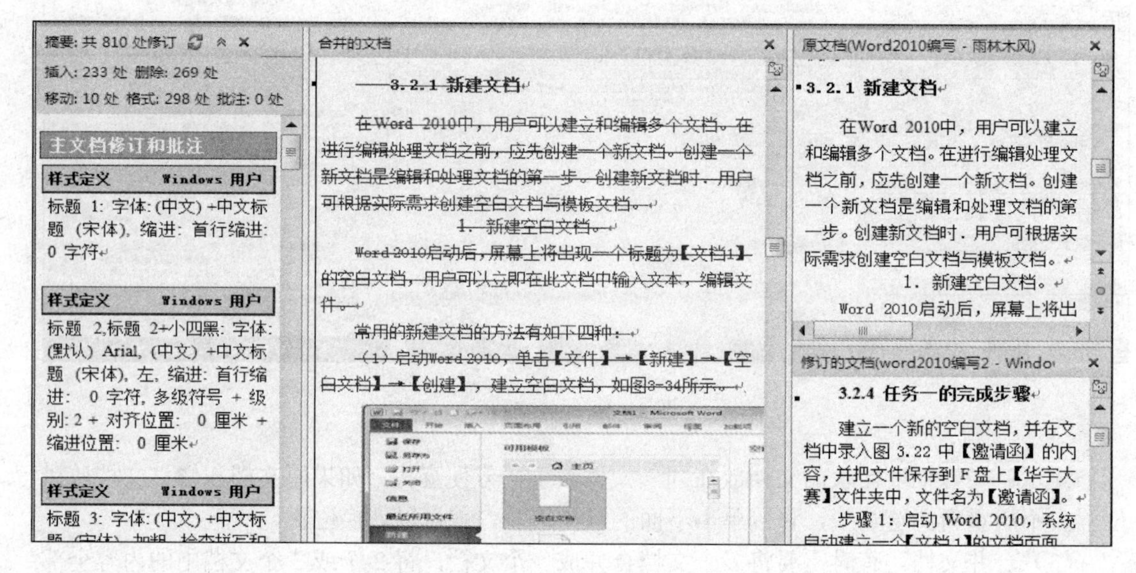

图 3-64 合并文档

学生上机操作

1．完成自荐书的录入、编辑和编排。样文如图 3-65 所示。

（1）打开桌面上的“简历”文件夹中的“自荐书”。

（2）给文档添加标题“自荐书”，并设置为小二，居中排列。

（3）正文内容：宋体，五号，首行缩进 2 个字符，1.5 倍行距，自荐人和日期右对齐。

2．录入文章并按要求编排。

有一只蜗牛，很想去见识一番大海。

然而，它计算了一下，悲观的发现，如果按照每日的爬行速度，它的寿命只能爬完四分之一的路程。

“但是”它又换了一个角度，自言自语道，“能否到达大海，并不是最重要的。因为对于许多到达大海的人来说，大海反而离他们更远了。”

“因此，大海或许只存在于向着大海的行进之中。”这只蜗牛继续自言自语道，“如果我现在向着大海迈开了第一步，那么，我就攫取了大海的一部分，尽管微不足道。但是，我如果坚持着向大海行进四分之一的路程，那么，我就拥有了四分之一的大海——对于一只蜗牛来说这已经够了。”

于是，这只蜗牛踏上了大海之程。

如果你是那只蜗牛你会用自己的生命去完成自己的梦想吗?

自荐书

尊敬的领导：您好！

首先，真诚的感谢你能在百忙之中抽时间来看我的自荐书。

我叫罗庆，是山东泰安职业技术学院计算机软件开发专业的应届毕业生，2015 年 7 月我将顺利毕业。作为一名即将步入社会的毕业生，我向往一份能展示自己才华，实现自我价值的职业，为此我向贵单位坦诚自荐。

我个性开朗活泼，兴趣广泛；思路开阔，办事沉稳;关心集体，责任心强;待人诚恳，工作主动认真，富有敬业精神。在三年的学习生活中，我很好的掌握了专业知识。在学有余力的情况下，我阅读了大量专业和课外书籍，使我懂得也是我一直坚信的信念:只有努力去做，我一定会成功的!

三年大学生活,造就了我勇于开创进取的创新意识。课堂内外拓展的广博的社会实践、扎实的基础知识和开阔的视野，使我更了解社会；在不断的学习和工作中养成的严谨、踏实的工作作风,吃苦耐劳、团结协作的优秀品质,我相信我的能力和知识正是贵单位所需要的,我真诚渴望能加盟公司，为公司的明天奉献自己的青春和热血!

此致敬礼！

自荐人：罗庆

2015 年 3 月 19 日

图 3-65　自荐书样文

操作要求：

（1）为文章添加标题文字“蜗牛与它的大海”，将标题改为第 2 行第 5 列样式的艺术字，宋体，24 磅，居中对齐。

（2）为文章添加作者“文/庄晓明”，宋体，五号，要求符号、边框如图 3-66 所示。其中边框：阴影、蓝灰色，2.5 磅，居中对齐。

（3）设置字符格式和段落格式：正文内容为宋体，五号，首行缩进 2 个字符，1.5 倍行距。

（4）分栏：将全篇文档分为等宽的三栏，添加分隔线。

（5）将第一段的“有”字设置为首字下沉 2 行，楷体。样文如图 3-66 所示。

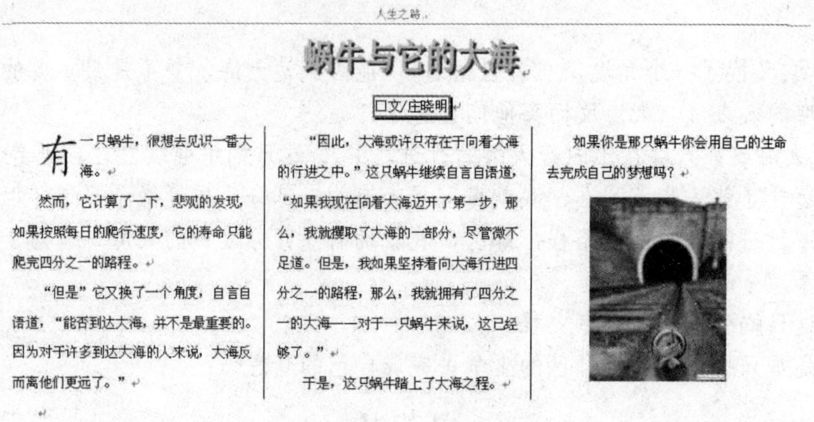

人生之路

蜗牛与它的大海

□文/庄晓明

有一只蜗牛，很想去见识一番大海。

然而，它计算了一下，悲观的发现，如果按照每日的爬行速度，它的寿命只能爬完四分之一的路程。

“但是”它又换了一个角度，自言自语道，“能否到达大海，并不是最重要的。因为对于许多到达大海的人来说，大海反而离他们更远了。”

“因此，大海或许只存在于向着大海的行进之中。”这只蜗牛继续自言自语道，“如果我现在向着大海迈开了第一步，那么，我就攫取了大海的一部分，尽管微不足道。但是，我如果坚持着向大海行进四分之一的路程，那么，我就拥有了四分之一的大海——对于一只蜗牛来说，这已经够了。”

于是，这只蜗牛踏上了大海之程。

如果你是那只蜗牛你会用自己的生命去完成自己的梦想吗？

图 3-66 练习 2 样文

3.5 表 格 制 作

学 习 任 务

为了方便用人单位了解自荐人罗庆的情况，使用表格制作图 3-67 所示的个人简历。

个人简历

姓名		性别		
出生年月		籍贯		
民族		政治面貌		
毕业院校		专业		
联系电话		电子邮件		
邮编		联系地址		
英语水平		爱好特长		
计算机水平				
熟悉的软件				
在校期间的工作				
证书				
奖励情况				

学习及实践情况		
时间	实习单位或学校	专业

图 3-67 个人简历

知识点解析

表格是在日常生活中非常有用的一种表达方式。在编辑文档时，为了更形象地说明问题，常常使用表格来管理数据或文字，如课程表、个人简历表、报名表、财务报表等。

表格使用横线、竖线或斜线将页面的部分区域划分成一些较小的空白区域，每一个区域被称为表格的一个单元格，而每一个表格单元格都相当于一个微型文档。对于表格中的文本，可以像编辑普通文本一样对其进行格式设置。

Word 2010 提供了强大、便捷的表格制作、编辑功能。通过这些功能，可以快速创建各种各样的表格，在表格中填充内容，再对表格进行格式化、排序、计算等操作；还可以将现有的文本转换成表格、将表格转换成各类统计图表，或者任意绘制复杂的和不规则的表格等。

3.5.1 创建表格

Word 2010 中提供了多种创建表格的方法，不仅可以通过按钮或对话框完成对表格的创建，还可以根据内置样式快速插入表格。如果表格比较简单，也可以直接拖动鼠标来绘制表格。

1. 使用“表格”按钮创建表格

使用“表格”按钮可以直接拖动鼠标在文档中插入一个最大为 8 行 10 列的表格，这也是最快捷的方法。

方法如下：

（1）将光标定位在需要插入表格的位置，选择“插入”选项卡。

（2）在“表格”命令组中，单击“表格”按钮。

（3）在打开的“表格”按钮的表格网格框里拖动鼠标确定要创建表格的行和列的数量，释放鼠标即可在文档中创建一个规则的表格，如图 3-68 所示。

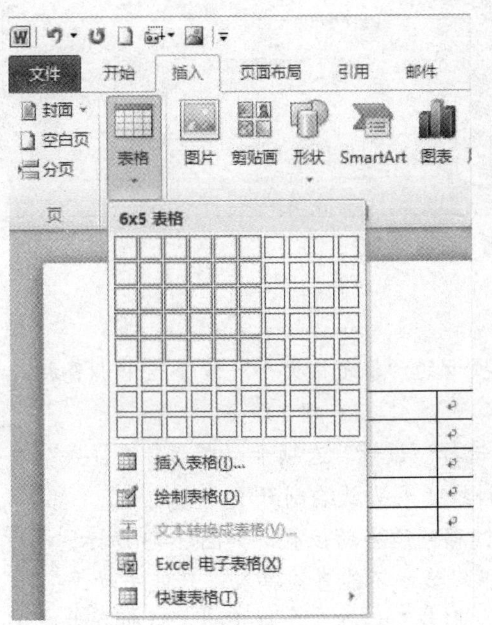

图 3-68 “表格”按钮的表格网格框

2. 使用“插入表格”对话框

（1）将光标定位在需要插入表格的位置，单击“插入”选项卡→“表格”命令组→“表格”按钮，选择“插入表格”命令，弹出图 3-69 所示“插入表格”对话框。

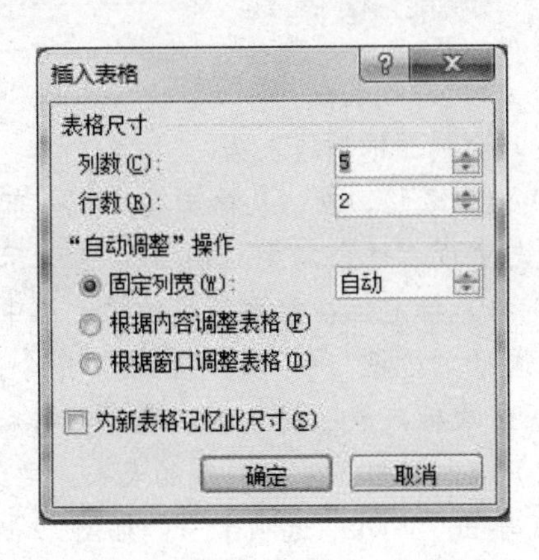

图 3-69 “插入表格”对话框

（2）在“插入表格”对话框中分别设置表格行数和列数。如果需要的话，可以选中“固定列宽”、“根据内容调整表格”或“根据窗口调整表格”单选按钮，完成后单击“确定”按钮即可。

3. 手工绘制表格

使用绘制工具可以创建具有斜线、多样式边框、单元格差异很大的复杂表格。

操作步骤如下：

（1）选择“插入”选项卡→“表格”命令组→“绘制表格”命令，此时鼠标指针变为铅笔状。

（2）在文档区域拖动鼠标绘制一个表格框，在表格框中向下拖动鼠标绘制列，向右拖动鼠标绘制行，对角线拖动鼠标绘制斜线，图 3-70 所示为手动绘制表格示例。

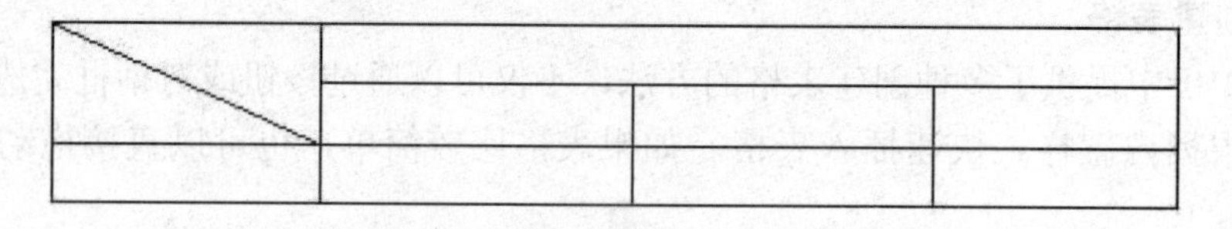

图 3-70 手工绘制的表格

（3）手工绘制表格过程中自动打开表格工具中的“设计”选项卡，如图 3-71 所示。在该选项卡的“绘图边框”命令组中可以选择“线型”、线的“粗细”和颜色等，还有“擦除”按钮可以对绘制过程中的错误进行擦除。

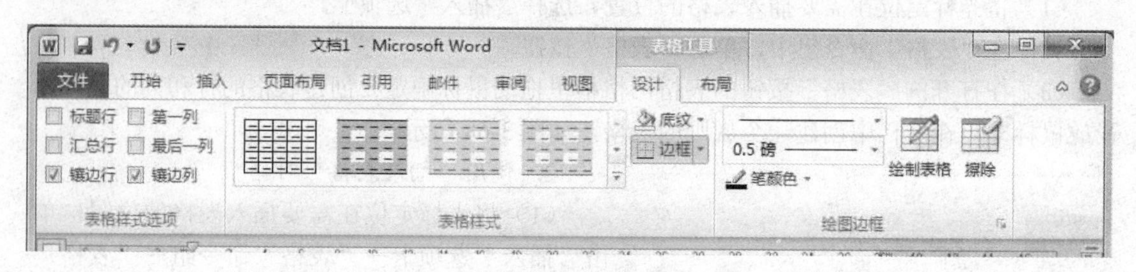

图 3-71 “设计”选项卡

技能拓展

1. 绘制斜线表头

（1）绘制一根斜线表头。

1）选中表格，在“表格工具”→“布局”选项卡的“单元格大小”命令组中调整相应的高度与宽度以适合需要，如图 3-72 所示。

2）把光标定位在需要斜线的单元格中，然后选择“设计”选项卡，在“表格样式”命令组中选择“边框”→“斜下框线”命令，一根斜线的表头就绘制好了。

3）依次输入表头的文字，通过空格和 Enter 键移到适当的位置，如图 3-73 所示。

（2）绘制两根、多根斜线的表头。要绘制多根斜线，不能直接插入，只能手动画。

1）单击“插入”选项卡→“插图”命令组→“形状”按钮，在打开的下拉列表中选择“斜线”，如图 3-74 所示。

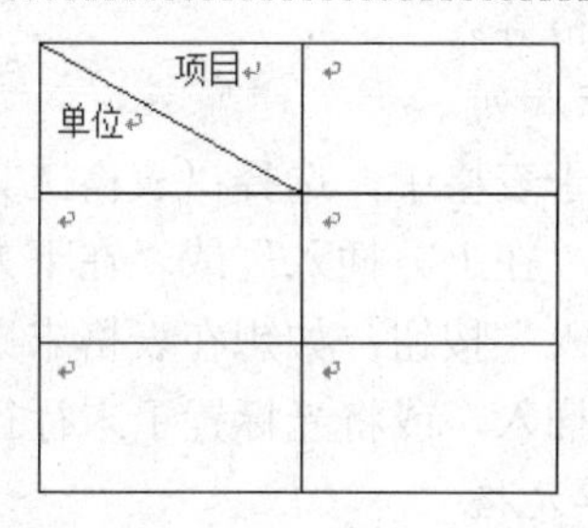

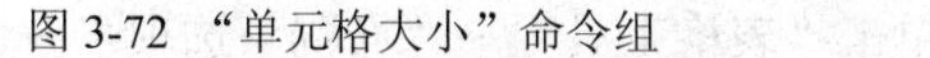

图 3-72 “单元格大小”命令组　　　　图 3-73　绘制好的斜线表头

2）根据需要，直接到表头上去绘制相应的斜线即可。

3）如果绘制的斜线颜色与表格不一致，还可以调整斜线的颜色。选择刚绘制的斜线，单击“格式”选项卡→“形状样式”命令组→“形状轮廓”按钮，选择需要的颜色，如图 3-75 所示。

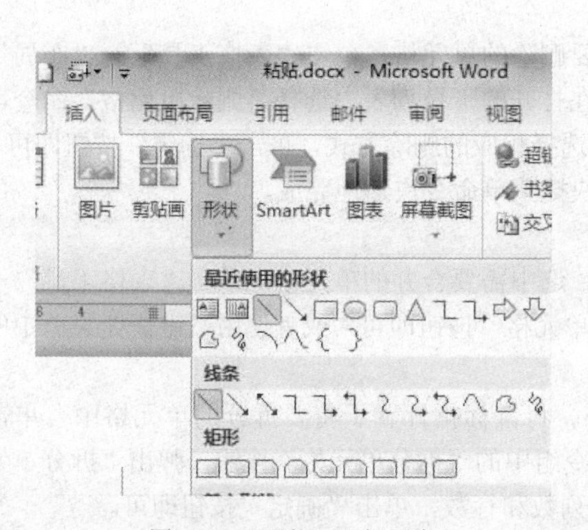

图 3-74 “形状”下拉列表

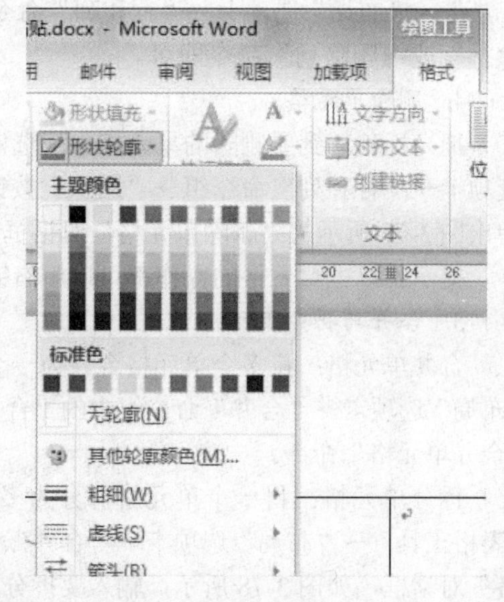

图 3-75 “形状轮廓”下拉列表

4）绘制好之后，依次输入相应的表头文字，利用空格与 Enter 键移动到合适的位置即可。

2. 将文本转换为表格

Word 2010 可以将已经存在的文本转换为表格。

要进行转换的文本应该是格式化的文本，即文本中的每一行用段落标记符分开，每一列用分隔符（如空格、逗号或制表符等）分开。

转换操作方法如下：选定添加段落标记和分隔符的文本，选择“插入”→“表格”→“文本转换成表格”命令，弹出“将文字转换为表格”对话框。Word 能自动识别出文本的分隔符，并计算表格列数，单击“确定”按钮即可得到所需的表格。

3.5.2　编辑表格

创建表格后，如不满足要求，可以对表格进行编辑，如插入或删除行、列、单元格，合并、拆分单元格等。

1. 插入行和列

将光标置于表格中，选择“表格工具”→“布局”选项卡→“行和列”命令组，若要插入行，则单击“在上方插入”或“在下方插入”按钮；若要插入列，则单击“在左侧插入”或“在右侧插入”按钮；如想在表格末尾快速添加一行，单击最后一行的最后一个单元格，按 Tab 键即可插入，或将光标置于末行行尾的段落标记前，直接按 Enter 键插入一行。

2. 插入单元格

将光标置于要插入单元格的位置，单击“表格工具”→“布局”选项卡→“行和列”命令组右下角的按钮，弹出“插入单元格”对话框，如图 3-76 所示。选择相应的插入方式后，单击“确定”按钮即可。

3. 删除行和列

把光标定位到要删除的行或列所在的单元格中，或者选定要删除的行或列，单击“表格工具”→“布局”选项卡→“行和列”命令组→“删除”按钮在打开的下拉列表中选择“删除行”或“删除列”命令即可。

4. 删除单元格

把光标移动到要删除的单元格中或选定要删除的单元格，单击“表格工具”→“布局”选项卡→“行和列”命令组→“删除”按钮在打开的下拉列表中选择“删除单元格”命令，弹出图 3-77 所示的“删除单元格”对话框，选择相应的删除方式，单击“确定”按钮即可。

提示：以上对表格的操作都可以用右键快捷菜单命令快速地完成。

5. 合并与拆分单元格

合并单元格：将多个单元格合并为一个。选中需要合并的单元格，单击“表格工具”→“布局”选项卡→“合并”命令组中的“合并单元格”按钮即可，或者使用右键快捷菜单中的“合并单元格”命令。

拆分单元格：将一个单元格拆分为多个。将鼠标指针置于将要拆分的单元格中，单击“表格工具”→“布局”选项卡→“合并”命令组中的“拆分单元格”按钮，弹出“拆分单元格”对话框，如图 3-78 所示，输入要拆分的列数和行数，单击“确定”按钮即可。

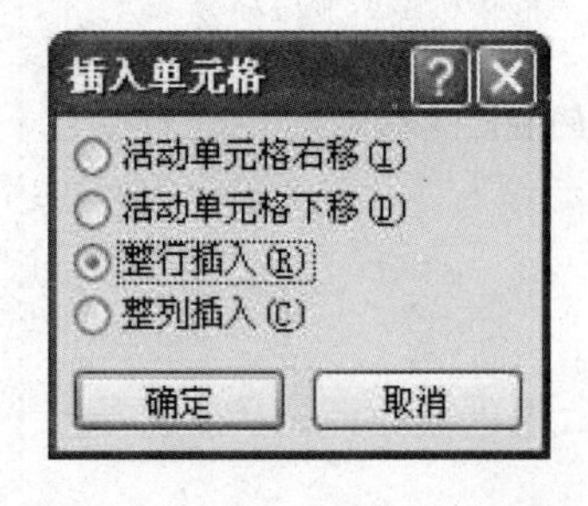

图 3-76 “插入单元格”对话框

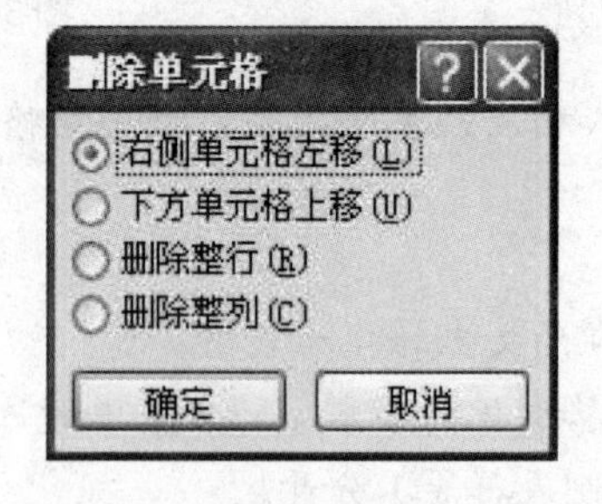

图 3-77 “删除单元格”对话框

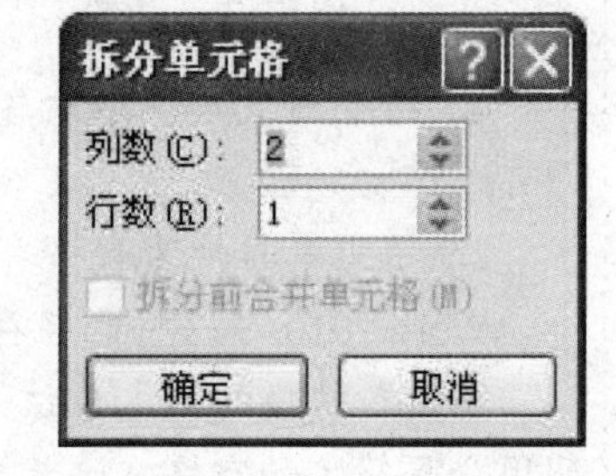

图 3-78 “拆分单元格”对话框

3.5.3 格式化表格

1. 调整表格的列宽与行高

创建表格后，可以根据表格内容的需要调整表格的列宽与行高。

（1）使用鼠标调整表格的列宽与行高。若要改变列宽，可以将指针停留在要更改其宽度的列的边框线上，直到鼠标指针变为形状时，按住鼠标的左键拖动，达到所需列宽时，松开鼠标即可。类似方法可调整行高。

（2）使用对话框调整行高与列宽。用鼠标拖动的方法直观但不易精确掌握尺寸，使用命令组中的命令或者表格属性可以精确设置行高与列宽。

将光标置于要改变列宽和行高的表格中，在“表格工具”→“布局”选项卡→“单元格大小”命令组中的“高度”和“宽度”文本框中输入精确的数值即可；或者在“表格工具”→“布局”选项卡→“单元格大小”命令组中单击按钮，弹出“表格属性”对话框，在对话框中选择“行”或“列”选项卡，设置相应的行高或列宽。

2. 设置表格的边框和底纹

为美化表格或突出表格的某一部分，可以为表格添加边框和底纹。操作方法有两种。

方法 1：使用“表格属性”设置边框和底纹。

选定要设置边框和底纹的单元格，单击“表格工具”→“布局”选项卡→“单元格大小”命令组中右下角的按钮，弹出图 3-79 所示的“表格属性”对话框，在“表格”选项卡里单击“边框和底纹”按钮，弹出“边框和底纹”对话框，如图 3-80 所示，在“边框”选项卡中可以设置边框的样式，选择边框线的类型、颜色和宽度，在“底纹”选项卡中可以设置填充色、底纹的图案和颜色。

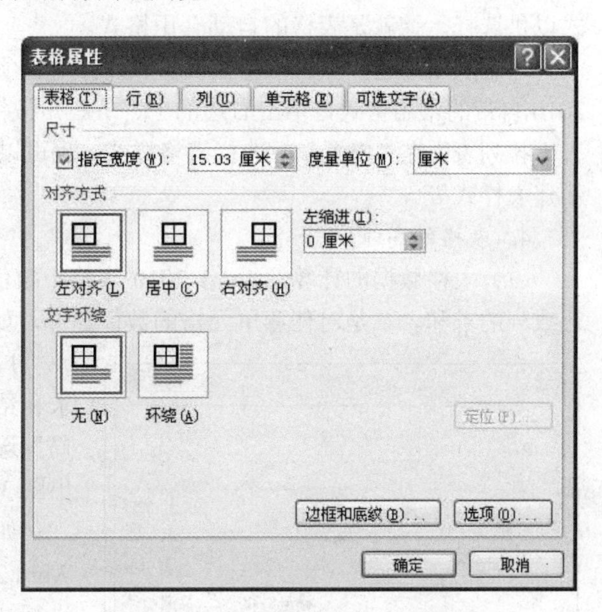

图 3-79　“表格属性”对话框

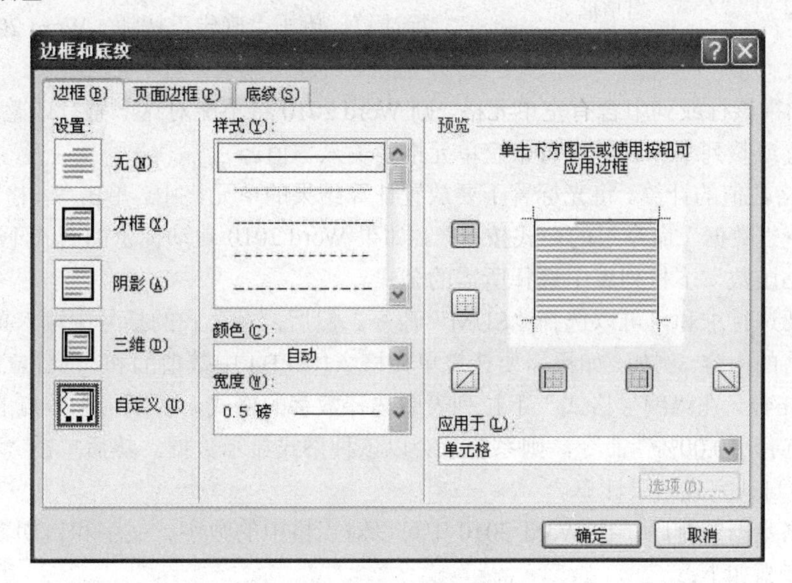

图 3-80　“边框与底纹”对话框

若是只应用于所选单元格，则在“应用于”下拉列表中选择“单元格”命令。

方法2：使用命令组中的按钮设置边框和底纹。

选定要设置边框和底纹的单元格，单击“表格工具”→“设计”选项卡→“表格样式”命令组中的“边框”下拉按钮，在打开的下拉列表中选择相关的边框命令设置边框。单击“表格样式”命令组中的“底纹”下拉按钮，在打开的下拉列表中设置底纹。

在“设计”选项卡的“绘图边框”命令组中设置线型、线的粗细、擦除和绘制表格。

3. 表格的自动套用格式

使用上述方法设置表格格式，有时比较麻烦，因此，Word 2010提供了很多现成的表格样式以供选择，这就是表格的自动套用格式。

选定表格，选择“表格工具”→“设计”选项卡，在“表格样式”命令组中列出了Word 2010自带的常用格式，单击右边的上、下三角按钮切换样式；或者单击按钮，打开样式设置下拉列表，在“内置”中选择表格样式；也可以单击相关命令按钮，修改样式、清除样式、新建表样式等。

4. 表格的高级应用

（1）表格数据的计算。Word 2010表格中数值的计算功能大致分为两部分，一是直接对行或列的求和，二是对任意单元格的数值计算，如进行求和、求平均值等。

1）行或列的直接求和。将插入点置于要放置求和结果的单元格中，单击“表格工具”→“布局”选项卡→“数据”命令组的公式按钮，弹出图3-81所示的“公式”对话框。

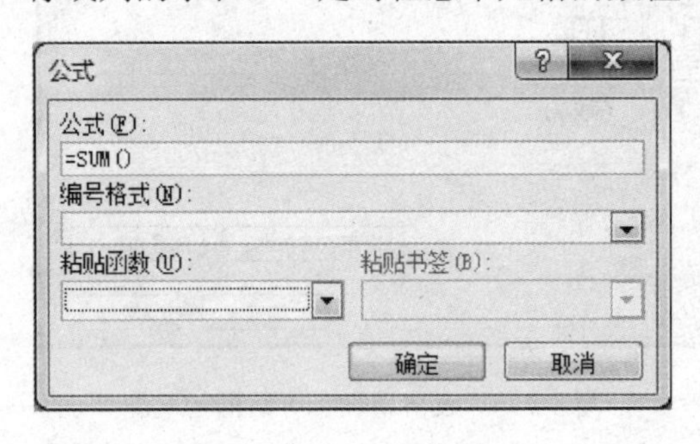

图3-81 “公式”对话框

如果选定的单元格位于一列数值的底端，Word 2010将自动采用公式“=SUM（ABOVE）”进行计算；如果选定的单元格位于一行数值的右端，Word 2010将采用公式“=SUM（LEFT）”进行计算。单击“确定”按钮，Word 2010将完成行或列的求和。

提示：如果该行或列中含有空单元格，则Word 2010将不能对这一整行或整列进行累加。因此要对整行或整列求和时，在每个空单元格中输入零值。

2）单元格数值的计算。将光标置于要放置计算结果的单元格中，单击“表格工具”→“布局”选项卡→“数据”命令组的公式按钮。如果Word 2010自动提供的公式不是所需要的，可以在“粘贴函数”下拉列表中选择所需的公式。

例如，要进行求和，可以选择“SUM”命令。然后，在公式的括号中输入单元格引用，可引用单元格的内容。例如，如果需要计算单元格A1和B4中数值的和，应建立这样的公式：=SUM（a1，b4）。在“编号格式”下拉列表中选择数字的格式，要以带小数点的百分比显示数据，可以选择“0.00%”命令，则系统就会以该种格式显示数据。然后单击“确定”按钮，Word 2010会自动完成结果计算。

（2）表格数据的排序。在Word 2010中可以对表格中的数字、文字和日期数据进行排序操作，操作步骤如下：

1）在需要进行数据排序的Word 2010表格中单击任意单元格，单击“表格工具”→“布局”选项卡→“数据”命令组中的“排序”按钮，弹出“排序”对话框，如图 3-82 所示。

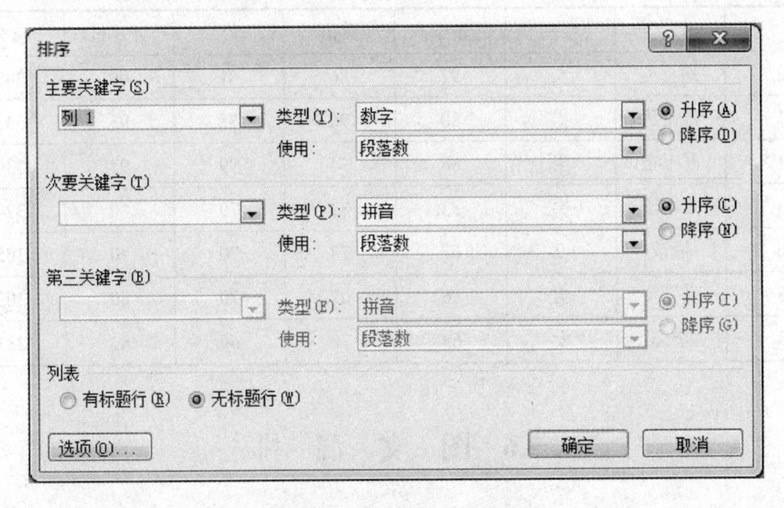

图 3-82 “排序”对话框

2）在“列表”区域选中“有标题行”单选按钮。如果选中“无标题行”单选按钮，则 Word 2010 表格中的标题也会参与排序。

3）在“主要关键字”区域，单击“主要关键字”下拉按钮选择排序依据的主要关键字。单击“类型”下拉按钮，在下拉列表中选择“笔画”、“数字”、“日期”或“拼音”命令。如果参与排序的数据是文字，则可以选择“笔画”或“拼音”命令；如果参与排序的数据是日期类型，则可以选择“日期”命令；如果参与排序的只是数字，则可以选择“数字”命令。选中“升序”或“降序”单选按钮设置排序的顺序。

4）在“次要关键字”和“第三关键字”区域进行相关设置，并单击“确定”按钮对 Word 2010 表格数据进行排序。

学生上机操作

1．新建 Word 文档，以“个人简历”为名保存在文件夹“求职简历”里。

2．制作图 3-67 所示的个人简历。

3．制作表 3-3 所示的学生成绩统计表，计算每个学生总分、平均分，并按总分从高到低排序。

表 3-3　　学 生 成 绩 统 计 表

学号	姓名	性别	数学	英语	政治	计算机	总分	平均分
20111201019	李瑞雪	女	90	92	89	94	365	91.25
20111201007	王红旗	男	89	91	87	95	362	90.5
20111201005	张玉宝	男	90	92	75	100	357	89.25
20111201020	郑红英	女	82	90	93	89	354	88.5
20111201017	王永生	男	89	86	79	98	352	88
20111201014	童金玉	女	91	86	77	96	350	87.5

续表

学号	姓名	性别	数学	英语	政治	计算机	总分	平均分
20111201002	刘英英	女	92	86	81	90	349	87.25
20111201001	张雷达	男	80	90	75	93	338	84.5
20111201011	高玉宝	男	88	74	79	93	334	83.5
20111201013	张丰硕	男	83	82	79	80	324	81
20111201016	钱诚	女	67	78	70	90	305	76.25
20111201018	张三宝	男	86	67	70	80	303	75.75
20111201003	李娜	女	69	70	60	82	281	70.25

3.6 图 文 混 排

学 习 任 务

为了引起用人单位的注意，给求职简历设计一个美观大方的封面，并进行一定的修饰、美化，如添加一张符合主题的图片、艺术字等。

知识点解析

为了使文档图文并茂、形象直观，更加引人入胜，有时需要在文档中插入图形、图像、艺术字等。Word 2010 中能针对图像、图形、图表、曲线、线条和艺术字等对象进行插入和样式设置，样式包括了渐变效果、颜色、边框、形状和底纹等多种效果，可以快速设置上述对象的格式。

3.6.1 插入图片

为了使文档更加美观、生动，可以插入图片。在 Word 2010 中，不仅可以插入系统提供的剪贴画，可以从其他程序或位置导入图片，还可以使用屏幕截图功能直接从屏幕中截取画面并以图片形式插入。

1. 插入剪辑库中的剪贴画

Word 2010 所提供的剪辑库内容非常丰富，设计精美，构思巧妙，能够表达不同的主题，适合制作各种文档。

将剪辑库的图片插入文档中的方法如下：

（1）在文档中单击要插入剪贴画的位置。

（2）单击“插入”选项卡→“插图”命令组→“剪贴画”按钮，窗口右侧将打开“剪贴画”任务窗格。

（3）在“剪贴画”任务窗格的“搜索文字”文本框中输入描述要搜索的剪贴画类型的单词、短语、完整或部分文件名，如输入“人物”；在“结果类型”下拉列表中选择查找的剪辑类型。

（4）单击“搜索”按钮进行搜索，将显示符合条件的所有剪贴画。

（5）选择要插入的剪贴画，就可以将剪贴画插入光标所在位置。

2. 插入来自另一文件的图片

在 Word 2010 中除了可以插入剪贴画，还可以从磁盘的其他位置中选择要插入的图片文件，可以是 BMP 位图、CDR 格式矢量图片、JPEG 压缩格式图片、TIFF 格式的图片等。

（1）在文档中单击要插入图片的位置，单击“插入”选项卡→“插图”命令组→“图片”按钮。

（2）在弹出的图 3-83 所示“插入图片”对话框中，选择要插入的图片，可以双击文件名直接插入图片或单击“插入”按钮插入图片。

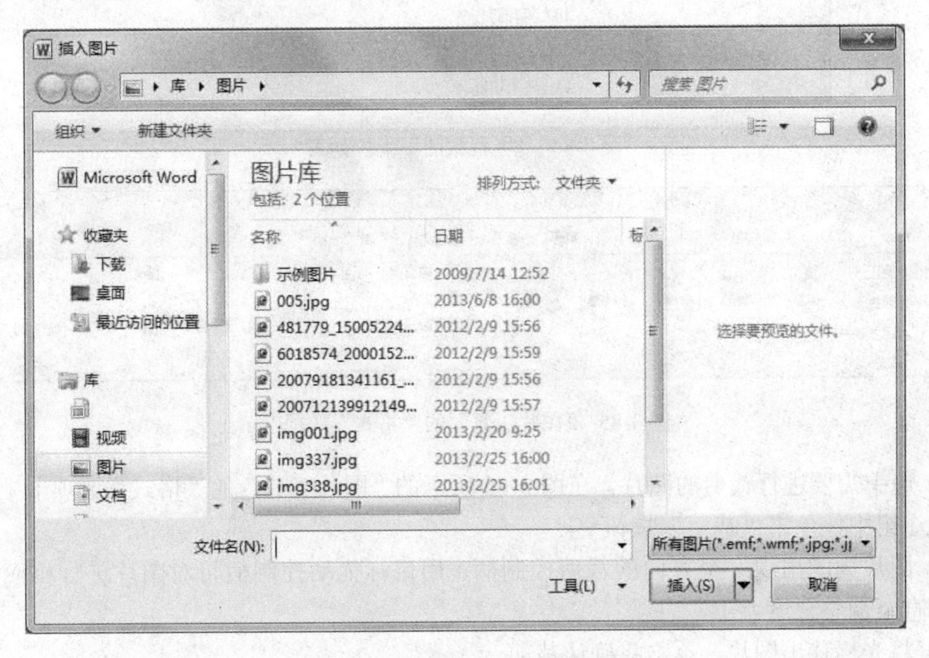

图 3-83 “插入图片”对话框

提示：在 Word 2010 中可以一次插入多个图片，在弹出的“插入图片”对话框中，使用 Shift 键或 Ctrl 键配合选择多个图片，单击“插入”按钮即可一次插入所选图片。

3. 插入屏幕截图

如果需要在 Word 文档中使用当前正在编辑的窗口或者网页中的某张图片或者图片的一部分，都可以使用 Word 2010 提供的截屏功能来实现。

选择“插入”选项卡，在“插图”命令组中单击“屏幕截图”按钮，从打开的下拉列表中选择“屏幕剪辑”命令，在“可用视窗”列表中选择一个窗口，进入屏幕截图状态，拖动鼠标截取图片区域即可，如图 3-84 所示。

4. 编辑图片

插入图片后，Word 2010 自动打开“图片工具”的“格式”选项卡，如图 3-85 所示，使用相应功能工具按钮，可用设置图片的大小、版式、样式等，让图片看起来更美观。

（1）修改图片大小。选定图片对象，在自动打开“图片工具”的“格式”选项卡中的“大小”命令组中，在“高度”和“宽度”文本框中分别设置图片的具体大小值，按 Enter 键即可。

（2）裁剪图片。对图片的剪裁操作，可以截取图片中所需要的部分。操作步骤如下：

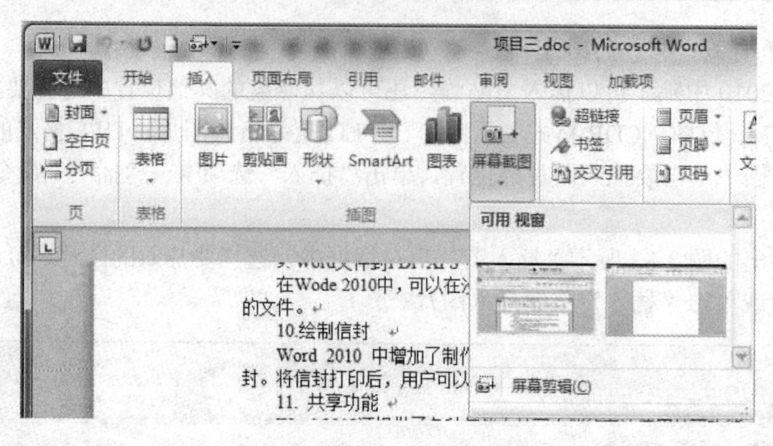

图 3-84 “屏幕截图”下拉列表

图 3-85 “图片工具”的“格式”选项卡

1）选中需要进行裁剪的图片，在图 3-85 所示的“图片工具”的“格式”选项卡中的“大小”命令组中，单击“裁剪”按钮。

2）图片周围出现 8 个方向的裁剪控制柄，用鼠标拖动控制柄将对图片进行相应方向的裁剪，直至调整合适为止。

3）将光标移出图片，单击将确认裁剪。

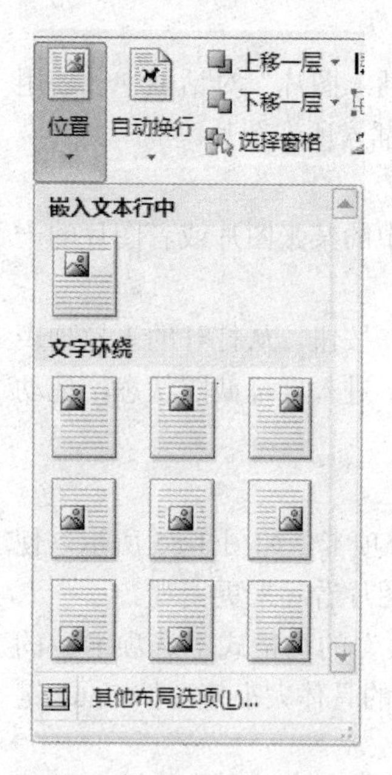

图 3-86 “位置”下拉列表

（3）设置正文环绕图片方式。正文环绕图片方式是指在图文混排时，正文与图片之间的排版关系，这些文字环绕方式包括“顶端居左四周型文字环绕”、“顶端居右四周型文字环绕”等 9 种方式。

默认情况下，图片作为字符嵌入 Word 2010 文档中，这种方式下，不能自由移动图片，通过为图片设置文字环绕方式，可以自由移动图片的位置。操作步骤如下：

1）选中需要设置文字环绕的图片。

2）单击“图片工具”→“格式”选项卡→“排列”命令组→“位置”按钮，打开“位置”下拉列表，如图 3-86 所示。在打开的预设位置列表中选择合适的文字环绕方式。

如果希望在 Word 2010 文档中设置更多的文字环绕方式，可以在“排列”命令组中单击“自动换行”按钮，在打开的图 3-87 所示的下拉列表中选择合适的文字环绕方式即可。

Word 2010“自动换行”下拉列表中每种文字环绕方式的含义如下所述：

1）四周型环绕：文字以矩形方式环绕在图片四周。

2）紧密型环绕：文字将紧密环绕在图片四周。

3）穿越型环绕：文字穿越图片的空白区域环绕图片。

4）上下型环绕：文字环绕在图片上方和下方。

5）衬于文字下方：图片在下、文字在上分为两层。

6）浮于文字上方：图片在上、文字在下分为两层。

7）编辑环绕顶点：可以编辑文字环绕区域的顶点，实现更个性化的环绕效果。

另外，还可以在“图片工具”→“格式”选项卡→“排列”命令组→“位置”或“自动换行”下拉列表中选择“其他布局选项”命令，弹出图 3-88 所示的“布局”对话框；或者在选中图片后，右击，在弹出的快捷菜单中选择“大小和位置”命令，弹出图 3-88 所示的“布局”对话框。然后进行图片位置、文字环绕方式和大小的设置。

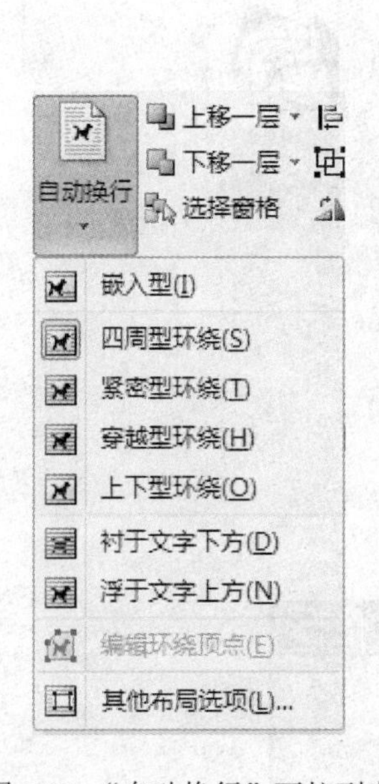

图 3-87 “自动换行”下拉列表

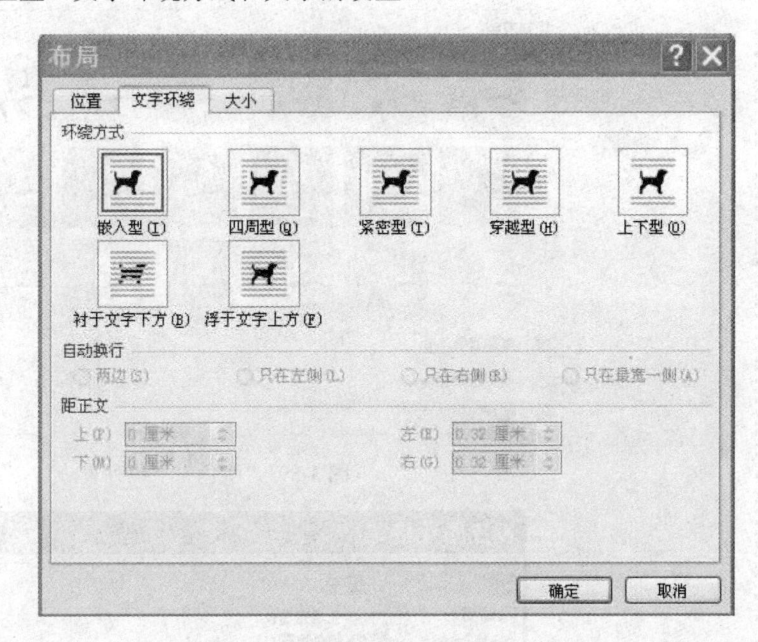

图 3-88 “布局”对话框

（4）复制、移动及删除图片。图片的复制、移动及删除方法和文字的复制、移动、删除的方法相似。

选中图片，在图片上右击，在弹出的快捷菜单中选择“复制”、“剪切”、“粘贴”命令，即可对图片进行相应的操作；或直接用鼠标拖动实现图片的“复制”、“移动”操作，也可用键盘上的 Delete 键实现图片的删除操作。

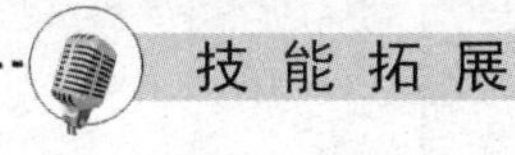

技 能 拓 展

在 Word 2010 文档中设置图片透明色

在 Word 2010 文档中，对于背景色只有一种颜色的图片，可以将该图片的纯色背景色设置为透明色，从而使图片更好地融入文档中。该功能对于设置有背景颜色的 Word 文档尤其适用。

在 Word 2010 文档中设置图片透明色的步骤如下：

（1）选中需要设置透明色的图片，单击“图片工具”→“格式”选项卡→“调整”命令组→“颜色”按钮，在打开的下拉列表中选择“设置透明色”命令，如图 3-89 所示。

（2）鼠标箭头呈现彩笔形状，将鼠标指针移动到图片上并单击需要设置为透明色的纯色背景，被单击的纯色背景将被设置为透明色，从而使得图片的背景与 Word 2010 文档的背景色一致。

提示：如果需要对图像进行其他设置，如填充、三维效果和阴影效果等基本操作，可通过“图片工具”→“格式”命令卡中相关按钮来实现。也可右击，在弹出的快捷菜单中选择“设置图片格式”命令，在弹出的图 3-90 所示的“设置图片格式”对话框中进行相关设置。

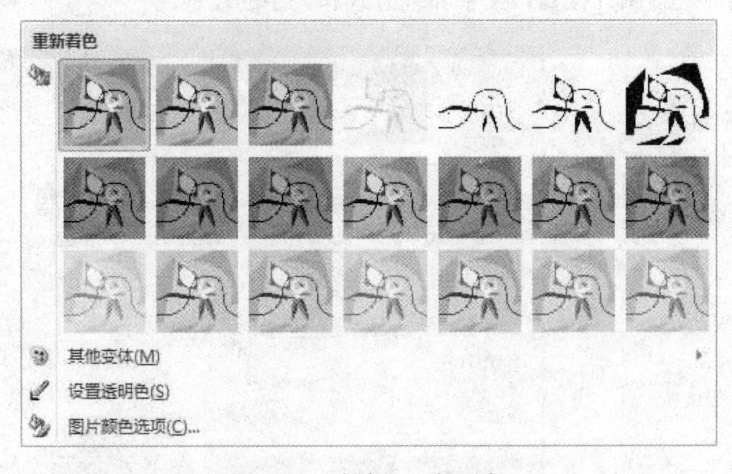

图 3-89 “颜色”下拉列表

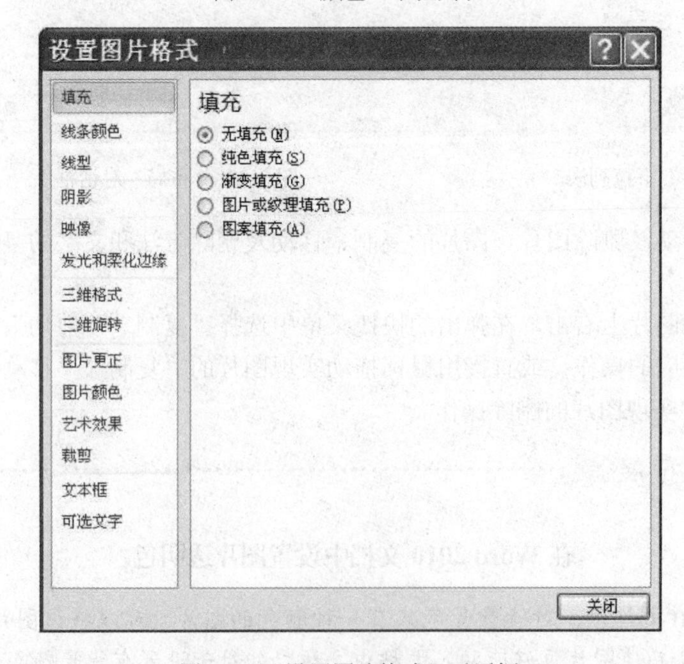

图 3-90 “设置图片格式”对话框

3.6.2 使用艺术字

报刊和杂志上经常会看到各种各样的艺术字，这些艺术字给文章增添了强烈的视觉冲击效果。Word 2010 提供了艺术字功能，可以把文档的标题以及需要特别突出的内容用艺术字显示出来，使文章更加生动、醒目。

Office 2010 中的艺术字结合了文本和图形的特点，能够使文本具有图形的某些属性，如可以设置旋转、三维、映像等效果，在 Word、Excel、PowerPoint 等 Office 组件中都可以使用艺术字功能。

1. 插入艺术字

在 Word 2010 文档中插入艺术字的操作步骤如下：

（1）将光标移动到准备插入艺术字的位置。

（2）单击“插入”选项卡→“文本”命令组→“艺术字”按钮，打开艺术字预设样式面板，在面板中选择合适的艺术字样式，这时会插入艺术字文字编辑框。

（3）在艺术字文字编辑框中，直接输入艺术字文本，用户可以对输入的艺术字分别设置字体和字号等。

（4）在编辑框外单击即可完成。

2. 编辑艺术字

若需对艺术字的内容、边框效果、填充效果或艺术字效果进行修改或设置，可选中艺术字，在图 3-91 所示的“绘图工具”的“格式”选项卡中单击相关按钮就可以完成相关设置。

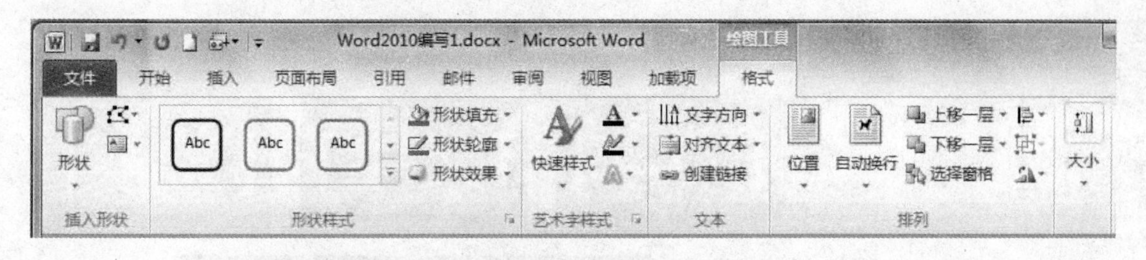

图 3-91 “绘图工具”的“格式”选项卡

3.6.3 插入 SmartArt 图形

借助于 SmartArt 图形，Word 2010 提供了丰富多彩的专业级图形，它们代替了早期版本中的“插入图表”和“插入组织结构图”等功能，使用起来简单、直观。使用该功能可以轻松制作各种流程图，如层次结构、矩阵图、关系图等，从而使文档更加形象生动。

1. 插入 SmartArt 图形并添加文字

（1）插入 SmartArt 图形。在“插入”选项卡的“插图”命令组中，单击“SmartArt”按钮，如图 3-92 所示，弹出图 3-93 所示的“选择 SmartArt 图形”对话框，其中包括 8 个类别，选中合适的图形后单击“确定”按钮。

图 3-92 “插图”命令组

（2）添加文字。创建完成 SmartArt 图形后，添加文字的方式有两种：

方法1：SmartArt图形插入文档后，在左侧的“在此处键入文字”文本框输入内容，如图3-94所示，左边输入的文字会在右边的相应的SmartArt组件中显示出来；按键盘中的下方向键“↓”可以移动到下一项进行编辑，使用其他方向键也可以在文本框中进行移动。

方法2：直接在SmartArt组件内单击，输入文字，而不使用文本窗格。

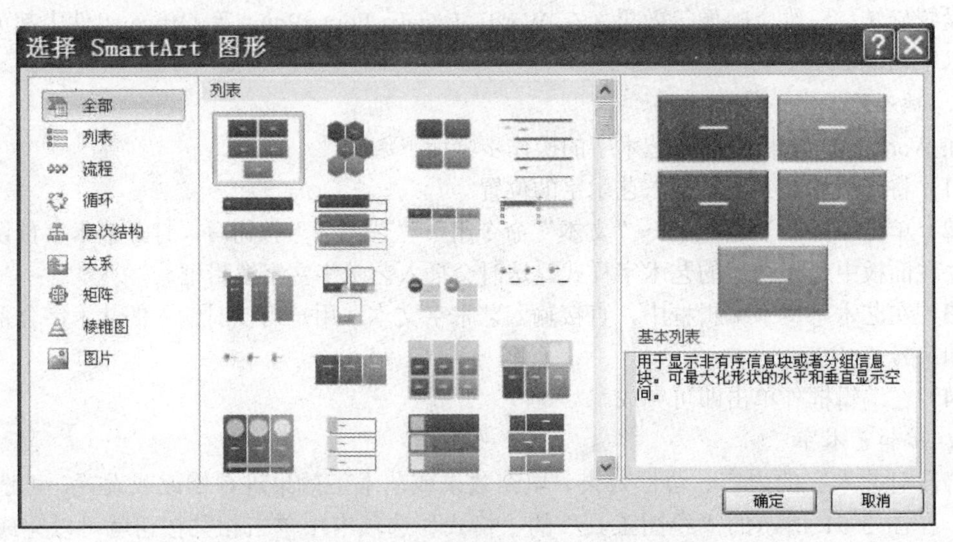

图3-93 “选择SmartArt图形”对话框

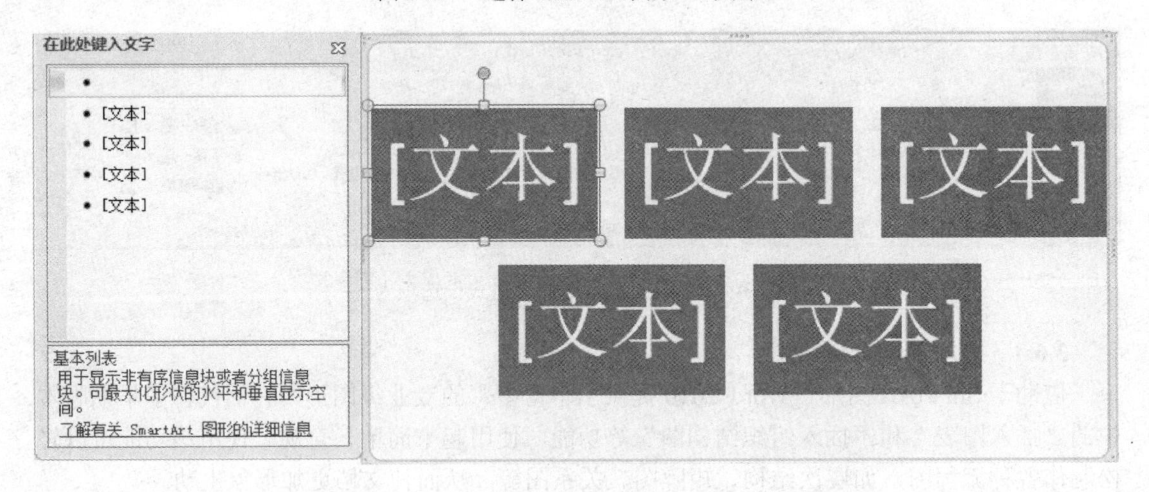

图3-94 SmartArt图形输入文字

2. 编辑SmartArt图形

插入SmartArt图形后，如果对预设不满意，可以在“SmartArt工具”的“设计”和“格式”选项卡中对其进行编辑操作，如对文本的编辑、添加和删除形状、套用形状样式等。

（1）在SmartArt图形中添加或删除形状。

1）向SmartArt图形中添加形状。选择SmartArt图形的一个形状，选择“SmartArt工具”下的“设计”选项卡，在“创建图形”命令组中单击“添加形状”→“在后面添加形状”按钮即可在所选形状之后插入一个形状；若要在所选形状之前插入一个形状，则单击“在前面添加形状”按钮。

2）从 SmartArt 图形中删除形状。单击要删除的形状，然后按 Delete 键。

若要删除整个 SmartArt 图形，单击 SmartArt 图形的边框，然后按 Delete 键。

（2）更改布局。首先选中 SmartArt 图形，在“SmartArt 工具”的“设计”选项卡的“布局”命令组中，单击下拉按钮，打开“布局库”，在“布局库”中选择其他布局即可更改。

（3）使用 SmartArt 样式。Word 2010 在 SmartArt 样式上付出了极大的努力，使它们充满了艺术气息。

在“SmartArt 工具”的“设计”选项卡的“SmartArt 样式”命令组里，通过单击下拉按钮可以打开“样式库”，选择使用合适的样式。

在“SmartArt 样式”命令组里，单击“更改颜色”按钮，会打开不同色彩搭配的 SmartArt 样式，根据需要选择颜色。

（4）修饰 SmartArt 图形。使用“SmartArt 工具”的“格式”选项卡中的工具可以进一步修饰图形。

1）使用“形状”命令组。单击“SmartArt 工具”的“格式”选项卡“形状”命令组中的“更改形状”按钮，可以选择下拉列表中各种不同的形状，以改变文本框的形状，单击“增大”或“减小”按钮改变当前文本框的大小。

2）使用“形状样式”命令组。单击“SmartArt 工具”的“格式”选项卡中“形状样式”命令组下拉按钮，可以打开图 3-95 所示的“形状样式库”，选择所需的轮廓和填充模式。

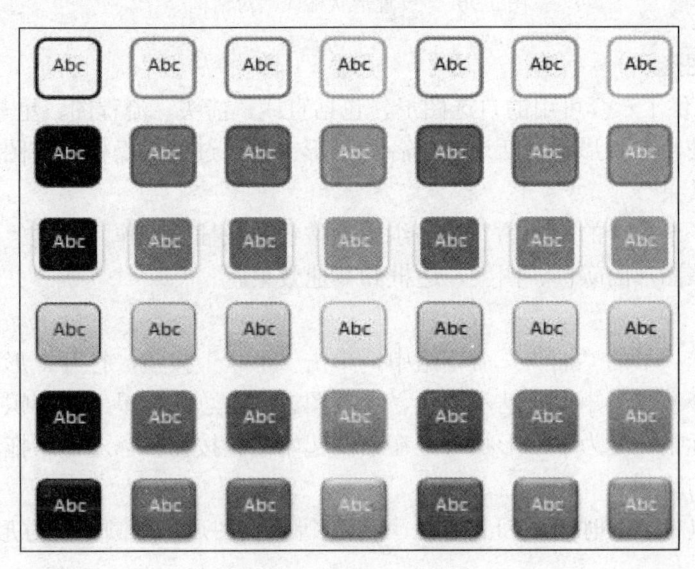

图 3-95　形状样式库

单击“形状填充”按钮打开填充下拉列表，可以填充当前文本框，除了颜色填充还包括图片填充、渐变填充、纹理填充等效果。

单击“形状轮廓”按钮打开下拉列表，可以调整当前文本框的颜色、线条粗细和线型等。

单击“形状效果”按钮打开下拉列表，可以调整文本框的多种效果，“形状效果”下拉列表中提供了多种效果可供更改。

单击“SmartArt工具”的“格式”选项卡中的“形状样式”命令组的按钮，会弹出“设置形状格式”对话框，如图3-96所示，该对话框提供了丰富的形状格式。

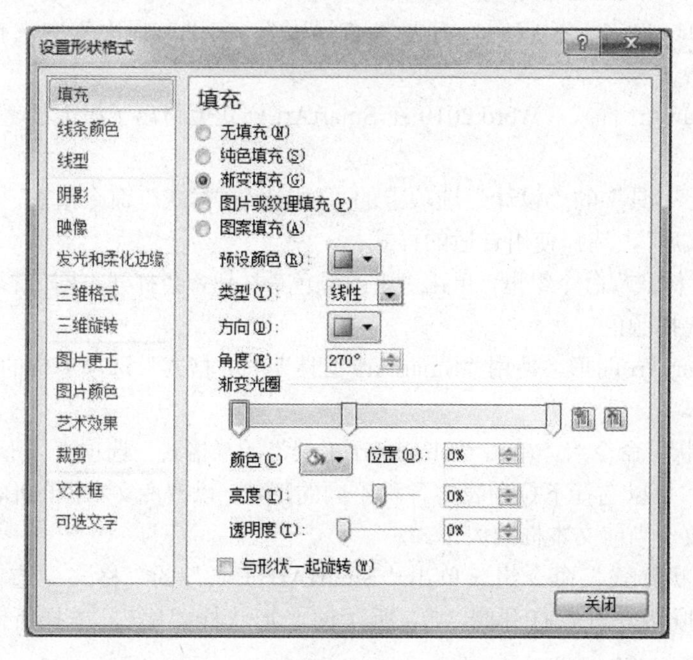

图3-96 “设置形状格式”对话框

3.6.4 绘制图形

Word 2010提供了一套可用的自选图形，包括直线、箭头、流程图、星与旗帜、标注等。在文档中，可以使用这些形状灵活地绘制各种图形，并通过编辑操作，使图形达到更符合当前文档的内容的效果。

通过“插入”选项卡的“插图”命令组中的按钮完成插入操作，通过“绘图工具”功能区更改和增强这些图形的颜色、图案、边框和其他效果。

1. 绘制图形

在“插入”选项卡的“插图”命令组中，单击“形状”按钮，打开“形状”下拉列表。在下拉列表中选择线条、矩形、基本形状、流程图、箭头总汇、星形与旗帜、标注等需要绘制的图形，当鼠标指针变为十字形状时，在绘图起始位置按住鼠标左键，拖动至结束位置就能完成所选图形的绘制。

提示：拖动鼠标的同时按住Shift键，可绘制等比例图形，如圆、正方形等。

2. 编辑图形

图形编辑主要包括更改图形位置、图形大小、向图形中添加文字、形状填充、形状轮廓、颜色设置、阴影效果、三维效果、旋转和排列等基本操作。

（1）设置图形大小和位置。选定要编辑的图形对象，在非“嵌入型”版式下，直接拖动图形对象，即可改变图形的位置；将鼠标指针置于所选图形的四周的编辑点上，拖动鼠标可缩放图形。

（2）向图形中添加文字。右击图片，从弹出的快捷菜单中选择“添加文字”命令，然后输入文字即可。

（3）组合图形。选择要组合的多张图形，右击，从弹出的快捷菜单中选择“组合”菜单下的“组合”命令即可。

（4）修饰图形。如果需要设置形状填充、形状轮廓、颜色设置、阴影效果、三维效果、旋转和排列等基本操作，均可先选定要编辑的图形对象，弹出图 3-97 所示的“绘图工具”中的“格式”选项卡，选择相应功能按钮来实现。

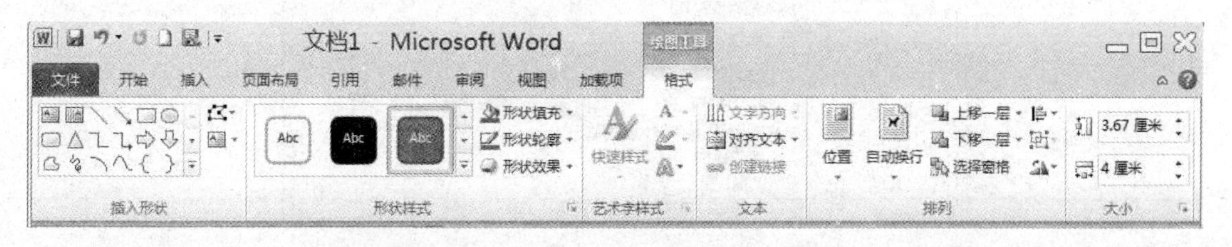

图 3-97 “绘图工具”的“格式”选项卡

1）形状填充。选定要填充的图形，单击“绘图工具”中“格式”选项卡的“形状填充”按钮，打开图 3-98 所示的面板。

如果选择设置单色填充，可选择面板已有的颜色或选择“其他填充颜色”命令选择其他颜色；如果选择设置图片填充，则选择“图片”命令，弹出“插入图片”对话框，选择一图片作为图片填充；如果选择设置渐变填充，则选择“渐变”命令，打开图 3-99 所示面板，选择一种渐变样式即可，也可选择“其他渐变”命令，弹出图 3-100 所示“设置图片格式”对话框，选择相关参数设置其他渐变效果。

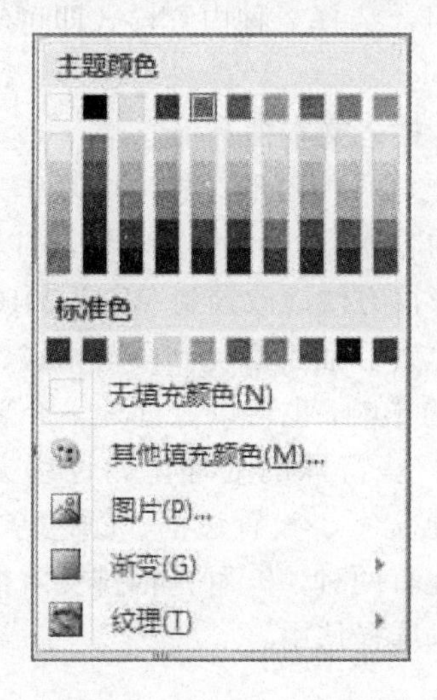

图 3-98 “形状填充”面板

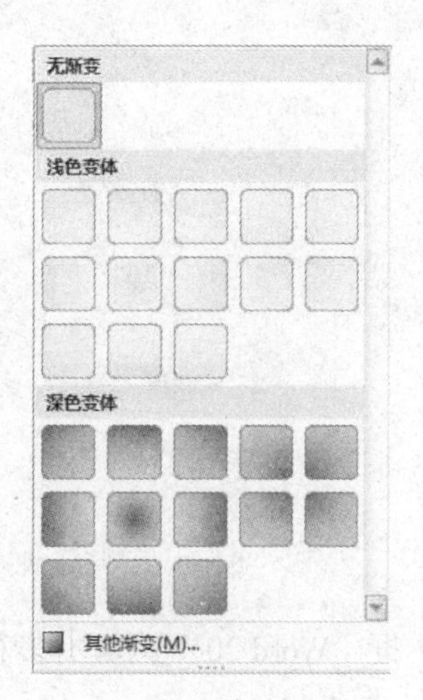

图 3-99 “渐变”样式

2）形状轮廓。选定要填充的图形，单击“绘图工具”中“格式”选项卡“形状样式”命令组中的“形状轮廓”按钮，在打开的面板中可以设置轮廓线的线型、大小和颜色。

3）形状效果。选定要填充的图形，单击“绘图工具”中“格式”选项卡“形状样式”命令组中的“形状效果”按钮，选择一种形状效果，如选择“预设”，如图 3-101 所示，选择一种预设样式即可。

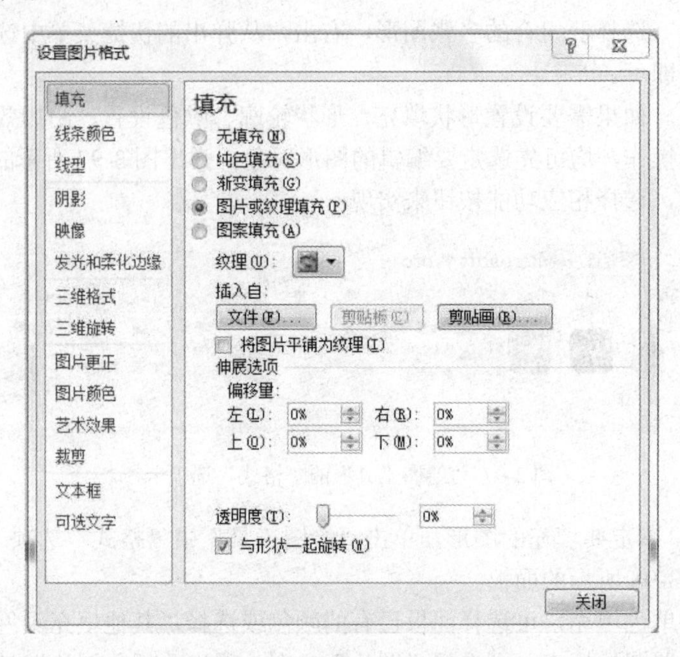

图 3-100 “设置图片格式”对话框

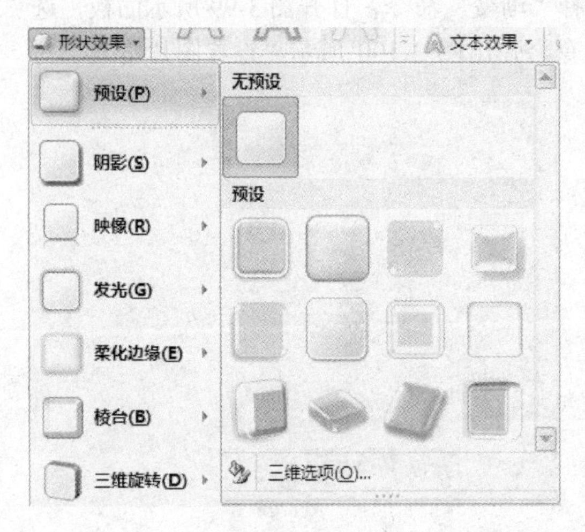

图 3-101 “形状效果”中“预设”面板

4）应用内置样式。选定要填充的图形，选择“绘图工具”中“格式”选项卡的“形状样式”命令组，选择一种内置样式即可应用到图形上。

3.6.5 插入文本框

文本框是一种图形对象，可以作为存放文本和图形的容器。通过使用文本框，可以将 Word 文本和图形很方便地放置到 Word 2010 文档页面的指定位置，而不必受到段落格式、页面设置等因素的影响，也可以像处理一个新页面一样来进行一些特殊的处理，如设置文字的方向、格式化文字、设置边框、颜色等。

文本框有两种，一种是横排文本框，一种是竖排文本框。Word 2010 内置有多种样式的文本框可以选择使用。

1. 插入文本框

Word 2010 提供了 44 种内置文本框，如简单文本框、边线型引述、边线型提要栏等。通过插入这些内置文本框，可快速制作出优秀的文档。另外在 Word 2010 中还可以根据需要手动绘制横排或竖排文本框，主要用来插入图片和文本等。

（1）插入内置文本框。将插入点置于文本框插入位置，单击“插入”选项卡→“文本”命令组→“文本框”按钮，打开“文本框”下拉列表，选择合适的文本框类型，单击，就会在光标处插入文本框，拖动鼠标调整文本框的大小和位置，即可完成空文本框的插入，然后输入文本内容或者插入图片。

（2）绘制文本框。单击“插入”选项卡→“文本”命令组→“文本框”按钮，从打开的下拉列表中选择“绘制文本框”或“绘制竖排文本框”命令，当鼠标指针变为十字形状时，在文档的适当位置按住左键不放并拖动到目标位置，释放鼠标，即可绘制出以拖动的起始位置和终止位置为对角顶点的文本框。

（3）已有内容设置为文本框。选中需要设置为文本框的内容，单击“插入”选项卡→“文本”命令组→“文本框”按钮，在打开的下拉列表中选择“绘制文本框”或“绘制竖排文本框”命令，被选中的内容将被设置为文本框。

2. 设置文本框格式

文本框具有图形的属性，所以对其操作类似于图形的格式设置。

（1）如果需要设置文本框的大小、文字方向、内置文本样式、三维效果和阴影效果等其他格式，可单击文本框对象，在打开的“绘图工具”中选择“格式”选项卡，通过相应的功能按钮来实现。

（2）处理文本框中的文字就像处理页面中的文字一样，可以在文本框中设置页边距，同时也可以设置文本框的文字环绕方式、大小等。

设置方法：右击文本框边框，弹出快捷菜单，如图 3-102 所示，选择“设置形状格式”命令，将弹出图 3-103 所示的“设置形状格式”对话框。

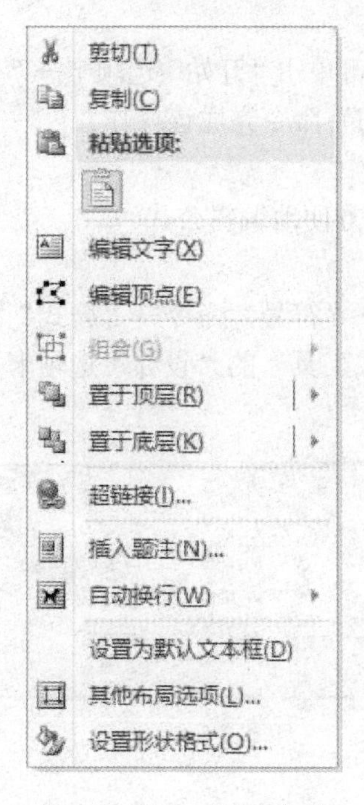

图 3-102 右键快捷菜单

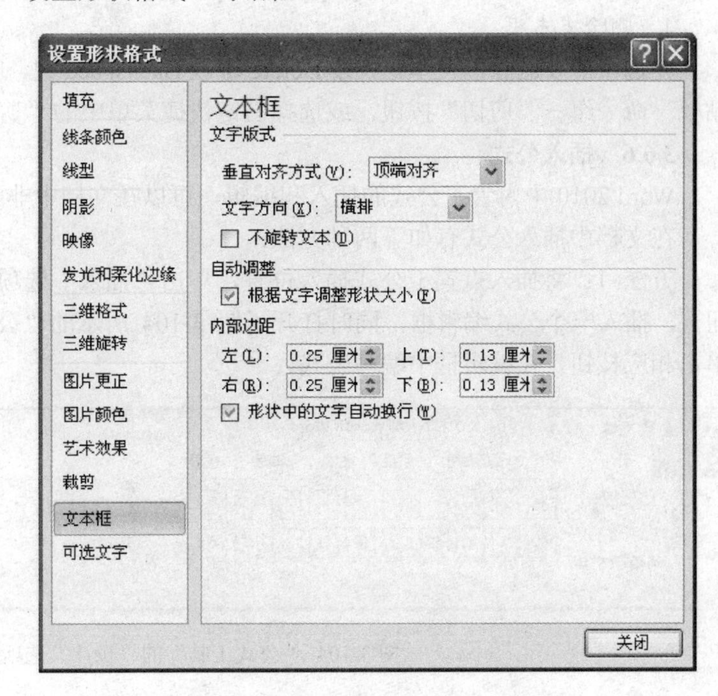

图 3-103 “设置形状格式”对话框

在该对话框中主要可完成如下设置：

1）设置文本框的线条和颜色：在“线条颜色”选项卡中可根据需要进行具体的颜色设置。

2）设置文本框格式内部边距：在“文本框”选项卡中的“内部边距”内输入文本框与文本之间的间距数值。

3. 文本框的链接

在使用 Word 2010 制作手抄报、宣传册等文档时，往往会通过使用多个文本框进行版式设计。通过在多个 Word 2010 文本框之间创建链接，可以在当前文本框中充满文字后自动转入所链接的下一个文本框中继续输入文字；同样，当删除前一个文本框的内容时，后一个文本框的内容将上移。

在 Word 2010 中链接多个文本框的步骤如下：

（1）在 Word 2010 文档中插入多个文本框，调整文本框的位置和尺寸，并单击选中第 1 个文本框。

（2）单击“绘图工具”→“格式”选项卡→“文本”命令组→“创建链接”按钮。

（3）鼠标指针变成水杯形状，将水杯状的鼠标指针移动到准备链接的下一个文本框内部，单击即可创建链接。

（4）重复上述步骤可以将第 2 个文本框链接到第 3 个文本框，依此类推可以在多个文本框之间创建链接。

要断开两个文本框之间的链接，可以先将插入点定位在第 1 个文本框处，再单击“绘图工具”→“格式”选项卡→“文本”命令组→“断开链接”按钮。

提示：每个文本框仅有一个向前或向后的链接。

4. 删除文本框

先选中想要删除的文本框，按 Delete 键或 Backspace 键，也可单击“开始”选项卡→“剪贴板”命令组→“剪切”按钮，或选择右键快捷菜单中的“剪切”命令完成该操作。

3.6.6 插入公式

Word 2010 中内置了公式的插入和编辑，可以在文档中非常方便地编辑公式。

在文档中插入公式有如下两种方法：

方法 1：将插入点置于公式插入位置，单击“插入”选项→“符号”命令→“公式”按钮π，插入一个公式编辑框，同时打开了图 3-104 所示的“公式工具”的“设计”选项卡，单击相应按钮，在编辑框中编写公式。

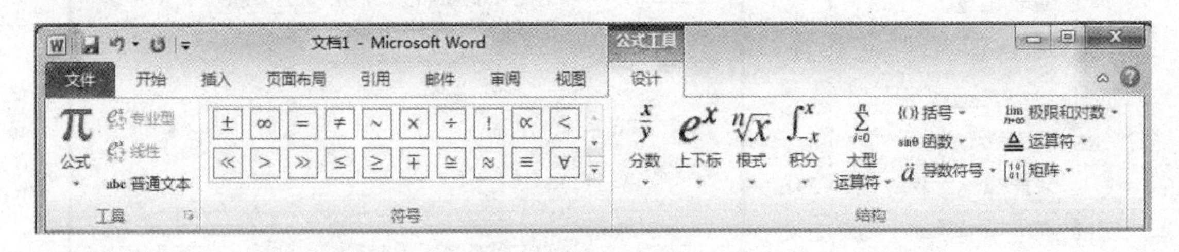

图 3-104 “公式工具”的“设计”选项卡

方法 2：将插入点置于公式插入位置，单击“公式工具”→“设计”选项卡→“工具”命令组→“公式”下拉按钮，打开图 3-105 所示的下拉列表，在列表中直接选择插入一个常用数学公式即可。

提示：使用快捷键 Alt+=，可以直接插入一个公式编辑框。

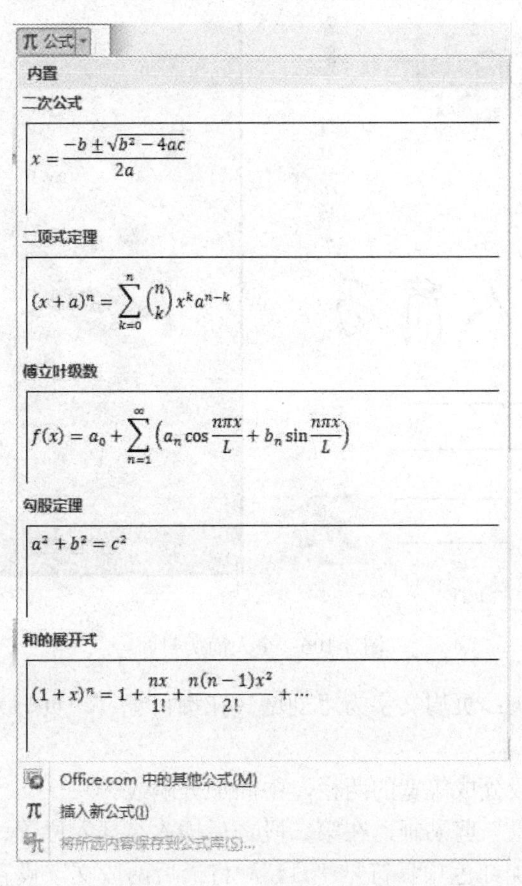

图 3-105 “公式”下拉列表

学生上机操作

1．仿作图 3-106（a）或图 3-106（b）所示的个人简历封面，可以自己选择图片。

2．录入下面文字并按要求完成操作。

虽然冰封雪冻，这湖上却没闲过，总听见嘎嘎嘎嘎的雁唳，尤其傍晚，夕阳在雪地上拉出浅紫色的线条，突然线条乱了，原来飞过一群大雁。

远看，许多逆光的黑影立在冰上，那几百个黑点就交错成一条条深色的几何图形。那是一群不畏严寒的家伙，飞到这儿，甚至有些大雁爱上这莱克瑟丝湖，成为长期居民，春天在此孵蛋育雏，一代传一代地忘了北国与南地，把这里当成它们永远的家乡。

每个傍晚地湖面都上演同样的戏码，每个雪泥鸿爪都过不了多久，就在风中湮灭。

夕阳还在天边，一抹鹅黄、一抹桃红，居然所有的大雁都站在那儿，一动不动地睡了。

操作要求：

（1）给正文加上标题“鸿爪”，并设置为艺术字，采用艺术字“样式库”中第二行第五列的样式；字体为隶书，字号为 54，居中。

（2）正文字体为宋体、五号，各段落首行缩进 2 字符，段前间距为 1 行，行距为 1.5 倍行距。

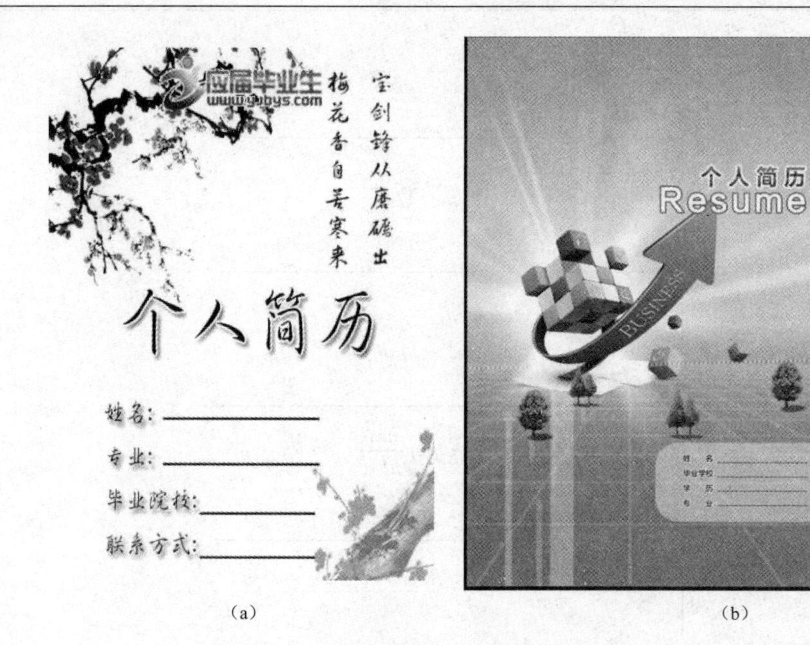

（a）　　　　（b）

图 3-106　个人简历封面

（3）设置页眉、页脚：页眉文字为“刘墉《花痴日记》”，页脚为自己的“学号 姓名”，靠右对齐。

（4）将正文的第二段分成等宽的两栏，中间加分隔线。

（5）选择一张“风景”剪贴画，在第二段之后插入，插入位置、大小如样张所示。

（6）为最后两段添加红色项目符号“🕮”，将最后两段文字设置为紫罗兰颜色，底纹设置为浅绿色。

（7）以“练习 2.docx”为名保存在以自己的姓名、班级为名的文件夹中。

（8）样张如图 3-107 所示。

刘墉《花痴日记》

虽然冰封雪冻，这湖上却没闲过，总听见嘎嘎嘎嘎的雁唳，尤其傍晚，夕阳在雪地上拉出浅紫色的线条，突然线条乱了，原来飞过一群大雁。

远看，许多逆光的黑影立在冰上，那几百个黑点就交错成一条条深色的几何图形。那是一群不畏严寒的家伙，飞到这儿，甚至有些大雁爱上这莱克瑟丝湖，成为长期居民，春天在此孵蛋育雏，一代传一代地忘了北国与南地，把这里当成它们永远的家乡。

- 每个傍晚地湖面都上演同样的戏码，每个雪泥鸿爪都过不了多久，就在风中湮灭。
- 夕阳还在天边，一抹鹅黄、一抹桃红，居然所有的大雁都站在那儿，一动不动地睡了。

图 3-107　练习 2 样张

3.7　页面排版和文档打印

把“个人简历”文档打印在A4纸张上，上下页边距为2.5cm，左右页边距为3cm，并打印多份邮寄给用人单位。

知识点解析

要想按要求打印出文档，首先必须对文档进行页面设置，还可以添加页眉和页脚，然后进行必要的打印设置，打印完成发送给多家用人单位。Word 2010 提供了完整的页面设计和很强的打印功能，利用 Word 2010 可以方便地完成文档的打印输出。而 Word 2010 提供的邮件合并功能，可以非常方便地打印许多格式、内容相似，只有具体数据有差别的文档。

3.7.1　设置页码、页眉和页脚

页眉和页脚通常指文档每一页顶部或底部的文字和图形。页眉和页脚提供了一个在文档的每页中重复标示信息的方法。

在页眉和页脚中可以包括页码、日期、公司徽标、文档标题、文件名或作者名等文字或图形。通常页眉打印在上页边距中，页脚打印在下页边距中。

在整个文档中，可以自始至终用同一个页眉或页脚，也可以在不同的页中设置不同的页眉和页脚，还可以在奇数页和偶数页上使用不同的页眉和页脚，而且文档不同部分的页眉和页脚也可以不同。

1. 添加页码

所谓的页码，就是书籍每一页面上标明次序的号码或其他数字，用于统计书籍的面数，以便于阅读和检索。通常情况下，页码被添加在页眉或页脚中，也可以被添加到其他位置。对于一个长文档，页码是必不可少的，因此为了方便，Word 2010 单独设立了“插入页码”功能。

（1）添加页码。如果希望每个页面都显示页码，并且不希望包含任何其他信息（如文档标题或文件位置），可以快速添加库中的页码，也可以创建自定义页码。

1）从库中添加页码。单击“插入”选项卡→“页眉和页脚”命令组→“页码”按钮，打开页码设置下拉列表，在下拉列表中选择所需的页码位置，然后滚动浏览库中的选项，选择所需的页码格式即可。

若要返回文档正文，只要单击“页眉和页脚工具”→“设计”选项卡→“关闭”命令组→“关闭页眉和页脚”按钮即可。

2）添加自定义页码。

①双击页眉区域或页脚区域，出现图3-108所示的“页眉和页脚工具”的“设计”选项卡。

②单击“位置”命令组中的“插入‘对齐方式’选项卡”按钮，弹出“对齐制表位”对话框，如图3-109所示，在“对齐方式”命令组设置对齐方式，在“前导符”命令组设置前导符。若要更改编号格式，则单击“页眉和页脚”命令组中的“页码”按钮，在“页码”下拉列表中选择“设置页码格式”命令，弹出图3-110所示的“页码格式”对话框，设置所需格式。

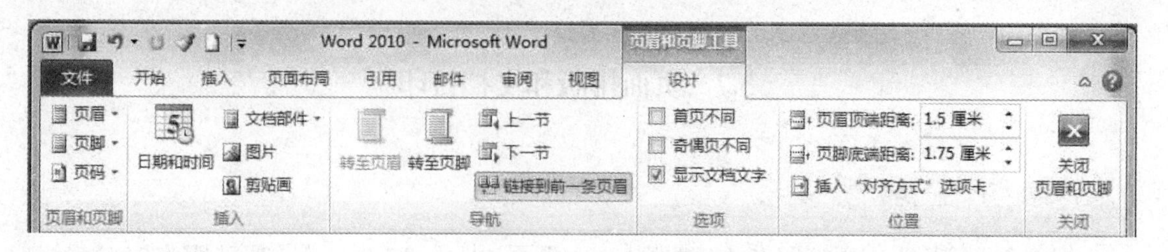

图 3-108 “设计”选项卡

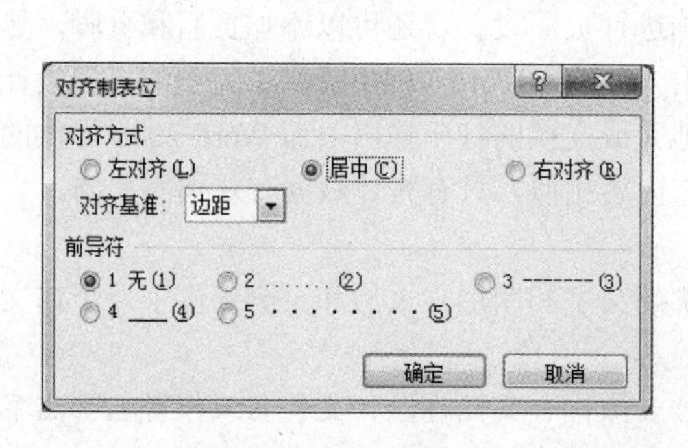

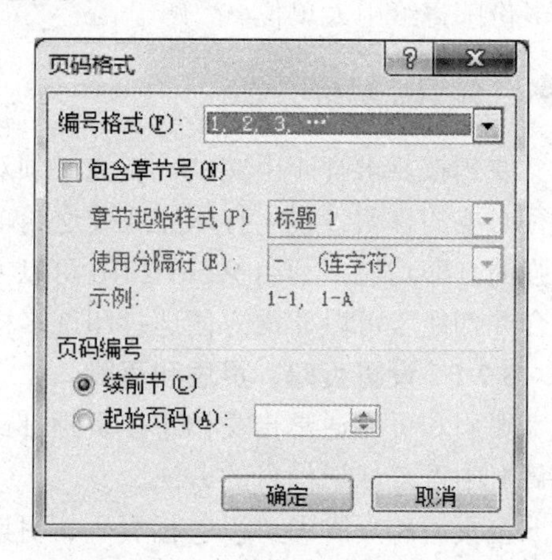

图 3-109 “对齐制表位”对话框

图 3-110 “页码格式”对话框

③单击“页眉和页脚工具”→“设计”选项卡→“关闭”命令组→“关闭页眉和页脚”按钮即可返回文档正文。

2. 添加页眉或页脚

（1）单击“插入”选项卡→“页眉和页脚”命令组→“页眉”或“页脚”按钮，在打开的下拉列表中选择“编辑页眉”或“编辑页脚”命令，定位到文档中的相关位置。设置页眉或页脚内容的方法有两种：

方法 1：从库中添加页眉或页脚内容。在“页眉和页脚工具”的“设计”选项卡中“插入”命令组选取相关内容添加。

方法 2：自定义添加页眉或页脚内容。

（2）单击“页眉和页脚工具”→“设计”选项卡“关闭”命令组→“关闭页眉和页脚”按钮，返回文档正文。

提示：若要编辑页眉和页脚，只要双击页眉或页脚的区域即可；也可以像编辑文档正文一样来编辑页眉和页脚的文本内容。

3. 在文档的不同部分添加不同的页眉、页脚或页码

Word 2010 可以只向文档的某一部分添加页码，也可以在文档的不同部分中使用不同的编号格式。例如，希望对目录和简介采用 i 、ii 、iii编号，对文档的其余部分采用 1、2、3 编号，而不对索引采用任何页码。此外，还可以在奇数和偶数页上采用不同的页眉或页脚。

（1）在不同部分中添加不同的页眉和页脚或页码。

1）单击要在其中开始设置、停止设置或更改页眉、页脚或页码编号的页面开头。

2）单击“页面布局”选项卡→“页面设置”命令组→“分隔符”按钮，打开“分隔符”

下拉列表，在下拉列表中分节符区域选择“下一页”命令。

3）单击“插入”选项卡→“页眉和页脚”命令组→“页眉”或“页脚”按钮，在打开的下拉列表中选择“编辑页眉”或 “编辑页脚”命令，单击“页眉和页脚工具”→“设计”选项卡→“导航”命令组→“链接到前一条页眉”按钮，禁用它。

4）选择页眉或页脚，然后按 Delete 键。

5）若要选择编号格式或起始编号，单击“页眉和页脚”命令组中的“页码”按钮，在打开的下拉列表中选择“设置页码格式”命令，弹出“页码格式”对话框，再选择所需格式和要使用的“起始编号”，然后单击“确定”按钮。

6）若要返回文档正文，单击“设计”选项卡上的“关闭页眉和页脚”按钮或在文档中任意位置双击。

（2）在奇数和偶数页上添加不同的页眉、页脚或页码。

1）双击页眉区域或页脚区域，打开“页眉和页脚工具”→“设计”选项卡，在“选项”命令组中选中“奇偶页不同”复选框。

2）在其中一个奇数页上，添加要在奇数页上显示的页眉、页脚或页码编号。

3）在其中一个偶数页上，添加要在偶数页上显示的页眉、页脚或页码编号。

4）若要返回文档正文，单击“设计”选项卡上的“关闭页眉和页脚”按钮或在文档中任意位置双击。

4. 删除页码、页眉和页脚

双击页眉、页脚或页码，然后选择页眉、页脚或页码，再按 Delete 键。

若具有不同页眉、页脚或页码的文档，则需要在每个分区中重复上面步骤即可。

技能拓展

去除页眉横线的方法

在页眉插入信息的时候经常会在下面出现一条横线，可以采用下述两种方法去除：

方法 1：在页眉的编辑状态中，选中页眉的内容后，选择“开始”选项卡→“段落”命令组→“边框和底纹”命令，边框设置选项设为“无”，“应用于”处选择“段落”，单击“确定”按钮即可。

方法 2：双击页眉进入页眉编辑状态，选中页眉中的所有文字后，单击“开始”选项卡→“字体”命令组→“清除格式”按钮，即可去除横线。

3.7.2 设置页面主题和背景

Word 2010 提供了强大的背景功能，其颜色可以任意设计，可以给文本添加织物状的底纹，还可以使用一个图片作为文档背景制作出水印效果等。

1. 主题设置

主题是一套统一的设计元素和颜色方案。通过设置主题，可以非常容易地创建具有专业水准、设计精美的文档。

设置方法：单击“页面布局”选项卡→“主题”命令组→“主题”按钮，打开图 3-111 所示的“主题”下拉列表，选择内置的“主题样式”列表中所需主题即可。若要清除文档中应用的主题，在打开的下拉列表中选择“重设为模板中的主题”命令即可。

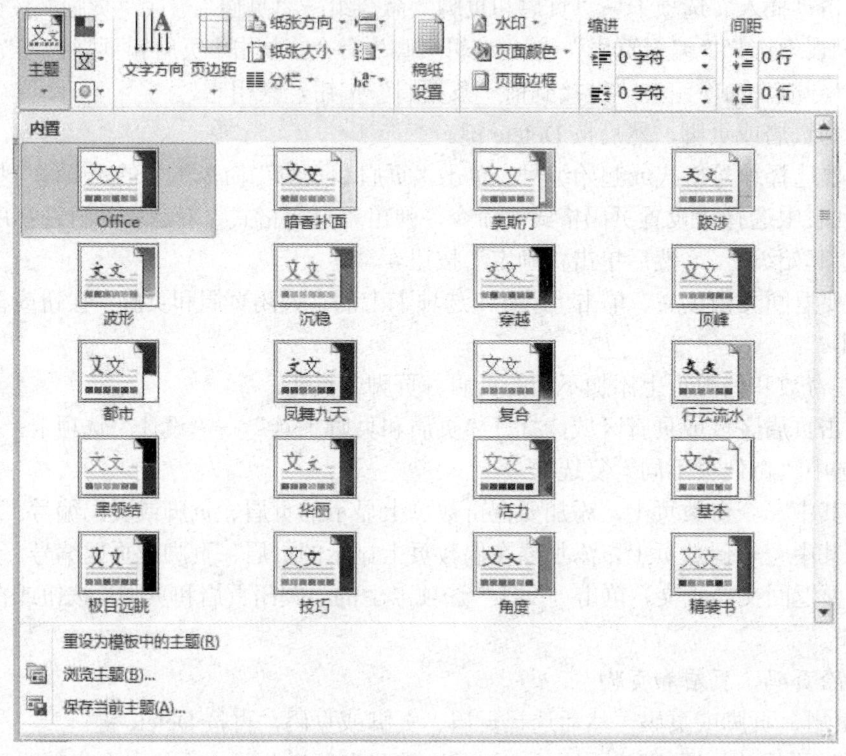

图 3-111 “主题”下拉列表

2. 背景设置

新建的 Word 2010 文档背景都是单调的白色，通过“页面布局”选项卡中“页面背景”命令组中的命令按钮，可以对文档进行水印、页面颜色和页面边框背景的设置。

（1）页面背景的设置。单击“页面布局”选项卡→“页面背景”命令组→“页面颜色”按钮，打开图 3-112 所示的下拉列表，在下拉列表中设置页面背景。

设置单色页面颜色：选择所需页面颜色，如果上面的颜色不符合要求，可选择“其他颜色”命令选取其他颜色。

设置填充效果：选择“填充效果”命令，弹出图 3-113 所示的“填充效果”对话框，在这里可添加渐变、纹理、图案或图片作为页面背景。

删除设置：在“页面颜色”下拉列表中选择“无颜色”命令即可删除页面颜色。

（2）水印效果的设置。水印用来在文档文本的后面打印文字或图形。水印是透明的，因此任何打印在水印上的文字或插入对象都是清晰可见的。

1）添加文字水印。在“页面布局”选项卡的“页面背景”命令组中，单击“水印”按钮，在打开的下拉列表中选择“自定义水印”命令，弹出图 3-114 所示的“水印”对话框，选中“文字水印”单选按钮，然后在对应的选项中完成相关信息输入，单击“确定”按钮，文档页上将显示出创建的文字水印。

2）添加图片水印。在图 3-115 所示的“水印”对话框中，选中“图片水印”单选按钮，然后单击“选择图片”按钮，浏览并选择所需的图片，单击“插入”按钮，再在“缩放”下拉列表中，选择“自动”命令，选中“冲蚀”复选框，单击“确定”按钮，这样文档页上将显示出创建的图片水印。

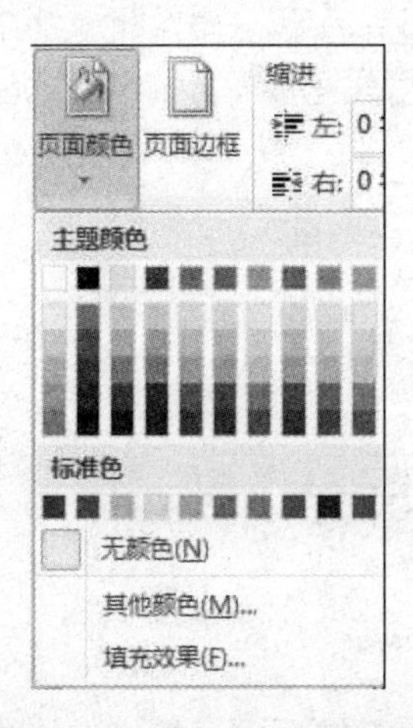

图 3-112　“页面颜色”面板

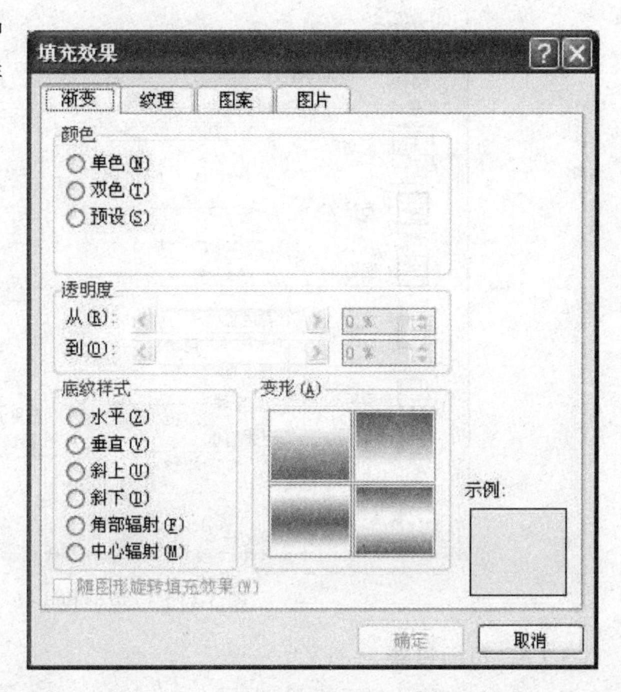

图 3-113　“填充效果”对话框

3）删除水印。在图 3-114 所示的“水印”对话框中，选中“无水印”单选按钮，单击“确定”按钮，或在“水印”下拉列表中，选择“删除水印”命令，即可删除文档页上创建的水印。

（3）页面边框的设置。在“页面布局”选项卡的“页面背景”命令组中，单击“页面边框”按钮，将弹出图 3-115 所示的“边框和底纹”对话框，然后选择“页面边框”选项卡，选择合适的边框类型、线的样式、颜色和大小后单击“确定”按钮即可。

若要删除页面边框，在图 3-115 所示的“边框和底纹”对话框中“设置”选项组中单击“无”按钮，单击“确定”按钮即可。

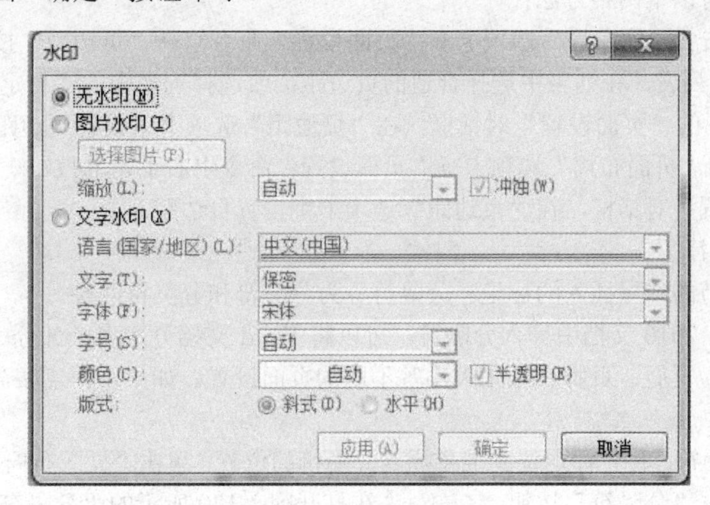

图 3-114　“水印”对话框

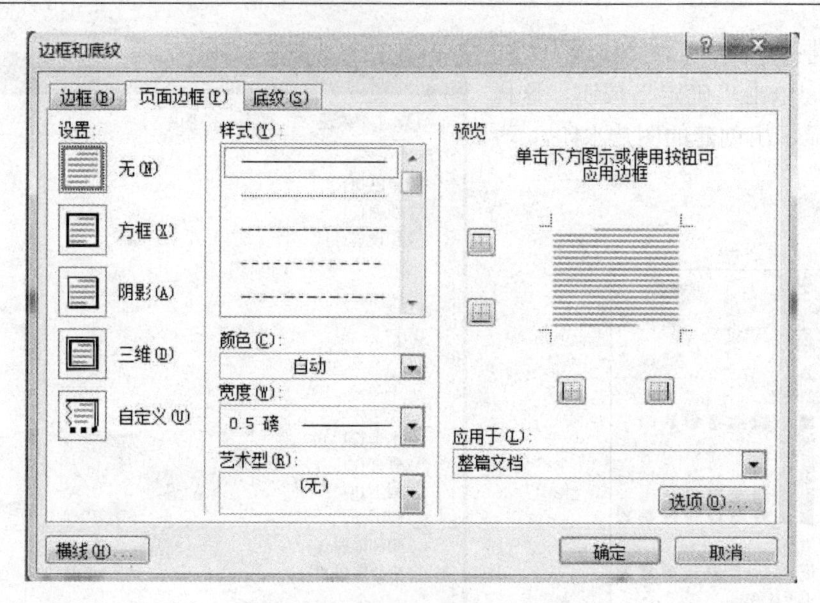

图 3-115 “边框和底纹”对话框

3.7.3 页面设置

Word 2010 默认的页面设置是以 A4（21cm×29.4cm）为大小的页面，按纵向格式编排与打印文档。如果不适合，可以通过页面设置进行改变。

1. 设置纸张

设置纸张大小的方法：单击“页面布局”选项卡→“页面设置”命令组→“纸张大小”按钮，打开图 3-116 所示的“纸张大小”下拉列表，在列表中选择合适的纸张类型；或者单击“页面布局”选项卡→“页面设置”命令组右下角的按钮，弹出图 3-117 所示的“页面设置”对话框，选择“纸张”选项卡，选择合适的纸张类型。

2. 设置页边距

页边距是指文本区到页边界之间的距离，也称页边空白。

设置页边距有以下两种方法：

方法 1：单击“页面布局”选项卡→“页面设置”命令组→“页边距”按钮，打开图 3-118 所示的下拉列表，在列表中选择合适的页边距；或选择列表中的“自定义边距”命令，弹出图 3-119 所示的“页面设置”对话框，在“页边距”选项卡中设置页边距。

方法 2：单击“页面布局”选项卡→“页面设置”命令组右下角的按钮，弹出图 3-119 所示的“页面设置”对话框，在“页边距”选项卡中设置页边距。

3. 使用分隔符

分隔符是指节的结尾插入的标记。分隔符分为分节符和分页符两种。

通过在 Word 2010 文档中插入分隔符，可以将 Word 文档分成多个部分。每个部分可以有不同的页边距、页眉、页脚、纸张大小等不同的页面设置。如果不再需要分隔符，可以将其删除。

（1）插入分隔符。将光标定位到准备插入分隔符的位置，单击“页面布局”选项卡→“页面设置”命令组→“分隔符”按钮，在打开图 3-120 所示的“分隔符”下拉列表中，选择合适的分隔符即可。

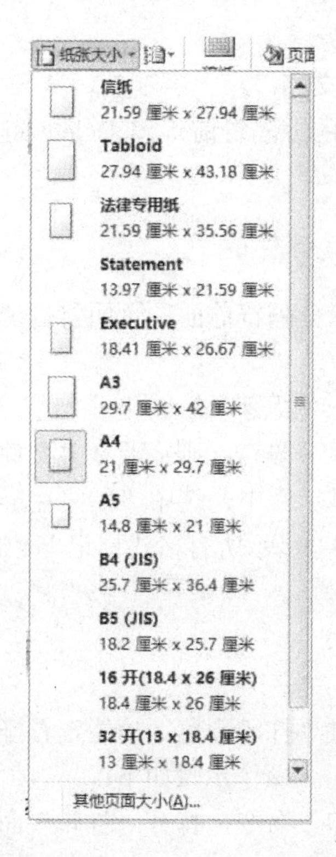

图 3-116 “纸张大小”下拉列表

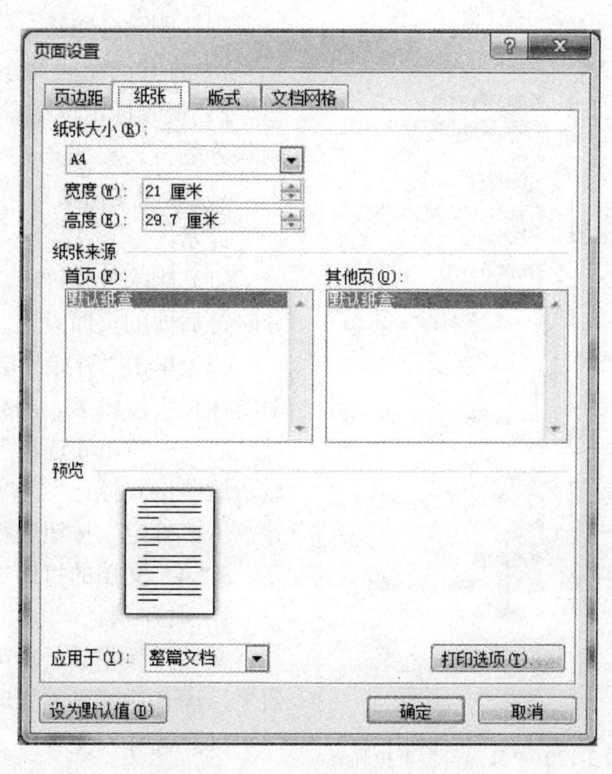

图 3-117 “页面设置”对话框

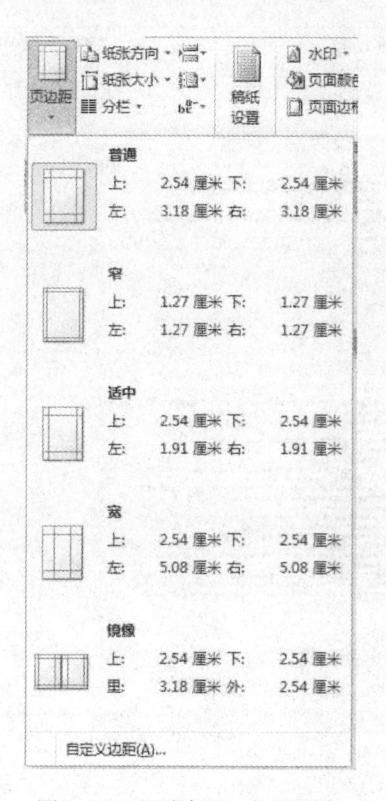

图 3-118 “页边距”下拉列表

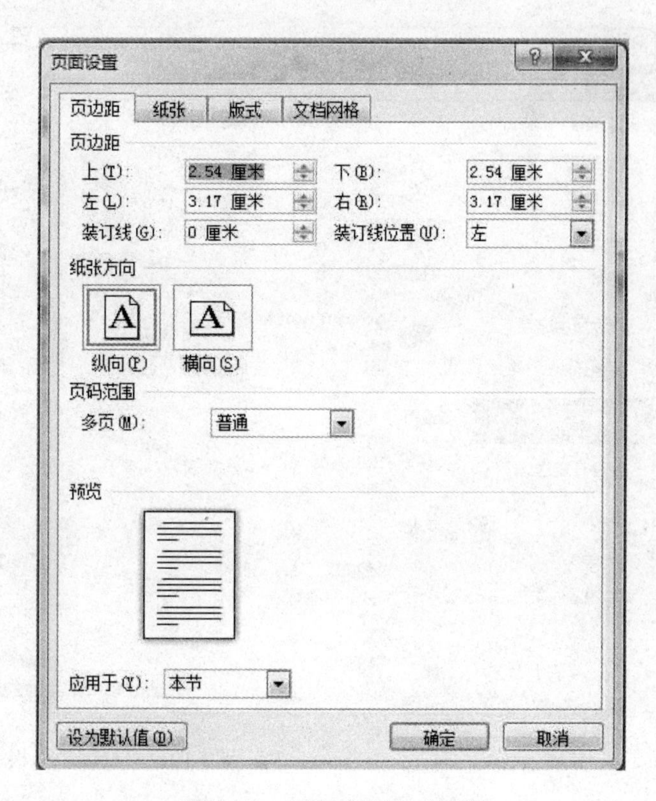

图 3-119 “页面设置”对话框

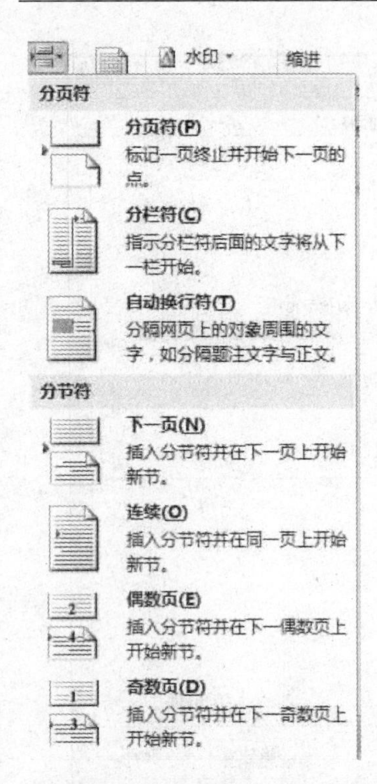

图 3-120 “分隔符”下拉列表

（2）删除分隔符。

1）打开已经插入分隔符的文档。

2）把光标定位在需要删除的分隔符前，按 Delete 键即可删除分隔符。

3）返回文档窗口。

提示：

（1）删除分隔符后，被删除分隔符前面的页面将自动应用分隔符后面的页面设置。

（2）单击“开始”选项卡→“段落”命令组→“显示/隐藏编辑标记”按钮，如果不显示分隔符，则需要在“文件”→“选项”→“Word 选项”→“显示”中，选中“始终在屏幕上显示这些格式标记”选项组选中“显示所有格式标记”复选框，并单击“确定”按钮进行设置。

3.7.4 文档的打印

1. 打印预览

文档排版完成后，可以通过“打印预览”功能查看排版的效果，满意后就可以打印文档了。操作步骤如下：

（1）选择“文件”→“打印”命令，打开“打印”面板，如图 3-121 所示。

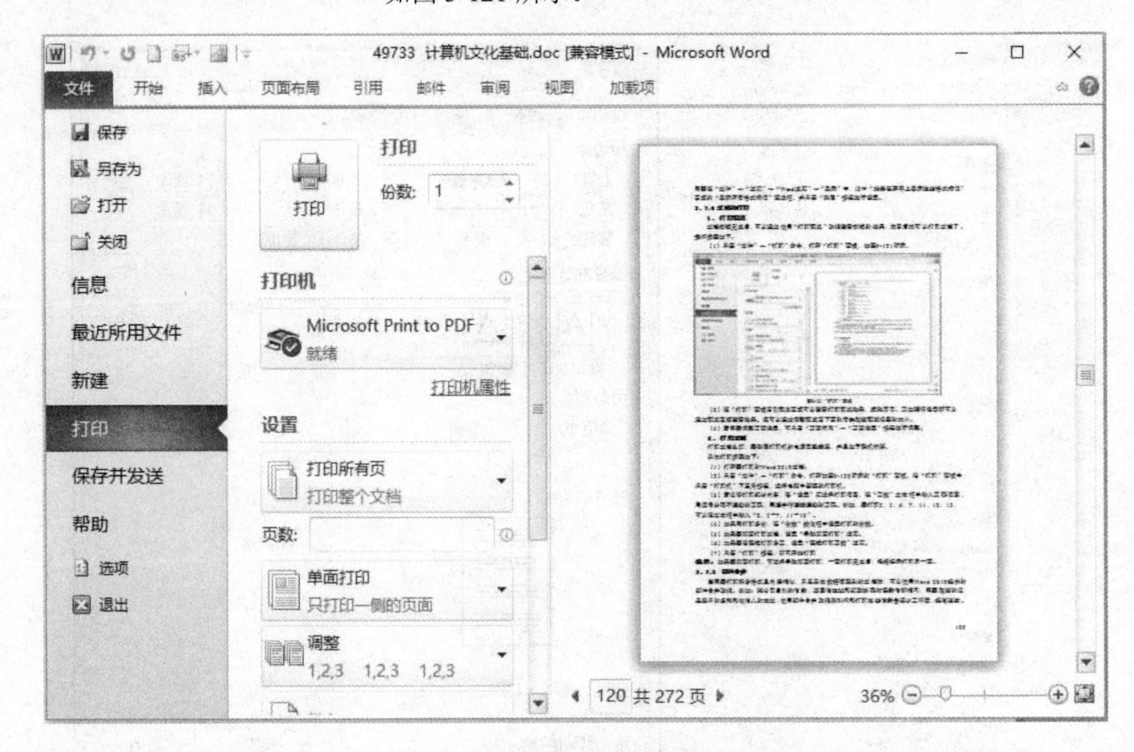

图 3-121 “打印”面板

（2）在“打印”面板右侧预览区域可以查看打印预览效果，纸张方向、页边距等设置都可以通过预览区域查看效果。还可以通过调整预览区下面的滑块改变预览视图的大小。

（3）若需要调整页面设置，可单击“页面布局”选项卡→“页面设置”命令组相关按钮进行调整。

2. 打印文档

打印文档之前，要确定打印机的电源已经接通，并且处于联机状态。

具体打印步骤如下：

（1）打开要打印的 Word 2010 文档。

（2）选择“文件”→“打印”命令，打开图 3-121 所示的“打印”面板。在“打印”面板中单击“打印机”下拉按钮，选择计算机中安装的打印机。

（3）若仅想打印部分内容，在“设置”选项组选择打印范围，在“页数”文本框中输入页码范围，用逗号分隔不连续的页码，用连字符连接连续的页码。例如，要打印 2、5、6、7、11、12、13，可以在文本框中输入“2，5-7，11-13”。

（4）如果需打印多份，在“份数”文本框中设置打印的份数。

（5）如果要双面打印文档，选择“手动双面打印”命令。

（6）如果要在每版打印多页，设置“每版打印页数”选项。

（7）单击“打印”按钮，即可开始打印。

提示：如果要双面打印，可选择手动双面打印，一面打印完成后，根据提示打印另一面。

3.7.5 邮件合并

当需要打印许多格式和内容相似，只是具体数据有差别的文档时，可以使用 Word 2010 提供的邮件合并功能。例如，某公司自制的信封，其回信地址和邮政编码对每封信都相同，需要改变的仅是客户的名称和收信人的地址，使用邮件合并功能来制作和打印这些信封会减少工作量，提高速度。

1. 基本概念

邮件合并需要两个文档，一个是主文档，一个是数据源。

（1）主文档是指在 Word 的邮件合并操作中，所含文本和图形对合并文档的每个版本都相同的文档（即信函文档，仅包含公共内容），如套用信函中的寄信人的地址和称呼等。

（2）数据源是指包含要合并到文档中的信息的文件（即名单文档，通常是一个表格）。例如，要在邮件合并中使用的名称和地址列表，必须链接到数据源，才能使用数据源中的信息。

2. 合并邮件

在 Office 2010 中，先建立两个文档：一个 Word 主文档和一个包括变化信息的数据源，然后使用邮件合并功能在主文档中插入变化的信息，合成后的文件可以保存为 Word 文档打印出来，也可以邮件形式发送出去。

“邮件合并向导”可以采用分步的方式在 Word 2010 文档中完成信函、电子邮件、信封、标签或目录的邮件合并工作。

邮件合并的操作步骤如下：

（1）新建 Word 文档，在“邮件”选项卡→“开始邮件合并”命令组中，“开始邮件合并”选择主文档，“选择收件人”选择数据源。

（2）在 Word 中把光标依次放在要合并的位置，按照“邮件合并分步向导”分步完成相关项目的插入，全部插入完毕后，合并到新文档。

（3）完成合并后，即可以开始打印新文档，也可以针对个别信函进行再编辑。

（4）保存合并完成的新文档。

图 3-122 “选择收件人”下拉列表

例如，创建邮件合并信函，操作步骤如下：

准备：新建 Word 文档“文档 1.docx”、Word 表格“名单.docx”。

（1）打开 Word 文档“文档 1.docx”，单击“邮件”选项卡→“开始邮件合并”命令组→“选择收件人”按钮，如图 3-122 所示，在下拉列表中选择“使用现有列表”命令，弹出图 3-123 所示的“选取数据源”对话框，选择“名单.docx”后单击“打开”按钮。

（2）单击“开始邮件合并”按钮，在打开的图 3-124 所示的下拉列表中选择“邮件合并分步向导”命令，在窗口的右侧会打开“邮件合并”任务窗格，如图 3-125 所示。

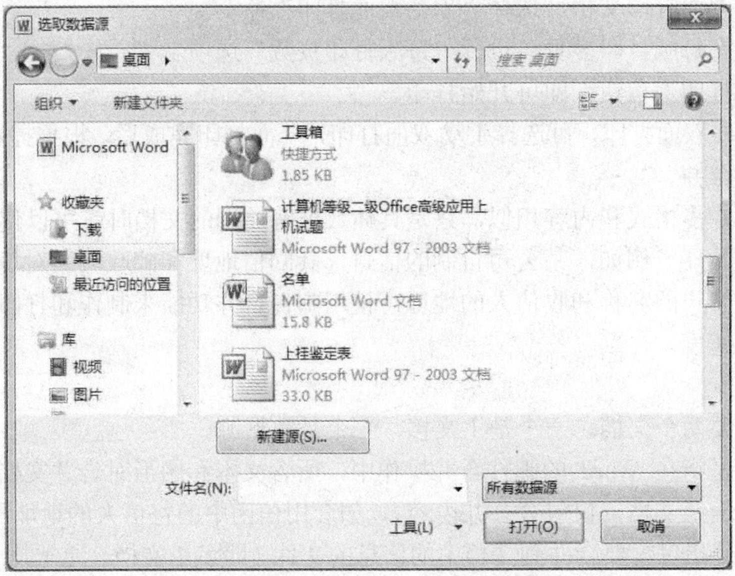

图 3-123 “选取数据源”对话框

（3）在“选择文档类型”向导页选中“信函”单选按钮，并单击“下一步：正在启动文档”按钮。在打开的“选择开始文档”向导页中，选中“使用当前文档”单选按钮，并单击“下一步：选取收件人”按钮，如图 3-126 所示。

（4）打开“选择收件人”向导页，选中“使用现有列表”单选按钮，如图 3-127 所示。在此向导页中，可以根据需要取消选中联系人。如果需要合并所有收件人，单击“编辑收件人列表”在打开的“邮件合并收件人”对话框中直接单击“确定”按钮。设置完成单击“下一步：撰写信函”按钮。

（5）打开“撰写信函”向导页，将插入点光标定位到 Word 文档需要合并的位置，根据需要选择“地址块”、“问候语”、“其他项目”等，并根据需要撰写信函内容。撰写完成后单击“下一步：预览信函”按钮。

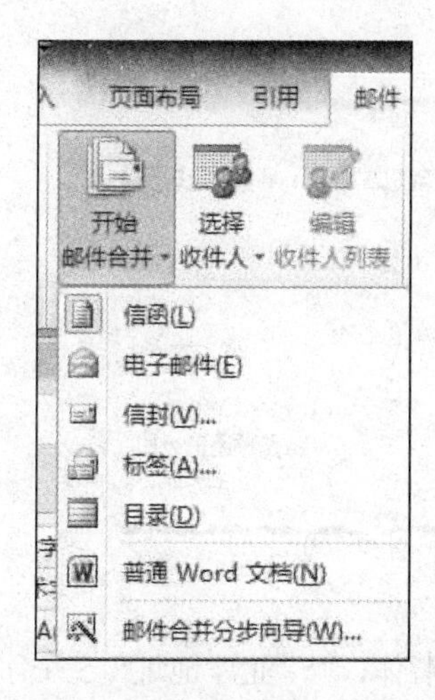

图 3-124 “开始邮件合并”下拉列表

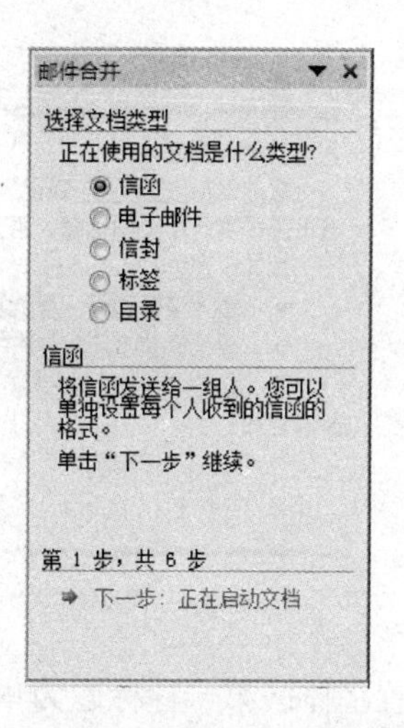

图 3-125 “邮件合并”任务窗格

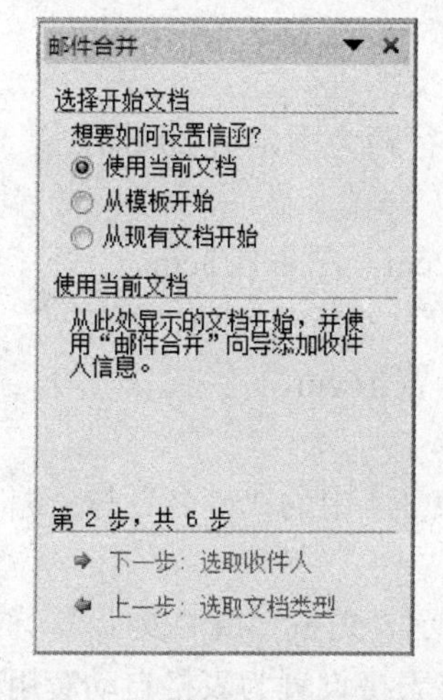

图 3-126 “选择开始文档”向导页

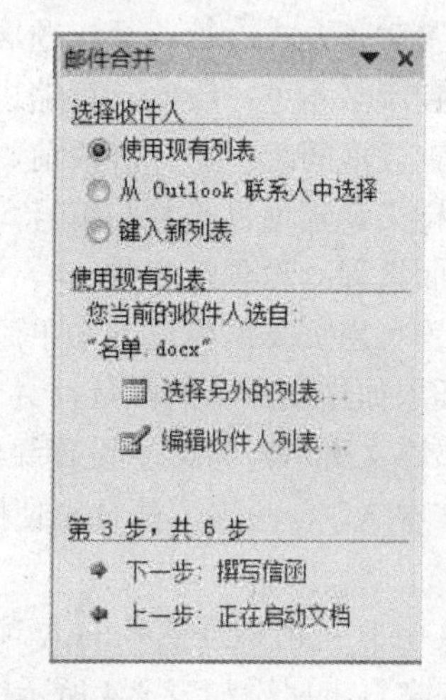

图 3-127 “选择收件人”向导页

（6）在打开的“预览信函”向导页中可以查看信函内容，单击“上一个”或“下一个”按钮可以预览其他联系人的信函。确认没有错误后单击“下一步：完成合并”按钮。

（7）打开“完成合并”向导页，既可以单击“打印”按钮开始打印信函，也可以单击“编辑单个信函”按钮针对个别信函进行再编辑。

提示：“邮件”→“开始合并邮件”→“选择收件人”，还可以选择“从 Outlook 联系人中选择”命令，单击“选择‘联系人’文件夹”按钮，在弹出的“选择配置文件”对话框中选择事先保存的 Outlook 配置文件，然后单击“确定”按钮，弹出“选择联系人”对话框，选中要导入的联系人文件夹，单击“确定”按钮。或者选择“键入新列表”命令，选择“创建”→“新建地址列表”命令，创建完成新建地址列表，单击“确定”按钮。

学生上机操作

输入图 3-128 的文档并按要求完成下列操作：

（1）设置样式：第一行标题设置为标题 1，一号字体；其他设置为正文四号字体。

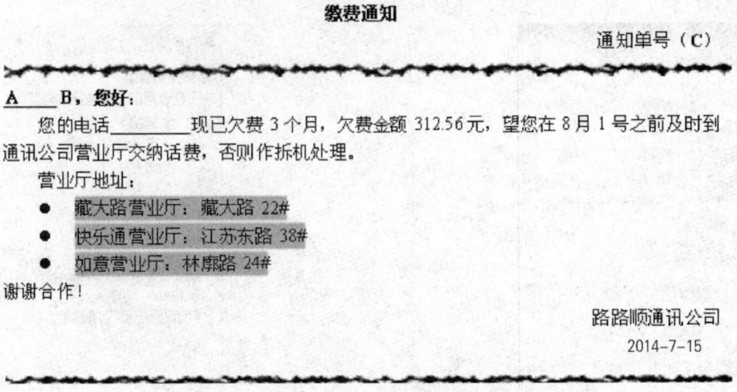

缴费通知

通知单号（C）

A____B，您好：

您的电话________现已欠费 3 个月，欠费金额 312.56 元，望您在 8 月 1 号之前及时到通讯公司营业厅交纳话费，否则作拆机处理。

营业厅地址：

- 藏大路营业厅：藏大路 22#
- 快乐通营业厅：江苏东路 38#
- 如意营业厅：林廊路 24#

谢谢合作！

路路顺通讯公司

2014-7-15

图 3-128 输入文档

（2）设置字体：第一行标题为华文新魏；正文为华文楷体，“营业厅地址”5 个字为黑体。

（3）设置字形：第一行标题加粗，第三行加粗。

（4）设置对齐方式：第一行标题居中，第二行右对齐。

（5）设置段落缩进：段落首行缩进 2 字符，其他按样文缩进。

（6）设置段落间距：第二段段前、段后各 1 行。正文行距为固定值 20 磅。

（7）按样文设置项目符号与编号。

（8）页面设置：设置纸张为 A4，设置页边距上下各 2cm，左右各 3cm。

（9）设置页眉页脚：为该通知单添加页眉“缴费通知”，小五号字体，居中。

（10）插入如样文所示的图片，并设置图片高 0.3cm，宽 16cm。

（11）如样文所示，为文字设置绿色底纹。

（12）文中 A、C 两项，请分别使用“邮件合并”从表 3-4 中的“姓名”与“编号”字段获取。

（13）文中 B 项请根据插入的 A 项的性别分别选择显示“先生”或“女士”。

（14）在文章末尾添加表 3-4 所示的 4 行 5 列表格，将表格设置为表格自动套用格式“中等深浅网格 1-强调文字颜色 1”。

表 3-4　　客户欠费表

编号	电话号码	姓名	性别	欠费金额
150301	15678901234	张三	男	321.4
150302	15698756256	李丽	女	56.8
150303	13854963728	辛烷	女	21.6

（15）在 D 盘根目录下新建以自己班级+姓名命名的文件夹，将该文档以“word 操作”保存到自己新建的文件夹中。

一、选择题

1. 把单词 cta 改成 cat，再把 teh 改成 the 后，单击“撤销上一次”按钮会显示（　　）。

A．cta B．cat C．teh D．the

2．下列操作中，执行（ ）不能选取全部文档。

A．选择“编辑”选项卡中的“全选”命令或按 Ctrl+A 组合键

B．将光标移到文档的左边空白处，当光标变为一个空心箭头时，按住 Ctrl 键，单击

C．将光标移到文档的左边空白处，当光标变为一个空心箭头时，连续三击

D．将光标移到文档的左边空白处，当光标变为一个空心箭头时，双击

3．要改变文档中单词的字体，必须（ ）。

A．把插入点置于单词的首字符前，然后选择字体

B．选择整个单词然后选择字体

C．选择所要的字体然后选择单词

D．选择所要的字体然后单击单词一次

4．要删除分节符，可将插入点置于双点线上，然后按（ ）。

A．Esc 键 B．Tab 键 C．Enter 键 D．Delete 键

5．在表格里编辑文本时，选择整个一行或一列以后，（ ）就能删除其中的所有文本。

A．按空格键 B．按 Ctrl+Tab 组合键

C．单击“剪切”按钮 D．按 Delete 键

6．当插入点在表的最后一行最后一单元格时，按 Tab 键，将（ ）。

A．在同一单元格里建立一个文本新行

B．产生一个新行

C．将插入点移到新的一行的第一个单元格

D．将插入点移到第一行的第一个单元格

7．一位同学正在撰写毕业论文，并且要求只用 A4 规格的纸输出，在打印预览中，发现最后一页只有一行，她想把这一行提到上一页，最好的办法是（ ）。

A．改变纸张大小 B．增大页边距

C．减小页边距 D．把页面方向改为横向

8．一份合同要输出 3 份，正确的操作是（ ）。

A．在“打印份数”里输入“三份”

B．在“打印份数”里输入“3”

C．打开“双面打印”

D．打开“打印到文件”

9．Word 2010 字表处理软件属于（ ）。

A．管理软件 B．网络软件 C．应用软件 D．系统软件

10．进行“替换”操作时，应当使用（ ）。

A．“开始”选项卡中的按钮 B．“视图”选项卡中的按钮

C．“插入”选项卡中的按钮 D．“引用”选项卡中的按钮

11．Word 2010 关闭当前正在编辑的文档，在（ ）情况下，不会弹出一个提示窗口来询问是否在关闭文档前进行保存。

A．删除 B．替换字符

C．插入　　　　　　　　　　　　D．不做任何改变

12．以下选定文本的方法中正确的是（　　）。

A．把鼠标指针放在目标处，按住鼠标左键拖动

B．Ctrl+左右箭头

C．把鼠标指针放在目标处，双击鼠标右键

D．Alt+左右箭头

13．“页眉页脚”分组在（　　）选项卡中。

A．页面布局　　B．引用　　C．插入　　D．开始

14．在（　　）视图模式下，首字下沉和首字悬挂无效。

A．页面　　B．普通　　C．Web　　D．大纲

15．Word 2010 可将一段文字转换成表格，对这段文字的要求是（　　）。

A．必须是一个段落

B．每行的几个部分之间必须用空格分开

C．必须是一节

D．每行的几个部分之间必须用统一的符号分隔

16．两节之间的分节符被删除后，以下说法正确的是（　　）。

A．两部分仍然保持原本的节格式化信息

B．下一节成为上一节的一部分，其格式按上一节的方式

C．上一节成为下一节的一部分，其格式按下一节的方式

D．保留两节相同的节格式化信息部分

17．若将表格中一个单元格的文本改为竖排，应选择（　　）命令。

A．分栏　　　　　　　　　　　　B．制表位

C．中文版式　　　　　　　　　　D．文字方向

18．在有斜线的表格单元格中，要把文本放在右上角和左下角，正确的操作是（　　）。

A．设置上、下标　　　　　　　　B．分散对齐

C．居中图标　　　　　　　　　　D．无法实现

19．以下关于表格排序的说法，错误的是（　　）。

A．可按数字进行排序

B．可按日期进行排序

C．拼音不能作为排序的依据

D．排序规则有递增和递减

20．弹出“边框与底纹”对话框的命令按钮，在（　　）选项卡中。

A．页面布局　　B．引用　　C．插入　　D．开始

21．有关 Word 2010 的“审阅”选项卡的“字数统计”命令的说法错误的是（　　）。

A．可以对段落、页数进行统计

B．可以统计空格

C．可以对行数统计

D．无法进行中、英文统计混合

22．删除一个段落标记，该段落标记之前的文本为下一个段落的一部分（　　）。

A. 并维持原有的段落格式不变

B. 改变成下一个段落的段落格式

C. 无法确定

D. 改变成另一种段落格式

二、填空题

1. 第一次在Word中保存文档时，默认的文件名是________。

2. 在Word的编辑状态，使插入点快速移到文档首部的快捷键是________。

3. Word提供了4种文档视图方式，在________方式下可以显示正文及其页面格式。

4. 字体的特殊效果可以在________对话框中设置。

5. 段落格式化可以设置________等编辑效果。

6. 可以在中文输入方式与英文输入方式间进行切换的组合键是________。

7. 设定打印纸张大小的命令是________。

三、简答题

1. 在Word 2010中如何创建文档、关闭文档及打开一个已有的文档？

2. 在Word 2010中如何对文档的内容进行选定、复制、删除、移动和替换？

3. 如何设置字体、大小、字体颜色及其动态效果，方法有几种？

4. 如何设置文档的字符间距及行间距？它们各有什么作用？

5. 在Word 2010中创建新的表格的方法有哪些？如何调整行高和列宽？

6. 如何在一个文档中插入图形？如何编辑图形？

7. 如何对一个文档进行页面设置，如设置纸张大小、页边距、纸张来源？

8. 什么是样式？什么情况下适合应用样式对文档进行格式化？

9. 标注与修订的操作方法是什么？

四、操作题

1. 图文混排。输入文字，完成如下格式设置：

有一个叫做渔王的人，捕鱼的技能非常厉害。他有三个儿子。这三个儿子从小跟从他出海，但是捕鱼的技能却还在一般人之下，渔王特别沮丧。

哲人就告诉渔王：你三个儿子的悲哀就在于他们的一切都被你安排好了。他们得到了你的经验，但他们缺少的是捕鱼的教训。他们没有离开过你，自己出去实践，他们不知道坎坷和困难，所以没有教训。你一生由教训总结出来的经验，对他们来讲，就是一些平庸的教条。

我们今天常常说，人生要少走弯路。其实，从某种意义上讲，人生没有弯路可言。如果你没有走过那一段路程，怎么能抵达到现在？如果不站在现在，你怎么能回头去看，说那是弯路呢？

人生的每一条路都是你必须要用自己的脚步去丈量的。而在这个过程中，让我们发现自己并且得到了确认。

(1) 给正文加上标题“人生没有弯路”，并设置为艺术字，采用艺术字“样式库”中第二行第五列的样式；艺术字形状为“八边形”；字体为宋体；字号为48，阴影样式14。

(2) 正文字体为宋体、五号，各段落首行缩进2字符，段前和段后间距都为0.5行，行距为 1.5 倍行距。

（3）设置页眉，页眉文字为“于丹《庄子心得》”，页脚居中为自己的“学号 姓名”。

（4）插入页码域和制作日期，右对齐。

（5）在第二段之后插入文件夹中的图片“路.jpg”。

（6）将正文的第二段（包含图片）分成等宽的两栏，中间加分隔线，如样张所示。

（7）为最后两段添加红色项目符号“✧”，将最后两段文字设置为紫罗兰颜色，并为最后两段添加浅绿色底纹。

（8）完成后存盘，文件命名为“练习 1.docx”。

样文如图 3-129 所示。

于丹《庄子心得》

人生没有弯路

有一个叫做渔王的人，捕鱼的技能太强了，甚至被誉是渔神。他有三个儿子。这三个儿子从小跟从他出海，但是，捕鱼的技能却还在一般人之下，渔王特别沮丧。

哲人就告诉渔王：你三个儿子的悲哀就在于他们的一切都被你安排好了。他们得到了你的经验，但他们缺少的是捕鱼的教训。他们没有离开过你，自己出去实践，他们不知道坎坷和困难，所以没有教训。你一生由教训总结出来的经验，对他们来讲，就是一些平庸的教条。

✧ 我们今天常常说，人生要少走弯路。其实，从某种意义上讲，人生没有弯路可言。如果你没有走过那一段路程，怎么能抵达到现在？如果不站在现在，你怎么能回头去看，说那是弯路呢？

✧ 人生的每一条路都是你必须要用自己的脚步去丈量的。而在这个过程中，让我们发现自己并且得到了确认。

图 3-129 练习 1 样文

2．制作表格。参照图 3-130 所示样文格式制作表格，并输入自己相关的信息。

（1）标题为宋体 3 号字加粗、居中对齐。

（2）表格外框线宽度为 1.5 磅，内部线条宽度 0.75 磅。

（3）表格原有文字为宋体、小四，上下、左右均居中。

（4）添加如样张所示底纹：姓名列为水绿色底纹，性别列为橄榄色底纹。

（5）在相片栏插入一张剪贴画。

（6）自己填写的内容全部用楷体、小四号、加粗、左对齐格式。

（7）页面设置：A4 纸、上下左右边距为 1.5cm。

（8）保存文件，文件命名为“练习 2.docx”。

个人简历

姓名		性别		
出生年月		籍贯		
民族		政治面貌		
毕业院校		专业		
联系电话		电子邮件		
邮编		联系地址		
英语水平		爱好特长		
计算机水平				
熟悉的软件				
在校期间的工作				
证书				
奖励情况				

学习及实践情况		
时间	实习单位或学校	专业

图 3-130　练习 2 样文

第4章　Excel 2010 电 子 表 格

Excel 2010 是微软公司推出的 Office 2010 办公系列软件的一个重要组成部分，主要用于电子表格处理。它可以高效地完成各种表格和图的设计，具有强大的数据计算和分析处理能力。Excel 不但可以用于个人、办公等日常事务，还广泛应用于金融、财务、统计和审计等众多经济领域，能够大大提高数据处理的效率。

学 习 目 标

1. 熟悉 Excel 2010 工作环境，理解 Excel 的基本概念；
2. 掌握数据输入和编辑的方法及技巧；
3. 掌握单元格和工作表的基本操作；
4. 学会格式化工作表的方法；
5. 掌握单元格的引用、公式和函数的使用；
6. 学会图表的创建、编辑和分析；
7. 掌握排序、筛选、分类汇总、合并计算等数据处理操作；
8. 学会创建数据透视图和数据透视表；
9. 掌握工作表的页面设置和打印输出。

学习情境引入

作为班级学习委员，期末考试结束后，需要帮助班主任老师对考试成绩进行整理分析。其内容包括输入成绩、计算总分、排列名次、筛选不及格学生名单、评定奖学金等，最后还需要打印输出成绩单。手工统计费时费力，我们可以使用 Excel 2010 来完成上述所有任务。

4.1　Excel 2010 的工作环境

学 习 任 务

新建 Excel 工作簿，并保存为"成绩统计表"。

知识点解析

图 4-1 所示是同学们经常见到的考试成绩统计表，通常我们需要先输入成绩，再计算每名同学的总分。那么使用 Excel 该如何操作呢？要想弄清这些，首先我们要来认识一下 Excel 2010。

4.1.1　Excel 2010 的工作界面

启动 Excel 2010 后，可以看到 Excel 2010 的工作界面。它包括与 Word 2010 类似的标题栏、"文件"选项卡、功能区和状态栏，还有 Excel 2010 特有的编辑栏、工作区等，如图 4-2 所示。

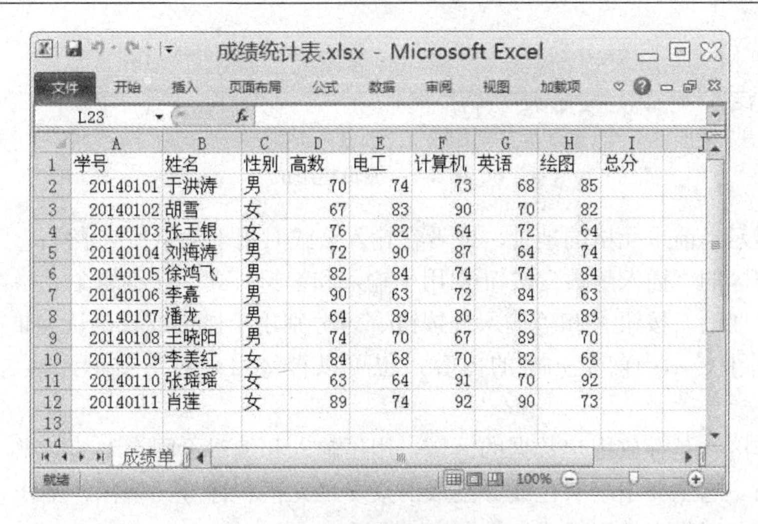

学号	姓名	性别	高数	电工	计算机	英语	绘图	总分
20140101	于洪涛	男	70	74	73	68	85	
20140102	胡雪	女	67	83	90	70	82	
20140103	张玉银	女	76	82	64	72	64	
20140104	刘海涛	男	72	90	87	64	74	
20140105	徐鸿飞	男	82	84	74	74	84	
20140106	李嘉	男	90	63	72	84	63	
20140107	潘龙	男	64	89	80	63	89	
20140108	王晓阳	男	74	70	67	89	70	
20140109	李美红	女	84	68	70	82	68	
20140110	张瑶瑶	女	63	64	91	70	92	
20140111	肖莲	女	89	74	92	90	73	

图 4-1　成绩统计表

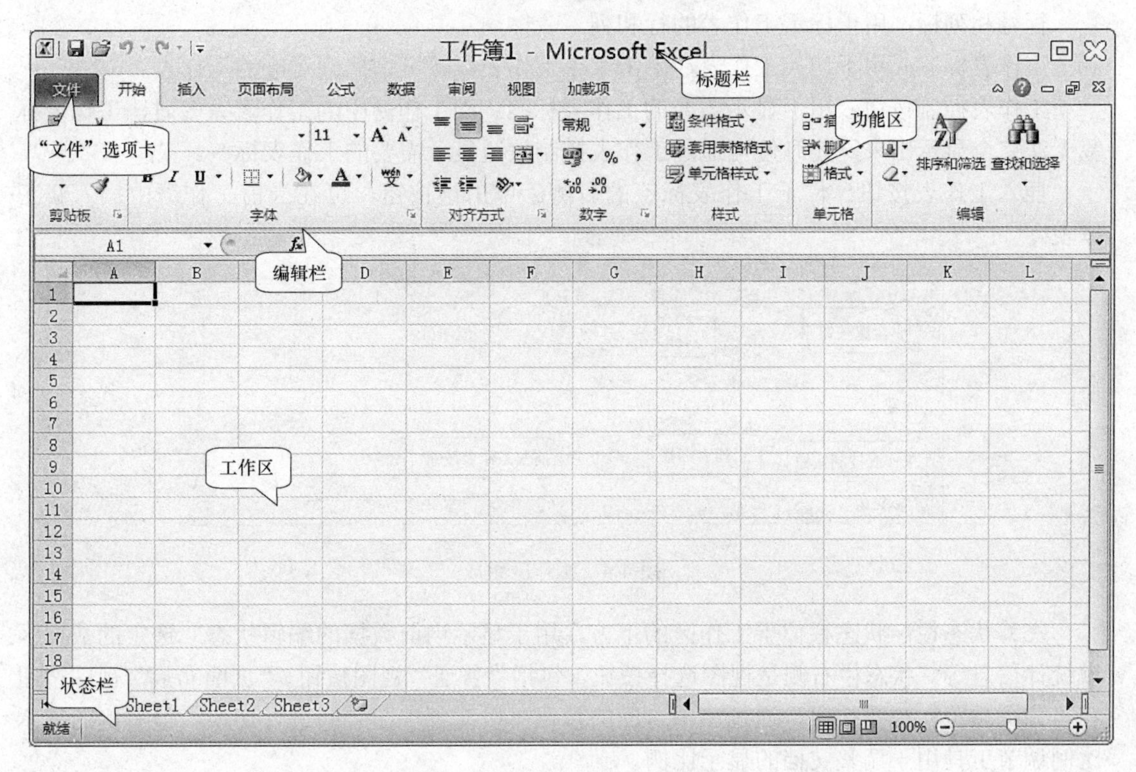

图 4-2　Excel 2010 工作界面

（1）标题栏：标题栏的左侧是快速访问工具栏，标题栏中间显示当前编辑的文件名称。启动 Excel 2010 后，默认的文件名为“工作簿 1”。

（2）“文件”选项卡：选择“文件”选项卡，进入 Backstage 视图，可以进行保存、另存为、打开、关闭、新建、打印、设置选项等基本操作。

（3）功能区：由各种选项卡和包含在选项卡中的各种命令按钮组成。

（4）编辑栏：编辑栏位于功能区的下方，工作区的上方，用于显示和编辑当前活动单元格的名称和内容。编辑栏从左到右依次为名称框、工具按钮区和编辑框，如图 4-3 所示。

图 4-3 编辑栏组成

名称框显示当前单元格的地址，或者在输入公式时用于从下拉列表中选择常用函数。

工具按钮区的“插入函数”按钮 f_x 用于输入和编辑公式。在编辑单元格内容时，工具按钮区会出现“取消”按钮 × 和“输入”按钮 ✓，分别用于撤销或者确认编辑操作。

编辑框用于显示当前单元格的内容，也可以直接用来对当前单元格进行输入和编辑操作。

（5）工作区：是存放用户数据的区域，用于输入和编辑不同类型的数据，是编辑电子表格的主要场所。它主要由暗灰色线分割成的众多单元格和行号、列标、工作表标签、工作表控制按钮、插入工作表按钮组成，如图 4-4 所示。

行号和列标：用于标示工作表的行和列。

工作表标签：用于切换工作表，单击某个工作表标签可切换到对应的工作表。

工作表控制按钮：用于显示需要的工作表标签。当工作簿中的工作表太多时，工作表标签无法完全显示出来，此时便可通过工作表控制按钮显示需要的工作表标签。

插入工作表按钮：位于工作表标签的右侧。单击该按钮，可在当前工作簿中插入新工作表。

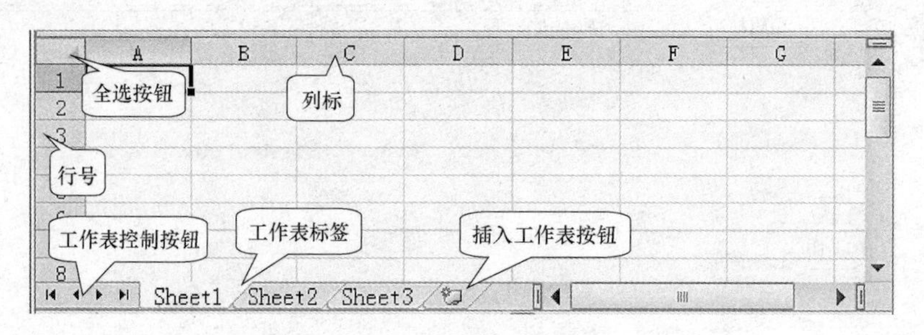

图 4-4 工作区组成

（6）状态栏：状态栏位于工作区的下方，用于显示当前数据的编辑状态、选定的数据区域统计信息等。状态栏右侧是视图选择按钮，包括“普通”视图按钮、“页面布局”视图按钮和“分页预览”视图按钮，通过单击对应的按钮可以在各视图之间进行切换。最右侧的显示比例调节工具用于调整文档的显示比例。

4.1.2 工作簿和工作表

工作簿是用于处理和存储数据的文件（打开的 Excel 窗口即为工作簿窗口），我们在 Excel 中处理的各种数据最终都是以工作簿文件的形式存储在磁盘上的。一个 Excel 文件就是一个工作簿，其扩展名为“.xlsx”。

每个工作簿又由众多的工作表构成。工作表（Sheet）也称为电子表格，是 Excel 完成一项工作的基本单位。每一个工作表都有一个名称，即工作表标签。一个工作簿中所包含的工作表都以标签的形式排列在工作区的下方。新建一个工作簿时默认包含 3 张工作表，分别为 Sheet1、Sheet2、Sheet3。通过单击工作表标签可以在不同的工作表之间进行切换。一个工作簿中最多可以包含 255 个工作表。

工作表是一个行列交叉排列的二维表格。每列用大写字母标示，从 A、B、…、Z、AA、AB、…、BA、BB、…，一直到 XFD，共有 16384 列，称为列标。每行用数字标示，从 1 到 1048576，称为行号。行列交叉的部分称为单元格，列标加上行号就是单元格的地址，如“A3”单元格表示单元格位于工作表中第 A 列第 3 行。单元格是 Excel 工作簿的最小组成单位，是工作表最基本的数据单元，用于显示和存储用户输入的所有内容。

工作簿和工作表的关系就像书本与纸张的关系：工作簿就像一本书，而每个工作表就是构成这本书的每一页纸。工作表不能单独存盘，只有工作簿才能以文件的形式存盘；一个工作簿中，无论有多少个工作表，它们都会保存在同一个工作簿文件中。

技能拓展

如果需要更改新建工作簿时默认的工作表数量，可以在 Excel 窗口中选择“文件”选项卡，进入 Backstage 视图，选择左侧窗格中的“选项”命令，弹出“Excel 选项”对话框。在“常规”设置右侧的“新建工作簿时”选项组中显示的是新建工作簿时的字体、字号、视图等默认设置，在“包含的工作表数”微调框中更改工作表数量，单击“确定”按钮。该更改将在下次新建工作簿时生效，如图 4-5 所示。

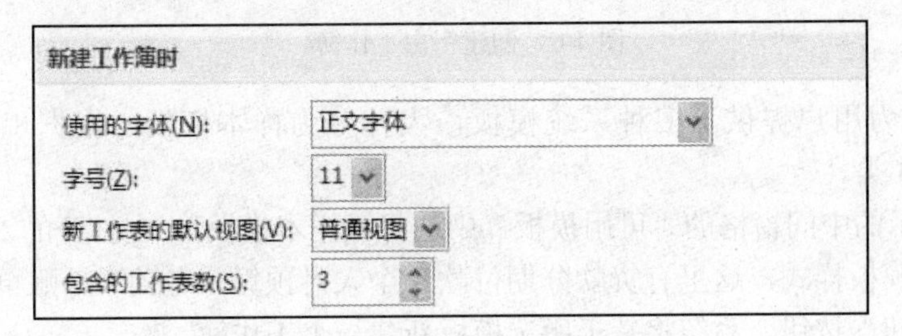

图 4-5 “新建工作簿时”默认设置

4.1.3 工作簿操作

1. 创建空白工作簿

在 Excel 2010 中，不仅可以创建空白工作簿，还可以根据模板创建带有内容和格式的工作簿。

（1）创建空白工作簿。常用的方法有以下 4 种：

方法 1：启动 Excel 后，系统自动建立一个空白工作簿“工作簿 1”。

方法 2：在 Excel 窗口中，按 Ctrl+N 组合键，可创建一个空白工作簿。

方法 3：在 Excel 窗口中，选择“文件”选项卡，打开 Backstage 视图，在左侧窗格选择“新建”命令，在中间窗格的“可用模板”中选择“空白工作簿”，然后单击“创建”按钮即可，如图 4-6 所示。

方法 4：在桌面上右击，在弹出的快捷菜单中依次选择“新建”→“Microsoft Excel 工作表”命令，可以直接创建以“新建 Microsoft Excel 工作表.xlsx”命名的空白工作簿。

（2）根据模板创建工作簿。Excel 2010 模板是包含有特定内容的已经设置好格式的文件（扩展名为“.xltx”），根据模板创建工作簿，可以有效减少内容输入及格式设置的工作量，从而提高工作效率。

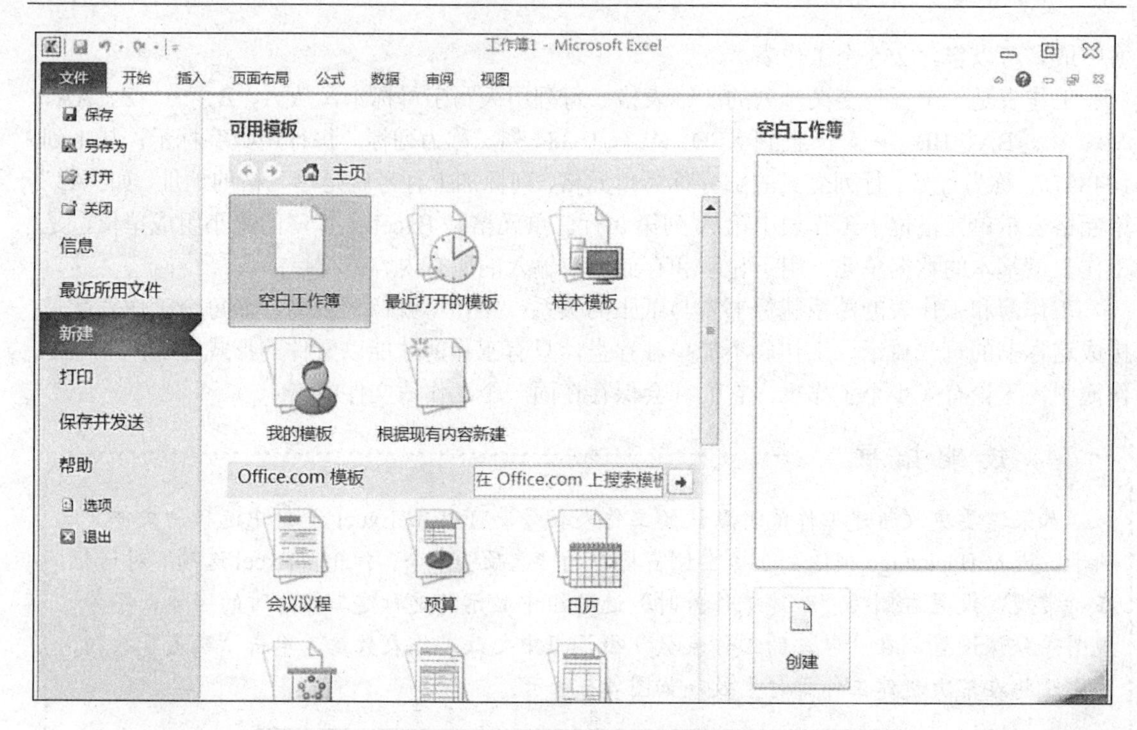

图 4-6 创建空白工作簿

Excel 2010 为用户提供了多种系统模板，大体分为样本模板、根据现有内容新建和Office.com 模板 3 类。

在图 4-6 所示的中间窗格的“可用模板”中选择“样本模板”，在打开的“样本模板”界面中选择需要的模板样式，这里有贷款分期付款、个人月预算、考勤卡、账单等 7 种模板样式，再单击“创建”按钮，系统将基于所选模板新建一个工作簿。

如果选择“根据现有内容新建”，那么可以根据现有工作簿快速创建一个内容与格式与之相同的工作簿。

“Office.com 模板”为联机模板，可以在 Office.com 上搜索需要的模板。在“Office.com 模板”栏下，选中一个特定的模板类别，然后双击要下载的模板即可。

工作簿的保存、打开和关闭等操作，与 Word 文档类似，这里不再叙述。

2. 工作簿的共享和修订

共享工作簿是使用 Excel 进行协作的一项功能。当一个工作簿设置为共享工作簿后，可以放在网络上供多位用户同时查看和修订。被允许的用户可以在同一个工作簿中输入、修改数据。完成各项修订后，可以停止共享工作簿。

（1）设置共享工作簿。打开需要共享的工作簿，在“审阅”选项卡的“更改”命令组中，单击“共享工作簿”命令，弹出“共享工作簿”对话框，在“编辑”选项卡中选中“允许多用户同时编辑，同时允许工作簿合并”复选框，然后单击“确认”按钮，如图 4-7 所示，返回工作表，此时标题栏工作簿名称后出现“[共享]”标志。

（2）查看工作簿中的修订信息。要查看工作簿中的修订信息，可以执行下列操作：

1）打开共享的工作簿，在“审阅”选项卡的“更改”命令组中，单击“修订”按钮，在打开的下拉列表中选择“突出显示修订”命令，弹出“突出显示修订”对话框。

2）选中“编辑时跟踪修订信息，同时共享工作簿”复选框；在“突出显示的修订选项”中选中“时间”复选框，并在其右侧的下拉列表中选择“从上次保存开始”命令；选中“修订人”复选框，在其下拉列表中选择“每个人”命令，如图 4-8 所示，最后单击“确定”按钮。

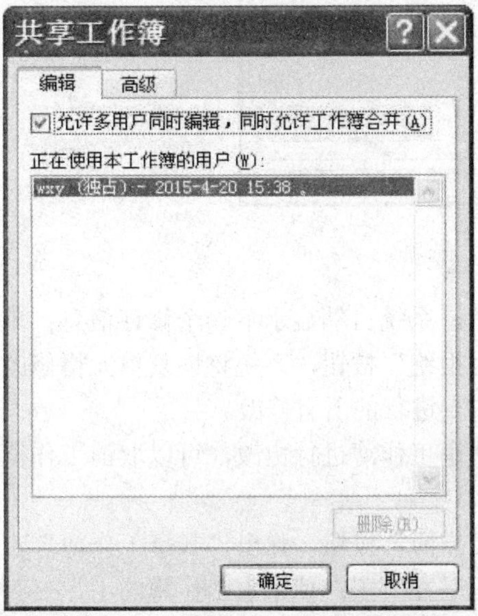

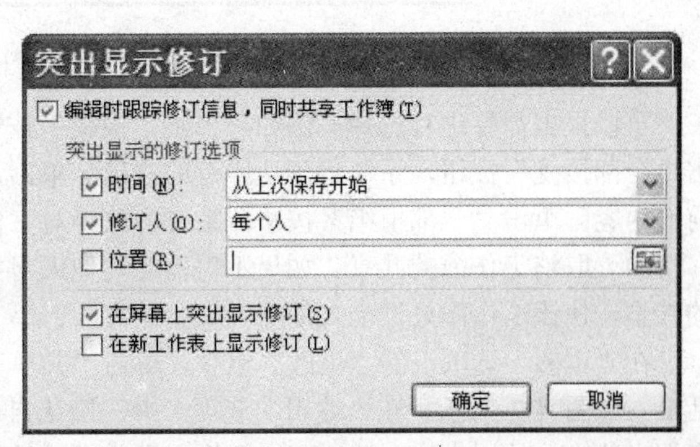

图 4-7 “共享工作簿”对话框　　图 4-8 “突出显示修订”对话框

此时对任意单元格进行修改，系统会自动在被修改的单元格上显示蓝色边框，并在单元格左上角出现蓝色的小三角“◤”，当鼠标指针指向该单元格时，会弹出信息框显示修订信息，如图 4-9 所示。

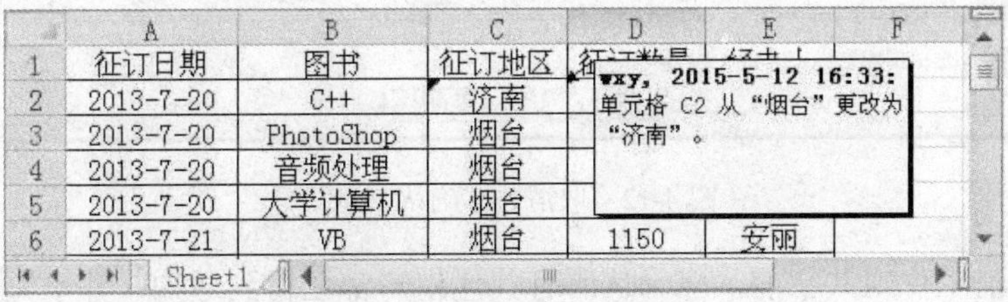

图 4-9　修订信息

（3）完成工作簿的修订。要完成工作簿中的修订信息，执行下列操作：

1）在“审阅”选项卡的“更改”命令组中，单击“修订”按钮，在打开的下拉列表中选择“接受/拒绝修订”命令，弹出“接受或拒绝修订”对话框，如图 4-10 所示。

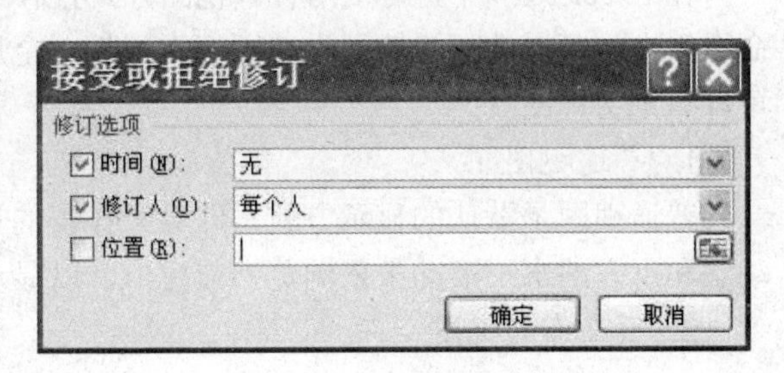

图 4-10 “接受或拒绝修订”对话框

2）根据需要进行设置，单击“确定”按钮，弹出图 4-11 所示的对话框。在该对话框中可以看到文档的第一个修订信息，包括用户、时间和内容；还有 5 个按钮包括“接受”、“拒绝”、“全部接受”、“全部拒绝”和“关闭”。

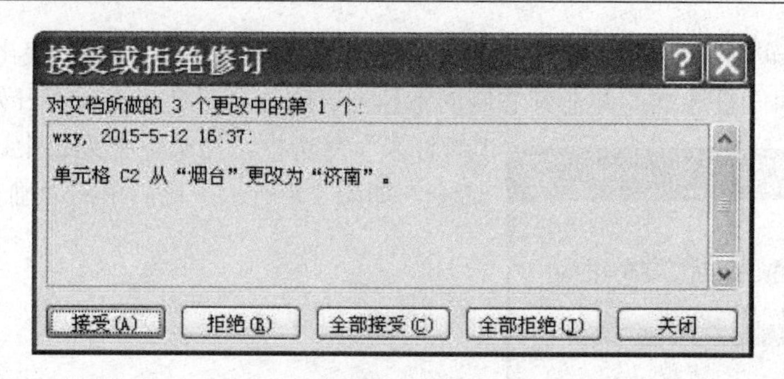

图 4-11 “接受或拒绝修订”选项

可以根据需要进行选择。例如，单击“接受”按钮，系统自动显示下一个修订信息；单击“全部接受”按钮，系统将确认所有的修改；单击“拒绝”按钮，系统将恢复单元格修改前的内容；单击“全部拒绝”按钮，系统将放弃对工作表进行的所有修改。

（4）取消工作簿的共享。如果不再需要其他人对共享工作簿进行更改，可以取消工作簿的共享，使该工作簿只供个人使用。

在“审阅”选项卡的“更改”组中，单击“共享工作簿”按钮，弹出“共享工作簿”对话框，如图 4-7 所示。在“编辑”选项卡中，确认自己是在“正在使用本工作簿的用户”列表框中的唯一的用户，取消选中“允许多用户同时编辑，同时允许工作簿合并”复选框，然后单击“确认”按钮，出现图 4-12 所示的提示信息框，单击“是”按钮即可。

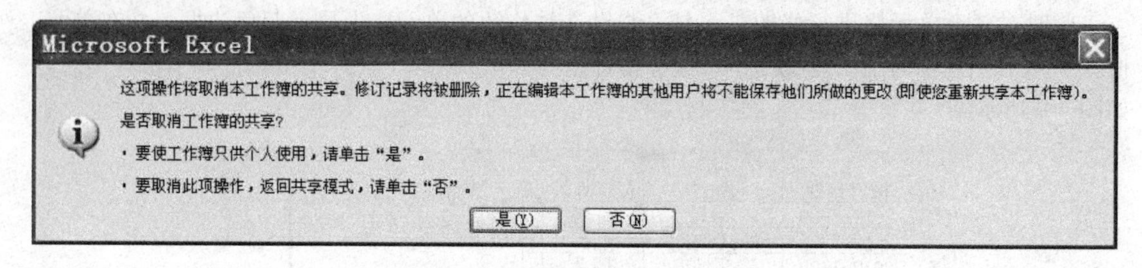

图 4-12 取消共享确认信息

注意：在取消工作簿共享前，应确认所有其他用户都已得到通知，并事先保存并关闭共享工作簿。

4.1.4 Excel 2010 视图

在 Excel 2010 中，可以用各种视图方式查看工作表。在“视图”选项卡的“工作簿视图”命令组中，可以选择“普通”、“页面布局”、“全屏显示”、“分页预览”等不同视图，用户还可以自定义视图。

1. 普通视图

普通视图是默认的显示方式，即对工作表的视图不做任何修改。可以使用右侧的垂直滚动条和下方的水平滚动条来浏览当前窗口，以显示不完全的数据。

2. 页面布局视图

在 Excel 2010 页面布局视图中，显示的页面布局即是打印出来的工作表形式，每一页都会同时显示页边距、页眉、页脚，用户可以在此视图模式下编辑数据、添加页眉和页脚，并可以通过拖动上边或左边标尺中的浅灰色控制条设置页面边距。

选择“视图”选项卡，单击“工作簿视图”命令组中的“页面布局”按钮，即可将工作表设置为页面布局形式，如图 4-13 所示。

学号	姓名	性别	高数	电工
20140101	于洪涛	男	70	74
20140102	胡雪	女	67	83
20140103	张玉银	女	76	82
20140104	刘海涛	男	72	90
20140105	徐鸿飞	男	82	84
20140106	李嘉	男	90	63
20140107	潘龙	男	64	89
20140108	王晓阳	男	74	70
20140109	李美红	女	84	68

图 4-13 “页面布局”视图

将鼠标指针移动到页面的中缝处，鼠标指针变成（隐藏空格）形状时单击，即可隐藏空白区域，只显示有数据的部分。

页面布局视图的优点是：在页面布局视图下既可以预览打印效果，又可以对单元格进行编辑操作。

3. 全屏显示视图

单击“工作簿视图”命令组中的“全屏显示”按钮，可以将 Excel 窗口中的功能区、标题栏、状态栏等隐藏起来，最大化地显示数据区域，以全屏方式查看数据区域。按 Esc 键即可返回普通视图模式。

分页预览视图的用法将在 4.8 节中介绍。

4.1.5 Excel 2010 窗口操作

1. 重排窗口

当打开多个 Excel 文档进行编辑时，如果需要以其中一个 Excel 文档作为参考，可以使用“重排窗口”将两个 Excel 文档并排在屏幕上进行对比编辑。

（1）打开两个 Excel 文档。

（2）单击“视图”选项卡“窗口”命令组中的“全部重排”按钮，弹出“重排窗口”对话框，如图 4-14 所示，从中可以设置窗口的排列方式。选中“垂直并排”单选按钮，可以使用垂直方式排列查看窗口。也可以直接单击“窗口”命令组中的“并排查看”按钮，将两个窗口并排放置。

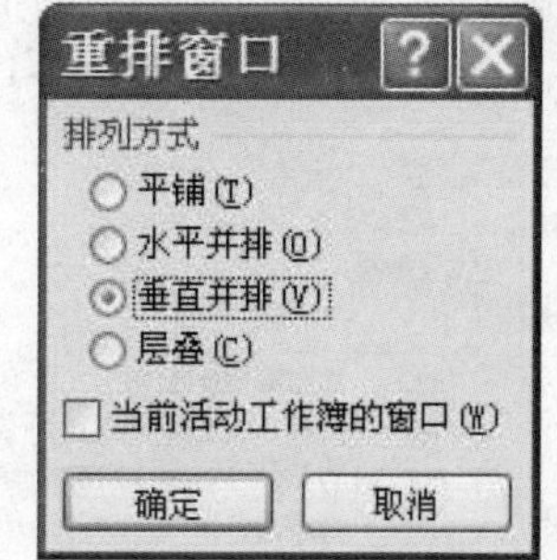

图 4-14 “重排窗口”对话框

在并排窗口中，拖动其中一个窗口的滚动条时，另一个也会同步滚动；单击其中任意一个工作簿的“最大化”按钮，或者再次单击“并排查看”按钮，即可取消重排窗口。

2. 拆分窗口

如果工作表中的数据过多，当前屏幕中只能显示一部分数据，通常需要使用滚动条来查看其他部分内容。拖动滚动条查看时，表格的首行标题等也会随着数据一起移出屏幕，结果只能看到内容，而看不到标题名称。使用 Excel 2010 的拆分和冻结窗格功能可以解决该问题。

拆分窗口是指在选定单元格的左上角处将当前窗口拆分为 4 个窗格，可以分别拖动水平和垂直滚动条来查看各个窗格的数据，以便在不同的窗格中显示同一工作表的不同部分。

选择任意一个单元格，如 D7 单元格，选择“视图”选项卡，单击“窗口”命令组中的“拆分”按钮，即可在 D7 单元格左上角处将当前窗口拆分为 4 个窗格，如图 4-15 所示。

窗口中有两个水平滚动条和两个垂直滚动条，拖动即可改变各个窗格的显示范围，拖动拆分窗格的分界线还可以改变各窗格的大小。再次单击“拆分”按钮将取消窗口拆分。

	A	B	C	D	E	F	G	H	I
1	电自14-1班期末成绩统计表								
2	学号	姓名	性别	高数	电工	计算机	英语	绘图	总分
3	20140111	肖莲	女	89	74	92	90	73	418
4	20140105	徐鸿飞	男	82	84	74	74	84	398
5	20140102	胡雪	女	67	83	90	70	82	392
6	20140104	刘海涛	男	72	90	87	64	74	387
7	20140107	潘龙	男	64	89	80	63	89	385
8	20140110	张瑶瑶	女	63	64	91	70	92	380
9	20140106	李嘉	男	90	63	72	84	63	372
10	20140109	李美红	女	84	68	70	82	68	372
11	20140108	王晓阳	男	74	70	67	89	70	370
12	20140101	于洪涛	男	70	74	73	68	85	370

图 4-15　拆分窗口

3. 冻结窗格

如果在拖动滚动条时，希望某些数据，如表头所在的行或列，不随滚动条移动，可以使用冻结窗格操作。窗格冻结后，水平冻结线上方的数据将不随垂直滚动条而移动，垂直冻结线左侧的数据将不随水平滚动条移动。

在 Excel 2010 中冻结窗格有 3 种情况，分别如下：

（1）冻结单元格首行：是指冻结当前工作表的首行，垂直滚动查看当前工作表中的数据时，保持当前工作表的首行位置不变。选择“视图”选项卡，单击“窗口”命令组中的“冻结窗格”按钮，在弹出的下拉列表中选择“冻结首行”命令，如图 4-16 所示。

冻结首行效果如图 4-17 所示，冻结线为黑色细线。

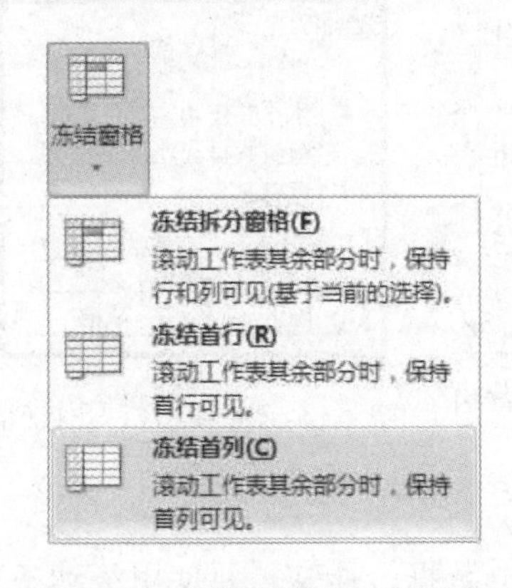

图 4-16　“冻结窗格”下拉列表

	A	B	C	D	E	F	G
1	学号	姓名	性别	高数	电工	计算机	英语
2	20140101	于洪涛	男	70	74	73	68
3	20140102	胡雪	女	67	83	90	70
4	20140103	张玉银	女	76	82	64	72
5	20140104	刘海涛	男	72	90	87	64
6	20140105	徐鸿飞	男	82	84	74	74
7	20140106	李嘉	男	90	63	72	84
8	20140107	潘龙	男	64	89	80	63
9	20140108	王晓阳	男	74	70	67	89

成绩单

图 4-17　冻结首行效果

（2）冻结首列：单击“窗口”命令组中的“冻结窗格”按钮，在弹出的下拉列表中选择“冻结首列”命令。水平滚动查看当前工作表中的数据时，当前工作表的首列位置保持不变。

（3）冻结拆分窗格：选中单元格，单击“冻结窗格”按钮，在弹出的下拉列表中选择“冻结拆分窗格”命令，以当前单元格左侧和上方的框线为边界将窗口分为4部分。冻结后，拖动水平滚动条查看工作表中的数据时，当前单元格左侧的列的位置不变；拖动垂直滚动条时，当前单元格上方的行的位置不变。

如果要取消窗口的冻结，可再次单击“冻结窗格”按钮，在弹出的下拉列表中选择“取消冻结窗格”命令即可。

学生上机操作

1．启动 Excel 2010，新建 Excel 空白工作簿，并保存为“成绩统计表.xlsx”。

2．根据样本模板中的“考勤卡”创建工作簿，并保存为“个人考勤卡.xlsx”。

3．更改新建工作簿时默认的工作表数量为5个。

4．打开已有的 Excel 文件，以不同的视图查看工作表，将当前窗口拆分为4个窗格，取消拆分后冻结首列。

5．将工作簿设为共享，修订部分内容并接受修订。

6．打开两个已有的 Excel 文件，分别以水平和垂直方式排列查看窗口。

4.2 Excel 2010 的基本操作

学习任务

输入成绩单。

知识点解析

Excel 2010 的基本操作包括在工作表中输入、编辑数据，对单元格和工作表的编辑和管理等操作。

4.2.1 单元格的选定

Excel 操作遵循“先选定，后操作”的原则，即在做任何一个操作之前必须先选定操作的对象，再执行下一步的操作。对单元格进行移动、复制等操作时，也需要首先选定单元格。可以一次选定一个或多个单元格，也可以一次选定整行或整列，甚至可以将所有的单元格都选中。

1．选定一个单元格

工作表中被选定的单元格称为“活动单元格”或“当前单元格”，被一个粗线框框起来。刚启动 Excel 时，A1 单元格为活动单元格。要选定一个单元格，在该单元格上单击即可。

2．选定一个矩形区域

单击该区域左上角的单元格，按住鼠标左键拖动到右下角单元格，放开鼠标即可。

3．选定多个不相邻的单元格区域

先用鼠标拖动选中第一个单元格区域，再按住 Ctrl 键，同时用鼠标拖动选中其他的单元格区域。

4. 选定整行、整列

在行号或列标上单击，即可以选定整行或整列。按住鼠标左键拖动可选定连续的若干行或列。

5. 选定整个工作表

在行号和列标的交叉处即工作表的左上角有一个按钮，称为“全选按钮”，如图 4-4 所示，单击它可以选定整个工作表。

4.2.2 输入数据

创建一个工作表，首先要向单元格输入数据，数据可以分为文本、数字、日期和时间、公式与函数等类型。

1. 单元格中输入或编辑数据的方法

方法 1：单击需要输入数据的单元格，直接输入数据，输入的内容将同时显示在单元格和编辑框中。

方法 2：单击单元格，再单击编辑框，在编辑框中输入或编辑数据。

方法 3：双击单元格，单元格内出现光标，移动光标到所需位置，即可进行数据的输入或修改。

输入完成后，确认输入可以单击编辑栏中的“输入”按钮确认；可以按 Enter 键确认，同时光标移到下一个单元格；可以按 Tab 键确认，同时光标移到右边的单元格；也可以单击任意其他单元格确认。

要取消输入或编辑，单击编辑栏中的“取消”按钮或者按 Esc 键即可。

2. 文本型数据的输入

文本包括汉字、字母、数字、空格及键盘上可以输入的任何符号。默认状态下，所有文本型内容在单元格中均为左对齐。

输入时需要注意：文字如字母、汉字等直接输入即可；如果把数字作为文本输入（如身份证号码、电话号码等），需要在数字前先输入一个半角的单引号“'”再输入相应数字。

如果单元格列宽容纳不下文本，则会占用相邻的单元格；如果相邻的单元格中已有数据，则会截断显示。如果在单元格中输入的是多行数据，完成输入后，单击“开始”选项卡“对齐方式”命令组的“自动换行”按钮，可以在不改变列宽的情况下实现换行。换行后在一个单元格中将显示多行文本，行的高度也会自动增大。

3. 数字（值）型数据的输入

在 Excel 2010 中，数字包括数字（0～9）和+、－、$（货币符号）、%（百分号）、E、e（科学计数符）及小数点（.）和千分位（,）等特殊字符。数字默认的显示方式是右对齐。

输入数字需要注意下面几点：

（1）输入分数时，应先输入“0”和一个空格，再输入分数。否则系统会将其作为日期处理。例如，分数“3/4”，应输入“0 3/4”，如果不输入“0”和空格，则表示 3 月 4 日。

（2）当输入一个负数时，可以通过两种方法来完成：在数字前面加上负号或将数字用括号括起来。例如，－8 可输入“－8”，也可输入“(8)”。

（3）在单元格中输入超过 11 位的数字时，Excel 会自动使用科学计数法来显示该数字。例如，在单元格中输入 12 位数字“123456789098”，则该数字将显示为“1.23457E+11”。

4. 日期型数据的输入

日期分隔符为“/”或“-”，按照“年/月/日”格式输入。例如，2014 年 12 月 21 日，输入“2014/12/21”或“2014-12-21”。

时间分隔符一般使用冒号“：”，按照“时：分：秒”格式输入。例如，10 点 48 分，输入“10：48”。在 Excel 中，时间分 12 小时制和 24 小时制，如果要基于 12 小时制输入时间，要在时间后输入一个空格，然后输入 AM 或 PM（也可 A 或 P），用来表示上午或下午。否则，Excel 将以 24 小时制计算时间。例如，如果输入“12：00”而不是“12：00PM”，将被视为“12：00AM”。

输入当前日期按 Ctrl+；组合键，输入当前时间按 Ctrl+Shift+；组合键。

默认情况下，日期和时间项在单元格中右对齐。如果输入的是 Excel 不能识别的日期或时间格式，输入的内容将被视为文字，并在单元格中左对齐。

5. 自动填充数据

Excel 2010 提供了强大的自动填充数据功能，能够以现有数据为基础自动生成一系列有规律的数据。在相邻单元格区域，使用自动填充可以填充相同的数据，填充一组等比数列、等差数列或日期时间序列等，还可以自定义文本序列进行填充。

数据填充使用鼠标拖动填充柄或“序列”命令来实现。填充柄是位于单元格或选定区域右下角的小黑方块。用鼠标指针指向填充柄时，鼠标指针将变为黑十字。

（1）填充相同的数据。

操作方法：选定含有数据的单元格，将鼠标指针移到单元格右下角的填充柄，鼠标指针变为黑十字，按住鼠标左键拖动到所需的位置（向上、下、左、右 4 个方向均可拖动），松开鼠标，即可完成自动填充。

如果填充数值型数据，在拖动填充柄的同时按住 Ctrl 键，可产生自动增 1 的数字序列。

如果初值既有文本又有数值，则填充时文字不变，数字递增或递减（向上、向左递减，向下、向右递增）。例如，初值为“第 1 节”，则向下填充结果为“第 2 节”、“第 3 节”等。

如果填充的是日期时间型数据，在左键拖动填充柄的同时要按住 Ctrl 键，才能在相邻单元格中填充相同数据。只拖动填充柄，则在相应单元格中填充自动增 1 的序列（日期型数据以天为单位、时间型数据以小时为单位）。

（2）填充等差或等比数列。

填充等差数列：首先在相邻单元格中输入数列的前几项（最少 2 项），如填充奇数序列，在 A1、B1 单元格分别输入 1 和 3，选定这个初值区域（选定 A1、B1 单元格），用鼠标左键拖动填充柄即可得到奇数序列。

填充等比数列：在相邻单元格输入等比数列前几项后，选定初值区域，用鼠标右键拖动填充柄到目标位置，释放鼠标，弹出图 4-18 所示的快捷菜单，然后选择菜单中的“等比序列”命令。

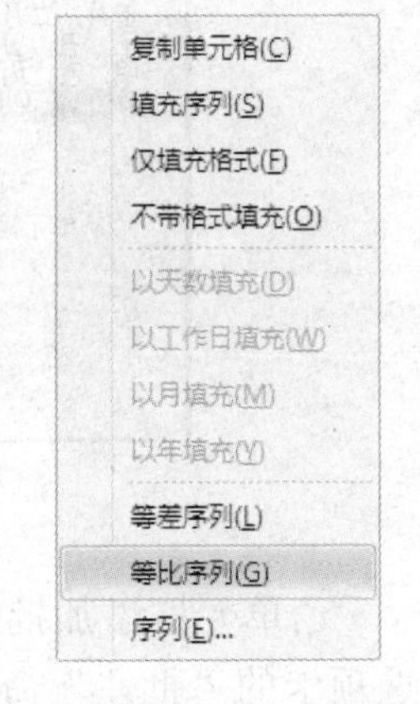

图 4-18　右键填充选项

还可以用“序列”命令填充数列，在选定初值区域后，在图 4-18 所示的快捷菜单中选择“序列”命令，或者单击“开始”选项卡“编辑”命令组中的“填充”按钮，在打开的下拉列表中选择“系列”

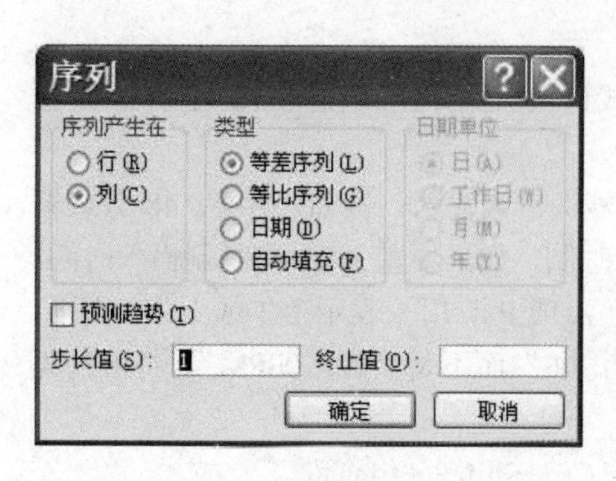

图 4-19 “序列”对话框

命令，弹出图 4-19 所示的“序列”对话框。在该对话框中，根据需要设置相应参数，单击“确定”按钮即可得到相应序列。

（3）自定义序列。如果需要输入星期序列，则在单元格中输入“星期一”，用鼠标左键拖动填充柄即可得到“星期一”到“星期日”的序列，这是利用了 Excel 2010 的自定义序列功能。

选择“文件”选项卡，打开 Backstage 视图，选择“选项”命令，弹出“Excel 选项”对话框，选择其中的“高级”选项卡，在右边窗口拖动滚动条找到“常规”选项组，单击“编辑自定义列表”按钮，弹出“自定义序列”对话框，如图 4-20 所示。

左侧的“自定义序列”列表框中列出了系统已定义好的文本序列。如果需要定义新的序列，先在“自定义序列”列表框中选择“新序列”，然后在右侧的“输入序列”文本框中，输入新的序列，如“上旬”、“中旬”、“下旬”。在输入序列的每一项后，按 Enter 键。整个序列输入完毕后，单击“添加”按钮，新序列就添加到左侧的列表框中。

系统还可以根据工作表中已存在的数据建立序列。单击图 4-20 中“从单元格中导入序列”后的按钮，“自定义序列”对话框被折叠，在工作表中选定新数据序列，再次单击按钮，返回“自定义序列”对话框，单击“导入”按钮，新序列就出现在列表中。

6. 插入批注

批注是附加在单元格里，根据实际需要对单元格的数据添加的注解或说明。

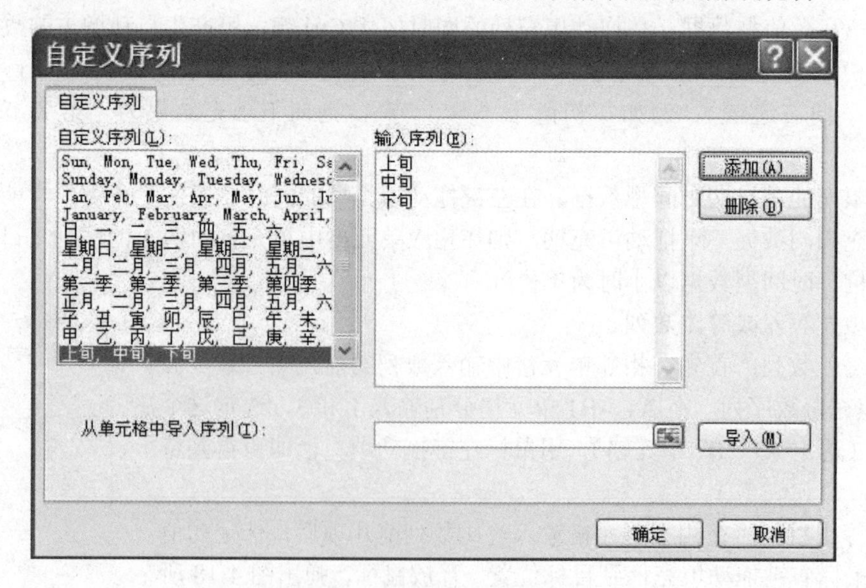

图 4-20 “自定义序列”对话框

给单元格添加批注的方法很简单：首先单击需要添加批注的单元格，然后在“审阅”选项卡的“批注”命令组中，单击“新建批注”按钮，最后在弹出的批注框中输入批注文本即可。也可在选定单元格后，右击，在弹出的快捷菜单中选择“插入批注”命令输入批注。添加了批注的单元格的右上角有一个小红三角，当鼠标指针移到该单元格时将显示批注内容，如图 4-21 所示。

图 4-21　输入批注

技 能 拓 展

填充数据选择列表

用填充柄除了可以填充文本内容外，还可以填充数据选择列表。填充数据选择列表时，需要先输入该数据列表，然后单击数据列表下方的单元格，按 Alt+↓组合键即可调用列表选项。例如，在 B1 单元格输入“男”，在 B2 单元格中输入“女”，单击 B3 单元格后，按 Alt+↓组合键即可调出性别的选择列表，如图 4-22 所示。

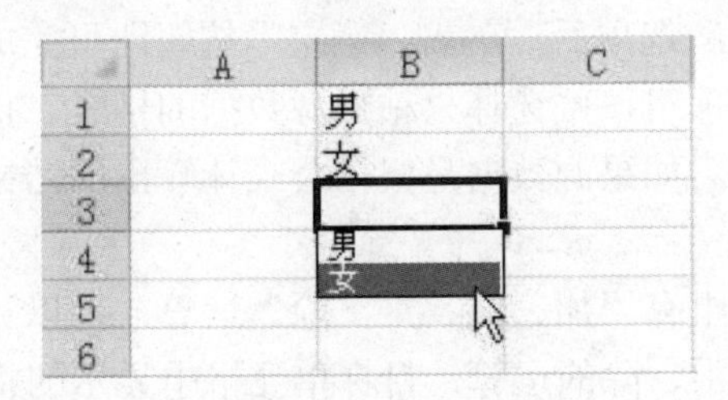

图 4-22　数据选择列表

4.2.3　编辑数据

1. 数据的清除

在 Excel 中，数据清除和删除是两个不同的概念。

删除的操作对象是单元格、行或列，即删除工作表中的单元格、行或列。选定的单元格、行或列连同里面的数据，在删除后都从工作表中消失。

数据清除指的是清除单元格中的内容及格式、批注、超链接等，单元格本身并不受影响。

在“开始”选项卡的“编辑”命令组中，单击“清除”按钮，打开“清除”下拉列表，如图 4-23 所示。下拉列表中的命令有“全部清除”、“清除格式”、“清除内容”、“清除批注”、“清除超链接”等。

选择“清除格式”、“清除内容”、“清除批注”命令将分别只清除单元格的格式、内容或批注；注意如果只清除单元格的内容，输入新内容后仍应用原来设置的格式。选择“全部清除”命令将单元格的格式、内容、批注等全部清除，数据清除后单元格本身仍保留在原位置不变。

选定单元格或单元格区域后按 Delete 键，相当于选择“清除内容”命令。

2. 数据复制和移动

Excel 数据的复制和移动可以利用剪贴板，也可以用鼠标拖放操作。

使用鼠标复制和移动单元格区域，是最快捷的方法。可选择需要复制的单元格区域，将鼠标指针移动到所选区域的边框线上，鼠标指针变成“✥”形状。按住 Ctrl 键不放，当鼠标指针右上角出现“+”，变成“⇱”形状时，拖动到目标区域，即将所选区域复制到新的位置。

如果需要移动单元格区域，拖动鼠标时不按 Ctrl 键，即可实现单元格区域移动操作。

用剪贴板复制和移动数据与 Word 中的操作相似，不同的是在源区域执行复制或剪切命令后，选定区域周围会出现闪烁的虚线。如果只需粘贴一次，在目标区域直接按 Enter 键即可。

选择目标区域时，可选择目标区域的第一个单元格或起始的部分单元格，或选择与源区域一样大小。当然，选择区域也可以与源区域不一样大。源区域与目标区域无论是否一样大，都会从目标区域的左上角的单元格开始粘贴。

3. 选择性粘贴

选择性粘贴是一个很强大的工具，一个单元格含有多种特性，如内容、格式、批注等，使用选择性粘贴可以有选择地复制选定单元格的部分特性。

操作步骤：先将单元格数据复制到剪贴板，再选定目标区域，在“开始”选项卡的“剪贴板”命令组中，单击“粘贴”下拉按钮，在下拉列表中选择“选择性粘贴”命令，弹出图 4-24 所示的对话框。选择相应选项后，单击“确定”按钮即可完成选择性粘贴。

在对话框的“粘贴”选项组，可选择只粘贴源数据的格式、批注、数据有效性规则、除边框外的所有内容和格式等。如果源数据是根据公式计算出的结果，选中“数值”单选按钮将只复制其计算结果。

对话框的“运算”选项组有“加、减、乘、除”运算，可以让源单元格的数据和目标单元格中的数据进行加、减、乘、除的运算，目标单元格中显示的将是运算结果。

选中对话框中的“转置”复选框，能够将被复制数据的列变成行，行变成列。

4.2.4 查找与替换

利用 Excel 的查找和替换功能，可快速定位满足查找条件的单元格，并能有选择地将单元格中的数据替换为其他的内容。在 Excel 2010 中，可以在一个或多个工作表中进行查找和替换。

在“开始”选项卡的“编辑”命令组中，单击“查找和选择”按钮，在打开的下拉列表中选择“查找”或“替换”命令，或者直接按 Ctrl+F 组合键，都能弹出“查找与替换”对话框。

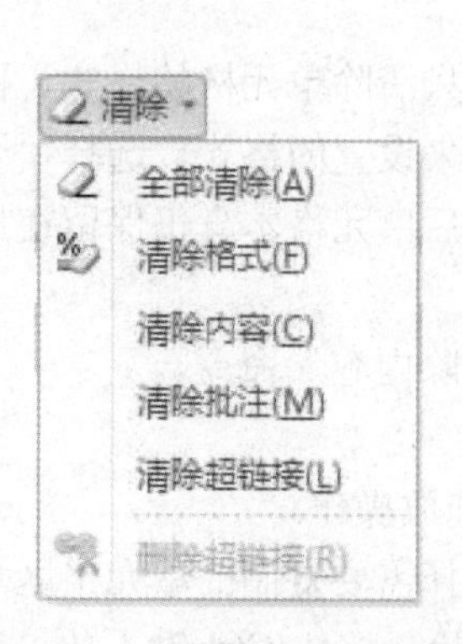

图 4-23 “清除”级联菜单

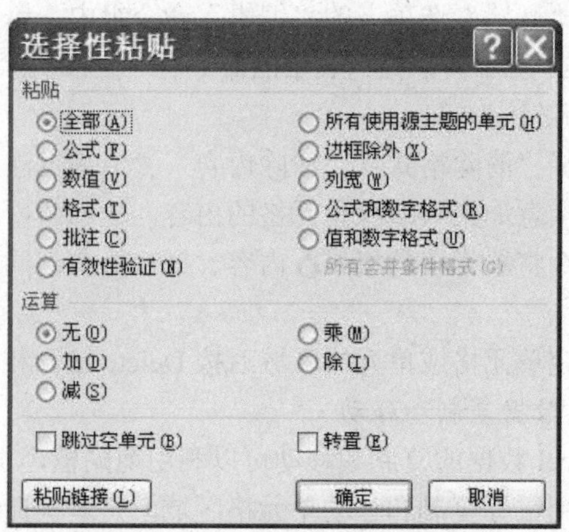

图 4-24 “选择性粘贴”对话框

Excel 查找和替换的使用方法同 Word 2010 类似。要注意的是在进行操作前，应该先选定一个搜索区域。如果只选定一个单元格，则仅在当前单元格内进行搜索；如果选定一个单元格区域，则只在该区域进行搜索；如果选定多个工作表，则在多个工作表内进行搜索。

4.2.5　插入、删除单元格、行或列

在编辑完成后，如果需要添加新内容，可以根据需要对工作表进行调整，如插入单元格、行、列，以便添加新的数据。对于多余的行或列，也可将其删除。对于暂时不用的数据，还可将其隐藏。

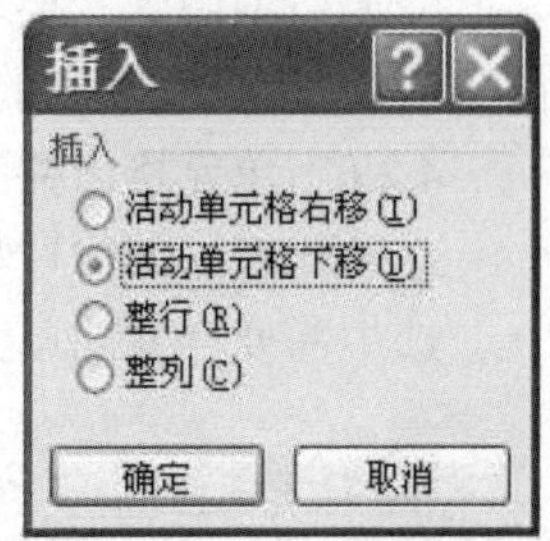

图 4-25 “插入”对话框

1. 插入单元格、行或列

（1）利用快捷菜单插入。选中要插入行（列或单元格）的位置，右击，在弹出的快捷菜单中选择“插入”命令，就会在选定行的上方（选定列的左侧）插入新行（列）。插入单元格时，会弹出“插入”对话框，如图 4-25 所示。该对话框中有 4 个单选按钮。

活动单元格右移：将在当前单元格的左侧插入新单元格。

活动单元格下移：将在当前单元格的上方插入新单元格。

整行：在当前单元格的上方插入新行。

整列：在当前单元格的左侧插入新列。

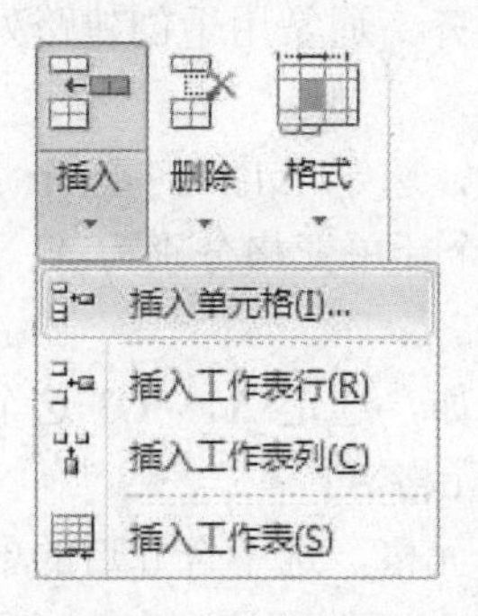

图 4-26 “插入”下拉列表

（2）利用功能区命令按钮插入。选定插入位置后，在“开始”选项卡的“单元格”命令组中，单击“插入”下拉按钮，在打开的下拉列表中选择相应的命令，如图 4-26 所示。

注意：如果需要插入多行、多列或多个单元格，则首先同时选中多行、多列或多个单元格，再进行操作即可。

2. 删除单元格、行或列

选中要删除的行、列或单元格，右击，在弹出的快捷菜单中选择“删除”命令，或在“开始”选项卡的“单元格”命令组中，单击“删除”下拉按钮，在打开的下拉列表中选择对应的命令，如图 4-27 所示。

删除单元格时，同样会弹出“删除”对话框，如图 4-28 所示。该对话框中 4 个单选按钮的作用依次为删除当前单元格后，右侧单元格会移至该处或下方单元格会移至该处，删除当前单元格所在的整行或整列。

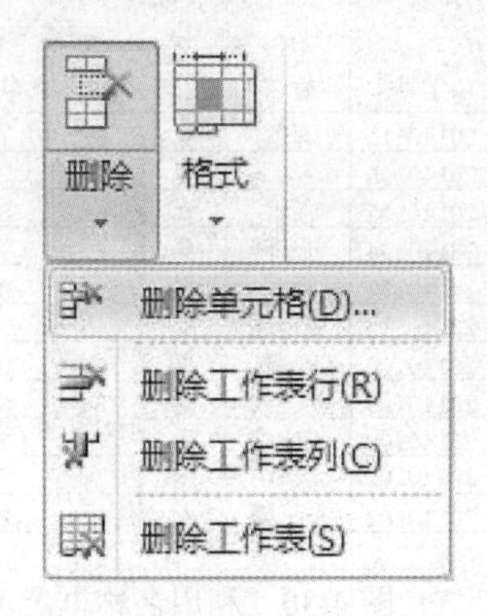

图 4-27 “删除”下拉列表

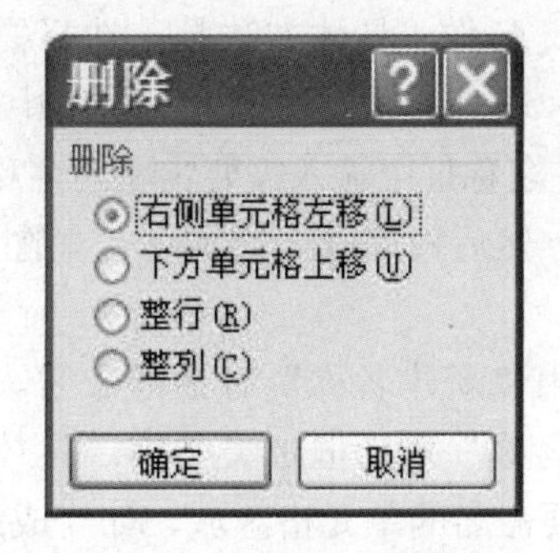

图 4-28 “删除”对话框

3. 隐藏行或列

（1）行或列的隐藏。选中要隐藏的行或列，右击，在弹出的快捷菜单中选择“隐藏”命令，选定的行或列在工作表中消失。或按 Ctrl+9 组合键隐藏选中的行，按 Ctrl+0 组合键隐藏选中的列。行或列隐藏之后，行号或列标不再连续。若隐藏了第 5 行和第 6 行，行号 4 下面的就是行号 7。隐藏了 E 列，则 D 列右边就是 F 列。

（2）取消隐藏。要取消行或列的隐藏，则选中被隐藏行上下的两行（或被隐藏列左右的两列），右击，在弹出的快捷菜单中选择“取消隐藏”命令。

4.2.6 单元格合并

在工作表的制作过程中，为了实现标题相对于表格内容的居中，需要合并单元格。

选中需要合并的单元格区域，在“开始”选项卡的“对齐方式”命令组中，单击“合并后居中”下拉按钮，在打开的下拉列表中选择合并方式，如图 4-29 所示。单元格合并后将使用原始区域左上角的单元格的地址来表示合并后的单元地址。

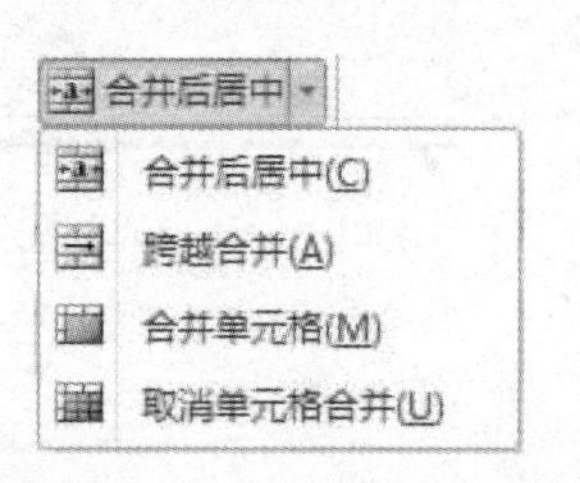

图 4-29 “合并后居中”下拉列表

对单元格进行合并操作时，有“合并后居中”、“跨越合并”和“合并单元格”3 种方式。各合并方式的作用如下：

合并后居中：将选中的多个单元格合并成一个单元格，且原数据在合并后的单元格中居中对齐。通常用于创建跨列标题。

跨越合并：将所选单元格区域的每一行合并成一个单元格。例如，选定 A1：C3 这个 3 行 3 列的单元格区域，选择“跨越合并”命令后将变成 3 行 1 列，3 个新单元格分别为 A1、A2、A3。

合并单元格：将选择的多个单元格合并成一个较大的单元格。例如，选定 A1：C3 这个 3 行 3 列的单元格区域，选择“合并单元格”命令后将变成 1 个新单元格 A1。

取消单元格合并：如果要把已经合并的单元格重新拆分成单个单元格，选中合并后的单元格，直接单击“合并后居中”按钮，或者单击其右侧的下拉按钮，在打开的下拉列表中（见图 4-29）选择“取消单元格合并”命令均可。

4.2.7 单元格区域命名

在 Excel 工作簿中，可以给单元格区域定义一个名称。当在公式中引用这个单元格区域时，就可以使用这个名称来代替。

（1）在名称框中命名。可以利用编辑栏中的名称框定义名称。具体方法是：选择需要命名的单元格区域，如“成绩单”工作表中 D3：D13 区域，在名称框中输入需要定义的名称，如“高数成绩”，然后按 Enter 键即可，如图 4-30 所示。

高数成绩 fx 89

	A	B	C	D	E	F	G
2	学号	姓名	性别	高数	电工	计算机	英语
3	20140111	肖莲	女	89	74	92	90
4	20140105	徐鸿飞	男	82	84	74	74
5	20140102	胡雪	女	67	83	90	70
6	20140104	刘海涛	男	72	90	87	64
7	20140107	潘龙	男	64	89	80	63
8	20140110	张瑶瑶	女	63	64	91	70
9	20140106	李嘉	男	90	63	72	84
10	20140109	李美红	女	84	68	70	82
11	20140108	王晓阳	男	74	70	67	89
12	20140101	于洪涛	男	70	74	73	68
13	20140103	张玉银	女	76	82	64	72

图 4-30 利用名称框定义名称

（2）使用“新建名称”对话框命名。可以利用“新建名称”对话框定义名称。具体方法是：选择需要命名的单元格区域，如“成绩单”工作表中 E3：E13 区域，在“公式”选项卡的

"定义的名称"命令组中，单击"定义名称"按钮，弹出"新建名称"对话框，如图 4-31 所示。在对话框"名称"文本框中输入"电工成绩"，"范围"默认是"工作簿"，"引用位置"默认是已选择的区域，单击"确定"按钮即可。

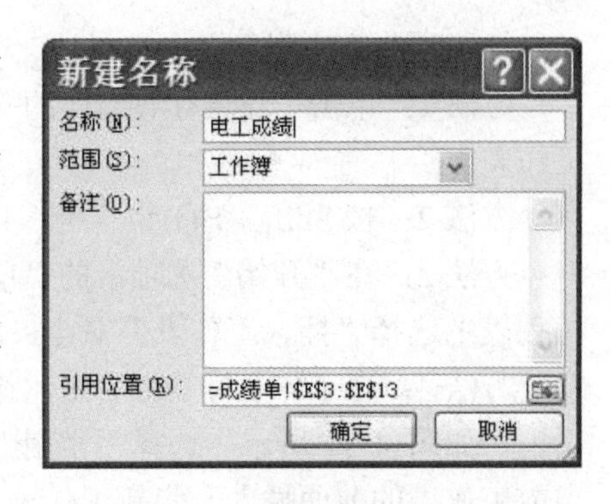

图 4-31　"新建名称"对话框

（3）根据所选内容创建。根据所选内容创建是指在选定单元格区域中选择某一单元格中的数据作为该区域的名称，可以是首行、末行中的值，也可以是最左列、最右列中的值，一般是行标题或列标题。

选择"成绩单"工作表中的 F3：H13 区域，在"公式"选项卡的"定义的名称"命令组中，单击"根据所选内容创建"按钮，弹出"以选定区域创建名称"对话框，如图 4-32 所示。在"以下列选定区域的值创建名称"选项组中选择所要创建的名称所在区域的值，这里选中"首行"复选框，然后单击"确定"按钮。这样 F3：F13 区域的名称是"计算机"，G3：G13 区域的名称是"英语"，H3：H13 区域的名称是"绘图"。

单击名称框右边的下拉按钮，可看到上述方法定义的 5 个单元格区域名称，如图 4-33 所示。选择"绘图"单元格后，该名称对应的 H3：H13 单元格区域将呈选中状态。

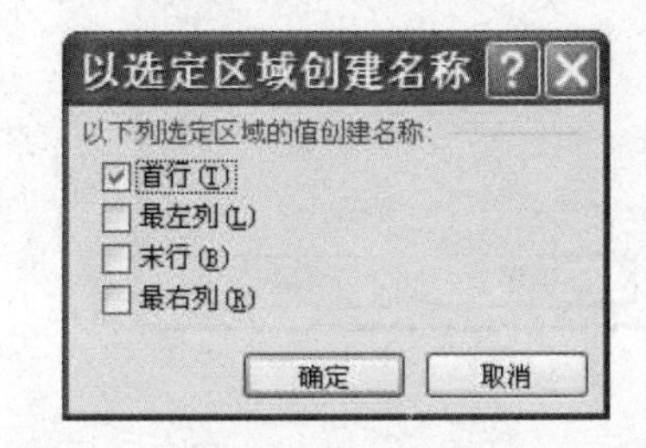

图 4-32　"以选定区域创建名称"对话框

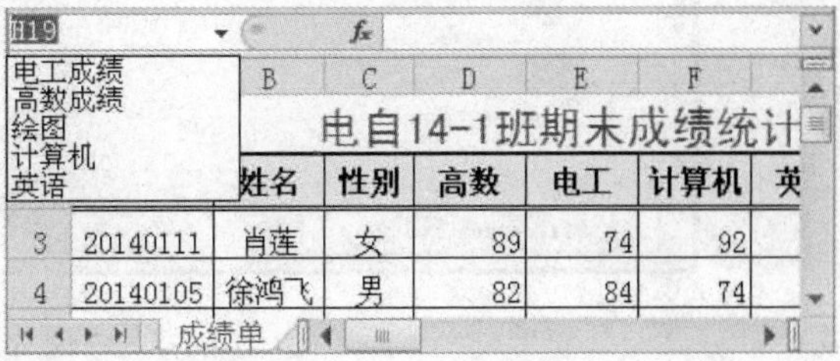

图 4-33　名称框

4.2.8　工作表的管理

一个工作簿是由多个工作表组成的，根据实际需要可以对工作表进行添加、删除、复制和重命名等操作。

1. 工作表的选定

启动 Excel 后，"Sheet1"为当前工作表，此时所有的操作都是在 Sheet1 工作表中进行的，需要对其他工作表进行操作时，需要先选定该工作表。

在工作表标签上单击工作表名字即可选定单个工作表。

单击第一个工作表标签，按下 Shift 键的同时单击最后一个工作表标签，即可选中多个连续的工作表。

单击第一个工作表标签，按下 Ctrl 键的同时单击其他的工作表标签，即可选中多个不连续的工作表。

2. 插入工作表

有时一个工作簿中可能需要更多的工作表，这时用户就可以直接插入工作表。新工作表将依次以"Sheet4"、"Sheet5"……命名。

插入工作表有以下几种方法：

方法 1：单击工作表标签右侧的“插入工作表”按钮，可快速在工作表标签最后插入新工作表。

方法 2：按 Shift + F11 组合健，可快速在当前工作表的前面插入一张新工作表。

方法 3：在“开始”选项卡的“单元格”命令组中，单击“插入”下拉按钮，在打开的下拉列表中选择“插入工作表”命令，在当前工作表的前面插入一张新工作表。

方法 4：在工作表标签上右击，在弹出的快捷菜单中选择“插入”命令，弹出“插入”对话框，如图 4-34 所示。选择“常用”选项卡中的“工作表”，然后单击“确定”按钮，可在当前工作表的前面插入一张新工作表。

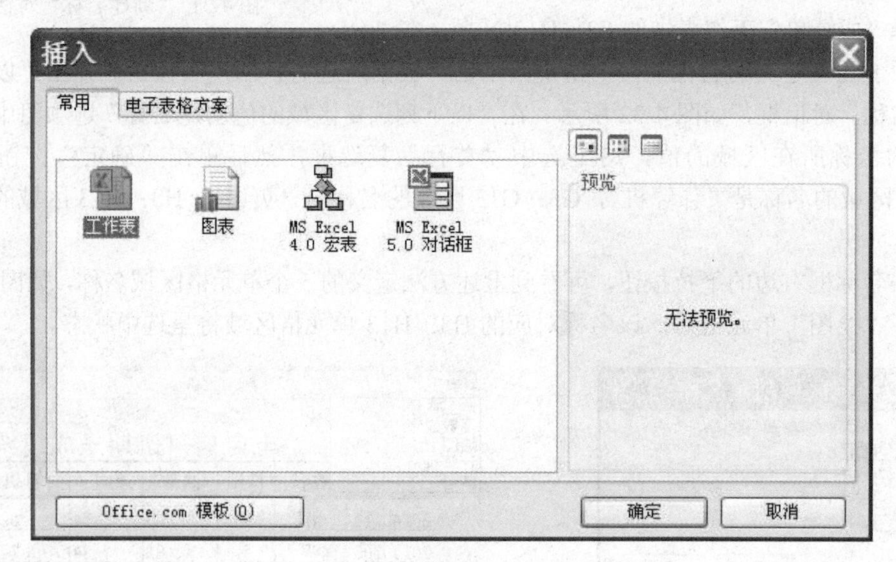

图 4-34 “插入”对话框

3. 删除工作表

方法 1：选定工作表，在“开始”选项卡的“单元格”命令组中，单击“删除”下拉按钮，在打开的下拉列表中选择“删除工作表”命令。

方法 2：右击工作表标签，在弹出的快捷菜单中选择“删除”命令，删除工作表。

4. 重命名工作表

为了使工作表看上去一目了然，可以为工作表重新命名。

方法 1：在工作表标签上右击，在弹出的快捷菜单中选择“重命名”命令。此时工作表标签将高亮显示，在标签上直接输入新名称，完成后按 Enter 键确认。

方法 2：双击工作表标签，工作表标签高亮显示，直接输入新名称，即可完成工作表的重命名。

5. 移动和复制工作表

用户可以在同一个工作簿中移动或复制工作表，也可以将工作表移动或复制到另一个工作簿中。

（1）在同一个工作簿中移动或复制工作表。

方法 1：按住鼠标左键拖动工作表标签到目标位置即可，如果是复制，则要在拖动的同时按住 Ctrl 键。

方法 2：在需操作的工作表标签右击，在弹出的快捷菜单中选择“移动或复制”命令，或者在“开始”选项卡的“单元格”命令组中选择“格式”按钮下拉列表的“移动或复制工作表”命令，弹出“移动或复制工作表”对话框，如图 4-35 所示。在“下列选定工作表之前”列表框中选择工作表的目标位置，如果是复制工作表，需要选中“建立副本”复选框，然后单击“确定”按钮。

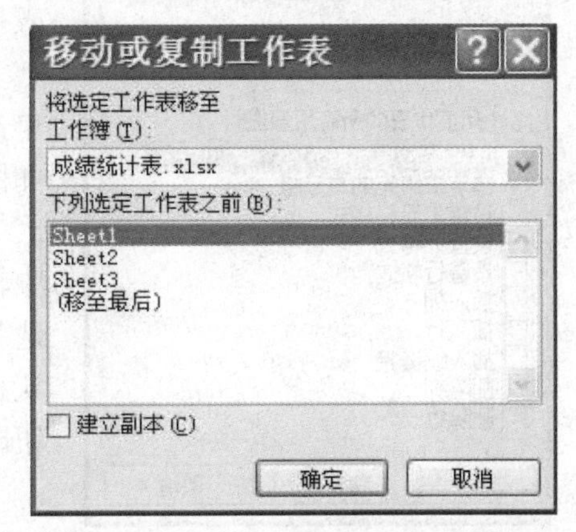

图 4-35　“移动或复制工作表”对话框

（2）在不同的工作簿之间移动或者复制工作表。操作方法与在同一个工作簿中移动或复制工作表类似，只需提前打开两个需要操作的工作簿。

方法 1：在“视图”选项卡的“窗口”命令组中，单击“全部重排”按钮，弹出“重排窗口”对话框，选中“垂直并排”复选框，单击“确定”按钮。这时拖动工作表标签就可以在不同的工作簿之间实现移动或复制操作。

方法 2：选中需操作的工作表，在“移动或复制工作表”对话框中，先在“将选定工作表移到工作簿”下拉列表中选择目标工作簿，再在“下列选定工作表之前”列表框中选择目标位置，如果是复制工作表，再选中“建立副本”复选框即可。

如果将工作表移动至新的工作簿，不需要新建并打开新工作簿，只要在“移动或复制工作表”对话框的“将选定工作表移到工作簿”下拉列表中选择“(新工作簿)”命令即可，移动后系统自动创建新的工作簿，并且新建的工作簿中只有移动过来的工作表。

6. 隐藏工作表

如果不想让别人看到自己编辑的内容，可以将工作表隐藏，使用的时候再将其显示出来。

（1）隐藏工作表。右击要隐藏的工作表，然后在弹出的快捷菜单中选择“隐藏”命令，工作表即从窗口中消失。或者在选中要隐藏的工作表后，单击“开始”选项卡的“单元格”命令组中的“格式”按钮，在打开的下拉列表的“可见性”栏中，选择“隐藏和取消隐藏”下级菜单中的“隐藏工作表”命令。

（2）取消隐藏。右击任意工作表标签，在弹出的快捷菜单中选择“取消隐藏”命令，就会弹出“取消隐藏”对话框，对话框中显示了隐藏的工作表名称，选择要显示的工作表，单击“确定”按钮。或者在“隐藏和取消隐藏”下级菜单中选择“取消隐藏工作表”命令，也会弹出“取消隐藏”对话框进行选择。

7. 保护工作表

为了防止工作表中的重要数据被他人修改，可对工作表设置保护。保护工作表可以防止他人更改工作表中部分或全部内容、查看隐藏的数据行和列、查阅公式等。

选中需要保护的工作表，有 3 种方法可以弹出“保护工作表”对话框。

方法 1：选择“文件”选项卡，在左侧窗格中选择“信息”命令，在中间窗格单击“保护工作簿”按钮，在打开的下拉列表中选择“保护当前工作表”命令。

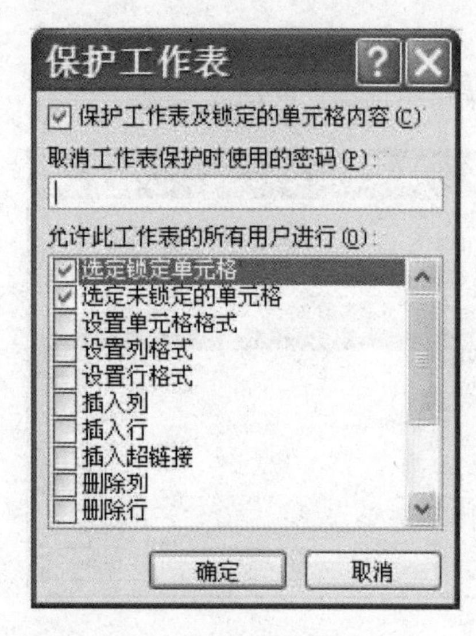

图 4-36 “保护工作表”对话框

方法 2：在“开始”选项卡的“单元格”命令组中，单击“格式”按钮，在打开的下拉列表中选择“保护工作表”命令。

方法 3：选择“审阅”选项卡，在“更改”命令组中单击“保护工作表”按钮，弹出“保护工作表”对话框，如图 4-36 所示。

在对话框的“取消工作表保护时使用的密码”文本框中输入密码，在“允许此工作表的所有用户进行”列表中选择允许的操作，然后单击“确定”按钮，将弹出“确认密码”对话框，再次输入密码，然后单击“确定”按钮即可。

工作表设置保护后，“保护工作表”按钮变成“撤销工作表保护”按钮，单击将弹出“撤销工作表保护”对话框，输入设置的保护密码，即可撤销工作表的保护。

学生上机操作

1．打开 Excel 文件“成绩统计表．xlsx”，在 Sheet1 工作表中，按图 4-1 所示输入成绩单。

2．在第 1 行前插入 1 行，输入标题“电自 14-1 班期末成绩统计表”，合并后居中。

3．给各门课程的最高分添加批注，如“高数最高分”。

4．隐藏“总分”所在的列，“学号”和“性别”两列以行标题命名。

5．将 Sheet1 工作表改名为“成绩单”，并设置保护，密码为“dz”，允许用户设置单元格及行列格式。

6．在 Sheet2 工作表中使用自动填充功能生成任意一个等差数列和一个自定义序列。

7．删除工作表 Sheet3，在工作表标签的最后插入新工作表 Sheet4，并将“成绩单”工作表的内容复制到新工作表。

4.3 工作表格式化

学习任务

对成绩单进行美化。

知识点解析

Excel 提供了丰富的格式化命令，利用这些命令，可以对工作表的数据及外观进行修饰，制作出各种符合日常习惯又美观的表格。

4.3.1 格式化数据

单元格数据的格式化操作，必须先选择要进行格式化的单元格或单元格区域，才能进行相应的格式化操作。数据格式化包括 6 部分：数字、对齐、字体、边框、图案和保护。格式化操作可以通过使用“设置单元格格式”对话框、浮动工具栏、“开始”选项卡中的相关按钮或格式刷等几种方法来实现。

1. 使用“开始”选项卡按钮

在“开始”选项卡中，单击“字体”命令组、“对齐方式”命令组、“数字”命令组、“样式”命令组中的相关按钮可实现对应的设置，操作方法与 Word 相同。

2. 使用“设置单元格格式”对话框

在“开始”选项卡“字体”（或“对齐方式”、“数字”）命令组中，单击右下角的按钮，弹出“设置单元格格式”对话框，如图 4-37 所示，用户可选择相应选项卡，实现相应操作。

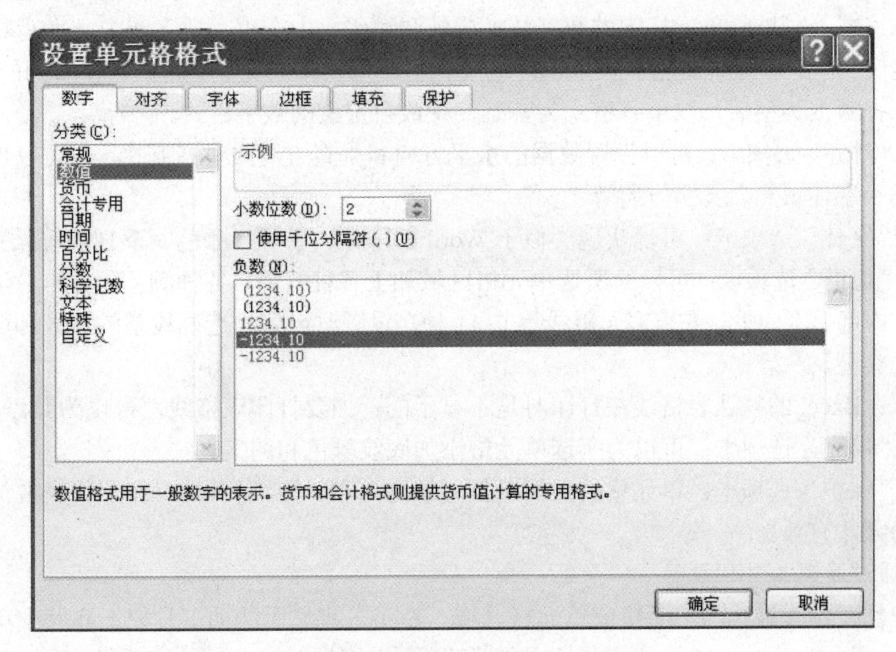

图 4-37 “设置单元格格式”对话框

“设置单元格格式”对话框包括 6 个选项卡，可以设置单元格的数据格式、对齐方式、字体、边框、填充图案和保护。

(1)“数字”选项卡：可以对数值进行各种格式的设置，左边“分类”列表框列出数字格式的类型，右边显示该类型的格式。

常规格式：是不包含特定格式的数据格式，Excel 中默认的数据格式即常规格式。

数值格式：主要用于设置小数点的位数、负数的显示形式。用数值表示金额时，还可以使用千位分隔符表示。

货币格式：主要用于设置货币的形式，包括货币类型和小数位数。

会计专用格式：也使用货币符号标示数字，它与货币格式不同的是，会计专用格式可以将一列数值中的货币符号和小数点对齐。

时间与日期格式：在单元格中输入日期或时间时，系统会以默认的日期和时间格式显示。在这里可以选用其他的日期和时间格式来显示数据。

百分比格式：单元格中的数字显示为百分比格式，有先设置后输入和先输入后设置两种情况。先设置单元格的格式为百分比，系统会自动地在输入的数字末尾加上“%”。

分数格式：将以实际分数（而不是小数）的形式显示或输入数字。例如，单元格没有设为分数格式时，输入分数“1/2”后，将显示为日期格式“1 月 2 日”。要让它显示分数，可以先设置为分数格式，再输入相应的分数值。

科学记数格式：如果在一个单元格中输入的数字值较大，系统将自动转换成科学记数格式，也可以直接设置成科学记数格式。

文本格式：文本格式包含字母、数字和符号等。在文本单元格格式中，数字作为文本处理，单元格显示的内容与输入的内容完全一致。默认情况下，在单元格中输入以“0”开头的数字，“0”忽略不计，如果输入“001”，只显示“1”；若设置为文本格式，则可显示为“001”。

特殊格式：可以将单元格中的数字转换成邮政编码、中文小写数字或中文大写数字。

自定义格式：如果以上格式不能满足需要，用户可以自定义数字格式。在右侧的“类型”列表中选择数据类型后，以现有格式为基础，生成自定义的数字格式。

（2）“对齐”选项卡：可以设置数据的水平方向和垂直方向的对齐方式，也可以设置自动换行和缩小字体填充、文字方向等。

（3）“字体”选项卡：可以实现类似于 Word 的字体、字号、颜色、下划线等设置。

（4）“边框”选项卡：可以给所选单元格区域加上各种线形、各种颜色的边框，边框类型有四周、内部、上、下、左、右、斜线等共 11 种，设置时最好先选好线条的样式和颜色，再选择边框类型。

注意：Excel 的默认表格线在打印时是不显示的，如要打印表格线，可以为其添加边框。

（5）“填充”选项卡：可以为所选单元格添加底纹颜色和图案。

（6）“保护”选项卡：单元格的保护包括“锁定”和“隐藏”，只有在工作表被保护时，锁定或隐藏才有效。

3. 通过浮动工具栏设置

选中需要设置格式的单元格或单元格区域，右击，将显示浮动工具栏，在其中单击相应按钮可设置相应的格式，如图 4-38 所示。

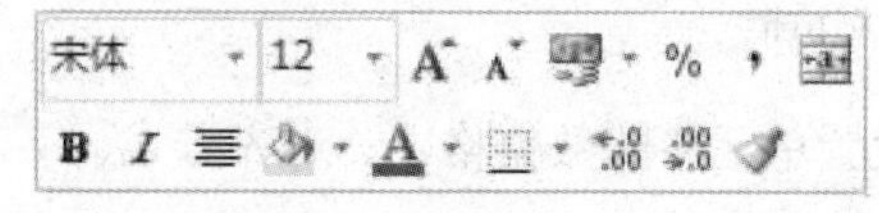

图 4-38　浮动工具栏

4.3.2　套用表格格式

Excel 提供了多种已经设置好的表格格式，用户可以很方便地套用到选定的工作表单元格区域，使表格更加美观。

选择要套用表格格式的单元格区域后，在“开始”选项卡中，单击“样式”命令组中的“套用表格格式”按钮，在打开的下拉列表中选择一种即可。

Excel 2010 提供了浅色、中等深浅与深色 3 种类型共 60 种表格格式，用户可以套用这些预先定义好的样式。套用中等深浅样式更适合内容较复杂的表格；套用深色样式美化表格时，为了将字体显示得更加清楚，可以把字体加粗。

要取消表格套用格式，选定套用表格后，在“表格工具”的“设计”选项卡中，单击“工具”命令组中的“转换为区域”按钮，在弹出的对话框中单击“是”按钮，可以把此表转换为普通的单元格区域，再在“开始”选项卡的“编辑”命令组中单击“清除”按钮，在打开的下拉列表中选择“清除格式”命令。

4.3.3　条件格式

在工作表中，可以设置单元格的条件格式，用于突出显示满足设定条件的数据。可以预置的单元格格式包括数字格式、字体颜色、边框、底纹等。

例如，在“成绩统计表”中，给分数大于 90 分的设置为“浅红填充色深红色文本”。首先选中所有的成绩数据，然后在“开始”选项卡的“样式”命令组中，单击“条件格式”按钮，在打开的下拉列表中选择“突出显示单元格规则”命令，在打开的级联菜单中选择“大于”命令，如图 4-39 所示。

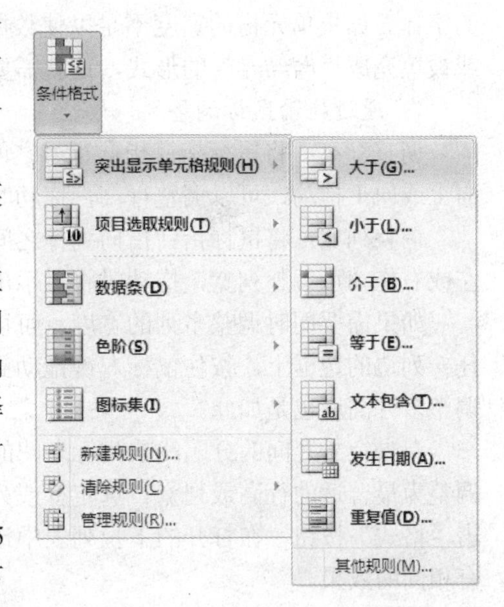

图 4-39 “条件格式”下拉列表

在弹出的图 4-40 所示的“大于”对话框中，在左侧文本框输入“90”，在右侧的“设置为”下拉列表中选择“浅红填充色深红色文本”命令，单击“确定”按钮。如果对列表中的格式不满意，还可以选择“自定义格式”命令，将弹出“设置单元格格式”对话框，可重新设置格式。

如果要在“成绩统计表”中找出分数最高的前 5 项，并设置为“浅红色填充”，则在“条件格式”下拉列表中选择“项目选取规则”命令，在打开的级联菜单中选择“值最大的 10 项”命令，弹出图 4-41 所示的“10 个最大的项”对话框，左侧数字框设置为“5”，在右侧的“设置为”下拉列表中选择“浅红色填充”命令，单击“确定”按钮。

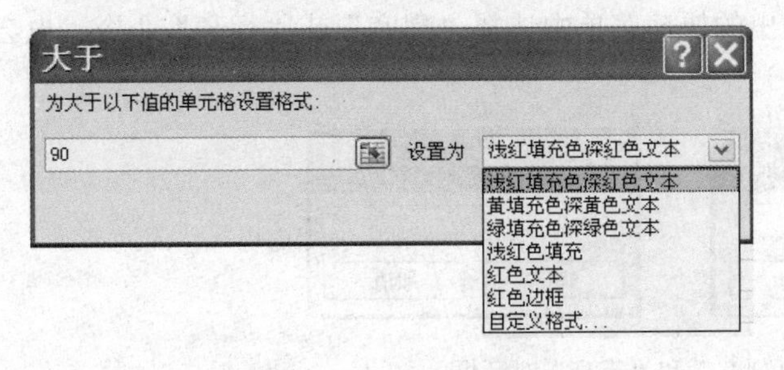

图 4-40 “大于”对话框

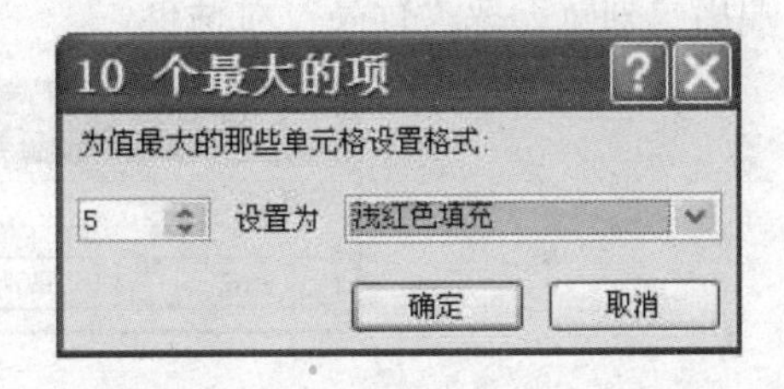

图 4-41 “10 个最大的项”对话框

在 Excel 2010 中，使用条件格式不仅可以突出显示数据，还可以用数据条、色阶、图标的方式显示数据，让数据一目了然。

要对设置的条件规则进行清除或编辑，可在图 4-39 中选择“清除规则”或“管理规则”命令。

4.3.4　套用单元格样式

要在一个工作表中应用几种格式，并确保各个单元格格式一致，可以套用单元格样式。单元格样式是一组已定义的格式特征，如字体和字号、数字格式、单元格边框和单元格底纹。

选择要套用样式的单元格区域后，在“开始”选项卡中，单击“样式”命令组中的“单元格样式”按钮，在打开的下拉列表中选择一种即可。

4.3.5　调整行高和列宽

在输入数据时，Excel 能根据输入字体的大小自动地调整行的高度，使其能容纳行中最大的字体。如果单元格的宽度不足以使数据显示完整，则数据在单元格里会以科学计数法表示或被填充成“######”的形式，这就需要调整表格的行高或列宽。其操作方法介绍如下。

1．通过拖动鼠标调整

调整行高：将鼠标指针指向行号之间的分隔线上，当指针呈形状时，按住鼠标左键并向上或向下拖动，可以调整行高，拖动时将显示出以点和像素为单位的高度工具提示。

调整列宽：将鼠标指针指向列标之间的分隔线，当指针呈形状时，按住鼠标左键并向左或右拖动可调整列宽，拖动时将显示出以点和像素为单位的宽度工具提示。

如果需要同时调整多列的宽度，可以先选择要调整的多列，然后将鼠标指针移动到所选任一列边的边框上，按住鼠标左键拖动到合适的位置，即可将多列调整到统一的宽度。同时调整多行高度也是如此。

双击行号之间的分隔线或列标之间的分隔线，Excel 可根据单元格数据的高度和宽度自动调整为最合适的行高或列宽。选定行或列后，在“开始”选项卡的“单元格”命令组中，单击“格式”按钮，在打开的下拉列表中选择“自动调整行高”或“自动调整列宽”命令，也有相同的效果。

2．利用对话框调整

如果需要精确设置行高或列宽，选定要调整的行或列，在“开始”选项卡的“单元格”命令组中单击“格式”按钮，在打开的下拉列表中选择“列宽”或“行高”命令，会弹出“列宽”或“行高”对话框，输入想要设置的值，单击“确定”按钮，如图 4-42 所示。

选定要调整的行或列，右击，在弹出的快捷菜单中选择“列宽”或“行高”命令，也会弹出“列宽”或“行高”对话框。

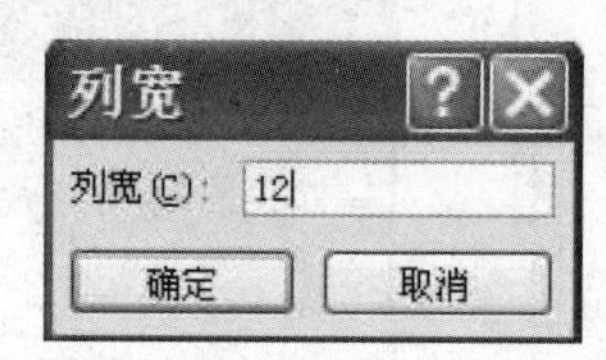

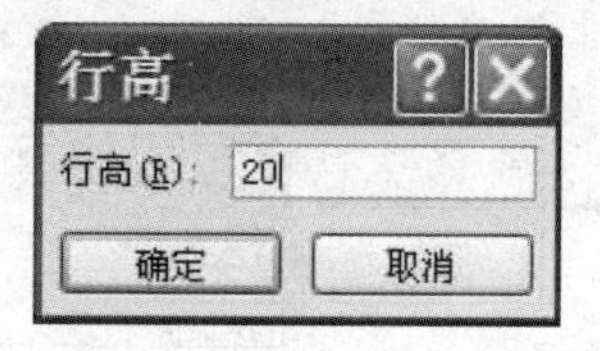

图 4-42 “列宽”和“行高”对话框

3．复制列宽

如果需要将某一列的列宽复制到其他列中，则首先要选定该列中的单元格，单击“开始”选项卡“剪贴板”命令组中的“复制”按钮，然后选定目标列。接着单击“剪贴板”命令组中的“粘贴”下拉按钮，在下拉列表中选择“选择性粘贴”命令，在图 4-24 所示的“选择性粘贴”对话框中选中“列宽”单选按钮。

注意：不能用复制的方法来调整行高。

学生上机操作

打开“成绩统计表.xlsx”，进行如下操作：

1．将工作表的标题“电自 14-1 班期末成绩统计表”设置为黑体，字号为 18，红色，水平垂直居中，添加任意浅色底纹。

2．设置第 1 行行高为 28，第 2～13 行行高为 20。

3．设置 A、B 两列列宽为 10，其他列的列宽为 8。

4．所有文本居中对齐，数值右对齐。

5．给 A2：I13 单元格区域添加所有框线，外框为粗匣框线，给 A2：I2 单元格区域添加双底框线。

6．给所有分数设置条件格式：90 分以上的设为“红色文本”，70～80 分的设为“绿填充色深绿色文本”。

7．列标题应用单元格格式为主题单元格样式中的“20%-强调文字颜色 2”。

8．将 Sheet4 工作表中的表格，套用表格格式为“表样式中等深浅 12”。

4.4 公式和函数

学习任务

利用公式和函数对考试成绩进行分析统计（计算总分、平均分及名次等）。

知识点解析

Excel 除了有强大的表格处理功能外，还有很强的数据处理能力。在单元格中可以输入公式或使用 Excel 提供的函数，对工作表中的数据进行各种运算。当改变了工作表中与公式有关的数据时，Excel 还能够自动更新计算结果。公式与函数是 Excel 的核心。

4.4.1 输入公式

公式是利用单元格的引用地址对存放在其中的数据进行计算的等式。

输入公式的操作类似于输入文本。不同之处在于，输入公式时要以等号“=”开头。等号“=”不是公式的组成部分，只是系统用来识别公式的标志。例如，在“成绩统计表”中计算总分，输入步骤如下：

（1）单击将要在其中输入公式的单元格，如“总分”所在的 I3 单元格。

（2）输入一个等号“＝”。

（3）输入公式内容“D3+E3+F3+G3+H3”后，按 Enter 键或单击编辑栏中的“输入”按钮✓。

I3 单元格将显示出公式的计算结果“370”，可以在编辑栏里查看公式的内容。

注意：公式中使用的是单元格地址而不是单元格中的数值，这是因为与公式有关的单元格数据有变化时，公式中的计算结果会自动更新。

公式可以在单元格中或在编辑栏中输入。如果公式中的操作数是单元格，可以使用鼠标输入。上例的公式可以这样输入：在目的单元格中输入等号“=”，再用鼠标选择操作数所在的单元格“D3”，此时该单元格呈闪烁虚线显示，再输入运算符“+”，按此顺序直到选完最后一个操作数单元格后，按 Enter 键结束。

如果需要修改公式，可以单击公式所在的单元格，在编辑栏中修改；也可以双击该单元格，直接在单元格中修改。

4.4.2 公式中的运算符

公式可以用来执行各种运算，如数值运算、比较运算、字符串运算等。公式可以包含以下任何元素：运算符、单元格引用、常量、函数等。

使用运算符可以把常量、单元格引用、函数以及括号等连接起来构成表达式。常用的运算符有 4 种类型：算术运算符、比较运算符、文本运算符和引用运算符。

1. 算术运算符

算术运算符主要用于数学运算，运算结果为数值。算术运算符有“+”（加号）、“-”（减号或负号）、“*”（乘号）、“/”（除号）、“%”（百分号）和“^”（乘方）。

2. 比较运算符

比较运算符包括“=”（等号）、“>”（大于）、“<”（小于）、“>=”（大于等于）、“<=”（小于等于）和“<>”（不等于）。比较运算符可以比较两个数值的大小，运算结果是逻辑值 True 或 False。例如，在单元格中输入“=3<6”，运算结果为 True；在单元格中输入“=2>=8”，结果为 False。

3. 文本运算符

文本运算符“&”（连字符）将两个文本连接起来产生一个连续的文本。其操作数可以是带英文双引号的文字，也可以是单元格引用。例如，A3 单元格中是“李”，B5 单元格中是“玲”，要使 B6 单元格中得到“李玲”，可以在 B6 中输入公式，以下几个公式都可以实现：=A3&B5、=“李”&B5、=“李”&“玲”。

4. 引用运算符

引用运算符可以将单元格区域合并计算。引用运算符有“：”（冒号）、“，”（逗号）和空格。

冒号为区域运算符。例如，A1：A15 是对单元格 A1 至 A15 之间（包括 A1 和 A15）的所有单元格的引用。

逗号为联合运算符，可以将多个引用合并为一个引用。例如，SUM（A1：A15，C3）是对 C3 及 A1 至 A15 之间（包括 A1 和 A15）的所有单元格求和。

空格为交叉运算符，产生对同时属于两个单元格区域的引用。例如，SUM（B2：D3　C1：C4），得到的是这两个单元格区域的共有单元格 C2 和 C3 的数值和。

当公式中同时用到了多个运算符时，就应该了解运算符的运算顺序。这些运算符的优先级从高到低的顺序如下：

：（冒号）、空格、，（逗号）→ %（百分比）→ ^（乘方）→ *（乘）、/（除）→ +（加）、－（减）→ &（连接符）→=、<、>、<=、>=、<>（比较运算符）

运算优先级相同则按从左到右的顺序计算。

4.4.3 单元格的引用

单元格的引用就是对单元格地址的引用。在公式中通过单元格的引用把单元格中的数据和公式联系起来。通过使用单元格引用，一个公式可以使用工作表中不同部分的数据，或者在多个公式中使用同一个单元格的数值，还可以引用同一个工作簿的其他工作表中的数据和其他工作簿中的数据。

学会使用公式的重点就是能在公式中灵活地使用单元格引用。单元格引用包括相对引用、绝对引用、混合引用和三维引用。

1. 相对引用

我们已看到的单元格引用形式如 A4、C6 等称为相对引用，这是单元格引用的默认方式。相对引用是指，当把一个含有单元格地址的公式复制到一个新的位置时，公式中的单元格地址会随之改变。公式的值将会依据更改后的单元格地址重新计算。

在输入公式时，单元格引用和公式所在单元格之间建立了一种联系，这就是它们的相对位置。当公式被复制到其他位置时，公式中的单元格引用也作相应的调整，使得这些单元格和公式所在的单元格之间的相对位置不变，这就是相对地址的使用方法。

例如，在“成绩统计表”中的 I3 单元格中输入公式“=D3+E3+F3+G3+H3”，计算出第一个学生的总分后，选定 I3 单元格，拖动填充柄到 I4、I5……直到 I13 单元格，就可以一步计算出所有学生的总分。通过显示在编辑栏里的公式内容，可以看到，求和公式从 I3 复制到 I4，列号不变，行号加 1；公式中的单元格地址也随之同样变化，列号不变，行号加 1，变为“=D4+E4+F4+G4+H4”，同样，I5 中的公式变为“=D5+E5+F5+G5+H5”。

2. 绝对引用

绝对引用是指公式中的单元格地址不随公式位置的改变而发生改变。在行号和列标之前加上符号“$”就构成了单元格的绝对引用，如“$C$3”、“$F$6”等。使用绝对引用可以冻结单元格地址，使之不随目的单元格改变而改变。

例如，单元格 I3 的公式为“=$D$3+$E$3”，然后拖动填充柄将该公式复制到单元格 I4 时，公式仍然为“=$D$3+$E$3”。

3. 混合引用

在某些情况下，需要在复制公式时只有行或只有列保持不变，即在一个单元格中，既有绝对地址引用，又有相对地址引用，这时就需要使用混合引用。例如，单元格引用“$A5”就表明保持“列”不发生变化，但行会随着新的位置而改变。

4. 三维引用

在一个工作表中可以引用同一个工作簿的其他工作表中的数据，引用格式为“工作表名！单元格地址”。其中“！”是工作表和单元格地址的分隔符。还可以引用不同工作簿的数据，用中括号作为工作簿分隔符，引用格式为“[工作簿] 工作表名！单元格地址”。例如，在工作簿 2 中引用工作簿 1 的 Sheet2 工作表的 B4 单元格，可表示为“[工作簿 1]　Sheet2!B4”。

4.4.4　函数的使用

函数是 Excel 自带的已经定义好的公式，需要时可以直接调用。

Excel 2010 提供了财务、日期与时间、数学与三角函数、统计、查找与引用、数据库、文本、逻辑等 12 类近 400 种内置函数，为用户进行数据运算和分析带来了极大方便。

1. 函数的组成

一个函数包括两个部分：函数名称和函数的参数。形式为“函数名（参数 1，参数 2…）”。

函数名称代表了该函数具有的功能。例如，SUM 是求和函数，AVERAGE 是求平均值函数，MAX 是求最大值函数。

函数可以有一个或多个参数，参数可以是数字、文本、逻辑值（真或假）、单元格引用地址等。不同类型的函数所要求的参数也不同，文本必须用英文双引号括起。例如：

SUM（A1：A8）：求 A1：A8 区域中所有数值的和。

MAX（A1：A8）：求 A1：A8 区域中所有数值中的最大值。

ROUND（8.676，2）：按指定的位数对数值进行四舍五入，第一个参数是操作数，第二个参数指定保留小数位数，这个函数的运算结果是 8.68。

LEN（“这句话由几个字组成”）：求文本字符串中的字符个数，函数的运算结果是 9。

2. 函数的输入

在 Excel 2010 中，常用的函数输入方法包括使用“函数库”命令组中的按钮、使用“插入函数”按钮插入函数及手工输入函数等。

（1）手工输入。手工输入函数跟输入公式一样，必须首先输入“=”。例如，计算图 4-43 中的总分，可在“总分”所在的 I3 单元格中输入“=sum（d3：h3）”，然后按 Enter 键得到结果。

手工输入函数只适用于一些单变量的函数，或者一些简单的函数。对于参数较多或者比较复杂的函数，最好使用插入函数来输入。

姓名	性别	高数	电工	计算机	英语	绘图	总分
于洪涛	男	70	74	73	68	85	=sum(d3:h3)
胡雪	女	67	83	90	70	82	

图 4-43 直接输入函数

（2）使用“函数库”命令组中的按钮。在 Excel 2010 的“公式”选项卡的“函数库”命令组中，函数被分成几个大的类别，单击所需类别的下拉按钮，即可在下拉列表中选择准备使用的函数，如图 4-44 所示。

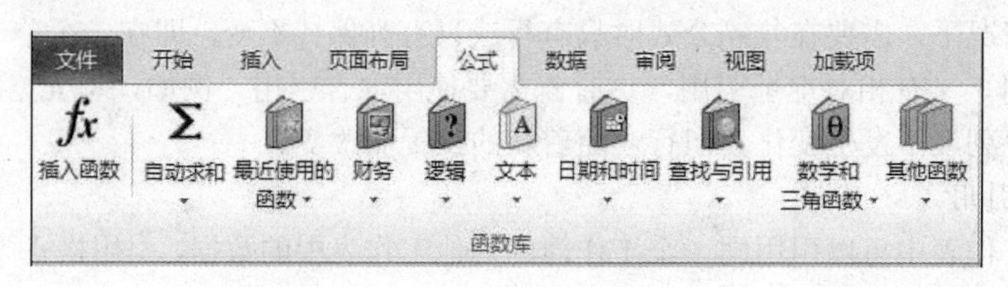

图 4-44 “函数库”命令组

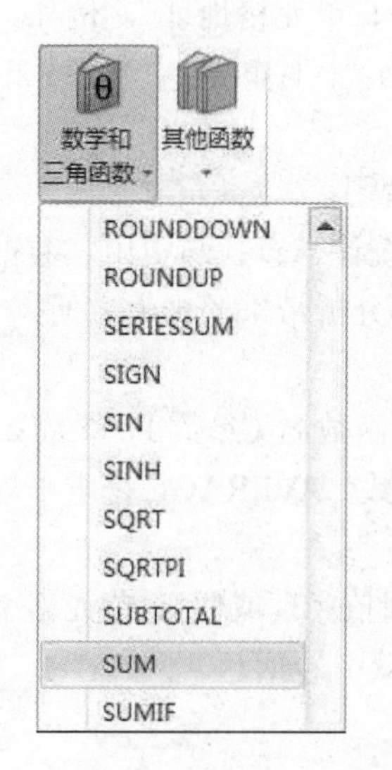

图 4-45 “数学和三角函数”下拉列表

同样以计算总分为例，操作步骤如下：

1）选中准备输入函数的 I3 单元格。

2）选择“公式”选项卡。

3）单击“函数库”命令组中的“数学和三角函数”下拉按钮，在打开的下拉列表中，选择“SUM”函数，如图 4-45 所示。

4）弹出“函数参数”对话框，如图 4-46 所示。

观察“Number 1”文本框中的求和区域引用是否正确，如果区域正确则直接单击“确定”按钮；如果错误，可直接输入正确的区域引用，也可单击右侧的折叠按钮，返回工作表界面，选中准备求和的单元格区域，如图 4-47 所示，再单击“函数参数”对话框中的展开按钮，返回“函数参数”对话框，单击“确定”按钮，I3 单元格中显示求和结果。

（3）使用“插入函数”按钮。

1）选中准备输入函数的单元格后，单击“公式”选项卡“函数库”命令组中的“插入函数”按钮，或者单击编辑栏上的“插入函数”按钮 *fx*，弹出“插入函数”对话框，如图 4-48 所示。

2）在对话框的“或选择类别”下拉列表中选择“数学和三角函数”命令，在“选择函数”列表框中选择“SUM”函数，单击“确定”按钮，同样弹出图 4-46 所示“函数参数”对话框。

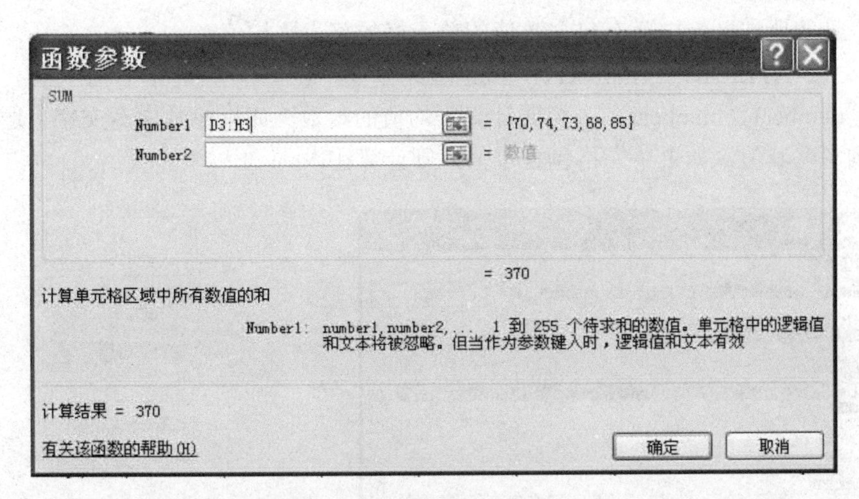

图 4-46 “函数参数”对话框

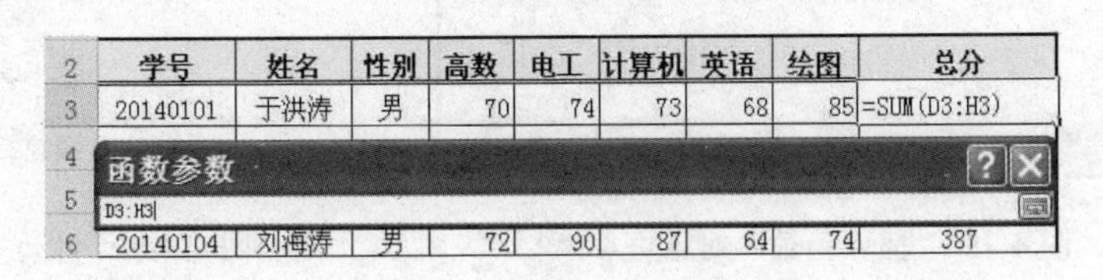

图 4-47 选择单元格区域

（4）“自动求和”按钮。求和函数是 Excel 中常用函数之一，Excel 提供了“自动求和”按钮 Σ 用以快捷地输入 SUM 函数。如果要对一个区域中各行（或各列）数据求和，可选中这个区域以及它右侧一列（或下方一行）的单元格，再单击“公式”选项卡“函数库”命令组中的“自动求和”按钮 Σ（或“开始”选项卡“编辑”命令组中的“自动求和”按钮 Σ 自动求和▾），所选区域的各行（或各列）的数据之和就会分别显示在其右侧一列（或下方一行）的单元格中。

要自动计算“成绩统计表”中所有学生的总分，首先选中 D3：I13 区域，再单击“开始”选项卡“编辑”命令组中的“自动求和”按钮即可。

除了上述方法，还可以先选中空白单元格，然后直接单击“自动求和”按钮，系统会默认计算该单元格正上方所有单元格的数值合计，该单元格区域呈闪烁虚线显示；如果区域范围不正确，还可以重新选择，然后按 Enter 键得到运算结果。如果当前单元格正上方的单元格中没有数字，那么将在当前单元格所在行的左侧搜索并进行求和。

注意：用后 3 种方法插入函数时，Excel 将自动插入一个等号，不需要手工输入。

3. Excel 常用函数

函数作为 Excel 处理数据的重要手段，功能是十分强大的，在生活和工作实践中有多种应用。在这里简单介绍部分常用函数的功能及语法格式，更多详细信息请参阅 Excel 2010 帮助。

单击“自动求和”下拉按钮，在打开的下拉列表中，列出了 Excel 中最常用的 5 个函数，如图 4-49 所示。除了求和函数，还有平均值、计数、最大值、最小值函数。

（1）平均值函数（AVERAGE）。

功能：计算所选区域中所有包含数值的单元格的算术平均值。

语法格式：AVERAGE（number1，number2，…）。

其中，number1、number2、…为要计算平均值的参数。如果参数中有文字、逻辑值或空单元格，则忽略其值；如果单元格包含零值，则计算在内。

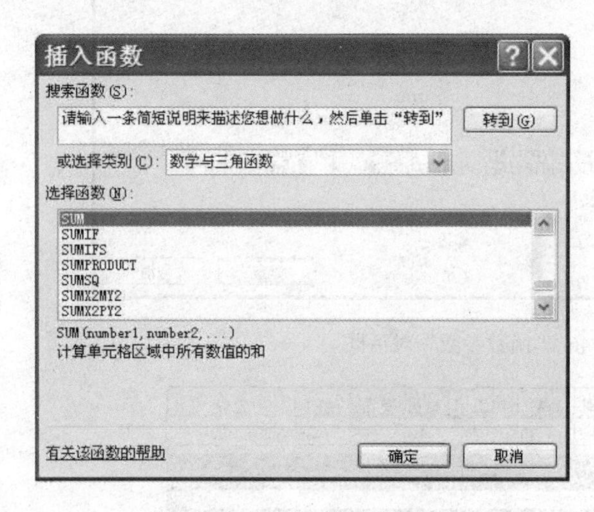

图 4-48 “插入函数”对话框

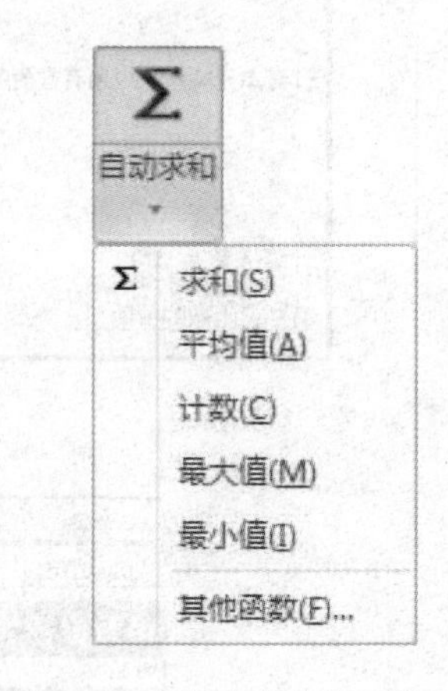

图 4-49 “自动求和”下拉列表

示例：求“成绩统计表”中高数成绩的平均值。选中 D14 单元格，单击“自动求和”下拉按钮，在打开的下拉列表中选择“平均值”命令，选择数据区域 D3：D13，公式为“=AVERAGE（D3：D13）”，运算结果如图 4-50 所示。

（2）计数函数（COUNT）。

功能：计算所选区域中包含数字的单元格的个数。

语法格式：COUNT（value1，[value2]，…）。注意，参数可以包含或引用各种类型的数据，但只有数字类型的数据才被计算在内。

示例：统计参加考试的学生人数。选中 D15 单元格，单击“自动求和”下拉按钮，在打开的下拉列表中选择“计数”命令，选择数据区域 D3：D13，公式为“=COUNT（D3：D13）”，运算结果是“11”，如图 4-50 所示。

（3）最大值、最小值函数（MAX、MIN）。

功能：计算一组数值中的最大值（最小值），忽略逻辑值和文本。

语法格式：MAX（number1，[number2]，…），MIN（number1，[number2]，…）。

示例：计算总分中的最高分和最低分。分别选中 I14 和 I15 单元格，在“自动求和”下拉列表中选择“最大值”或“最小值”命令，选择数据区域 I3：I13，公式为“=MAX（I3：I13）”、“=MIN（I3：I13）”，运算结果如图 4-50 所示。

	A	B	C	D	E	F	G	H	I
2	学号	姓名	性别	高数	电工	计算机	英语	绘图	总分
3	20140111	肖莲	女	89	74	92	90	73	418
4	20140105	徐鸿飞	男	82	84	74	74	84	398
5	20140102	胡雪	女	67	83	90	70	82	392
6	20140104	刘海涛	男	72	90	87	64	74	387
7	20140107	潘龙	男	64	89	80	63	89	385
8	20140110	张瑶瑶	女	63	64	91	70	92	380
9	20140106	李嘉	男	90	63	72	84	63	372
10	20140109	李美红	女	84	68	70	82	68	372
11	20140108	王晓阳	男	74	70	67	89	70	370
12	20140101	于洪涛	男	70	74	73	68	85	370
13	20140103	张玉银	女	76	82	64	72	64	358
14		高数平均分：		75.545			总分最高分：		418
15		参加考试人数：		11			总分最低分：		358
16									

成绩单

图 4-50　函数运算结果

技能拓展

除了上述 5 个函数外，还有一些常用函数，在这里简单介绍它们的用法。

1．条件计数函数（COUNTIF）

功能：统计区域中满足给定条件的单元格的个数。

语法格式：COUNTIF（range，criteria）。该函数有两个参数，第一个参数 range 表示要统计的单元格区域，第二个参数 criteria 表示设定的条件表达式，其形式可以为数字、表达式、单元格引用或文本。

示例：统计参加考试的女生的人数。在 C14 单元格输入公式“=COUNTIF（C3：C13，"女"）”，运算结果是“5”，如图 4-51 所示。

	A	B	C	D	E	F	G	H	I
2	学号	姓名	性别	高数	电工	计算机	英语	绘图	总分
3	20140111	肖莲	女	89	74	92	90	73	418
4	20140105	徐鸿飞	男	82	84	74	74	84	398
5	20140102	胡雪	女	67	83	90	70	82	392
6	20140104	刘海涛	男	72	90	87	64	74	387
7	20140107	潘龙	男	64	89	80	63	89	385
8	20140110	张瑶瑶	女	63	64	91	70	92	380
9	20140106	李嘉	男	90	63	72	84	63	372
10	20140109	李美红	女	84	68	70	82	68	372
11	20140108	王晓阳	男	74	70	67	89	70	370
12	20140101	于洪涛	男	70	74	73	68	85	370
13	20140103	张玉银	女	76	82	64	72	64	358
14	参加考试女生人数：		5			总分390以上人数：			3

图 4-51　COUNTIF 函数运算结果

或者依次选择“公式”选项卡→“函数库”命令组→“其他函数”→“统计”→“COUNTIF”函数，弹出“函数参数”对话框，输入对应参数，如图 4-52 所示。

同样，如果要计算总分在 390 分以上的学生人数，在 I14 单元格中输入公式“=COUNTIF（I3：I13，">390"）”，结果如图 4-51 所示。

注意：函数参数中，任何文本条件或任何含有逻辑或数学符号的条件都必须使用双引号引起来。如果条件为数字，则无需使用双引号。

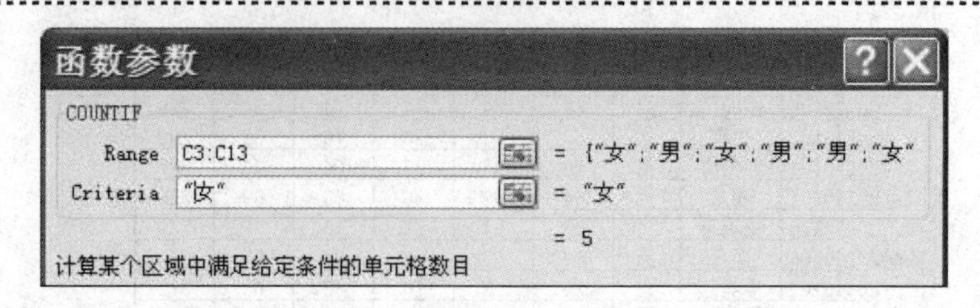

图 4-52 COUNTIF 函数参数

2. 单条件求和函数（SUMIF）

功能：用于对区域中符合指定条件的值求和。

语法格式：SUMIF（range，criteria，[sum_range]）。

（1）range 参数用于指定条件计算的单元格区域。

（2）criteria 参数用于确定对单元格求和的条件，其形式可以为数字、表达式、单元格引用、文本或函数。例如，条件可以表示为">32"、B5 或 TODAY（ ）等。在条件中可以使用通配符，即问号“？”和星号“*”。

（3）sum_range 参数可选，指需要求和的实际单元格。如果该参数被省略，Excel 会对 range 参数中指定的单元格求和。

示例：在图 4-53 所示的工作表中，统计“水果”类别下所有食物的销售额总和。在 G2 单元格中输入公式“=SUMIF（A3：A7，"水果"，C3：C7）”。

=SUMIF(A3:A7,"水果",C3:C7)

	A	B	C	D	E	F	G
1							
2	类别	食物	销售额		"水果"类别下所有		
3	蔬菜	西红柿	2300		食物的销售额之和：		2000
4	蔬菜	西芹	5500				
5	水果	橙子	800		以"西"开头的所有		
6	蔬菜	胡萝卜	4200		食物（西红柿、西		
7	水果	苹果	1200		芹）的销售额之和：		7800

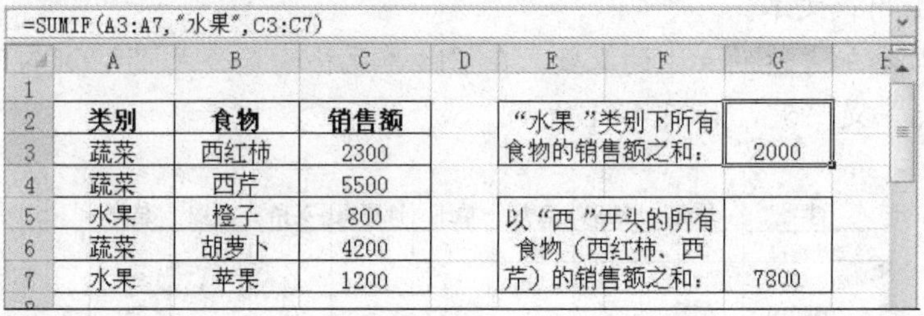

图 4-53 SUMIF 函数举例

或者依次选择“公式”选项卡→“函数库”命令组→“数学和三角函数”→“SUMIF”函数，弹出“函数参数”对话框，输入对应参数，如图 4-54 所示。

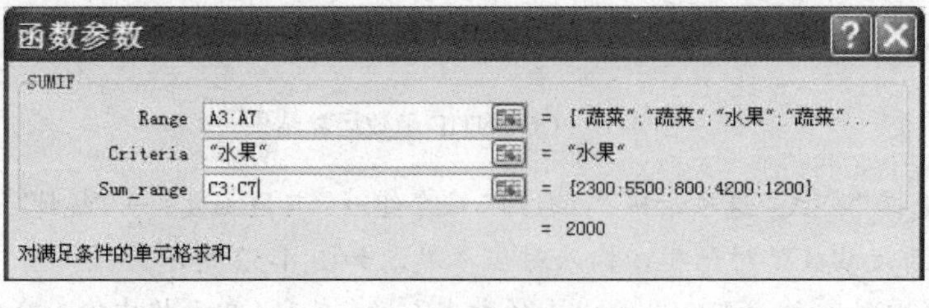

函数参数
SUMIF
Range A3:A7 = {"蔬菜";"蔬菜";"水果";"蔬菜"...
Criteria "水果" = "水果"
Sum_range C3:C7 = {2300;5500;800;4200;1200}
= 2000
对满足条件的单元格求和

图 4-54 SUMIF 函数参数

同样，要统计以“西”开头的所有食物（西红柿、西芹）的销售额和，在 G5 单元格中输入公式“=SUMIF（B3：B7，"西*"，C3：C7）”，运算结果如图 4-53 所示。

3. 排序函数（RANK.AVG 和 RANK.EQ）

功能：返回一个数字在一列数字中相对于其他数值的大小排名。如果多个数值排名相同，RANK.AVG 函数返回平均值排名，RANK.EQ 函数返回最高排名。这两个函数属于统计函数。

语法格式：RANK .AVG（number，ref，[order]），RANK .EQ（number，ref，[order]）。

（1）number 参数为需要排名的数字。

（2）ref 参数为包含一组数字的数组或引用，表示要在其中查找排名的数字列表。

（3）order 参数用来指明排序的方式。如果 order 为“0”或省略，按降序排序；如果 order 不为“0”，按升序排序。

示例：要对学生总分进行排序，在 J3 单元格中输入公式“=RANK.EQ（I3，$I$3:$I$13，0）”，求出第一个学生的名次后，拖动填充柄，求出所有学生的名次，结果如图 4-55 所示。

	B	C	D	E	F	G	H	I	J	K
2	姓名	性别	高数	电工	计算机	英语	绘图	总分	名次	总评
3	肖莲	女	89	74	92	90	73	418	1	优秀
4	徐鸿飞	男	82	84	74	74	84	398	2	优秀
5	胡雪	女	67	83	90	70	82	392	3	优秀
6	刘海涛	男	72	90	87	64	74	387	4	良好
7	潘龙	男	64	89	80	63	89	385	5	良好
8	张瑶瑶	女	63	64	91	70	92	380	6	良好
9	李嘉	男	90	63	72	84	63	372	7	良好
10	李美红	女	84	68	70	82	68	372	7	良好
11	王晓阳	男	74	70	67	89	70	370	9	良好
12	于洪涛	男	70	74	73	68	85	370	9	良好
13	张玉银	女	76	82	64	72	64	358	11	一般

图 4-55 排序函数举例

4. IF 函数

功能：如果指定条件的计算结果为 True，IF 函数将返回某个值；如果该条件的计算结果为 False，则返回另一个值。IF 函数属于逻辑函数。

语法格式：IF（logical_test，[value_if_true]，[value_if_false]）

（1）logical_test 参数为必选，是计算结果为 True 或 False 的任意值或表达式。

（2）value_if_true 参数是计算结果为 True 时所要返回的值。

（3）value_if_false 参数是计算结果为 False 时所要返回的值。

IF 函数可以嵌套。

示例：

（1）对学生成绩进行总评，总分大于 390 的为优秀，其余为良好，可在 K3 单元格中输入公式“=IF（I3>=390，"优秀"，"良好"）”。

（2）如果总分大于 390 的为优秀，360～390 为良好，360 以下为一般，可在 K3 单元格中输入嵌套公式“=IF（I3>=390，"优秀"，IF（I3<360，"一般"，"良好"））”，或者选择“公式”选项卡→“函数库”命令组→“逻辑”→“IF”函数，弹出图 4-56 所示的“函数参数”对话框，输入对应参数，总评结果如图 4-55 所示。

图 4-56 IF 函数参数

5. AND、OR 函数

功能：对于 AND 函数，所有参数的逻辑值为真时，返回 True；只要一个参数的逻辑值为假，即返回 False；对于 OR 函数，所有参数的逻辑值为假时，返回 False；只要一个参数的逻辑值为真，即返回 True。AND 和 OR 函数都属于逻辑函数。

语法格式：AND（logical1，[logical2]，...）

OR（logical1，[logical2]，...）

参数必须是逻辑值 True 或 False，或者包含逻辑值的数组或引用。如果指定的单元格区域内包括非逻辑值，则将返回错误值“#VALUE!”。

示例：

（1）判断学生是否需要补考，在图 4-57 所示的 I3 单元格中输入公式“=IF(OR(D3<60，E3<60，F3<60，G3<60，H3<60)，"是"，"否")”。

（2）判断学生每门课程成绩是否大于 85，在 J3 单元格中输入公式“=IF(AND(D3>85，E3>85，F3>85，G3>85，H3>85)，"是"，"否")”，结果如图 4-57 所示。

=IF(AND(D3>85,E3>85,F3>85,G3>85,H3>85),"是","否")

	B	C	D	E	F	G	H	I	J
2	姓名	性别	高数	电工	计算机	英语	绘图	是否补考	每门成绩>85
3	肖莲	女	89	86	92	90	88	否	是
4	张玉银	女	76	56	64	72	64	是	否
5									

图 4-57 IF 函数举例

6. 取字符串子串函数（LEFT、RIGHT、MID）

功能：LEFT、RIGHT、MID 都是字符串提取函数。前两个格式一样，只是提取的方向相反，LEFT 是从左向右取，RIGHT 是从右向左取。MID 函数也是从左向右提取，但不一定是从第一个起，可以从中间开始。这 3 个函数都属于文本函数。

（1）LEFT、RIGHT 函数语法格式：LEFT（text，[num_chars]）、RIGHT（text，[num_chars]）

其中第一个参数 text 是包含要提取字符的文本字符串，可以是一个字符串，或是一个单元格引用。第二个参数 num_chars 是要提取的字符数。

示例：“=LEFT（A1，2）”是从 A1 单元格的文本里，从左边第一位开始，向右提取两位，如果 A1 是“山东高校”，则得到的结果是“山东”；“=RIGHT（A1，2）”是从右边第一位开始，向左提取两位，得到的结果是“高校”。

（2）MID 函数语法格式：MID（text，start_num，num_chars）

第一个参数 text 含义与前面两个函数相同，第二个参数 start_num 是文本中要提取的第一个字符的位置，第三个参数 num_chars 是要提取的字符个数。

示例：公式“=MID（A1，3，2）”得到的结果是“高校”。

7. VLOOKUP 函数

功能：使用 VLOOKUP 函数搜索某个单元格区域的第一列，然后返回该区域相同行上任何单元格中的值。该函数属于查找与引用函数。

语法格式：VLOOKUP（lookup_value，table_array，col_index_num，[range_lookup]）

（1）lookup_value 参数表示要在表格或区域的第一列中搜索的值，可以是值或单元格引用。

（2）table_array 参数表示包含数据的单元格区域。

（3）col_index_num 参数是在 table_array 参数中要返回的与匹配值对应的列号。

（4）range_lookup 参数可选，是一个逻辑值，指定 VLOOKUP 查找精确匹配值还是近似匹配值：如果 range_lookup 为 True 或被省略，则返回精确匹配值或近似匹配值，并且必须按 table_array 第一列中的值升序排序；如果 range_lookup 为 False，则 VLOOKUP 将只查找精确匹配值，不需要对 table_array 第一列中的值进行排序。

示例：

（1）根据学生的学号 20140102 查找该学生的姓名，可输入公式“=VLOOKUP（20140102，A3：H13，2，false）”，得到的结果是“胡雪”，如图 4-58 所示。

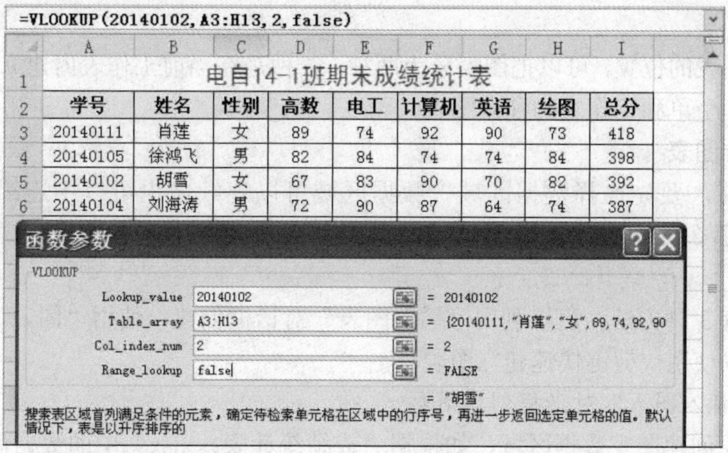

=VLOOKUP(20140102,A3:H13,2,false)

	A	B	C	D	E	F	G	H	I
1	电自14-1班期末成绩统计表								
2	学号	姓名	性别	高数	电工	计算机	英语	绘图	总分
3	20140111	肖莲	女	89	74	92	90	73	418
4	20140105	徐鸿飞	男	82	84	74	74	84	398
5	20140102	胡雪	女	67	83	90	70	82	392
6	20140104	刘海涛	男	72	90	87	64	74	387

函数参数

VLOOKUP

Lookup_value　20140102　= 20140102

Table_array　A3:H13　= {20140111,"肖莲","女",89,74,92,90

Col_index_num　2　= 2

Range_lookup　false　= FALSE

= "胡雪"

搜索表区域首列满足条件的元素，确定待检索单元格在区域中的行序号，再进一步返回选定单元格的值。默认情况下，表是以升序排序的

图 4-58　VLOOKUP 函数参数举例

（2）查找学生胡雪的电工课程成绩，可输入公式“=VLOOKUP（"胡雪"，B3：H13，4，FALSE）”，得到的结果是 83。

学生上机操作

打开“成绩统计表.xlsx”，在“成绩单”工作表中进行如下操作：

1. 取消隐藏“总分”列，计算每位同学的总分。

2．在 C14、C15、C16 单元格分别输入“最高分”、“最低分”、“平均分”；用函数分别统计每门课程的最高分、最低分和平均分，放在对应的单元格中，其中平均分保留两位小数。

3．在 C17 单元格输入“男生人数”，在 D17 单元格中统计参加考试的男生的人数。

4．在 J2 单元格输入“名次”，用函数统计考试名次。

5．在 K2 单元格输入“总评”，用函数统计总评结果，其中总分大于 390 的为优秀，350～390 为良好，350 以下为一般。

4.5　图　表

学习任务

根据考试成绩数据创建图表，用不同图表显示数据。

知识点解析

Excel 可以将工作表中抽象的数据转化成直观、形象的图表。图表以图形的方式来显示工作表中数据，具有良好的视觉效果，可以方便用户查看数据之间的差异、变化及趋势，进行数据的比较和分析。

图表是基于工作表中的数据建立的。创建图表后，图表和创建图表的工作表数据之间就建立了一种动态链接关系，当工作表中的数据发生变化时，图表中对应的数据系列也会随之自动更新。

根据创建图表的位置，可以把图表分为两种，一种是在当前工作表内建立的嵌入式图表；另一种是占用一个单独工作表的独立图表。

4.5.1　建立图表

创建图表前，要先选择数据区域。数据区域可以连续，也可以不连续。如果选定的区域有文本，那么文本应该在数据区域的最左一列或者最上一行，用来说明图表中数据的含义。

建立图表有 3 种方法，可以利用“插入图表”对话框创建，使用“图表”命令组中的命令创建，还可以使用快捷键快速建立图表。

1. 利用“插入图表”对话框创建图表

（1）选择要创建图表数据区域，如根据“成绩统计表．xlsx”中的数据创建图表，选择的数据区域为“姓名”、“高数”、“电工”、“计算机”、“英语”、“绘图”6 列。

（2）单击“插入”选项卡“图表”命令组右下角的按钮，弹出“插入图表”对话框，如图 4-59 所示。

（3）在对话框选择图表的类型和相应的子图表类型，这里选择“柱形图”中的“簇状柱形图”，单击“确定”按钮。创建图表如图 4-60 所示。

2. 使用“图表”命令组中的命令创建图表

在“插入”选项卡“图表”命令组中，有柱形图、折线图、饼图、条形图等 7 类图表类型，每种类型还有若干子类型，如图 4-61 所示。

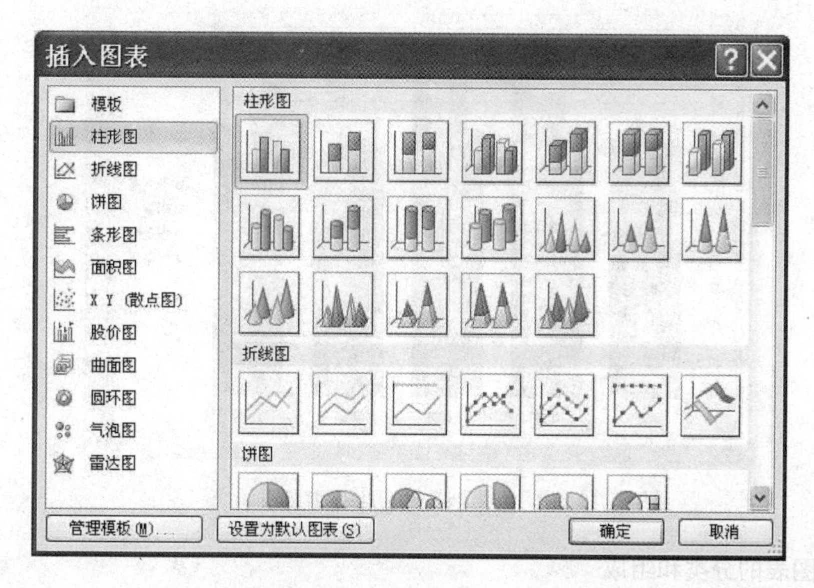

图 4-59 “插入图表”对话框

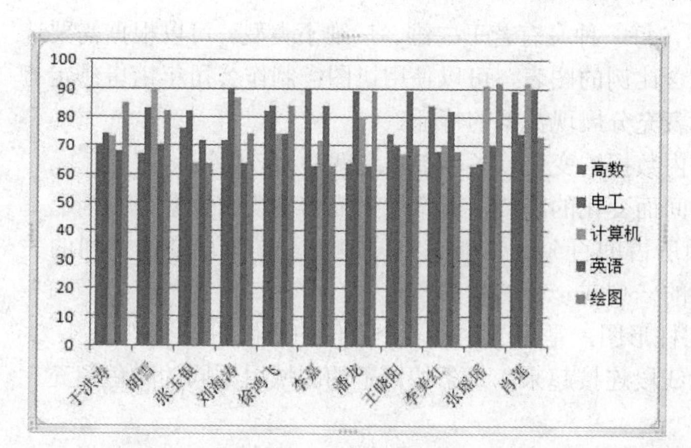

图 4-60　簇状柱形图图表

图 4-61 “图表”命令组按钮

选择要创建图表的数据区域后，单击“图表”命令组所需的图表类型，在打开的下拉列表中选择一种子类型即可。选择“成绩统计表．xlsx”中前 4 位学生的成绩创建的折线图，如图 4-62 所示。

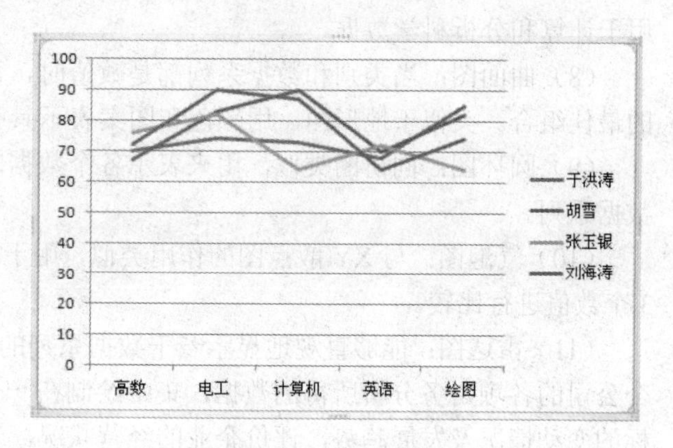

图 4-62　折线图图表

3. 使用快捷键建立图表

选定数据区域以后，按 Alt+F1 组合键可以在当前工作表中建立图表类型为“簇状柱形图”的图表。按 F11 键可以直接建立“簇状柱形图”的独立图表，即生成的图表是一个独立的新工作表 Chart1，称为图表工作表，如图 4-63 所示。

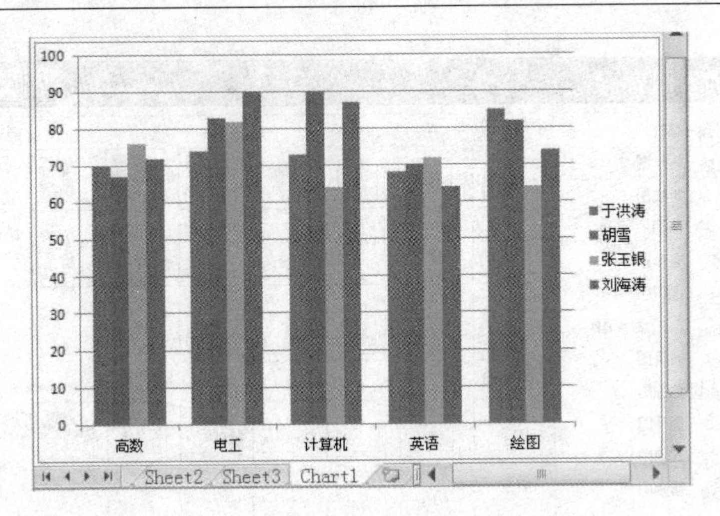

图 4-63　图表工作表

4.5.2　图表的分类和组成

1. Excel 图表的类型及其特点

Excel 2010 提供了 11 种图表类型，每一种又有若干二维、三维子类型。可以根据需要选择最合适的图表类型。例如，制作包含比例的图表，可以使用饼图；制作公司年销售额走势时，可以选择折线图。这样才能使图表充分展现数据的特征。

（1）柱形图：用于显示一段时间内数据的变化或各项数据之间的比较情况。

（2）折线图：可以显示数据随时间而变化的趋势，通常用来描绘连续的数据。

（3）饼图：可以反映数据中各项所占的百分比，能够方便地查看整体与个体之间的关系。饼图的特点是只能显示工作表中的一列或一行的数据。

（4）条形图：顺时针旋转 90° 的柱形图，是用于比较多个数值的最佳图表类型。

（5）面积图：将一系列的数据用线段连接起来，每条线以下的区域用不同的颜色填充。面积图强调幅度随时间变化的情况。

（6）XY 散点图：通常用于表示成对的数据，利用散点图可以绘制函数曲线。

（7）股价图：用来分析、显示股价的波动和走势的图表，在实际工作中，股价图也可以用于计算和分析科学数据。

（8）曲面图：当类别和数据系列都是数值时，可以使用曲面图，主要用于两组数据之间的最佳组合。类似于地形图，用颜色和图案表示具有相同数值范围的区域。

（9）圆环图：同饼图类似，用来表示各个数据间整体与部分的比例关系，可以包含多个数据系列。

（10）气泡图：与 XY 散点图的作用类似，用于显示数据分布情况，气泡图可以对成组的 3 个数值进行比较。

（11）雷达图：能够直观地显示若干数据系列的聚合值，主要用于财务分析。例如，将一个公司的各项财务分析所得的数据，集中绘制在一个圆形图表上，能够显示公司各项财务指标的变动情况及发展趋势，评价企业的经营状况。

2. 图表的组成

在 Excel 中，图表是由多个部分组成的，这些组成部分称为图表元素。一个完整的图表通常包括图表区、绘图区、标题、数据系列、图例、坐标轴等，三维图表还有图表背景墙和图表基底，如图 4-64 所示。

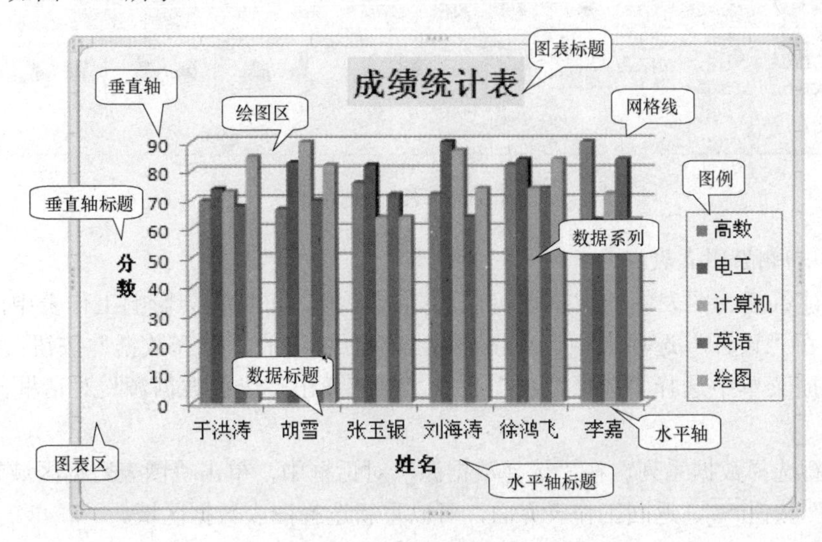

图 4-64　图表的组成

（1）数据点：一个数据点对应于工作表中一个单元格的具体数值。在不同的图表中有不同的表现形式，如柱形、扇形、折线、圆点等。

（2）数据系列：图表中一组相关数据点，来源于工作表中一行或一列数据。图表中的每一组数据系列都以相同的形状、图案和颜色来表示。

（3）图例：图表中每个数据系列的名称，对应数据表的行标题或列标题。

（4）坐标轴：有水平（类别）轴和垂直（值）轴。水平（横向）坐标轴一般表示时间或分类，垂直（纵向）坐标轴一般表示数据的大小。

（5）标题：包括图表标题、水平轴标题和垂直轴标题。

（6）网格线：坐标轴上类似于分隔线的度量线。

（7）绘图区：图表中以坐标轴为界并包含网格线以及全部数据系列的区域。

（8）图表区：图表所在的全部区域。

4.5.3　编辑图表

创建好图表后，可以对图表及图表中的元素进行编辑修改。例如，移动图表位置，调整图表的大小，增加或删除数据，改变图表类型等。

单击创建好的图表，功能区会出现“图表工具”扩展选项卡。该选项卡包含 3 个子选项卡，分别是“设计”、“布局”和“格式”，包括了所有对图表进行编辑和格式化的功能。

1. 更改图表类型

选中图表后，在图 4-65 所示的“设计”选项卡中，单击“类型”命令组的“更改图表类型”按钮；或者右击，在弹出的快捷菜单中选择“更改图表类型”命令，都能弹出“更改图表类型”对话框。对话框内容和操作方法与“插入图表”对话框相同，可以改变图表的类型或子类型。

图 4-65 “设计”选项卡

2. 增加和删除图表数据

图表创建好后，图表中的数据还可以删除或增加，而且不会影响工作表中的数据。选中图表后，在“设计”选项卡中，单击“数据”命令组的“选择数据”按钮；或者右击，在弹出的快捷菜单中选择“选择数据”命令，都能弹出“选择数据源”对话框，如图 4-66 所示。

（1）重新选择数据系列。在“选择数据源”对话框中，单击“图表数据区域”文本框右侧的“折叠”按钮，返回工作表界面，可以重新选择图表数据区域。

（2）删除数据系列。在对话框的“图例项”列表框中，选择准备删除的数据系列，如“英语”，单击“删除”按钮，再单击“确定”按钮，回到工作表界面，可以看到图表中数据已经发生改变。

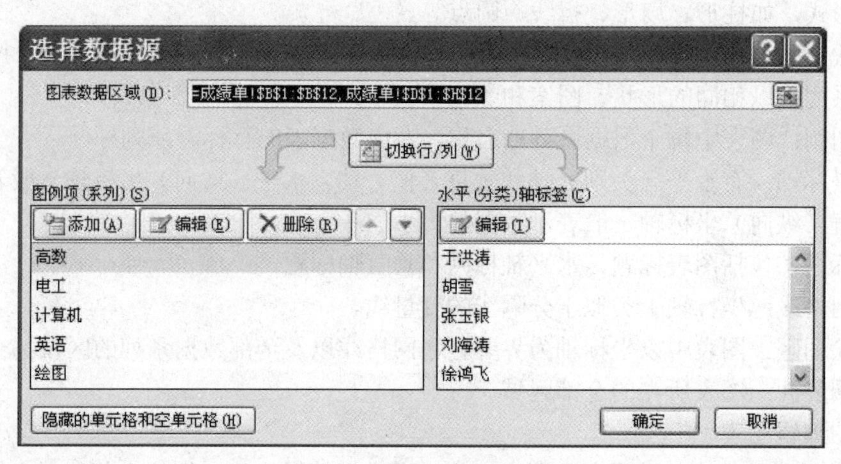

图 4-66 “选择数据源”对话框

（3）添加数据系列。在对话框的“图例项”中单击“添加”按钮，弹出“编辑数据系列”对话框，如图 4-67 所示。

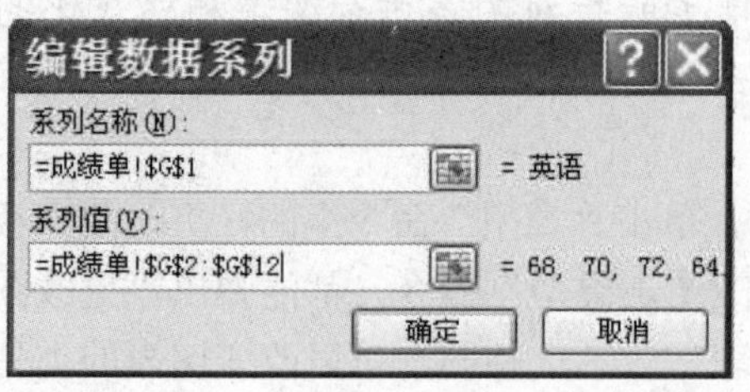

图 4-67 “编辑数据系列”对话框

分别单击“系列名称”和“系列值”文本框后的折叠按钮，在工作表中选择要添加的数据系列（如“英语”系列）的系列名称和系列值所在的单元格区域，再单击“确定”按钮，回到工作表界面，可以看到已经添加的“英语”数据系列。

（4）改变数据系列产生的方向。在图 4-66 所示的“选择数据源”对话框中，单击“切换行/列”按钮，可以更改图表中数据系列产生的方向。

如果图表如图 4-68（a）所示，一列数据（所有学生这门课程的成绩）是一个数据系列，系列产生在列，水平轴（*X* 轴）显示的标题是行标题（学生姓名）。单击“切换行/列”按钮后，一行数据（每个学生 5 门课程的成绩）是一个数据系列，系列产生在行，对话框中“图例项”和“水平轴标签”的列表项将互换，单击“确定”按钮后，图表如图 4-68（b）所示，水平轴（*X* 轴）的显示标题是列标题（课程名称）。

在“设计”选项卡的“数据”命令组中，单击“切换行/列”按钮，也能实现上述操作。

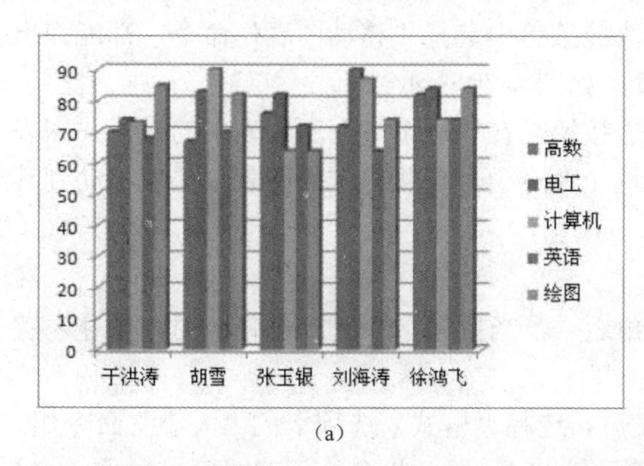

（a）

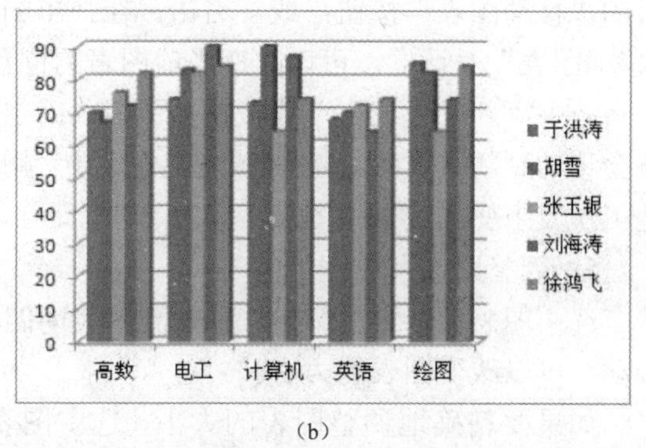

（b）

图 4-68　切换行/列

（5）用鼠标快速调整数据区域。选中图表的绘图区，可以看到图表的数据源区域四周显示为蓝色边框，如图 4-69 所示（在图中为 D3：G8 区域的深色边框）。

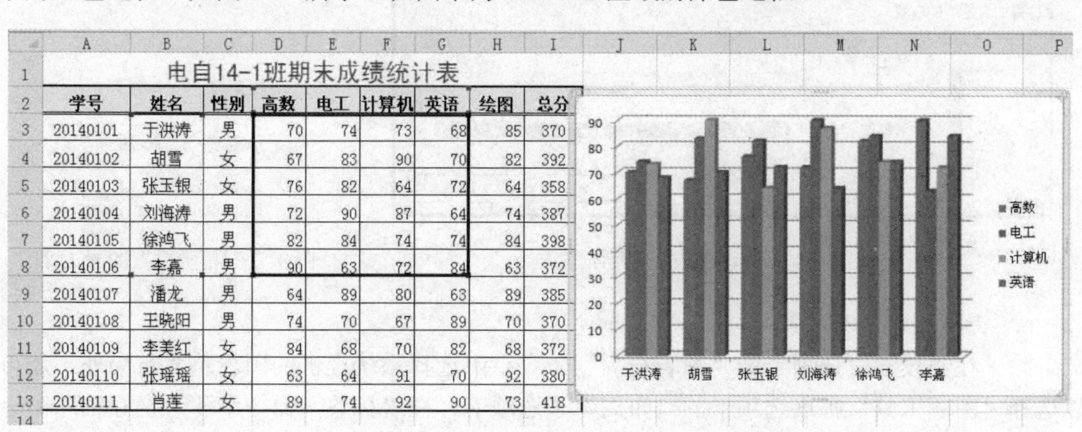

电自14-1班期末成绩统计表

学号	姓名	性别	高数	电工	计算机	英语	绘图	总分
20140101	于洪涛	男	70	74	73	68	85	370
20140102	胡雪	女	67	83	90	70	82	392
20140103	张玉银	女	76	82	64	72	64	358
20140104	刘海涛	男	72	90	87	64	74	387
20140105	徐鸿飞	男	82	84	74	74	84	398
20140106	李嘉	男	90	63	72	84	63	372
20140107	潘龙	男	64	89	80	63	89	385
20140108	王晓阳	男	74	70	67	89	70	370
20140109	李美红	女	84	68	70	82	68	372
20140110	张瑶瑶	女	63	64	91	70	92	380
20140111	肖莲	女	89	74	92	90	73	418

图 4-69　用鼠标快速调整数据区域

将鼠标指针指向蓝色边框的四角，当鼠标指针变成双向箭头时，按住鼠标左键进行拖动，改变图表的数据源，图表中的数据系列也会相应改变。

要删除图表中的某个数据系列，还可以在图表中选定需要删除的数据系列，按 Delete 键就可以把整个数据系列从图表中删除，工作表中的数据不会发生变化。

3. *更改图表样式及布局*

创建图表后，还可以更改图表的整体布局和外观样式。

在“设计”选项卡中，单击“图表布局”命令组的下拉按钮，会显示与选中图表类型相对应的各种图表整体布局，如三维簇状柱形图有 10 种布局可供选择。

同样，单击“图表样式”命令组的下拉按钮，会显示与选中图表类型相对应的各种图表整体外观样式，如三维簇状柱形图有 48 种样式可供选择。

4. 移动图表位置

如果要在当前工作表中移动图表，选中图表后，将鼠标指针移动到图表四周的空白部分，当鼠标指针变成✥形状时，按住鼠标左键拖动到合适的位置即可。

要把图表移动到其他工作表中，选中图表后，在“设计”选项卡中，单击“位置”命令组的“移动图表”按钮；或者右击，在弹出的快捷菜单中选择“移动图表”命令，都能弹出“移动图表”对话框，可以改变当前图表的位置，如图 4-70 所示。

选中“新工作表”单选按钮，单击“确定”按钮，在“成绩单”工作表中的嵌入式图表就会移动到新生成的 Chart1 图表工作表中。用这个命令也可以将独立的图表工作表移动到其他工作表中变成嵌入式图表。

5. 调整图表大小

选中图表后，将鼠标指针移动到图表的四角之一，当鼠标指针变成⤢箭头时，按住左键拖动，可以改变图表的大小。

如果要精确地调整图表的大小，选中图表后，选择“格式”选项卡的“大小”命令组，在“高度”和“宽度”文本框中输入新的高度和宽度数值，按 Enter 键即可，如图 4-71 所示。

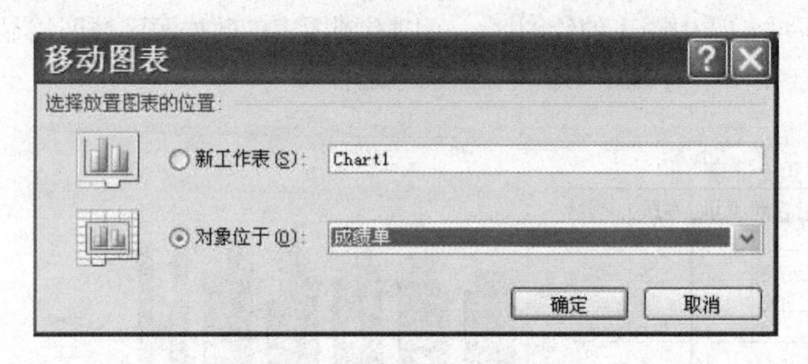

图 4-70 “移动图表”对话框

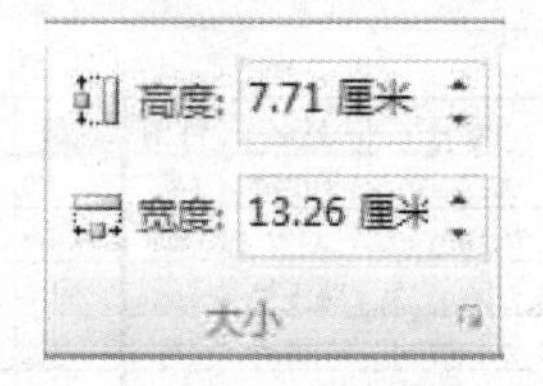

图 4-71 精确设置图表大小

6. 在图表中插入元素

除了在“设计”选项卡的“图表布局”命令组中选择系统提供的图表整体布局外，还可以选择“图表工具”扩展选项卡的“布局”子选项卡，在“标签”命令组和“坐标轴”命令组中单击相应按钮，在选中图表中插入或修改相应图表元素，自定义图表的布局，如图 4-72 所示。

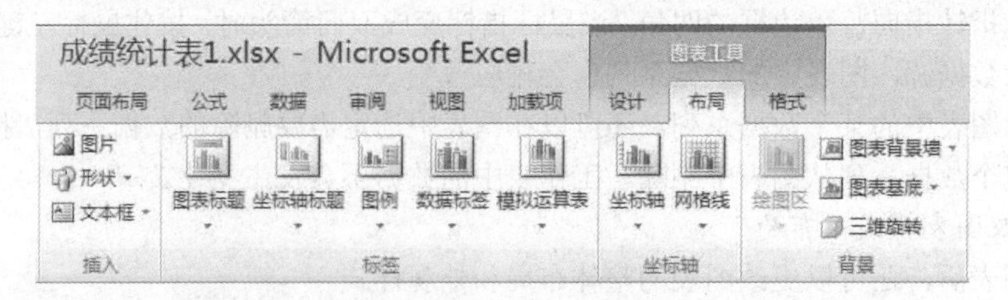

图 4-72 “标签”命令组和“坐标轴”命令组的相关按钮

（1）“标签”命令组按钮。在“标签”命令组中有“图表标题”、“坐标轴标题”、“图例”、“数据标签”、“模拟运算表”5 个按钮。

图表标题：图表标题一般放置在图表的上方，用来概括图表中的数据内容。单击“图表标题”按钮，在打开的下拉列表中可选择添加图表标题。

坐标轴标题：单击可选择添加两个坐标轴的标题，“主要横坐标轴标题”显示在横坐标轴下方，“主要纵坐标轴标题”显示在纵坐标轴左侧，可以是旋转过的、竖排或横排标题。

图例：默认显示在图表的右侧，单击“图例”按钮可选择更改图例的放置位置或删除图例。

数据标签：显示图表中各数据点所代表的实际值。

模拟运算表：又称数据表，是反映图表中源数据的表格。图表默认不显示模拟运算表。选择下拉列表中的“显示模拟运算表”命令，可以将其显示在绘图区的下方。

（2）“坐标轴”命令组按钮。“坐标轴”命令组中有“坐标轴”和“网格线”2 个按钮，可以对图表的坐标轴和网格线进行设置，如取消坐标轴、添加网格线等。

图 4-69 所示图表在添加了图表标题“成绩统计表”、主要纵坐标轴竖排标题“分数”、数据标签和模拟运算表后的效果如图 4-73 所示。

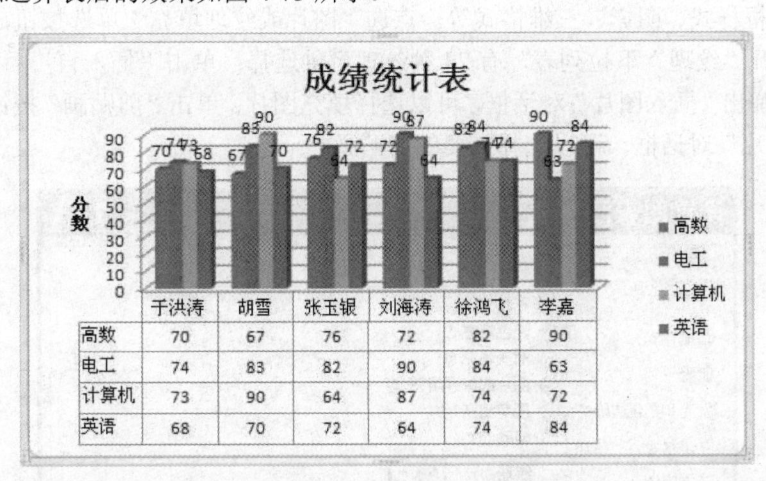

图 4-73　在图表中插入元素

4.5.4　格式化图表

为了使图表更加美观，还可以对图表进行美化，设置图表元素的边框样式及颜色、填充图案、三维效果、坐标轴格式以及文字效果等图表的外观样式。

格式化图表可以使用功能区的按钮，也可以用设置图表元素的对话框。

1. 选定图表元素

要格式化某个图表元素应该先选定它。最简单的办法是从“图表工具”的“布局”或“格式”选项卡中“当前所选内容”命令组的下拉列表中选定需要格式化的图表元素，如选中“图表区”，如图 4-74 所示。

也可以让鼠标指针在图表元素上停留片刻，就会有提示信息出现，提示用户所指的区域是何种图表元素。如果是要选定的元素就可以单击选中它。这两种方法都可以选定图表元素，选定后在图表元素上有选定标志出现。

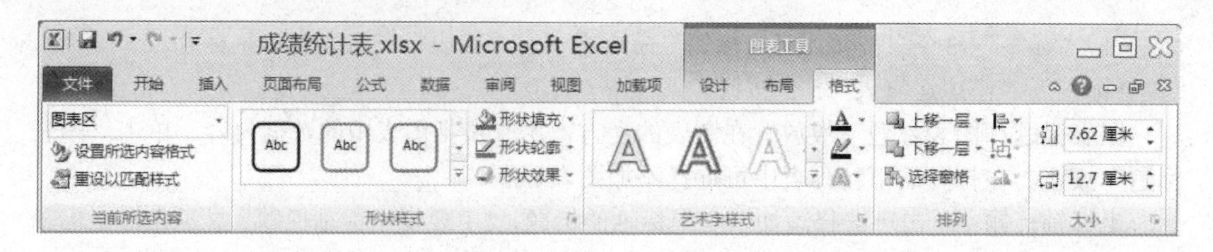

图 4-74 “格式”子选项卡

2. 格式化图表元素工具

（1）利用功能区按钮。选定图表元素后，可以利用图 4-74 所示的功能区“格式”选项卡上的相关按钮对选定元素进行设置。例如，选定“图表区”后，可以在“形状样式”命令组设置图表区的边框样式、填充效果、特殊效果等，在“艺术字样式”命令组设置图表区文字的艺术字效果等。

（2）利用对话框。如果需要精确设置格式，在选定图表元素后，单击图 4-74 所示的“当前所选内容”命令组“设置所选内容格式”按钮，弹出所选图表元素的设置对话框。

例如，“设置图表区格式”对话框如图 4-75 所示。根据需要可设置图表区的填充效果、边框颜色、边框样式、阴影、三维格式等。点选“图片或纹理填充”单选按钮，单击“纹理”按钮，打开“纹理”下拉列表，有 24 种纹理可供选择；单击“插入自”后的“文件”按钮“文件(F)...”，弹出“插入图片”对话框，可以选择填充图片；单击“剪贴画”按钮“剪贴画(R)...”，弹出“选择图片”对话框，可以选择需要的剪贴画。

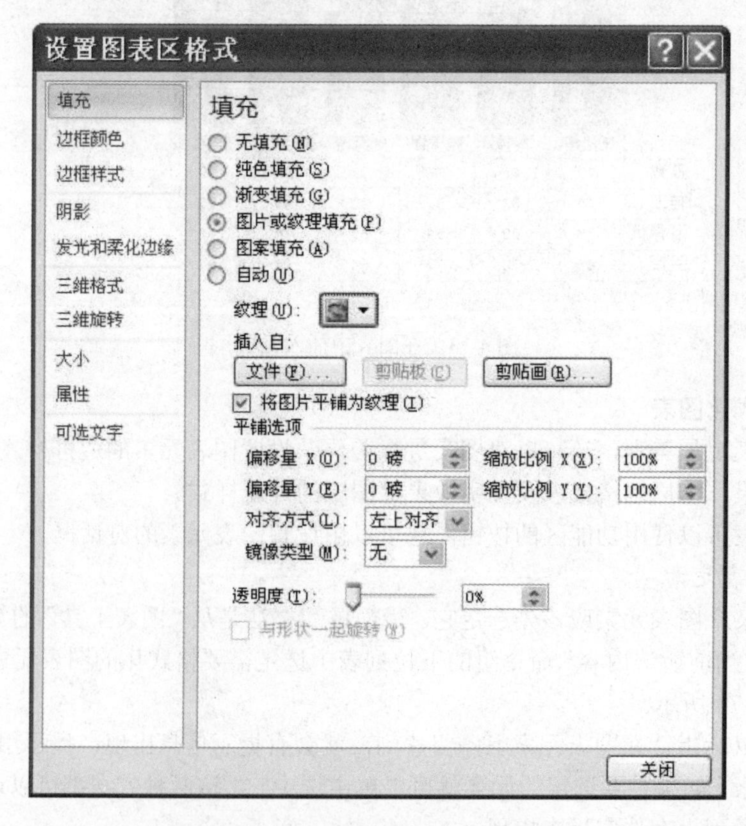

图 4-75 “设置图表区格式”对话框

双击图表元素，也能弹出该元素的格式设置对话框来设置它的格式。

由于不同的图表元素格式化的内容不同，所以对话框的组成也不同。三维图表还可以对图表背景墙和图表基底及三维旋转进行设置。通过改变各对话框中的设定值，可以改变图表的整体外观。

（3）利用快捷菜单和浮动工具栏。还可以先选中某个图表元素，如“图例”，然后右击，弹出快捷菜单和浮动工具栏，如图 4-76 所示。

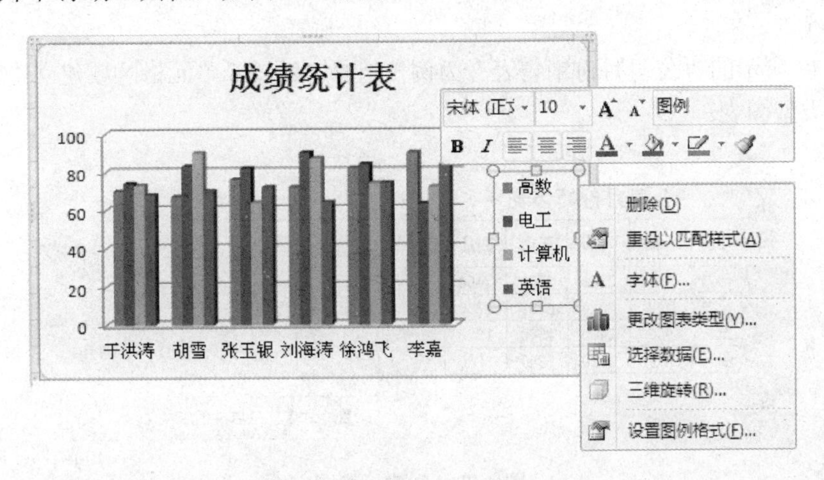

图 4-76　快捷菜单和浮动工具栏

利用浮动工具栏中的工具按钮可以对图例的字体、字号、填充、边框等进行简单设置。

在快捷菜单中包含了这个图表元素的所有编辑选项，选择快捷菜单中的“字体”命令，可以弹出“字体”对话框进行设置；选择快捷菜单中的“设置图例格式”命令，可以弹出“设置图例格式”对话框进行设置。

3. 格式化示例

对图 4-69 所示的图表进行下列格式设置：

（1）设置图表区填充效果为“渐变填充”中的“预设颜色”“雨后初晴”效果。

（2）设置图表区边框颜色为蓝色实线，边框样式为圆角 2 磅。

（3）图表区三维旋转设置：X 为 70°，Y 为 70°。

（4）设置图表区文字为宋体，字号为 11。

（5）设置图例边框颜色为蓝色实线。

（6）设置水平轴文字方向为竖排，垂直轴主要刻度单位为 20。

（7）背景墙用白色填充。

格式化后的图表如图 4-77 所示。

4. 清除格式

如果对格式化的图表效果不满意，可以单击“格式”选项卡中“当前所选内容”命令组的“重设以匹配样式”按钮，清除用户的自定义格式设置，恢复到图表最初的外观

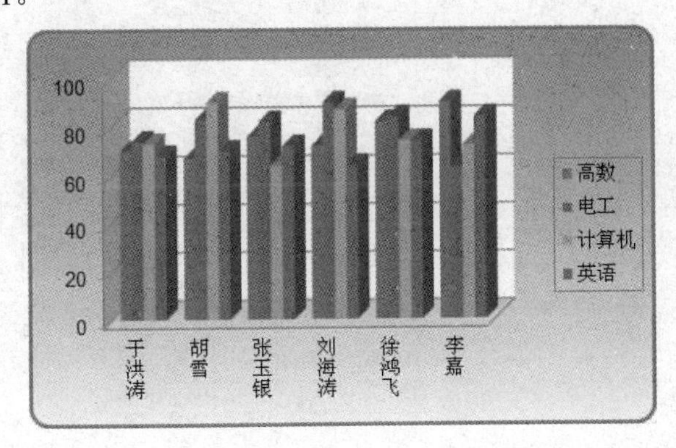

图 4-77　格式化后的图表

样式。

4.5.5 图表分析

使用 Excel 不但可以插入图表，还可以为图表添加趋势线、折线、涨/跌柱线、误差线等辅助线来分析图表。这里以趋势线为例说明辅助线添加方法。

1. 添加趋势线

趋势线指出了数据的发展趋势，有时可以通过趋势线预测出其他的数据。单个系列可以有多个趋势线。

以图 4-78 所示的“公司月份销售表”为例，选择 A2：E6 单元格区域建立“带数据标记的折线图”类型图表。

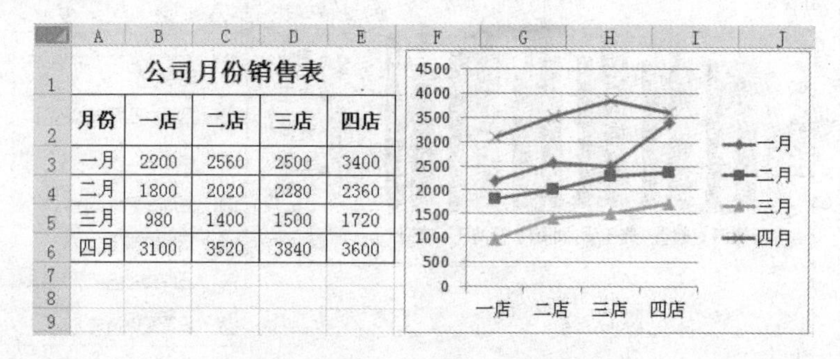

公司月份销售表

月份	一店	二店	三店	四店
一月	2200	2560	2500	3400
二月	1800	2020	2280	2360
三月	980	1400	1500	1720
四月	3100	3520	3840	3600

图 4-78 创建折线图

选择图表中的“一月”数据系列，单击“布局”选项卡→“分析”命令组→“趋势线”按钮，打开“趋势线”下拉列表，选择需要的趋势线类型，如“线性趋势线”，图 4-79（a）所示为数据系列添加趋势线。依次选中“二月”、“三月”、“四月”数据系列，为其添加趋势线。添加效果如图 4-79（b）所示。

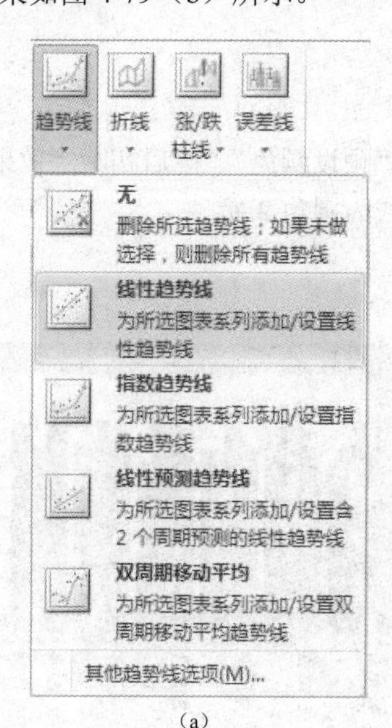

（a）

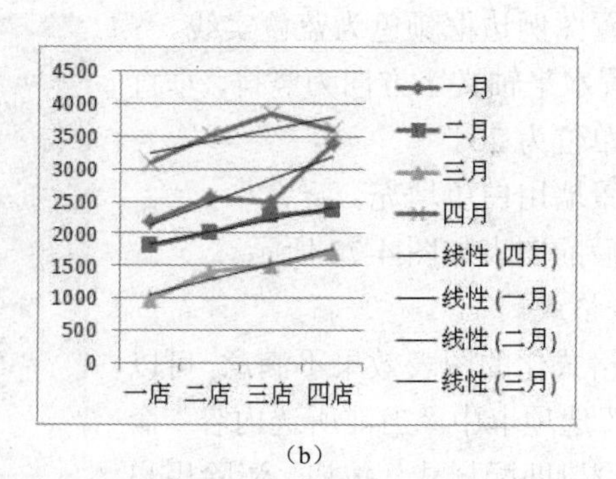

（b）

图 4-79 添加趋势线

注意：如果添加趋势线前没有选择某个数据系列，Excel 会弹出“添加趋势线”对话框。在列表框中，选择需要的数据系列，然后单击“确定”按钮即可。

2. 美化趋势线

可以像格式化图表元素一样对趋势线进行美化。选中要进行美化的趋势线，单击“趋势线”下拉按钮，在打开的下拉列表中选择“其他趋势线选项”命令，弹出“设置趋势线格式”对话框，从中可以定义趋势线名称，选择趋势线的类型，设置线条颜色、线型、阴影、发光和柔化边缘等选项。为了让趋势线更醒目，可将每条趋势线的线型设置为不同的短划线，宽度为 2 磅，效果如图 4-80 所示。

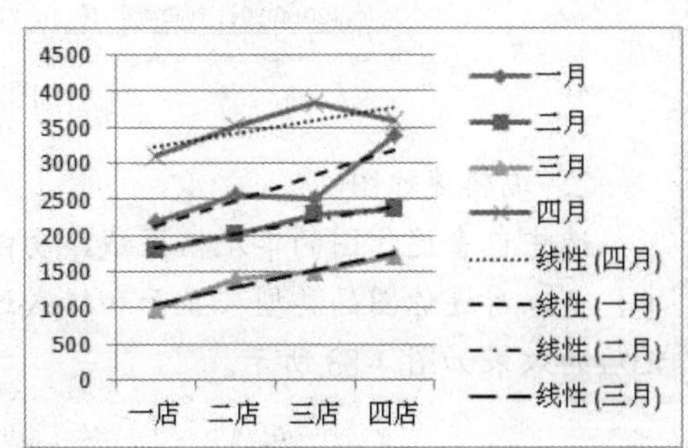

图 4-80　美化趋势线

提示：不是所有的图表类型都能添加趋势线，趋势线适用于簇状柱形图、折线图、带数据标记的折线图、簇状条形图、XY 散点图、气泡图等图表类型。

3. 删除趋势线

选中趋势线后，单击“分析”命令组的“趋势线”下拉按钮，打开“趋势线”下拉列表，选择其中的“无”命令即可删除该趋势线。如果事先没有选择趋势线，该操作将删除图表中的所有趋势线。

技 能 拓 展

创 建 迷 你 图

迷你图是 Excel 2010 中的新功能，可以在一个单元格中创建小型图表来快速呈现数据的变化趋势。迷你图分为折线图、柱形图和盈亏图 3 种形式。

1. 创建迷你图

以“成绩统计表.xlsx”为例，先选择创建迷你图的单元格区域，如 D3:H7 区域，在“插入”选项卡的“迷你图”命令组中单击“柱形图”按钮，弹出“创建迷你图”对话框，如图 4-81 所示。

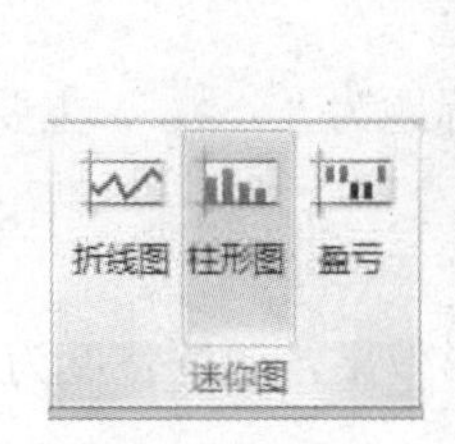

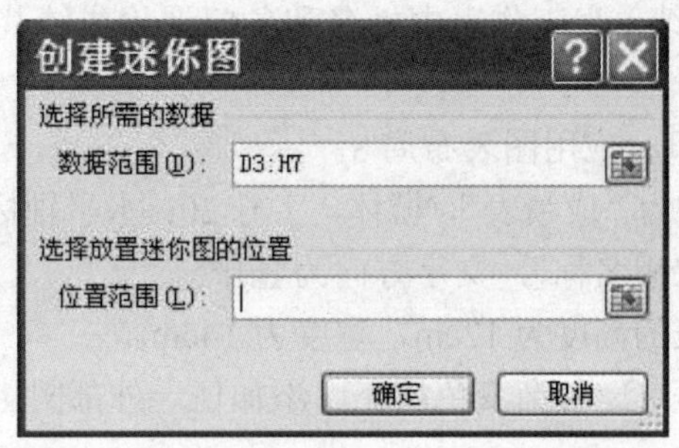

图 4-81　“创建迷你图”对话框

对话框的“数据范围”文本框中已显示了选取的区域，单击“位置范围”文本框右侧的折叠按钮，在工作表中选取迷你图的放置位置，如 I3:I7 区域，单击“确定”按钮，在工作表中可以看到迷你图的效果，如图 4-82 所示。

	A	B	C	D	E	F	G	H	I
1	电自14-1班期末成绩统计表								
2	学号	姓名	性别	高数	电工	计算机	英语	绘图	迷你图
3	20140111	肖莲	女	89	74	92	90	73	
4	20140105	徐鸿飞	男	82	84	74	74	84	
5	20140102	胡雪	女	67	83	90	70	82	
6	20140104	刘海涛	男	72	90	87	64	74	

图 4-82　迷你图

2. 编辑迷你图

选中包含迷你图的单元格区域，功能区出现“迷你图工具”扩展选项卡。在该选项卡中，可以对迷你图的类型、显示和样式进行编辑。将迷你图的类型改为折线图，并显示标记后的效果如图 4-83 所示。

	A	B	C	D	E	F	G	H	I
1	电自14-1班期末成绩统计表								
2	学号	姓名	性别	高数	电工	计算机	英语	绘图	迷你图
3	20140111	肖莲	女	89	74	92	90	73	
4	20140105	徐鸿飞	男	82	84	74	74	84	
5	20140102	胡雪	女	67	83	90	70	82	
6	20140104	刘海涛	男	72	90	87	64	74	

图 4-83　编辑迷你图

3. 删除迷你图

如果不再使用迷你图，可以选择将其清除。先选中迷你图单元格，在“迷你图工具”扩展选项卡的“分组”命令组中单击“清除”按钮，即可删除迷你图。

学生上机操作

打开“成绩统计表.xlsx”，进行如下操作。

1. 选择“成绩单”工作表中姓名和各门课程成绩共 6 列，创建三维簇状条形图，要求如下：

（1）切换行/列，应用图表布局 8。

（2）图表标题为“成绩表”，楷体，字号 20；水平轴标题为“分数”，主要刻度单位为 10；垂直轴标题为“课程名称”，文字方向为竖排。

（3）设置图表的高度为 12cm，宽度为 14cm。

（4）图表区任选一种渐变色填充，添加任一外部阴影效果，边框宽度为 1 磅，边框样式为圆角。

（5）绘图区用茶色填充。

（6）图例位置为底部，边框颜色为实线，发光边缘为任一紫色发光变体。

2. 选择“成绩单”工作表中前 4 位学生的姓名和各门课程成绩，创建二维折线图，要求如下：

（1）显示模拟运算表，不显示网格线。

（2）图表样式为样式 12。

（3）图表区形状样式选择任一强烈效果形状样式。

3．选择姓名和总分 2 列，创建分离型三维饼图，放在新工作表 Chart1 中；添加数据标签，位置居中，显示百分比，字体大小为 20。

4.6　数　据　处　理

学 习 任 务

对考试成绩进行简单分析处理，包括排序、筛选和分类汇总等。

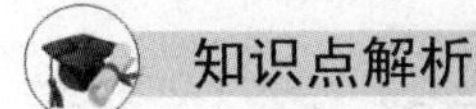

Excel 能完成对数据的排序、筛选、分类汇总等数据分析和处理功能。这些操作要求工作表中的数据是一个数据清单。数据清单的数据由若干列组成，每列的第一行是列标题，每一列的数据类型必须相同。清单中不要有空行、空列或空白单元格，在工作表的数据清单与其他数据之间至少要留出一个空列和一个空行。“成绩单”工作表中的数据就是一个数据清单。

4.6.1　排序

使用 Excel 的排序功能，用户可以根据需要以指定的顺序查看数据清单中的数据，而不用考虑数据输入时的顺序。

用户可以按字母顺序排列姓名列表，按从高到低的顺序查看总分，按单元格颜色或字体颜色或图标对行进行排序。既可以根据一列数据（单个关键字）进行排序，也能根据多列数据（多个关键字）来排序。对数据进行排序有助于快速直观地显示数据并更好地理解数据，有助于组织并查找所需数据。

1．按单个关键字排序

如果要按照某一列数据进行排序，可以使用功能区的排序按钮。具体操作步骤如下：

（1）单击要排序数据列中的任一单元格，如在“成绩单”工作表中单击“高数”列的 D5 单元格。

（2）选择“数据”选项卡，在图 4-84 所示的“排序和筛选”命令组中，单击“升序”按钮，则按高数成绩从小到大排序；若单击“降序”按钮，则按高数成绩从大到小排序。

对文本数据排序时，按照汉字拼音的英文字母排序。“升序”按钮是按照从 A 到 Z 的顺序进行排序，“降序”按钮是按照从 Z 到 A 的顺序进行排序。

工作表中按照高数成绩从小到大排序后的结果如图 4-85 所示。

2．按多个关键字排序

有时按照一列数据进行排序，会遇到该列中某些数据完全或部分相同的情况，这时可弹出“排序”对话框根据多列数据进行排序。例如，在“成绩单”工作表中先按总分降序排列，总分相同的按照高数成绩降序排列，具体步骤如下：

（1）在需要排序的数据清单中，单击任一单元格。

图 4-84 “排序和筛选”组

	A	B	C	D	E	F	G	H	I
2	学号	姓名	性别	高数	电工	计算机	英语	绘图	总分
3	20140110	张瑶瑶	女	63	64	91	70	92	380
4	20140107	潘龙	男	64	89	80	63	89	385
5	20140102	胡雪	女	67	83	90	70	82	392
6	20140101	于洪涛	男	70	74	73	68	85	370
7	20140104	刘海涛	男	72	90	87	64	74	387
8	20140108	王晓阳	男	74	70	67	89	70	370
9	20140103	张玉银	女	76	82	64	72	64	358
10	20140105	徐鸿飞	男	82	84	74	74	84	398
11	20140109	李美红	女	84	68	70	82	68	372
12	20140111	肖莲	女	89	74	92	90	73	418
13	20140106	李嘉	男	90	63	72	84	63	372

图 4-85 按高数成绩从小到大排序

（2）单击“排序和筛选”命令组中的“排序”按钮，弹出“排序”对话框，如图 4-86 所示。

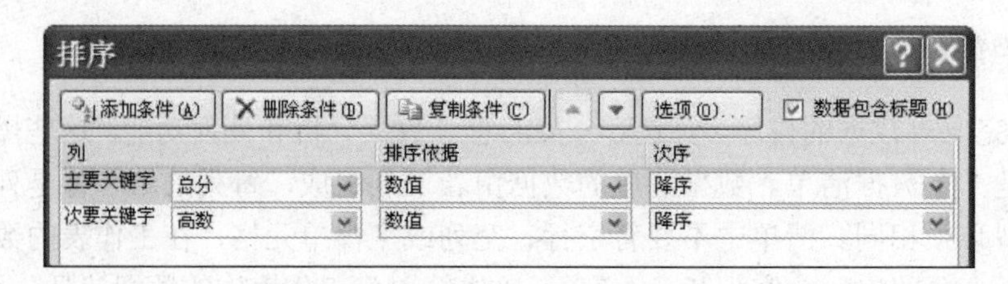

图 4-86 “排序”对话框

（3）在“主要关键字”下拉列表中选择需要排序的主要列，如“总分”；在“排序依据”下拉列表中选择排序依据，如“数值”；然后在“次序”下拉列表中选择该列的排列次序，如“降序”。

（4）设置好主要关键字后，单击对话框中的“添加条件”按钮，对话框中显示“次要关键字”。与设置“主要关键字”方法相同，依次在“次要关键字”、“排序依据”、“次序”下拉列表中选择“高数”、“数值”、“降序”。

若有更多关键字需要排序，则依次单击“添加条件”按钮，并进行相应设置。在 Excel 2010 中，排序条件最多可以设置 64 个关键字。若要删除排序条件，则选中要删除的条件，在“排序”对话框中单击“删除条件”按钮。

Excel 会首先按照主要关键字进行排序，如果主要关键字相同，则按照次要关键字进行排序，如果次要关键字还相同，按照下一个次要关键字排序。

注意：如果数据清单的第一行包含列标题，对话框中“数据包含标题”复选框默认被选中，将该行排除在排序之外。

3. *按单元格颜色或字体颜色排序*

在 Excel 2010 中，可以按照数据清单中单元格区域的填充颜色或字体颜色进行排序。这里以按单元格填充颜色排序为例。

在“成绩单”中，利用条件格式找出高数分数最高的前 5 项，并设置为“浅红色填充”。

（1）在需要排序的数据清单中，单击任一单元格。

（2）单击“排序和筛选”命令组中的“排序”按钮，弹出“排序”对话框，如图 4-87 所示。

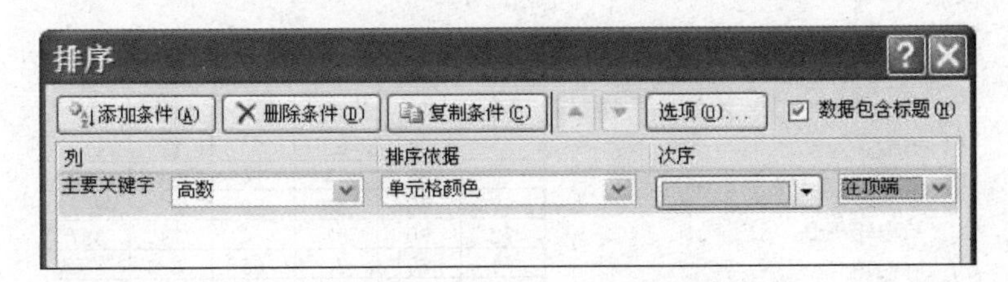

图 4-87 “排序”对话框

（3）在下拉列表中依次选择“主要关键字”为“高数”，“排序依据”为“单元格颜色”，“次序”为“浅红色”、“在顶端”，单击“确定”按钮。排序结果如图 4-88 所示。

	A	B	C	D	E	F	G	H	I
2	学号	姓名	性别	高数	电工	计算机	英语	绘图	总分
3	20140111	肖莲	女	89	74	92	90	73	418
4	20140105	徐鸿飞	男	82	84	74	74	84	398
5	20140106	李嘉	男	90	63	72	84	63	372
6	20140109	李美红	女	84	68	70	82	68	372
7	20140103	张玉银	女	76	82	64	72	64	358
8	20140110	张瑶瑶	女	63	64	91	70	92	380
9	20140102	胡雪	女	67	83	90	70	82	392
10	20140104	刘海涛	男	72	90	87	64	74	387
11	20140107	潘龙	男	64	89	80	63	89	385
12	20140101	于洪涛	男	70	74	73	68	85	370
13	20140108	王晓阳	男	74	70	67	89	70	370

图 4-88 按单元格填充颜色排序结果

提示：利用条件格式中的图标集显示的数据，还可以将图标集作为排序依据进行排序。

4.6.2 数据筛选

筛选功能可以使 Excel 只显示出符合筛选条件的记录，而暂时隐藏其他行。通过对数据清单进行筛选，可以使我们快速寻找和使用数据清单中的数据。Excel 提供了两种筛选方式：自动筛选和高级筛选。自动筛选适用于简单条件的筛选，而高级筛选适用于复杂条件的筛选。

1. 自动筛选

使用 Excel 的自动筛选功能，首先单击数据清单中的任意单元格，选择“数据”选项卡，在“排序和筛选”命令组中单击“筛选”按钮，数据清单中的所有列标题右侧会出现一个下拉按钮。单击下拉按钮，在打开的下拉列表中可以设置、修改或删除筛选条件。

自动筛选既可以根据单列条件筛选，也可以根据多列设置筛选条件，还可以自定义筛选条件。

（1）单列筛选。只设置一列的筛选条件，如在“成绩单”工作表中筛选出女生的记录，单击“性别”列的下拉按钮，在打开的下拉列表中取消选中“全选”复选框，选中“女”复选框，然后单击“确定”按钮，如图 4-89 所示。

筛选结果如图 4-90 所示。

在下拉列表中选择筛选条件后，数据清单中只显示符合条件的记录，同时该列的下拉按钮变成。将鼠标指针移到下拉按钮上，即可显示出对应的筛选条件。

如果需要删除这一列的筛选条件，在该列的下拉列表中选择“从‘性别’中清除筛选”命令，即可取消该列的筛选条件。

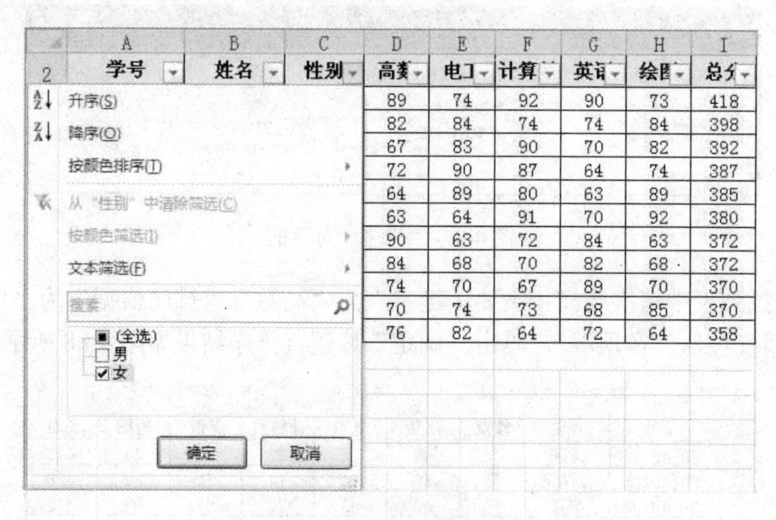

图 4-89　单列筛选

	A	B	C	D	E	F	G	H	I
2	学号	姓名	性别	高数	电工	计算	英语	绘图	总分
3	20140111	肖莲	女	89	74	92	90	73	418
6	20140109	李美红	女	84	68	70	82	68	372
7	20140103	张玉银	女	76	82	64	72	64	358
8	20140110	张瑶瑶	女	63	64	91	70	92	380
9	20140102	胡雪	女	67	83	90	70	82	392

图 4-90　筛选出女生的记录

（2）多列筛选。每一个列标题都可以设定筛选条件，它们之间是“逻辑与”的关系，即筛选结果为同时符合每个条件的记录。例如，筛选出女生的英语成绩等于 70 分的记录，在筛选出女生的记录后，用同样的方法在“英语”列下拉列表中，取消选中“全选”复选框，选中“70”复选框，然后单击“确定”按钮。筛选结果如图 4-91 所示。

	A	B	C	D	E	F	G	H	I
2	学号	姓名	性别	高数	电工	计算	英语	绘图	总分
8	20140110	张瑶瑶	女	63	64	91	70	92	380
9	20140102	胡雪	女	67	83	90	70	82	392

图 4-91　筛选出女生的英语成绩等于 70 分的记录

（3）自定义筛选。如果需要对文本列进行模糊筛选，或者根据数值范围对数字列进行筛选，可以使用自定义筛选，在“自定义自动筛选方式”对话框中设置筛选条件。

1）文本筛选。文本筛选可以使用模糊筛选或通配符筛选来设置条件。

如果要筛选出姓张的学生的记录，可以使用模糊筛选。单击“姓名”列的下拉按钮，在打开的下拉列表中选择“文本筛选”命令，弹出的级联菜单中包括“等于”、“不等于”、“开头是”、“包含”等模糊筛选命令；选择“开头是”命令，如图 4-92 所示。

弹出“自定义自动筛选方式”对话框，在“开头是”后的文本框中输入“张”，单击“确定”按钮，如图 4-93 所示。筛选结果如图 4-94 所示。

如果要筛选出名字是两个字的姓李的学生的记录，可以使用通配符来设置筛选条件。单

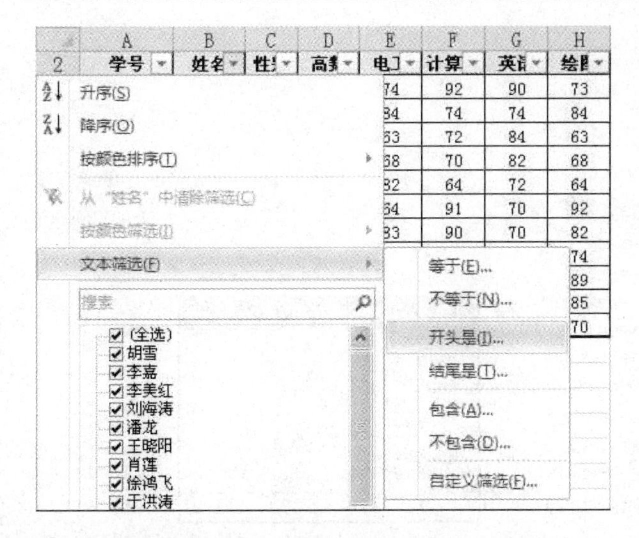

图 4-92　筛选下拉列表

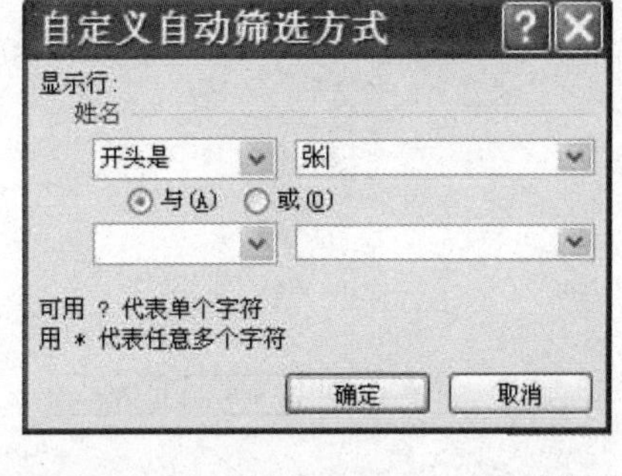

图 4-93 “自定义自动筛选方式”对话框（一）

击“姓名”列的下拉按钮，在打开的下拉列表中依次选择“文本筛选”→“等于”命令，弹出“自定义自动筛选方式”对话框，如图 4-95 所示。

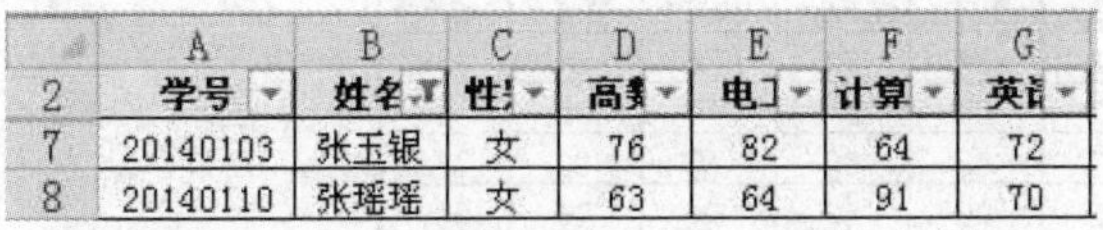

	A	B	C	D	E	F	G
2	学号	姓名	性	高	电	计算	英
7	20140103	张玉银	女	76	82	64	72
8	20140110	张瑶瑶	女	63	64	91	70

图 4-94　筛选出姓张的学生记录

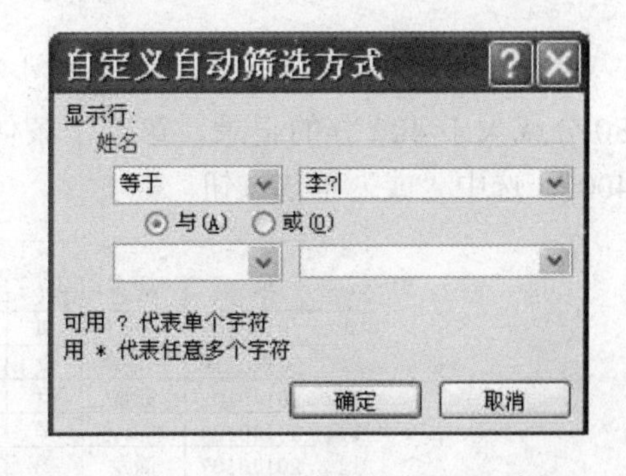

图 4-95 “自定义自动筛选方式”对话框（二）

在“等于”后的文本框中输入“李?”，单击“确定”按钮。筛选结果如图 4-96 所示。

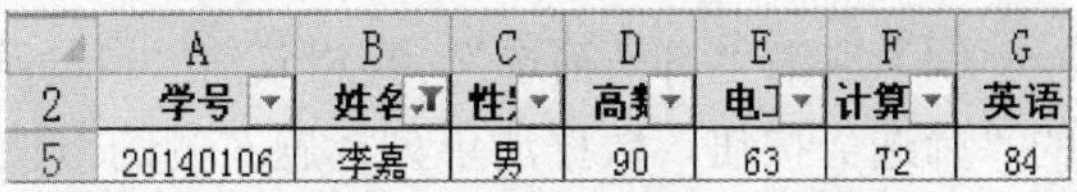

	A	B	C	D	E	F	G
2	学号	姓名	性	高	电	计算	英语
5	20140106	李嘉	男	90	63	72	84

图 4-96　筛选出名字是两个字的姓李的学生的记录

提示：在设置自动筛选的自定义条件时，可以使用通配符。其中问号“?”代表任意单个字符，星号“*”代表任意多个字符。“?”和“*”要用英文标点输入。

2）数字筛选。数字筛选可以在数字列根据需要设置各种数字范围的筛选条件。

如果要筛选出总分在 380～400 的学生数据，单击“总分”列的下拉按钮，在打开的下拉列表中选择“数字筛选”命令，弹出的级联菜单中包括“等于”、“不等于”、“大于”、“介于”等范围筛选命令，选择“介于”命令，弹出“自定义自动筛选方式”对话框，如图 4-97 所示。

可以使用比较运算符来定义筛选条件，同一个列可以设置两个条件，它们是“逻辑与”或“逻辑或”的关系。

“逻辑与”表示两个条件同时成立的记录才被筛选。例如，要选出“总分”在 380～400 的记录，第一个条件设为“大于或等于”、“380”，第二个条件设为“小于或等于”、“400”，此时应选中“与”单选按钮；最后单击“确定”按钮，筛选结果如图 4-98 所示。

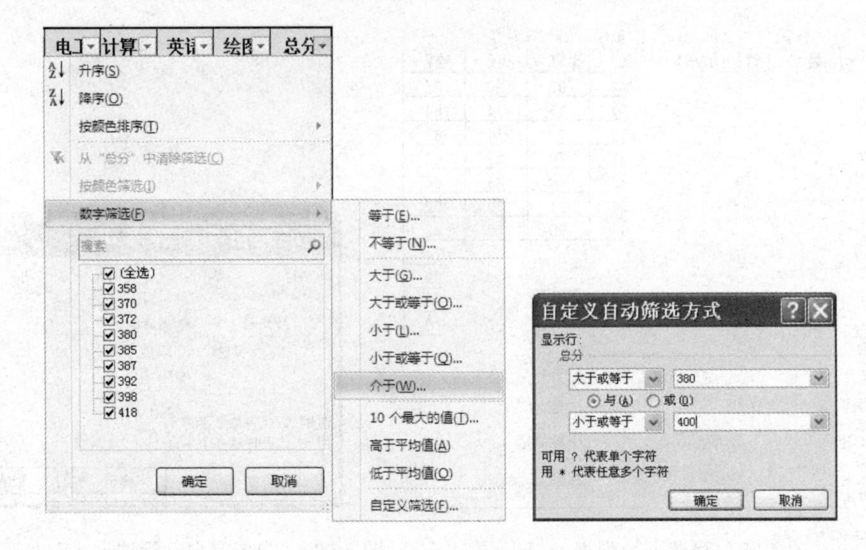

图 4-97　自定义数字筛选

提示："逻辑或"表示两个条件至少有一个成立的记录被筛选。例如，要选出总分小于380 分或大于 400 分的记录，第一个条件设为"小于"、"380"，第二个条件设为"大于"、"400"，选中"或"单选按钮。

	A	B	C	D	E	F	G	H	I
2	学号	姓名	性别	高数	电工	计算	英语	绘图	总分
4	20140105	徐鸿飞	男	82	84	74	74	84	398
8	20140110	张瑶瑶	女	63	64	91	70	92	380
9	20140102	胡雪	女	67	83	90	70	82	392
10	20140104	刘海涛	男	72	90	87	64	74	387
11	20140107	潘龙	男	64	89	80	63	89	385

图 4-98　筛选总分在 380～400 的数据

（4）取消"自动筛选"。要想取消"自动筛选"功能，再次单击"排序和筛选"命令组中的"筛选"按钮，数据清单列标题右侧的下拉按钮就会消失。

2. 高级筛选

高级筛选可以给多列设置复杂的筛选条件。

在使用高级筛选功能前，应先建立一个条件区域。条件区域用来指定筛选的数据需要满足的条件。条件区域和数据清单之间要间隔一个以上的空行或空列。

例如，筛选出计算机成绩大于 85 分或者总分大于 400 分的学生记录。在条件区域的第一行 K3:L3 区域输入要筛选的列标题名称"计算机"和"总分"，在下一行 K4 单元格输入计算机列筛选条件：">=85"，在第三行 L5 单元格输入总分列筛选条件">400"，建立一个条件区域，如图 4-99 所示。

	A	B	C	D	E	F	G	H	I	J	K	L
2	学号	姓名	性别	高数	电工	计算机	英语	绘图	总分			
3	20140111	肖莲	女	89	74	92	90	73	418			
8	20140110	张瑶瑶	女	63	64	91	70	92	380		计算机	总分
9	20140102	胡雪	女	67	83	90	70	82	392		>=85	
10	20140104	刘海涛	男	72	90	87	64	74	387			>400

图 4-99　高级筛选结果

提示：设置高级筛选的条件区域时应注意：高级筛选的条件区域至少有两行，第一行是列标题名，下面的行设置筛选条件，这里的列标题名一定要与数据清单中的列标题名完全一致；在条件区域的筛选条件设置中，同一行上的条件是逻辑“与”关系，不同行上的条件是逻辑“或”关系。

选中数据清单中的任一单元格，单击“排序和筛选”命令组中的“高级”按钮，弹出“高级筛选”对话框，如图 4-100 所示。

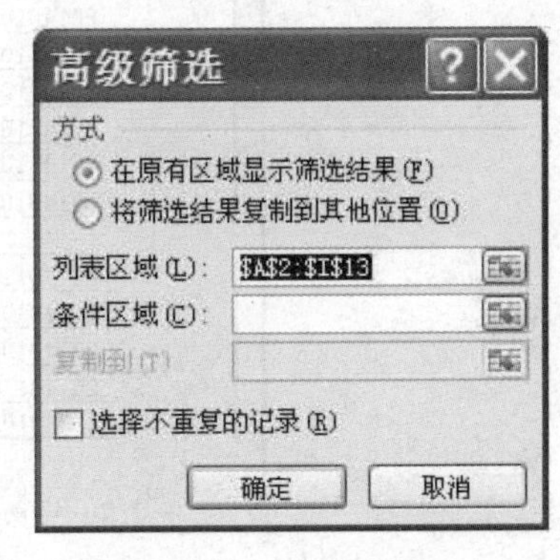

图 4-100　高级筛选设置

Excel 自动选择筛选的区域，单击“条件区域”文本框后的折叠按钮，选中刚才设置的条件区域，返回“高级筛选”对话框，单击“确定”按钮，筛选结果如图 4-99 所示。

提示：筛选结果默认显示在原有区域，如果在“高级筛选”对话框中选中“将筛选结果复制到其他位置”单选按钮，单击“复制到”文本框后的折叠按钮，选择放置筛选结果的单元格区域，单击“确定”按钮后，筛选的结果将复制到所选的单元格区域中。

4.6.3　分类汇总

分类汇总是指按数据清单的某一列进行分类，把该列中值相同的记录放在一起，再对这些记录的其他列进行求和、计数等汇总运算。例如，把学生按班级分类，统计各班级各门课程的平均成绩等。分类汇总的结果是在数据清单中插入汇总行，显示汇总结果，并自动在数据清单底部插入一个总计行。

1. 建立分类汇总

以在“成绩统计表”中按性别统计总分的平均值为例。

（1）按分类列进行排序，在数据清单中按“性别”升序排序，把相同性别的记录放在一起。

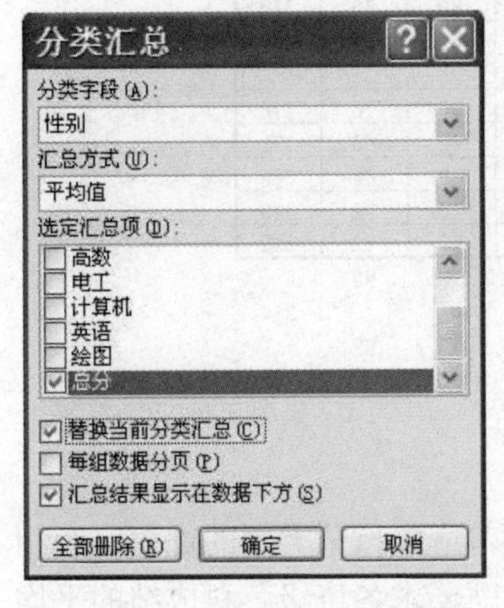

图 4-101　“分类汇总”对话框

（2）在“数据”选项卡中，单击“分级显示”命令组中的“分类汇总”按钮，弹出图 4-101 所示的“分类汇总”对话框。

（3）在“分类字段”下拉列表中选择进行分类的列标题，选定的列应与第一步中进行排序的列相同，这里选择“性别”。

（4）在“汇总方式”下拉列表中选择所需的数据汇总方式，这里共有求和、计数、平均值、最大值、乘积、方差等 11 种汇总函数，这里选择“平均值”，用以计算总分的平均值。

（5）在“选定汇总项”下拉列表中选择要进行分类汇总的列，可以选择多个列标题，这里选择“总分”。

（6）单击“确定”按钮，得到图 4-102 所示的按性别分类统计各门课程平均成绩的汇总结果。

如果在“分类汇总”对话框中选中“每组数据分页”复选框，Excel 将自动在每组数据后插入分页符，打印输出时每组数据单独打印在一页上。

2. 建立多重分类汇总

如果一种汇总方式不能满足需要，可以使用多重分类汇总的方式。例如，“成绩单”中，在按性别统计总分的平均值的基础上，再按性别统计各门课程的最高分。

	A	B	C	D	E	F	G	H	I
1			电自14-1班期末成绩统计表						
2	学号	姓名	性别	高数	电工	计算机	英语	绘图	总分
3	20140105	徐鸿飞	男	82	84	74	74	84	398
4	20140106	李嘉	男	90	63	72	84	63	372
5	20140104	刘海涛	男	72	90	87	64	74	387
6	20140107	潘龙	男	64	89	80	63	89	385
7	20140101	于洪涛	男	70	74	73	68	85	370
8	20140108	王晓阳	男	74	70	67	89	70	370
9			男 平均值						380.33
10	20140111	肖莲	女	89	74	92	90	73	418
11	20140109	李美红	女	84	68	70	82	68	372
12	20140103	张玉银	女	76	82	64	72	64	358
13	20140110	张瑶瑶	女	63	64	91	70	92	380
14	20140102	胡雪	女	67	83	90	70	82	392
15			女 平均值						384
16			总计平均值						382

图 4-102 分类汇总结果

单击分类汇总数据区域内任意一个单元格，弹出“分类汇总”对话框。在“分类汇总”对话框中，“分类字段”选择“性别”，“汇总方式”选择“最大值”，“选定汇总项”选择“高数”、“电工”、“计算机”、“英语”、“绘图”，取消选中“替换当前分类汇总”复选框，单击“确定”按钮，汇总结果如图 4-103 所示。

	A	B	C	D	E	F	G	H	I
1			电自14-1班期末成绩统计表						
2	学号	姓名	性别	高数	电工	计算机	英语	绘图	总分
3	20140105	徐鸿飞	男	82	84	74	74	84	398
4	20140106	李嘉	男	90	63	72	84	63	372
5	20140104	刘海涛	男	72	90	87	64	74	387
6	20140107	潘龙	男	64	89	80	63	89	385
7	20140101	于洪涛	男	70	74	73	68	85	370
8	20140108	王晓阳	男	74	70	67	89	70	370
9			男 最大值	90	90	87	89	89	
10			男 平均值						380.33
11	20140111	肖莲	女	89	74	92	90	73	418
12	20140109	李美红	女	84	68	70	82	68	372
13	20140103	张玉银	女	76	82	64	72	64	358
14	20140110	张瑶瑶	女	63	64	91	70	92	380
15	20140102	胡雪	女	67	83	90	70	82	392
16			女 最大值	89	83	92	90	92	
17			女 平均值						384
18			总计最大值	90	90	92	90	92	
19			总计平均值						382

图 4-103 多重分类汇总结果

提示：如果要对数据清单以不同的分类方式进行多重汇总，应先按分类项的优先级对相关字段排序，再按分类项的优先级进行多次分类汇总。例如，既要求各班级各科成绩的平均分，又要查看各班男女生的总分最高分。首先要弹出“排序”对话框，设置“班级”为主要关键字，“性别”为次要关键字；然后建立分类字段为“班级”的统计各科成绩平均分的分类汇总，再进行分类字段为“性别”的统计总分最高分的分类汇总，并在“分类汇总”对话框中取消选中“替换当前分类汇总”复选框，即可创建多重分类汇总。

3. 数据分级显示

设置分类汇总后，数据清单中的数据将分级显示。工作表窗口左侧出现分级显示区，上部有分级显示按钮，可以对数据的显示进行控制。在使用一级分类汇总的数据清单中，数据分三级显示，两重分类汇总的数据清单中，数据分四级显示 1 2 3 4 。单击四级分级显示区上方的 1 按钮，只显示数据清单中的列标题和总计结果；单击 2 按钮显示一级分类汇总结果和总计结果；单击 3 按钮显示所有汇总结果和总计数据，如图 4-104 所示。单击 4 按钮显示所有的详细数据。分级显示区中的 + 按钮和 - 按钮用于展开和折叠数据。

	A	B	C	D	E	F	G	H	I
1	电自14-1班期末成绩统计表								
2	学号	姓名	性别	高数	电工	计算机	英语	绘图	总分
9			男 最大值	90	90	87	89	89	
10			男 平均值						380.33
16			女 最大值	89	83	92	90	92	
17			女 平均值						384
18			总计最大值	90	90	92	90	92	
19			总计平均值						382

图 4-104　分级显示数据

数据清单的分级显示可以控制。在“数据”选项卡中，“分级显示”命令组中的“创建组”按钮可以在数据清单中新建分级显示，用于查看数据；单击“取消组合”下拉按钮，在打开的下拉列表中选择“清除分级显示”命令，可以删除分级显示。

4. 删除分类汇总

如果不再需要分类汇总数据，可以将其删除。单击分类汇总数据区域内任意一个单元格，在“数据”选项卡中，单击“分级显示”命令组中的“分类汇总”按钮，弹出“分类汇总”对话框，单击“全部删除”按钮，数据表即恢复到原来状态。

4.6.4　合并计算

Excel 的合并计算功能可以汇总或者合并多个数据源区域中的数据。其具体方法有两种：一是按类别合并计算，另一种是按位置合并计算。

合并计算的数据区域可以是同一工作表中的不同单元格区域，也可以是同一工作簿中不同工作表中的数据，还可以是不同工作簿中的工作表数据。

进行合并计算前，先选中一个单元格，作为合并计算后结果的存放起始位置，然后使用“合并计算”对话框完成合并计算过程。以图 4-105 所示的工作表数据为例，在 Sheet1 和 Sheet2 工作表中分别是超市一、二月份的销售表，计算这两个月的销售总计，并将结果存放在 Sheet3 工作表中。注意两张表的列标题相同，行标题稍有不同。

	A	B	C	D	E
1	超市一月份销售表				
2	月份	食品	日用品	小家电	文具
3	一店	2200	1800	2980	1100
4	二店	2560	2020	4400	1520
5	三店	2500	2280	3500	1840
6	四店	1400	2360	3720	980
7					

Sheet1　Sheet2　Sheet3

	A	B	C	D	E
1	超市二月份销售表				
2	月份	食品	日用品	小家电	文具
3	一店	2400	2300	2080	1420
4	二店	2150	2020	2290	1350
5	三店	2860	2670	3050	1100
6	五店	1120	1960	3910	950
7					

Sheet1　Sheet2　Sheet3

图 4-105　合并计算示例

1. 按类别合并计算

选中 Sheet3 工作表 A2 单元格，在“数据”选项卡的“数据工具”命令组中，单击“合并计算”按钮，弹出“合并计算”对话框，如图 4-106 所示。

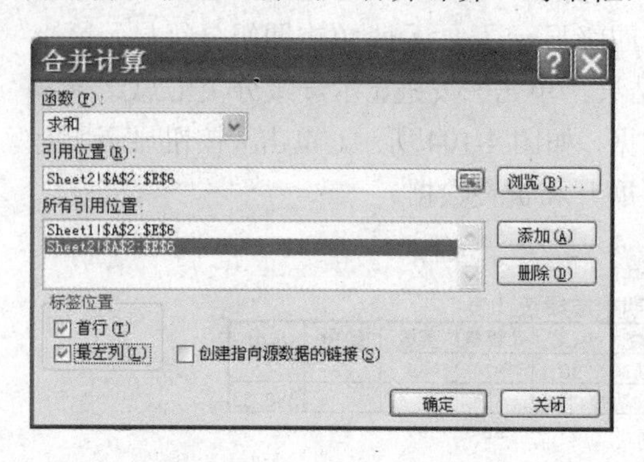

图 4-106 “合并计算”对话框

单击“引用位置”文本框后的折叠按钮，返回工作表界面，单击 Sheet1 工作表标签，选中 Sheet1 的 A2:E6 单元格区域，单击对话框的展开按钮，在对话框的“引用位置”文本框中出现选择的区域“Sheet1!$A$2：$E$6”，单击“添加”按钮，该区域地址显示在“所有引用位置”列表框中，使用同样的方法将 Sheet2 的 A2:E6 单元格区域添加到“所有引用位置”列表框中；同时选中“标签位置”中的“首行”和“最左列”复选框，然后单击“确定”按钮，即可生成合并计算结果表，如图 4-107 所示。只有行标题相同的数据进行了合并计算。

提示：（1）合并方式默认是求和，可根据需要选择平均值、计数、最大值等其他合并方式。

（2）在使用按类别合并的功能时，数据源区域必须包含行或列标题，并且在“合并计算”对话框的“标签位置”选项组中选中相应的复选框。

（3）使用按类别合并的功能时，不同的行或列的数据根据标题进行分类合并。相同标题的数据合并成一条记录，不同标题的数据则形成多条记录。最后的合并结果包含数据源区域中的所有行标题或列标题。

	A	B	C	D	E
1					
2		食品	日用品	小家电	文具
3	一店	4600	4100	5060	2520
4	二店	4710	4040	6690	2870
5	三店	5360	4950	6550	2940
6	四店	1400	2360	3720	980
7	五店	1120	1960	3910	950
8					

Sheet1 Sheet2 Sheet3

图 4-107 按类别合并计算结果

（4）合并的结果表中包含行/列标题，但在同时选中“首行”和“最左列”复选框时，所生成的合并结果表会缺失第一列的列标题。

2. 按位置合并计算

按数据表的数据位置进行合并计算，是在按类别合并计算的步骤中取消选中“首行”复选框和“最左列”复选框，合并后的结果如图 4-108 所示。

	A	B	C	D	E
1					
2					
3		4600	4100	5060	2520
4		4710	4040	6690	2870
5		5360	4950	6550	2940
6		2520	4320	7630	1930
7					

Sheet1 Sheet2 Sheet3

图 4-108 按位置合并计算结果

按位置合并计算时，Excel 不核对多个数据源表的行/列标题是否相同，而是将相同位置上的数据进行简单的合并计算。这种合并方式适合多个数据源表结构完全相同的情况。若数据源表结构不同，合并结果可能无意义。

4.6.5 模拟分析

在工作表中输入公式后，如果要查看改变公式中的某些值对公式运算结果的影响，可以使用模拟分析。

Excel 2010 提供了 3 种模拟分析工具：方案、模拟运算表和单变量求解。

方案和模拟运算表根据各组的输入值来确定可能的结果。模拟运算表仅可以处理一个或两个变量，但可以接受这些变量的众多不同的值。一个方案可具有多个变量，但它最多只能容纳 32 个值。这里介绍模拟运算表的用法。

1. 模拟运算表

模拟运算表实际上是一个单元格区域，它可以利用列表的形式显示公式中某些参数的变化对计算结果的影响。根据公式中可变参数的个数，有两种类型的模拟运算表：单变量模拟运算表和双变量模拟运算表。单变量模拟运算表中，用户可以对一个变量输入不同的值，查看它对一个或多个公式的影响。双变量模拟运算表中，用户对两个变量输入不同的值，查看它对一个公式的影响。

（1）单变量模拟运算。对一个变量设置不同的值，查看其对一个或者多个公式的影响。当对公式中的一个变量以不同值替换时，这一过程将生成一个显示其结果的数据表格。我们既可使用面向列的模拟运算表，也可使用面向行的模拟运算表。

例如，在图 4-109 所示的工作表中，出口商品的月交易额=出口商品单价*每次交易数量*每月交易数量*美元汇率，假如美元汇率分别为 6.98、6.88、6.78、6.68、6.58、6.48，其他条件不变时，出口商品的月交易额会怎样变动？我们在 D 列输入不同的美元汇率，在 E 列将显示对应的月交易额。操作步骤如下：

1）在 D 列的 D3:D8 单元格内，输入要改变的美元汇率值的序列；在 E2 单元格中，输入月交易额计算公式，也可以直接输入“=B6”，如图 4-109 所示。

	A	B	C	D	E
1	单变量模拟运算表				
2	出口商品单价	￥ 19.80			￥ 590,426.5
3	每次交易数量	124		6.98	
4	每月交易数量	36		6.88	
5	美元汇率	6.68		6.78	
6	月交易额	￥590,426.5		6.68	
7				6.58	
8				6.48	
9					

图 4-109　单变量模拟运算示例

2）选定包含公式和替换值序列的 D2:E8 矩形区域，单击“数据”选项卡中“数据工具”命令组的“模拟分析”按钮，在打开的下拉列表中选择“模拟运算表”命令，弹出图 4-110 所示的对话框。

3）在“输入引用列的单元格”文本框中，输入可变单元格地址，这里输入公式中美元汇率所在的“B5”单元格。所谓引用列的单元格，即模拟运算表的模拟数据（D 列数据）要代替公式中的单元格地址。单击“确定”按钮后，Excel 就分别用 D3:D8 区域的美元汇率值替换 B5 单元格中的值，并且把公式的运算结果显示在每一个输入值的右侧，运算结果如图 4-111 所示。使用基于行的模拟运算表的过程和列类似。

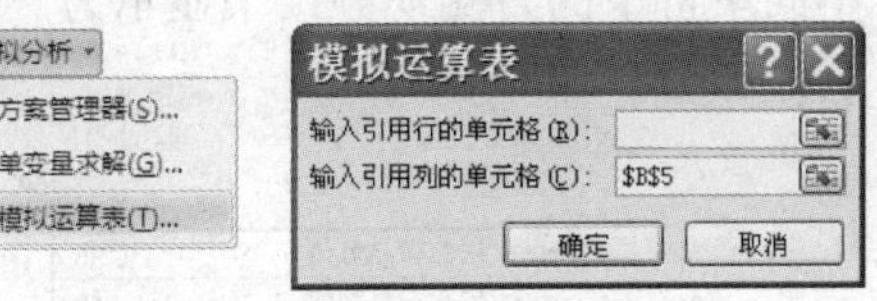

图 4-110 “模拟运算表”对话框

（2）双变量模拟运算。双变量模拟运算可以帮助用户同时分析两个因素对最终结果的影响。例如，上例中如果美元汇率和出口商品单价都发生变化，出口商品的月交易额会怎样变动？

我们在 D 列输入不同的美元汇率，在第 2 行输入出口商品单价的不同取值。Excel 将在与行列对应的区域生成一个显示其结果的数据表格，显示不同的月交易额。操作步骤如下：

1）在 D 列的 D3:D8 单元格区域内，输入要改变的美元汇率值的序列；在 E2:G2 单元格区域输入出口商品单价序列，在 D 列和第 2 行的交叉位置 D2 单元格内输入月交易额计算公式，也可以直接输入“=B6”，如图 4-112 所示。

	A	B	C	D	E
1	单变量模拟运算表				
2	出口商品单价	￥ 19.80			￥ 590,426.5
3	每次交易数量	124		6.98	￥ 616,942.7
4	每月交易数量	36		6.88	￥ 608,103.9
5	美元汇率	6.68		6.78	￥ 599,265.2
6	月交易额	￥590,426.5		6.68	￥ 590,426.5
7				6.58	￥ 581,587.8
8				6.48	￥ 572,749.1

图 4-111 单变量模拟运算结果

	A	B	C	D	E	F	G
1	双变量模拟运算表						
2	出口商品单价	￥ 19.80		￥ 590,426.5	￥ 18.80	￥ 19.80	￥ 20.80
3	每次交易数量	124		6.98			
4	每月交易数量	36		6.88			
5	美元汇率	6.68		6.78			
6	月交易额	￥590,426.5		6.68			
7				6.58			
8				6.48			

图 4-112 双变量模拟运算示例

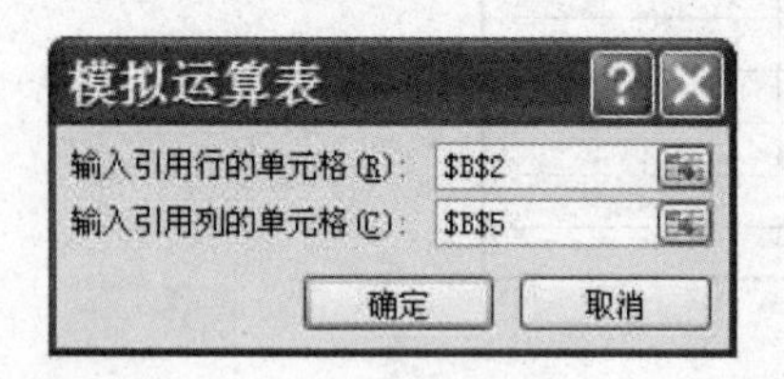

图 4-113 “模拟运算表”对话框

2）选定包含公式和替换值行和列的 D2:G8 矩形区域，单击“数据”选项卡中“数据工具”命令组的“模拟分析”按钮，在打开的下拉列表中选择“模拟运算表”命令，弹出图 4-113 所示的对话框。

3）在“输入引用行的单元格”文本框中，输入可变单元格的地址“B2”；在“输入引用列的单元格”文本框中，输入“B5”。单击“确定”按钮后，Excel 就会替换输入单元格中的所有值，且把不同汇率和不同单价下的月交易额结果显示为一个表格，如图 4-114 所示。

	A	B	C	D	E	F	G
1	双变量模拟运算表						
2	出口商品单价	￥ 19.80		￥ 590,426.5	￥ 18.80	￥ 19.80	￥ 20.80
3	每次交易数量	124		6.98	￥ 585,783.9	￥ 616,942.7	￥ 648,101.4
4	每月交易数量	36		6.88	￥ 577,391.6	￥ 608,103.9	￥ 638,816.3
5	美元汇率	6.68		6.78	￥ 568,999.3	￥ 599,265.2	￥ 629,531.1
6	月交易额	￥590,426.5		6.68	￥ 560,607.0	￥ 590,426.5	￥ 620,246.0
7				6.58	￥ 552,214.7	￥ 581,587.8	￥ 610,960.9
8				6.48	￥ 543,822.3	￥ 572,749.1	￥ 601,675.8

图 4-114 双变量模拟运算结果

2. 单变量求解

单变量求解与方案和模拟运算表的工作方式不同，它根据结果来确定生成该结果的可能的输入值，即如果已知单个公式的预测结果，而用于确定此公式结果的输入值未知，则可以使用单变量求解功能。

假设学生的课程总评成绩计算方法为平时成绩占 20%、期中成绩占 30%，期末成绩占 50%。已知学生的平时成绩和期中成绩，如果学生的总评成绩要达到 90 分，期末成绩至少需要考多少分？

按照总评成绩计算方法，在图 4-115 所示工作表的 C5 单元格内输入公式“=C2*0.2+C3*0.3+C4*0.5”，按 Enter 键确认，结果如图 4-115 所示。

在“数据”选项卡中“数据工具”命令组中单击“模拟分析”按钮，在打开的下拉列表中选择“单变量求解”命令，弹出“单变量求解”对话框，如图 4-116 所示。

C5　=C2*0.2+C3*0.3+C4*0.5

	A	B	C	D	E
1					
2		平时成绩	88		
3		期中成绩	92		
4		期末成绩			
5		总评成绩	45.2		
6					

图 4-115　单变量求解示例

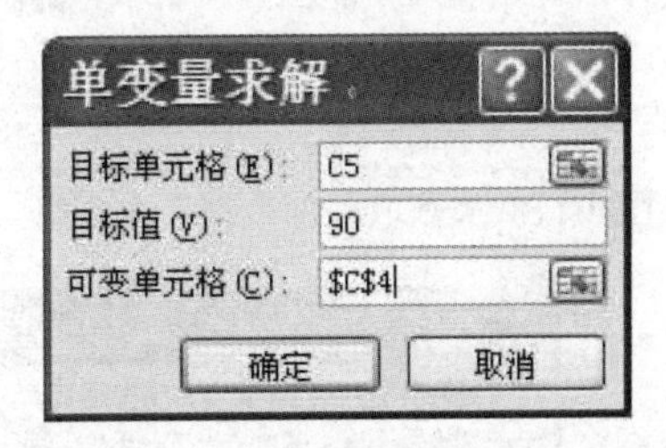

图 4-116　“单变量求解”对话框

设置目标单元格为 C5，目标值为 90，可变单元格为 C4，如图 4-116 所示，单击“确定”按钮，弹出“单变量求解状态”对话框，提示用户已经求得一个解使得目标值为 90，单击对话框中的“确定”按钮，计算结果如图 4-117 所示。

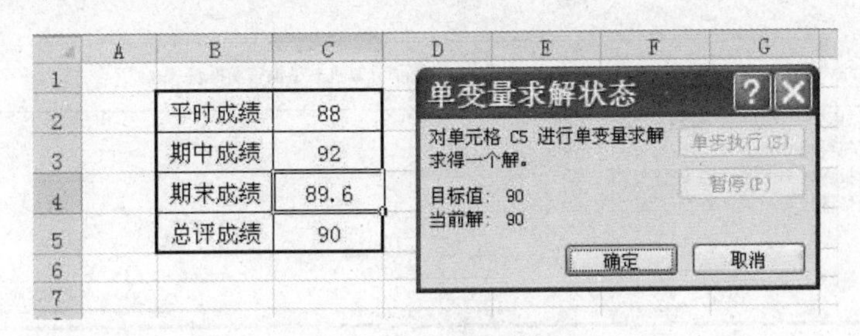

图 4-117　单变量求解结果

4.6.6　获取外部数据

在 Excel 2010 中，可以将 Access 数据库、文本文件、网页、SQL Server 等多种数据格式转换到 Excel 工作表中，这样就可以利用 Excel 对数据进行整理和分析。

选择“数据”选项卡，通过“获取外部数据”命令组中的相应命令，如图 4-118 所示，即可将相应格式的数据导入 Excel 工作表中。下面以导入文本文件为例说明操作步骤。

桌面上有文本文件“计算机书籍销售周报表.txt”，各数据项以“，”间隔，如图 4-119 所示。导入 Excel 操作步骤如下：

（1）新建工作簿，在“Sheet1”工作表中，单击“获取外部数据”命令组中的“自文本”按钮，弹出“导入文本文件”对话框。查找到要导入的文件，单击“导入”按钮。

（2）弹出“文本导入向导－第 1 步，共 3 步”对话框，如图 4-120 所示。Excel 根据所选文件自动判断原始数据类型为“分隔符号”，“导入起始行”文本框中的数值默认为 1，在对话框的预览框中，可以看到要导入的数据，单击“下一步”按钮。

（3）弹出“文本导入向导－第 2 步，共 3 步”对话框，如图 4-121 所示。在此选择文本文件的数据分隔符号为“逗号”，在预览窗口里可看到数据分列的效果，单击“下一步”按钮。

图 4-118 “获取外部数据”命令组

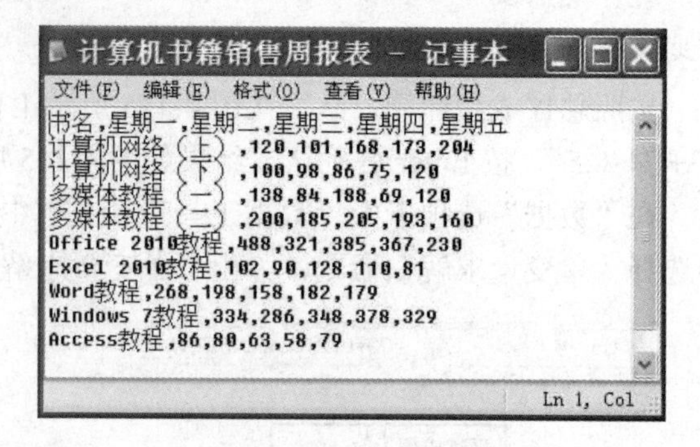

图 4-119 文本文件

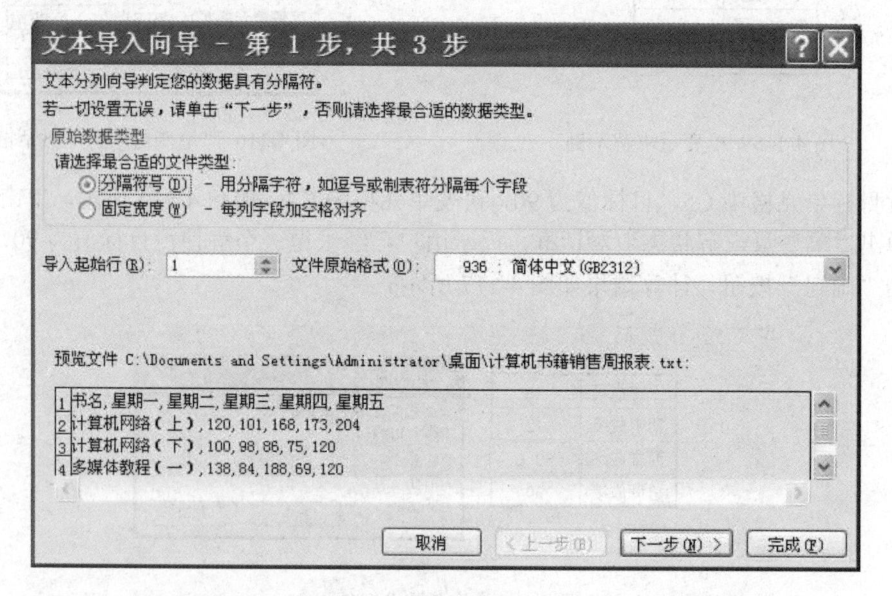

图 4-120 “文本导入向导－第 1 步，共 3 步”对话框

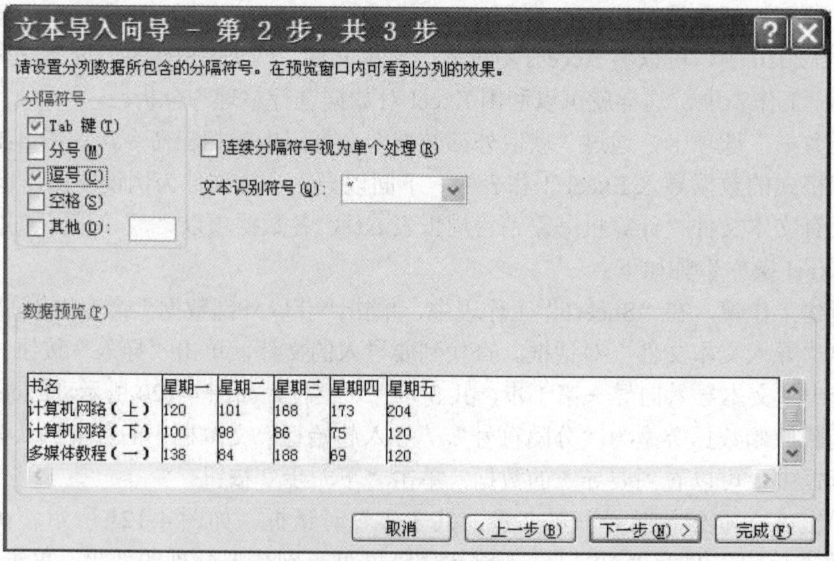

图 4-121 “文本导入向导－第 2 步，共 3 步”对话框

（4）弹出“文本导入向导－第 3 步，共 3 步”对话框，设置各列的数据格式，如图 4-122 所示。选中第一列，将“列数据格式”设置成“文本”，其他列保持“常规”格式不变。如果有不需要导入的列，选定该列后，在“列数据格式”中选中“不导入此列（跳过）”单选按钮，单击“完成”按钮。

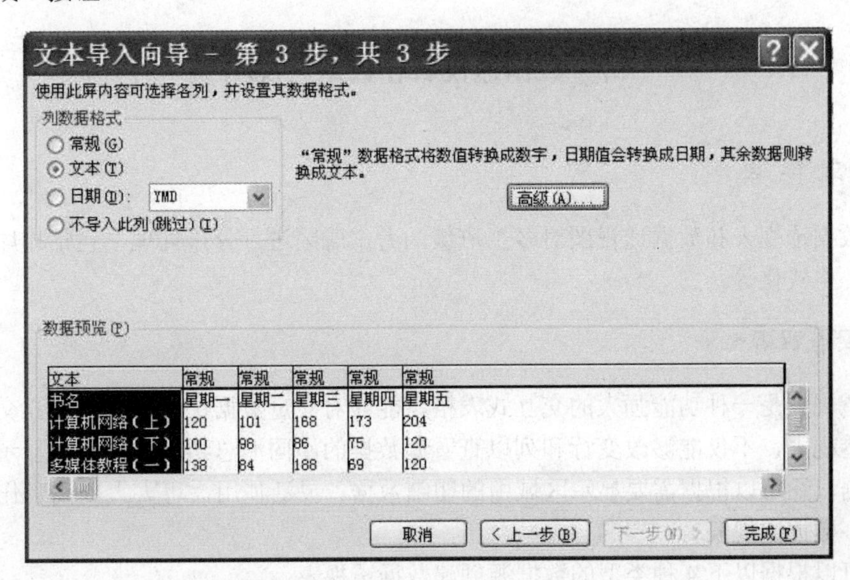

图 4-122 “文本导入向导－第 3 步，共 3 步”对话框

（5）弹出“导入数据”对话框，如图 4-123 所示。

（6）设置好导入数据的存放位置后，单击“确定”按钮，数据导入成功，如图 4-124 所示。

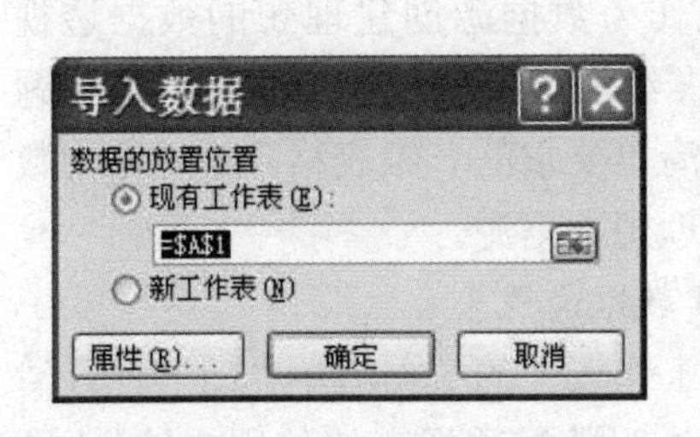

图 4-123 “导入数据”对话框

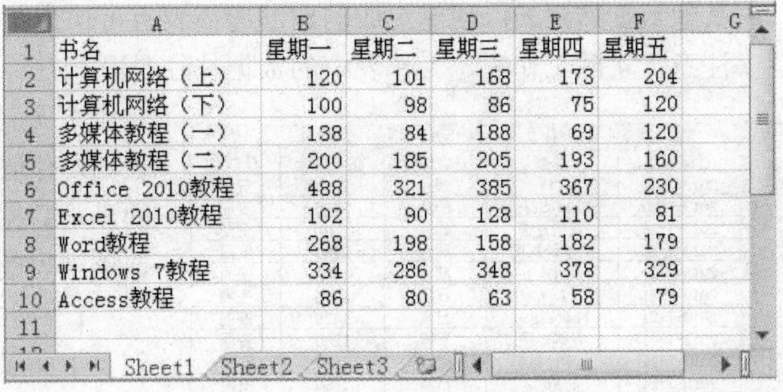

	A	B	C	D	E	F
1	书名	星期一	星期二	星期三	星期四	星期五
2	计算机网络（上）	120	101	168	173	204
3	计算机网络（下）	100	98	86	75	120
4	多媒体教程（一）	138	84	188	69	120
5	多媒体教程（二）	200	185	205	193	160
6	Office 2010教程	488	321	385	367	230
7	Excel 2010教程	102	90	128	110	81
8	Word教程	268	198	158	182	179
9	Windows 7教程	334	286	348	378	329
10	Access教程	86	80	63	58	79

图 4-124 导入文本

学生上机操作

打开“成绩统计表.xlsx”，进行如下操作。

1．对“成绩单”工作表中的数据根据总分进行升序排序，总分相同的按照电工成绩升序排列。

2．新建 3 个工作表，分别命名为“成绩筛选”、“成绩分类汇总”、“电自 14 级期末成绩单”，将“成绩单”工作表中 A2:I13 区域的数据复制到前 2 个新工作表中。

3．在“成绩筛选”工作表中，筛选出高等数学 90 分以上或 60 分以下的学生。

4．在“成绩分类汇总”工作表中，按性别排序，分类汇总出男生、女生各门课程的平均成绩及男生、女生的人数。

5．在工作表“电自 14 级期末成绩单”中，导入文本文件“电自 14 级期末成绩单.txt”。

4.7 数据透视表和数据透视图

学习任务

利用数据透视表和数据透视图对多个班级的考试成绩进行分析处理，包括排序、筛选和分类汇总、格式化等。

知识点解析

数据透视表是一种功能强大的交互式表格，能够对大量数据快速汇总和建立交叉列表。通过数据透视表，不仅能够改变行和列以查看源数据的不同汇总结果，也可以显示不同页面以筛选数据，还可以根据需要显示区域中的明细数据。灵活使用，可大大提高工作效率。

4.7.1 数据透视表

用户可以根据以下 4 种类型的数据源创建数据透视表：

Excel 数据清单：这是最常用的数据源。注意数据清单的标题行不能有空白单元格或者合并的单元格，否则不能生成数据透视表。

外部数据源：文本文件、SQL Server 数据库、Access 数据库等均可作为数据源。

多个独立的数据清单：数据透视表可以将多个独立 Excel 表格中的数据汇总到一起。

其他数据透视表：创建完成的数据透视表也可作为数据源来创建另外一个数据透视表。

注意：实际工作中，工作表中的数据往往是既有行标题，又有列标题的二维表格，这种二维表无法作为数据源创建理想的数据透视表。只有把二维的数据表转换为只包含列标题的满足数据清单要求的一维表格，才能作为数据透视表的理想数据源。

	A	B	C	D	E
1	征订日期	图书	征订地区	征订数量	经办人
2	2013-7-20	C++	烟台	2200	安丽
3	2013-7-20	PhotoShop	烟台	2430	安丽
4	2013-7-20	音频处理	烟台	740	安丽
5	2013-7-20	大学计算机	烟台	2980	安丽
6	2013-7-21	VB	烟台	1150	安丽
7	2013-7-21	C++	日照	2620	安丽
8	2013-7-21	PhotoShop	日照	1920	安丽
9	2013-7-21	音频处理	日照	1280	安丽
10	2013-7-21	大学计算机	日照	2640	安丽
11	2013-7-21	VB	日照	1560	安丽
12	2013-7-21	C++	济南	2540	杨芳
13	2013-7-22	VB	济南	2360	杨芳
14	2013-7-21	音频处理	济南	1980	杨芳
15	2013-7-22	PhotoShop	济南	2390	杨芳
16	2013-7-21	多媒体技术	济南	1420	杨芳
17	2013-7-22	大学IT	济南	650	杨芳
18	2013-7-21	大学英语	济南	1150	杨芳
19	2013-7-22	VFP	济南	2740	杨芳
20	2013-7-23	C++	济南	1390	杨芳
21	2013-7-22	VB	青岛	980	杨芳
22	2013-7-23	音频处理	青岛	590	刘梅
23	2013-7-23	PhotoShop	青岛	1970	刘梅
24	2013-7-23	多媒体技术	青岛	1570	刘梅
25	2013-7-23	大学IT	青岛	870	刘梅
26	2013-7-23	大学英语	青岛	1490	刘梅
27	2013-7-23	大学计算机	青岛	1370	刘梅

图 4-125 图书征订清单

1．创建数据透视表

下面以工作表中的数据清单“图书征订清单”为例，说明数据透视表的使用方法。“图书征订清单”包含征订日期、图书、征订地区、征订数量、经办人等数据，如图 4-125 所示。

根据以上数据，通过使用 Excel 数据透视表功能对数据进行统计分析。

（1）单击任意数据单元格，单击“插入”选项卡的“表格”命令组中的“数据透视表”按钮，弹出“创建数据透视表”对话框，如图 4-126 所示。

（2）默认选择当前工作表中的所有数据创建数据透视表，也可以单击文本框右侧的折叠按钮重新选择数据区域；创建数据透视表的位置默认选中“新工作表”单选按钮，也可设置放置在现有工作表中。单击“确定”按钮后，Excel 自动生成新工作表，并在新工作表上打开数据透视表的编辑界面，如图 4-127 所示。

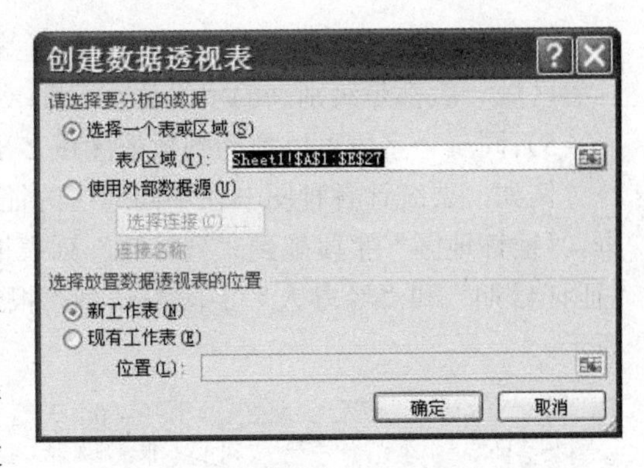

图 4-126　“创建数据透视表”对话框

工作表左侧是数据透视表生成区域，会随着选择的字段自动更新；右侧是“数据透视表字段列表”任务窗格，用于添加、删除或重新排列数据透视表中的字段。

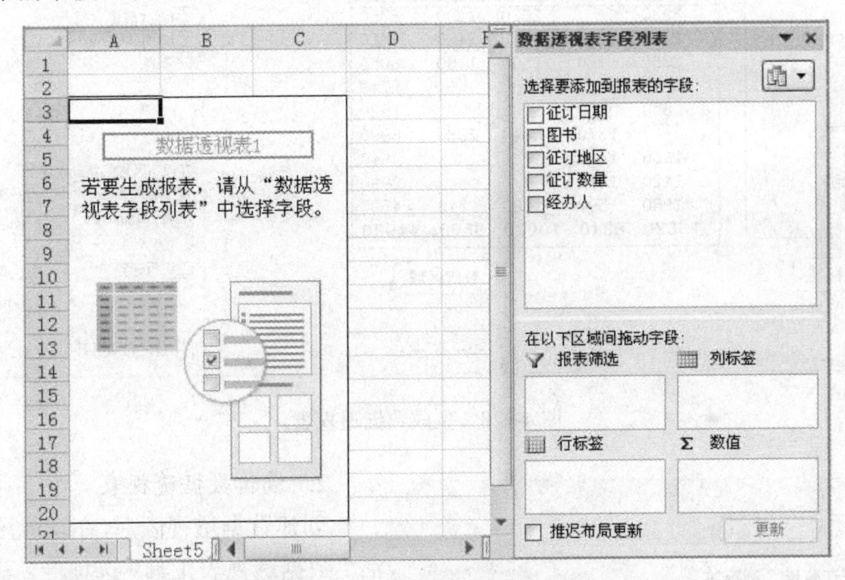

图 4-127　数据透视表编辑界面

数据透视表中的字段来源于数据源的每一列，列标题成为字段名称，用户选用字段创建数据透视表。

数据透视表共有 4 个区域，分别是行标签区域、列标签区域、数值区域、报表筛选区域，如图 4-128 所示。

（3）在工作表右侧的“数据透视表字段列表”任务窗格中，选择需要添加到数据透视表 4 个区域中的字段，选中的文本字段默认插入下方的“行标签”列表框中，可根据实际需要拖动至“报表筛选”、“列标签”、“数值”列表框中；数值字段默认插入“数值”列表框中。还可以直接在“选择要添加到报表的字段”中，按住左键将字段拖动到需要放置的列表框内。

创建透视表的规则如下：

1）数值字段一般只拖动到数值区域。

2）文本字段一般拖动到报表筛选区域、行标签区域、列标签区域。

3）文本字段如果拖动到数值区域只有一种情况，那就是对字段内明细进行计数统计，这时“值字段设置”汇总方式为计数。

4）报表筛选区域、行标签区域、列标签区域3个区域可以有多个字段；行标签区域、列标签区域一般都是级别高的字段放在上面（或左面）；报表筛选区域字段顺序任意。

5）同一个字段可以拖动到数值区域多次，可以同时统计计数、求和、平均值等。

例如，要统计各种图书在不同地区的征订总数，将“图书”字段拖动到“行标签”列表框，“征订地区”字段拖到“列标签”列表框，“征订数量”字段拖动到“数值”列表框，将“征订日期”和“经办人”字段拖动到“报表筛选”列表框，生成的数据透视表如图4-128所示。

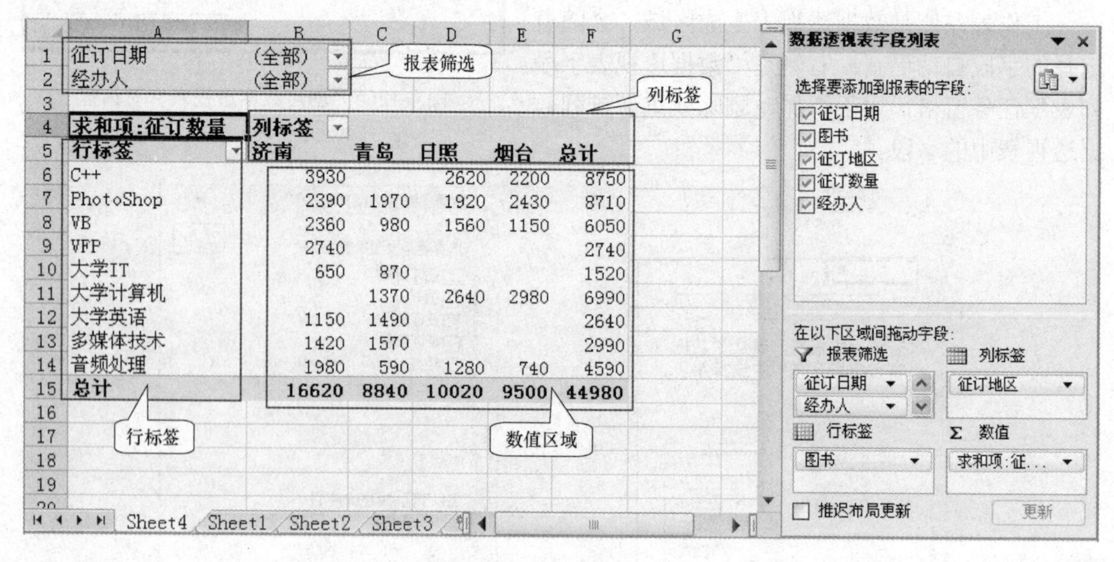

图4-128 生成数据透视表

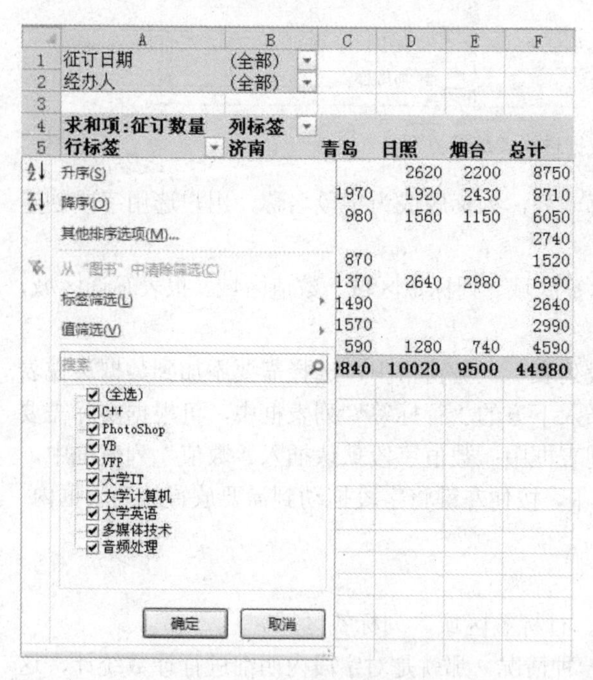

图4-129 行标签下拉列表

2. 编辑数据透视表

创建数据透视表后，在功能区将自动激活“数据透视表工具”选项卡，其中包含了“选项”和“设计”两个子选项卡。

（1）数据透视表排序。排序是数据透视表中的基本操作，可以快速直观地显示数据。默认情况下，数据透视表中各字段的数据按照升序排列，用户可以根据需要重新排序。在数据透视表中可以对行或列标签进行排序，也能对数值区域的数据进行排序。

1）利用下拉列表排序命令。例如，要对行标签“图书”进行降序排列，单击行标签的下拉按钮，在打开的下拉列表中，选择“降序”命令，如图4-129所示。

数据透视表中的行标签“图书”按照降序排列，同时下拉按钮变成，如图4-130所示。

2）利用“选项”选项卡排序按钮。例如，要对数值区域中的“总计”进行升序排序，单击“总计”列任意一个单元格，在“数据透视表工具”选项卡的“选项”子选项卡中，单击“排序和筛选”命令组中的“升序”按钮，排序结果如图 4-131 所示。

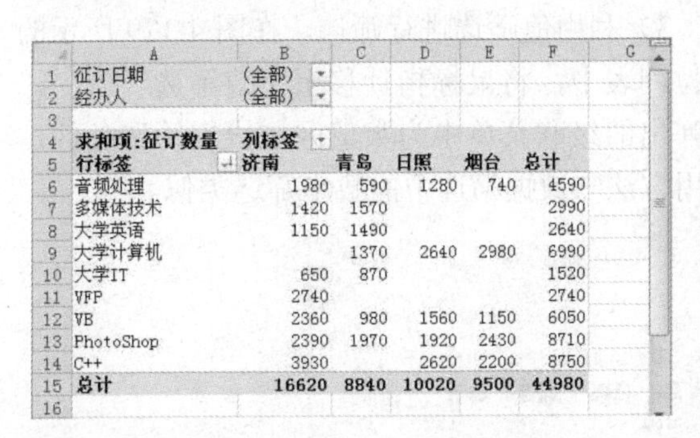

	A	B	C	D	E	F	G
1	征订日期	(全部)					
2	经办人	(全部)					
3							
4	求和项:征订数量	列标签					
5	行标签	济南	青岛	日照	烟台	总计	
6	音频处理	1980	590	1280	740	4590	
7	多媒体技术	1420	1570			2990	
8	大学英语	1150	1490			2640	
9	大学计算机		1370	2640	2980	6990	
10	大学IT	650	870			1520	
11	VFP	2740				2740	
12	VB	2360	980	1560	1150	6050	
13	PhotoShop	2390	1970	1920	2430	8710	
14	C++	3930		2620	2200	8750	
15	总计	16620	8840	10020	9500	44980	
16							

图 4-130　“图书”降序排列

	A	B	C	D	E	F
1	征订日期	(全部)				
2	经办人	(全部)				
3						
4	求和项:征订数量	列标签				
5	行标签	济南	青岛	日照	烟台	总计
6	大学IT	650	870			1520
7	大学英语	1150	1490			2640
8	VFP	2740				2740
9	多媒体技术	1420	1570			2990
10	音频处理	1980	590	1280	740	4590
11	VB	2360	980	1560	1150	6050
12	大学计算机		1370	2640	2980	6990
13	PhotoShop	2390	1970	1920	2430	8710
14	C++	3930		2620	2200	8750
15	总计	16620	8840	10020	9500	44980
16						

图 4-131　“总计”升序排序

（2）数据透视表筛选。在数据透视表中，用户可以利用多种方法筛选出符合条件的数据子集。

1）利用字段的下拉列表进行筛选。数据透视表中的“报表筛选”的功能和“数据”选项卡中“数据”命令组的“筛选”功能类似。单击报表筛选区域字段名称右侧的下拉按钮，在打开的下拉列表中选中“选择多项”复选框，就可以选择该字段的部分数据来设置筛选条件，下拉按钮变成，如图 4-132 所示。筛选出“经办人”为“安丽”，“征订日期”为“2013-7-20”的统计数据如图 4-133 所示。

图 4-132　设置筛选条件

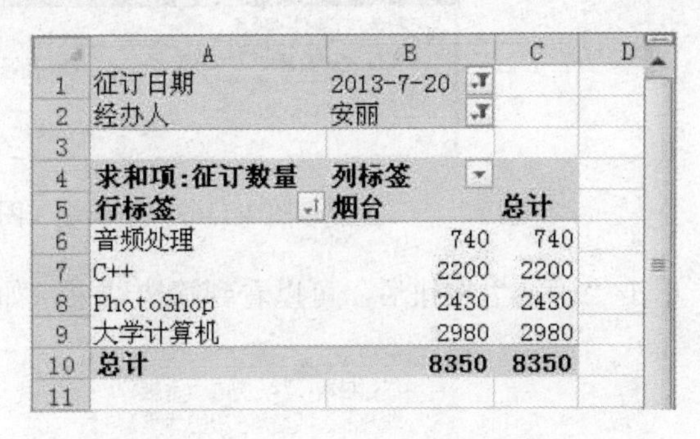

	A	B	C	D
1	征订日期	2013-7-20		
2	经办人	安丽		
3				
4	求和项:征订数量	列标签		
5	行标签	烟台	总计	
6	音频处理	740	740	
7	C++	2200	2200	
8	PhotoShop	2430	2430	
9	大学计算机	2980	2980	
10	总计	8350	8350	
11				

图 4-133　“2013-7-20”“安丽”的征订数据

单击行或列标签的下拉按钮，在打开的下拉列表中，如图 4-129 所示，也可以在列表下部的列表中选择需要显示的部分数据项。

2）利用字段的标签筛选进行筛选。在图 4-129 所示的下拉列表中，将鼠标指针移至“标签筛选”命令，在弹出的级联菜单中为行或列标签设置更复杂的筛选条件，使用方法与数据筛选中的文本筛选类似。

例如，筛选出图书名开头是“大学”的数据，单击行标签下拉按钮，在打开的下拉列表中选择“标签筛选”→“开头是”命令，弹出“标签筛选（图书）”对话框，在文本框中输入“大学”，如图 4-134 所示。

单击“确定”按钮后，可以看到筛选结果，如图 4-135 所示。

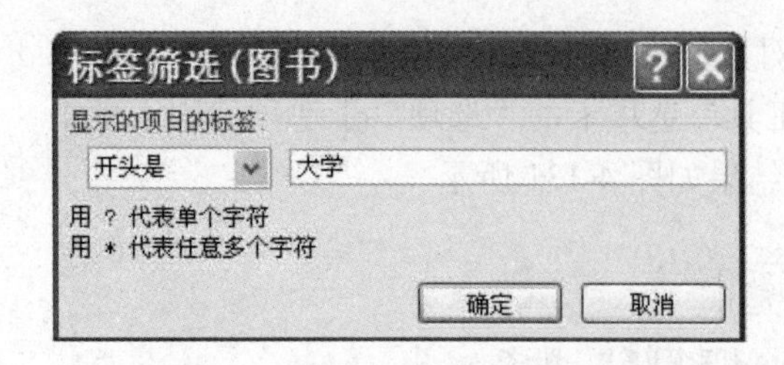

图 4-134 “标签筛选（图书）”对话框

如果要清除已设置的筛选条件，单击行标签的下拉按钮，在打开的下拉列表中选择“从‘图书’中清除筛选”命令即可。

3）利用值筛选进行筛选。在图 4-129 所示的下拉列表中，将鼠标指针移至“值筛选”命令，在弹出的级联菜单中为数值区域设置筛选条件，使用方法与数据筛选中的数字筛选类似。

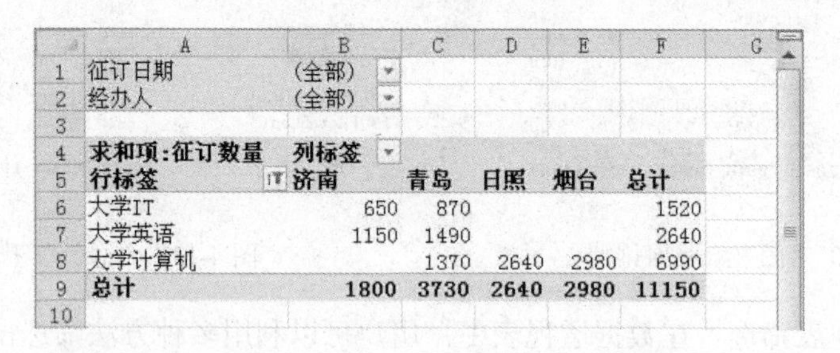

	A	B	C	D	E	F	G
1	征订日期	(全部)					
2	经办人	(全部)					
3							
4	求和项:征订数量	列标签					
5	行标签	济南	青岛	日照	烟台	总计	
6	大学IT	650	870			1520	
7	大学英语	1150	1490			2640	
8	大学计算机		1370	2640	2980	6990	
9	总计	1800	3730	2640	2980	11150	
10							

图 4-135 图书名开头是“大学”的数据

例如，筛选出图书的征订数量在 2000～6000 的数据，单击行标签下拉按钮，在打开的下拉列表中选择“值筛选”→“介于”命令，弹出“值筛选（图书）”对话框，在文本框中分别输入“2000”和“6000”，如图 4-136 所示。

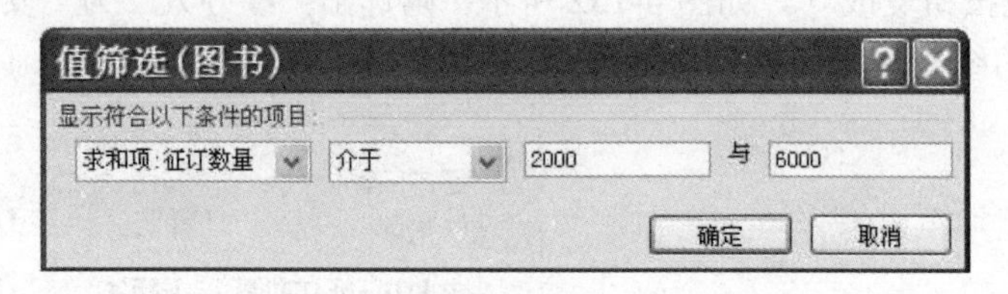

图 4-136 “值筛选（图书）”对话框

单击“确定”按钮后，可以看到筛选结果，如图 4-137 所示。

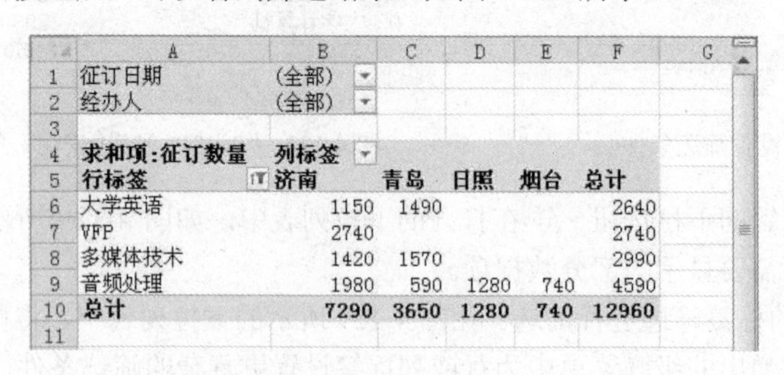

	A	B	C	D	E	F	G
1	征订日期	(全部)					
2	经办人	(全部)					
3							
4	求和项:征订数量	列标签					
5	行标签	济南	青岛	日照	烟台	总计	
6	大学英语	1150	1490			2640	
7	VFP	2740				2740	
8	多媒体技术	1420	1570			2990	
9	音频处理	1980	590	1280	740	4590	
10	总计	7290	3650	1280	740	12960	
11							

图 4-137 征订数量在 2000～6000 的数据

4）使用字段的“搜索”文本框进行筛选。在图 4-129 所示的下拉列表中，在“搜索”文本框中输入搜索内容，可以筛选出包含设定内容的数据。

例如，筛选出图书名中有大写字母“P”的记录，在“搜索”文本框中输入“P”，在列表下部的列表中就会只显示书名中有大写字母“P”的图书信息，如图 4-138 所示。

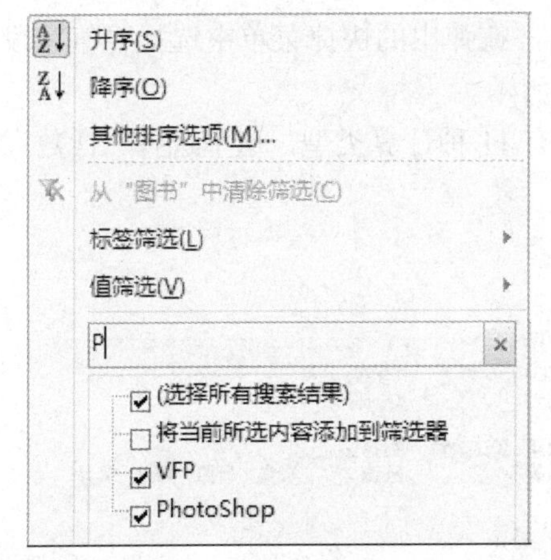

图 4-138 “搜索”文本框

单击“确定”按钮后，可以看到筛选结果，如图 4-139 所示。

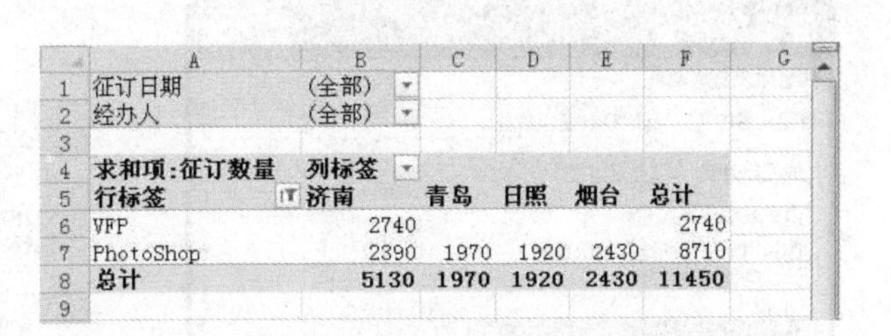

	A	B	C	D	E	F	G
1	征订日期	(全部)					
2	经办人	(全部)					
3							
4	**求和项:征订数量**	**列标签**					
5	**行标签**	**济南**	**青岛**	**日照**	**烟台**	**总计**	
6	VFP	2740				2740	
7	PhotoShop	2390	1970	1920	2430	8710	
8	**总计**	**5130**	**1970**	**1920**	**2430**	**11450**	
9							

图 4-139 图书名中有大写字母“P”的记录

5）自动筛选。单击数据透视表“总计”列右侧的相邻单元格，如 G5 单元格，单击“数据”选项卡→“排序和筛选”命令组→“筛选”按钮，列标签区域的每一个标题右侧都会出现筛选按钮，如图 4-140 所示，可以对每一个列标题设置筛选条件和排序顺序。操作方法与数据筛选中的“自动筛选”类似，在此不再赘述。

	A	B	C	D	E	F
1	征订日期	(全部)				
2	经办人	(全部)				
3						
4	**求和项:征订数量**	**列标签**				
5	**行标签**	**济南**	**青岛**	**日照**	**烟台**	**总计**
6	C++	3930		2620	2400	8950
7	PhotoShop	2390	1970	1920	2430	8710
8	VB	2360	980	1560	1150	6050

图 4-140 自动筛选

（3）查看汇总信息。数据透视表最右侧和最下方“总计”行显示所在行和列的汇总信息，要想查看某一汇总信息的详细构成，只要双击汇总数据所在的单元格，Excel 就会自动在一个新工作表中显示构成此汇总信息的每一笔详细记录。

要查看图 4-140 中 F6 单元格所在的“C++”图书的征订数量总计的详细数据，双击 F6 单元格，在新工作表中显示的详细信息如图 4-141 所示。

	A	B	C	D	E	F
1	征订日期	图书	征订地区	征订数量	经办人	
2	2013-7-20	C++	烟台	2400	安丽	
3	2013-7-21	C++	日照	2620	安丽	
4	2013-7-23	C++	济南	1390	杨芳	
5	2013-7-21	C++	济南	2540	杨芳	
6						
7						

Sheet5 Sheet4 Sheet1

图 4-141 查看汇总信息

（4）改变汇总方式。数值区域的汇总方式默认是求和。在数据源中，图书为“C++”，征订地区为“济南”的记录有两条，在数据透视表的对应位置显示其征订数量为两条记录征订数量的和 3930。

如果需要改变为其他的汇总方式，在数值区域右击，在弹出的快捷菜单中选择“值字段设置”命令，弹出“值字段设置”对话框，如图 4-142 所示。

在“值汇总方式”选项卡中选择需要的计算类型，有 11 种计算类型，这里选择“计数”。单击“确定”按钮，汇总结果如图 4-143 所示。

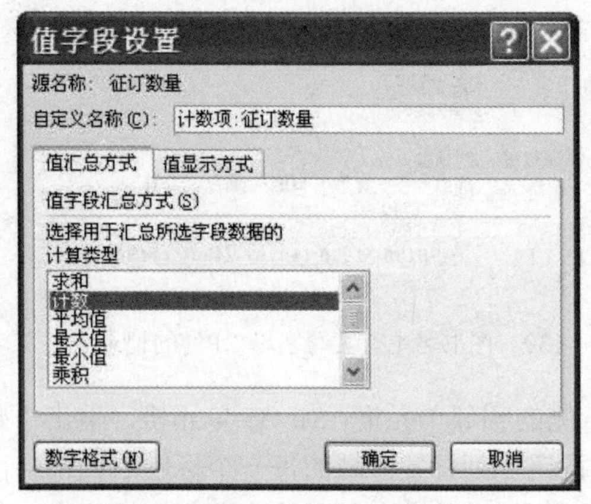

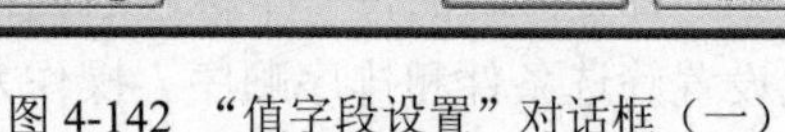

图 4-142 “值字段设置”对话框（一）

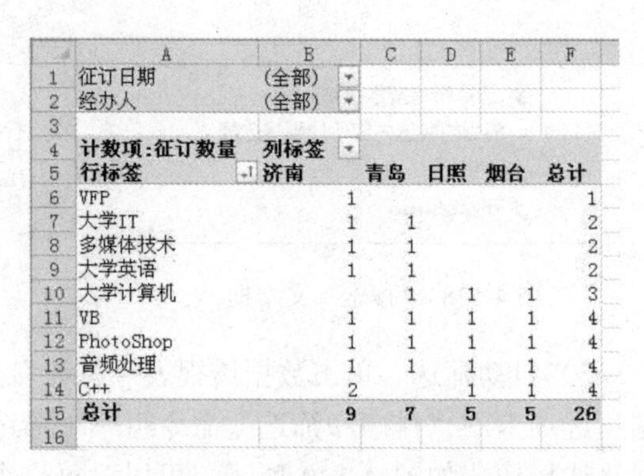

	A	B	C	D	E	F
1	征订日期	(全部)				
2	经办人	(全部)				
3						
4	计数项:征订数量	列标签				
5	行标签	济南	青岛	日照	烟台	总计
6	VFP	1				1
7	大学IT	1	1			2
8	多媒体技术	1	1			2
9	大学英语	1	1			2
10	大学计算机		1	1	1	3
11	VB	1	1	1	1	4
12	PhotoShop	1	1	1	1	4
13	音频处理	1	1	1	1	4
14	C++	2		1	1	4
15	总计	9	7	5	5	26
16						

图 4-143 “计数”汇总结果

（5）以百分比方式显示数据。如果将每种图书的征订总计作为一个总量，希望查看该图书在不同地区征订数量占总计的百分比，可以通过改变值显示方式来实现。

在数值区域右击，在弹出的快捷菜单中选择“值字段设置”命令，弹出“值字段设置”对话框，如图 4-144 所示。

在“值显示方式”选项卡中选择“行汇总的百分比”。单击“确定”按钮，显示结果如图 4-145 所示。

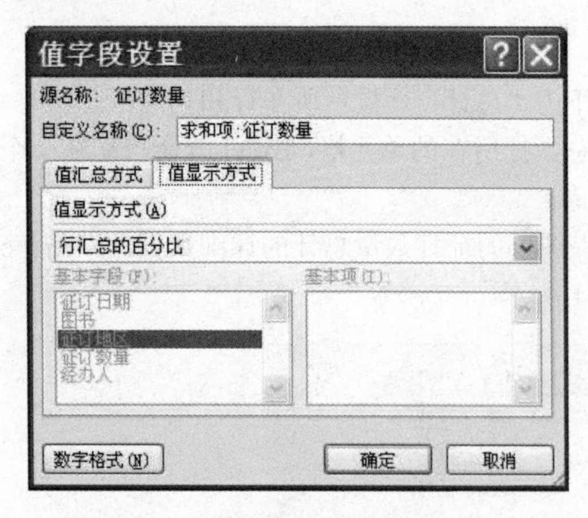

图 4-144 “值字段设置”对话框（二）

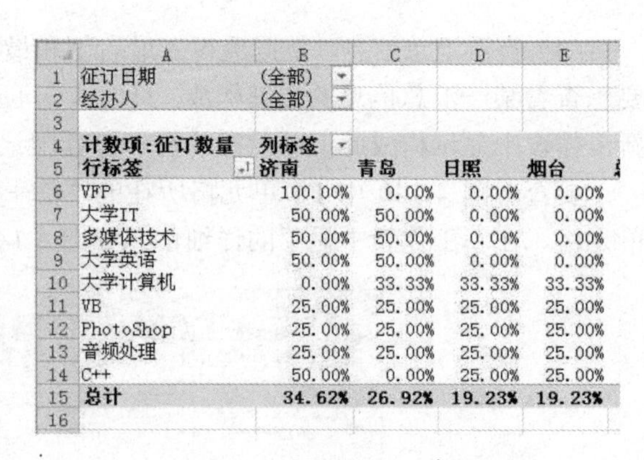

	A	B	C	D	E
1	征订日期	(全部)			
2	经办人	(全部)			
3					
4	计数项:征订数量	列标签			
5	行标签	济南	青岛	日照	烟台
6	VFP	100.00%	0.00%	0.00%	0.00%
7	大学IT	50.00%	50.00%	0.00%	0.00%
8	多媒体技术	50.00%	50.00%	0.00%	0.00%
9	大学英语	50.00%	50.00%	0.00%	0.00%
10	大学计算机	0.00%	33.33%	33.33%	33.33%
11	VB	25.00%	25.00%	25.00%	25.00%
12	PhotoShop	25.00%	25.00%	25.00%	25.00%
13	音频处理	25.00%	25.00%	25.00%	25.00%
14	C++	50.00%	0.00%	25.00%	25.00%
15	总计	34.62%	26.92%	19.23%	19.23%
16					

图 4-145 以百分比方式显示数据

（6）调整字段。数据透视表中的字段可以根据需要重新调整位置、添加或删除。

1）调整字段位置。例如，将行、列标签互换位置，汇总各地区不同图书的征订数量。在“数据透视表字段列表”中，将“图书”字段拖动到“列标签”列表框，将“征订地区”字段拖到“行标签”列表框，数据透视表也将随之变化，如图 4-146 所示。

报表筛选区域的字段可以移动到行或列标签区域。要汇总各地区不同经办人征订的各种图书的数量，在“数据透视表字段列表”中，将“经办人”字段拖动到“行标签”列表框中“征订地区”字段下面，数据透视表变化如图 4-147 所示。“行标签”区域中的数据分级显示，每组数据顶部显示汇总数据。

	A	B	C	D	E	F	G	H	I	J	K
1	征订日期	(全部)									
2	经办人	(全部)									
3											
4	**求和项:征订数量**	**列标签**									
5	**行标签**	**C++**	**PhotoShop**	**VB**	**VFP**	**大学IT**	**大学计算机**	**大学英语**	**多媒体技术**	**音频处理**	**总计**
6	济南	3930	2390	2360	2740	650		1150	1420	1980	16620
7	青岛		1970	980		870	1370	1490	1570	590	8840
8	日照	2620	1920	1560			2640			1280	10020
9	烟台	2200	2430	1150			2980			740	9500
10	**总计**	**8750**	**8710**	**6050**	**2740**	**1520**	**6990**	**2640**	**2990**	**4590**	**44980**
11											

Sheet4 / Sheet1 / Sheet2 / Sheet3

图 4-146　行、列标签互换位置

	A	B	C	D	E	F	G	H	I	J	K
1											
2	征订日期	(全部)									
3											
4	**求和项:征订数量**	**列标签**									
5	**行标签**	**C++**	**PhotoShop**	**VB**	**VFP**	**大学IT**	**大学计算机**	**大学英语**	**多媒体技术**	**音频处理**	**总计**
6	**⊟济南**	**3930**	**2390**	**2360**	**2740**	**650**		**1150**	**1420**	**1980**	**16620**
7	杨芳	3930	2390	2360	2740	650		1150	1420	1980	16620
8	**⊟青岛**		**1970**	**980**		**870**	**1370**	**1490**	**1570**	**590**	**8840**
9	刘梅		1970			870	1370	1490	1570	590	7860
10	杨芳			980							980
11	**⊟日照**	**2620**	**1920**	**1560**			**2640**			**1280**	**10020**
12	安丽	2620	1920	1560			2640			1280	10020
13	**⊟烟台**	**2200**	**2430**	**1150**			**2980**			**740**	**9500**
14	安丽	2200	2430	1150			2980			740	9500
15	**总计**	**8750**	**8710**	**6050**	**2740**	**1520**	**6990**	**2640**	**2990**	**4590**	**44980**
16											

Sheet4 / Sheet1 / Sheet2 / Sheet3

图 4-147　各地区不同经办人征订图书的数量

2）添加新字段。如果需要添加新字段，在“数据透视表字段列表”中，从“选择要添加到报表的字段”列表框中将该字段拖动到下方的相应区域即可。

3）删除字段。删除字段有两种方法，例如，要删除“经办人”字段，在“选择要添加到报表的字段”列表框中，取消选中“经办人”复选框，即可将其从数据透视表中删除；或者在“行标签”列表框中的字段名称上单击，并将其拖到该窗格外面，也可以删除字段。

提示：在“数据透视表字段列表”任务窗格的“在以下区域间拖动字段”中，单击字段名称，弹出快捷菜单，选择对应命令可以将该字段移动到其他区域或删除该字段，如图 4-148 所示。

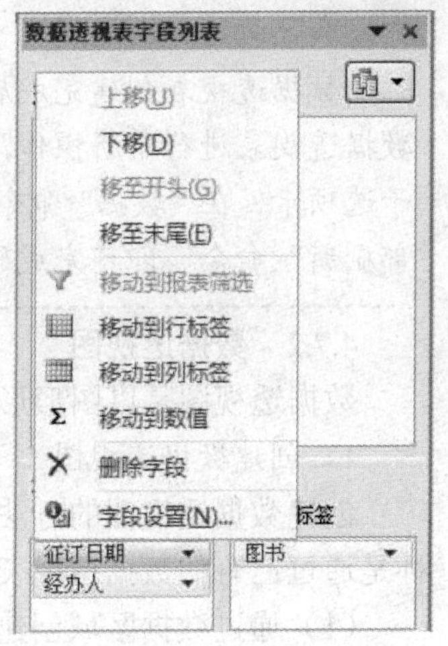

图 4-148　删除字段

3. 美化数据透视表

创建并编辑好数据透视表以后，可以对它进行美化，使其看起来更加美观。选中数据透视表，右击，在弹出的快捷菜单中选择“设置单元格格式”命令，即可弹出“设置单元格格式”对话框，设置数据透视表的字体、字号，数字格式、填充图案等。

在“数据透视表工具”选项卡的“设计”子选项卡中，还可以设置数据透视表的布局和样式，如图 4-149 所示。

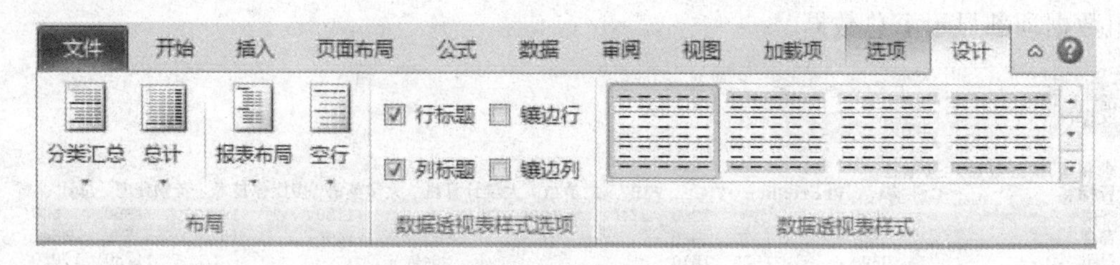

图 4-149 “设计”子选项卡

（1）设置数据透视表的布局。数据透视表的布局包括分类汇总、总计、报表布局以及空行。

分类汇总：可以设置显示或隐藏分组的小计。例如，单击“设计”子选项卡的“分类汇总”按钮，在打开的下拉列表中选择“不显示分类汇总”命令，数据透视表中不再显示每组数据顶部的汇总数据。

总计：用来设置显示或隐藏数据透视表最右侧和最下方的总计行。例如，单击“设计”子选项卡的“总计”按钮，在打开的下拉列表中选择“对行和列禁用”命令，数据透视表中隐藏最右侧和最下方的总计列。

报表布局：可以设置以压缩形式、大纲形式或表格形式显示数据透视表。

空行：可以在每个分组项之间添加一个空行，用来突出显示分组。

（2）设置数据透视表的样式。在“数据透视表样式”命令组中，有浅色、中等深浅、深色三类多种样式供用户选择，用于改变数据透视表的外观颜色。在“数据透视表样式选项”命令组中，可以选择将该样式应用于数据透视表的行标题、列标题、镶边行或镶边列。如果选中镶边行（列），偶数行（列）和奇数行（列）的格式互不相同，使表格的可读性更强。

技能拓展

刷新数据透视表

数据透视表创建完成后，如果源数据有变化，数据透视表不会自动更新。用户可以对数据透视表进行刷新操作，以显示正确的数值。单击准备刷新的数据透视表，选择“选项”子选项卡，在“数据”命令组中，单击“刷新”下拉按钮，在打开的下拉列表中，选择“全部刷新”命令，即可完成刷新数据透视表的操作。

4.7.2 数据透视图

数据透视图是以图形形式表示的数据透视表。

1. 创建数据透视图

创建数据透视图的方法有两种，一种是直接通过数据表中的数据创建数据透视图，另一种是通过已有的数据透视表创建数据透视图。

（1）通过数据区域创建数据透视图。这种方法将同时创建数据透视表和数据透视图，操作步骤与创建数据透视表类似。

1）单击任意数据单元格，单击“插入”选项卡的“表格”命令组中的“数据透视表”按钮，在打开的下拉列表中选择“数据透视图”命令，弹出“创建数据透视表及数据透视图”对话框，如图 4-150 所示。

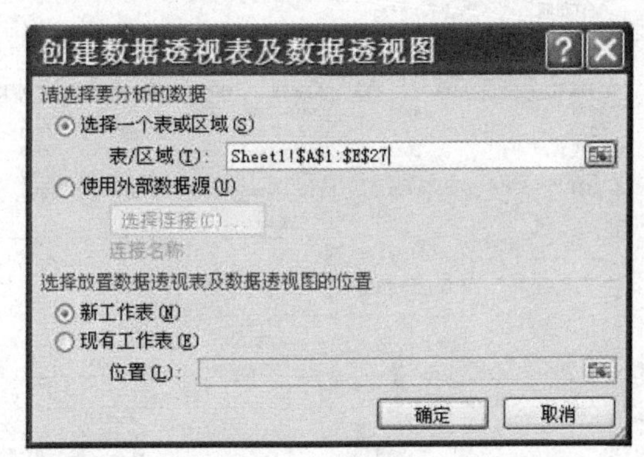

图 4-150　“创建数据透视表及数据透视图”对话框

2）选择当前工作表中的所有数据创建数据透视图，放置位置选择“新工作表”，单击“确认”按钮后，Excel 自动生成新工作表，并在新工作表上打开数据透视图的编辑界面，如图 4-151 所示。

3）工作表中出现“图表 1”和“数据透视表 1”，在其右侧是“数据透视表字段列表”任务窗格。数据透视图共有 4 个区域，分别是轴字段区域、图例字段区域、数值区域、报表筛选区域。

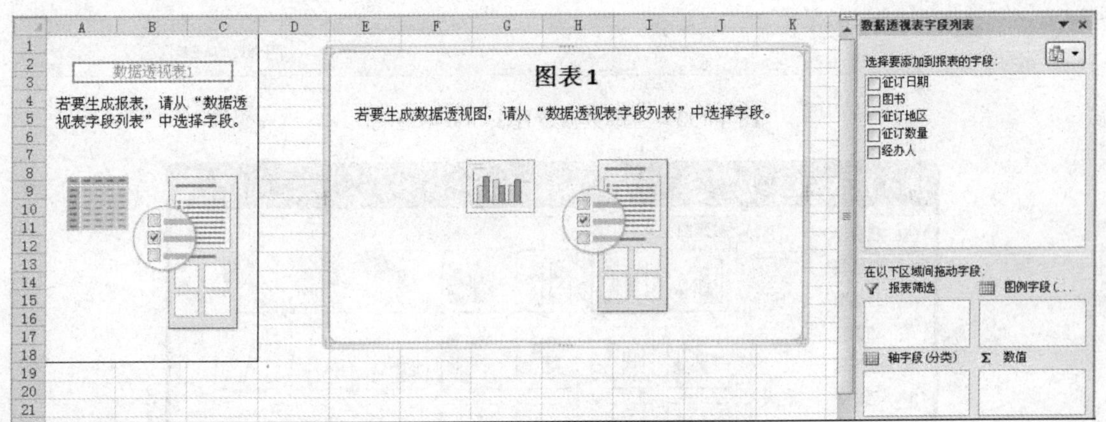

图 4-151　数据透视图的编辑界面

轴（分类）字段对应数据透视表的行标签，组成数据透视图的 X 轴；图例字段对应数据透视表的列标签，组成数据透视图的图例；数值区域的字段组成数据透视图的 Y 轴。

例如，要查看不同地区各类图书的征订总数，并能筛选不同日期各经办人的征订数据，在“选择要添加到报表的字段”列表框中，拖动“图书”字段到下方的“图例字段”列表框，拖动“征订地区”字段拖到“轴字段”列表框，拖动“征订数量”字段到“数值”列表框，将“征订日期”和“经办人”字段拖动到“报表筛选”列表框，即可完成数据透视图的创建。生成的数据透视表和数据透视图如图 4-152 所示。

提示：创建数据透视图时，报表筛选将显示在图表区中，以便排序和筛选数据透视图的基本数据。

（2）通过数据透视表创建数据透视图。例如，根据图 4-128 所示数据透视表创建数据透视图，操作步骤如下：

1）单击数据透视表的任意一个单元格，在“选项”选项卡中的“工具”命令组中单击“数据透视图”按钮，弹出“插入图表”对话框，如图 4-153 所示。

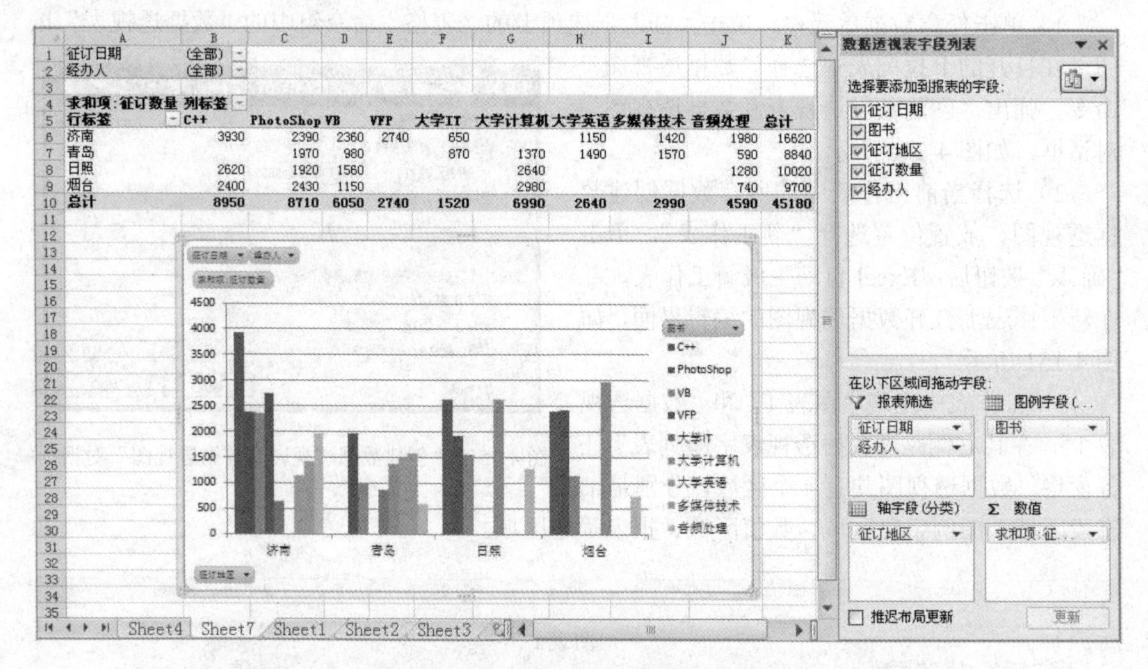

图 4-152　生成数据透视表和数据透视图

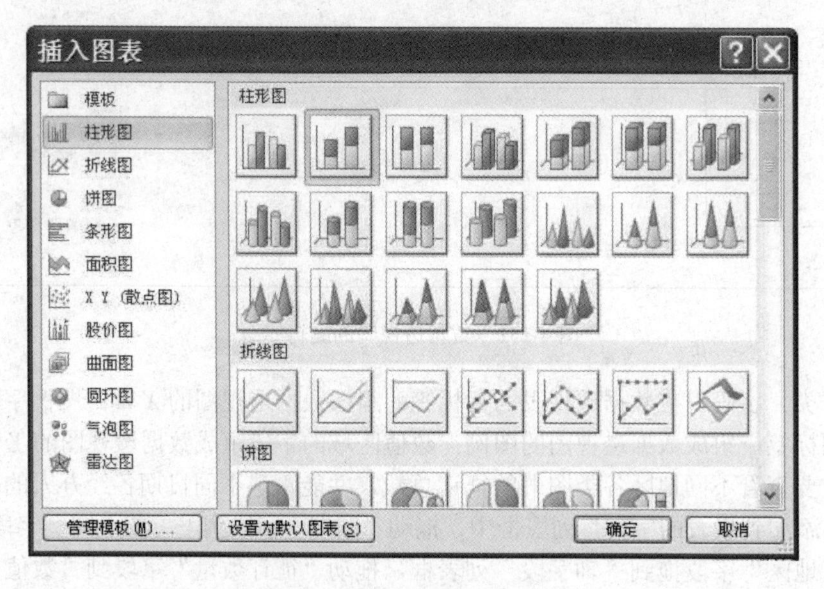

图 4-153 “插入图表”对话框

2）在对话框中选择图表类型，如“堆积柱形图”，单击“确定”按钮，即可创建数据透视图，如图 4-154 所示。

注意：

（1）创建数据透视图时，不能使用 XY（散点）图、股价图或气泡图图表类型。

（2）因为使用了相同的数据源和布局，所以数据透视表和数据透视图紧密相关。在“数据透视表字段列表”任务窗格中移动、添加、删除字段，数据透视表和数据透视图都会同时发生变化；在数据透视表中排序或筛选数据，也会在数据透视图中体现出来；数据源发生变化，刷新数据透视表时，数据透视图也会相应变化。

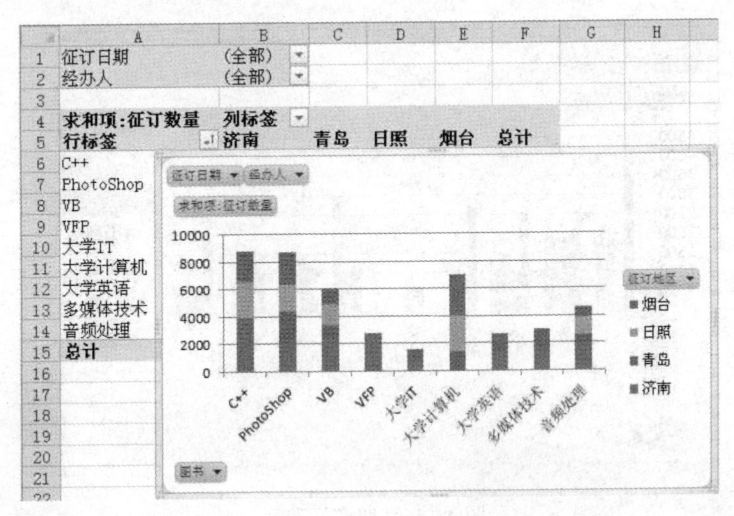

图 4-154　通过数据透视表创建数据透视图

2. 编辑数据透视图

创建数据透视图后，在功能区将自动激活“数据透视图工具”选项卡，其中包含了“设计”、“布局”、“格式”和“分析”四个子选项卡，用于数据透视图的设置，如图 4-155 所示。

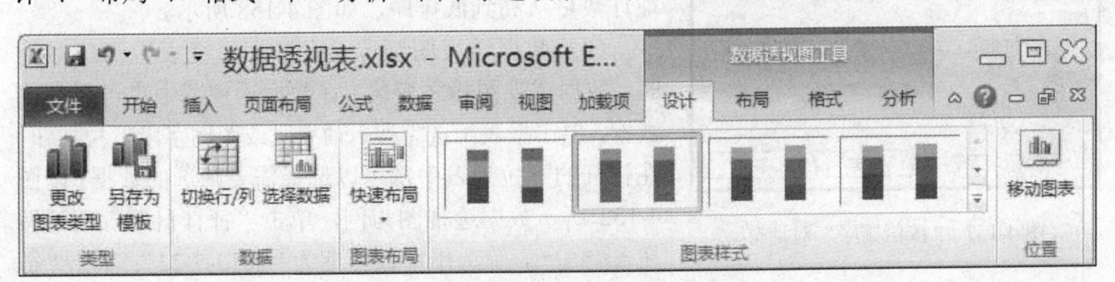

图 4-155　“数据透视图工具”选项卡

（1）更改数据透视图类型。如果对透视图类型不满意，可以重新更改。以图 4-152 所示数据透视图为例，单击透视图，单击“设计”子选项卡“类型”命令组的“更改图表类型”按钮（或右击，在弹出的快捷菜单中选择“更改图表类型”命令），弹出“更改图表类型”对话框，与“插入图表”对话框相同，选择需要的图表类型，如“簇状条形图”，单击“确定”按钮。

（2）切换行和列。单击图 4-152 所示透视图，选择“设计”子选项卡“数据”命令组的“切换行/列”按钮（或者在“数据透视表字段列表”任务窗格中将“征订地区”和“图书”字段互换位置），可以改变数据透视图的显示方式，如图 4-156 所示。X 轴显示图书名称，每个地区的数据为一个数据系列，显示在图例中。

（3）数据透视图排序。对数据透视表进行排序，数据透视图会同时发生变化。以图 4-152 所示数据透视图为例，要对数据透视图中“济南”地区所有图书的征订数量进行降序排列。单击数据透视表中“济南”所在行任意一个单元格，单击“选项”选项卡“排序和筛选”命令组中的“排序”按钮（或者右击，在弹出的快捷菜单中依次选择“排序”→“其他排序选项”命令），弹出“按值排序”对话框，如图 4-157 所示。

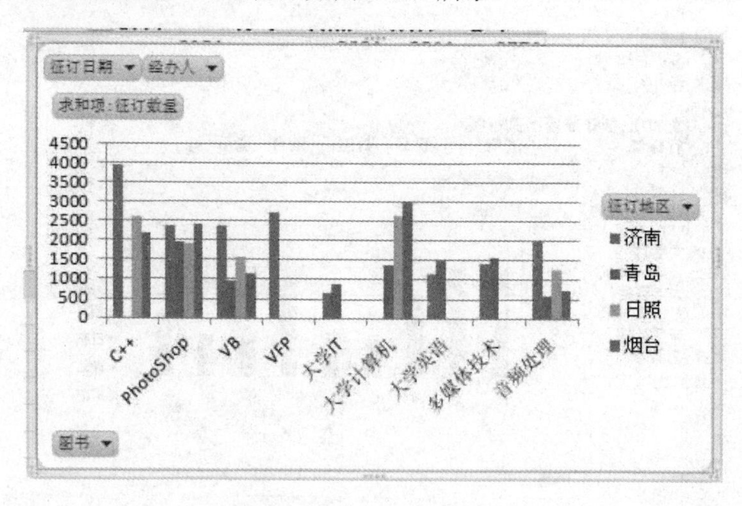

图 4-156 切换行和列

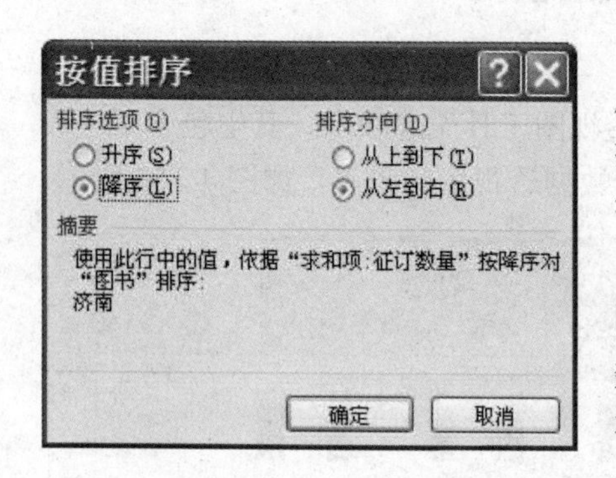

图 4-157 “按值排序”对话框

在“排序选项”中选中“降序”单选按钮，在“排序方向”中选中“从左到右”单选按钮，单击“确定”按钮，可以看到数据透视图和数据透视表中济南地区的征订数量从高到低排序，如图 4-158 所示。

（4）数据透视图筛选。在数据透视表中筛选数据时，数据透视图随之变化。在数据透视图中也可以筛选数据，单击报表筛选字段、轴字段或图例字段下拉按钮，在打开的下拉列表中都可以选择需要筛选的数据。以图 4-152 所示数据透视图为例，单击“征订日期”下拉按钮征订日期▼，筛选出征订日期为“2013-7-23”；单击“征订地区”下拉按钮征订地区▼，筛选出征订地区为“济南”和“青岛”的数据，结果如图 4-159 所示。

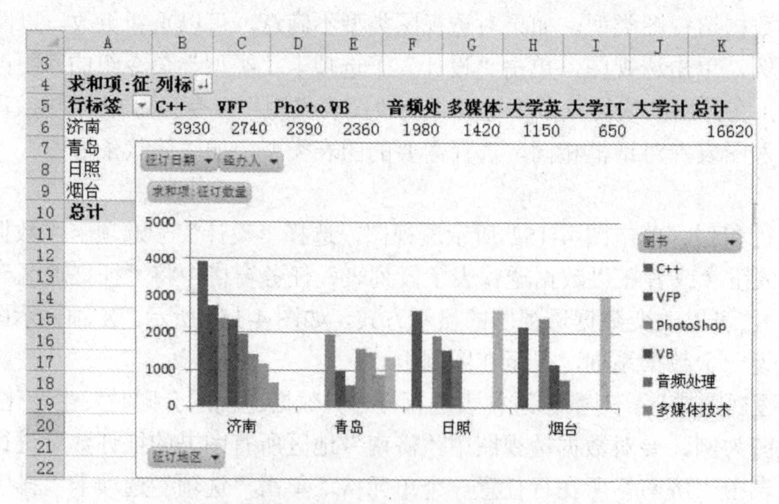

图 4-158 按济南地区图书征订数量降序排列

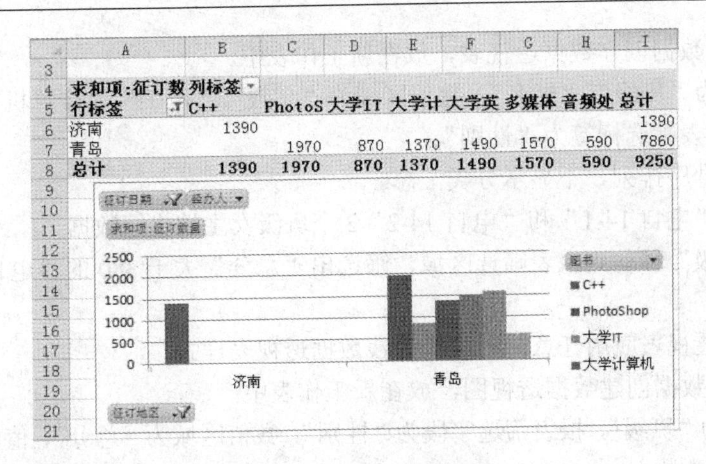

图 4-159　数据透视图筛选

3. 美化数据透视图

与图表的格式化类似，创建数据透视图后，可以对其进行美化，使它更加美观。

在“设计”选项卡的“图表布局”和“图表样式”命令组中，选择对应按钮更改数据透视图的布局，应用不同的样式。

在“布局”选项卡中，可以选择数据透视图的各组成部分进行设置；在数据透视图中插入图片、形状或文本框；对数据透视图的标题、图例、数据标签、模拟运算表、坐标轴进行添加或设置；添加趋势线、误差线等。

在“格式”选项卡中，能够针对数据透视图的各组成部分应用不同的形状样式，对其中的文本应用不同的艺术字样式，设置数据透视图的大小等。

选择图 4-152 所示的数据透视图，应用“图表布局”中的“布局 1”，“图表样式”中的“样式 10”，“图表标题”为“图书征订统计图”，艺术字样式为“填充-白色，轮廓-强调文字颜色 1”，添加数据标签，图表区形状样式为“细微效果-橙色，强调颜色 6”，数据透视图美化效果如图 4-160 所示。

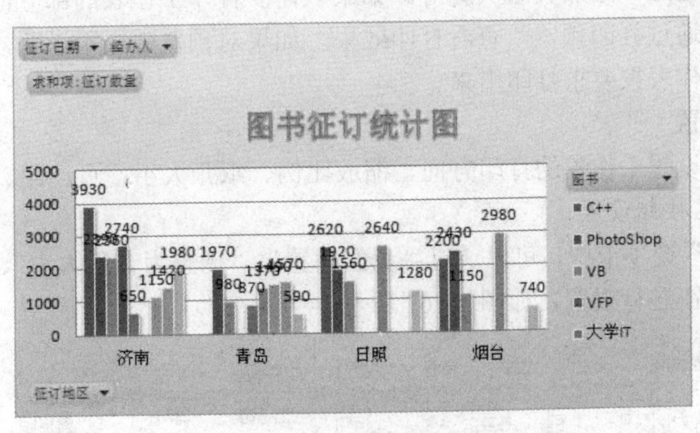

图 4-160　数据透视图美化效果

学生上机操作

打开“成绩统计表.xlsx”，在工作表“电自 14 级期末成绩单”中进行如下操作。

1．根据所有数据创建数据透视表，放在新工作表中。

（1）行标签为“班级”、“姓名”，数值区域为“高数”、“电工”、“计算机”、“英语”、“绘图”、“总分”，报表筛选标签为“性别”。

（2）按总分升序排列，不显示分类汇总。

（3）筛选出“电自 14-1”和“电自 14-2”2 个班级女生的成绩数据。

（4）将“班级”移动到报表筛选区域，筛选出“总分”大于 380 的“电自 14-3”班的学生信息。

（5）给数据透视表应用任意一种中等深浅数据透视表样式。

2．根据所有数据创建数据透视图，放在新工作表中。

（1）轴字段为“班级”，报表筛选字段为“性别”，数值区域为“总分”，值汇总方式为“平均值”，保留 1 位小数。

（2）更改数据透视图类型为簇状圆柱图。

（3）添加数据标签，图表标题为“各班总分平均值”。

（4）在数据透视图中筛选出男生的数据。

（5）给数据透视图应用图标样式 5，图表区应用任意形状样式。

4.8 打 印 工 作 表

打印成绩单。

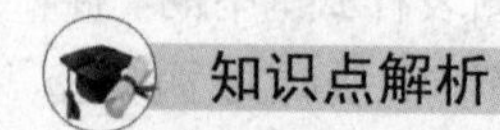

Excel 工作表在制作完成后可以打印出来。为了达到满意的输出效果，打印前需要进行页面设置，如设置页边距、添加页眉页脚等。如果只需要打印工作表的部分内容，还要设置打印区域。设置好后通过打印预览，查看打印效果。如果对预览效果不满意，可以重新调整各项设置，最终将工作表按要求打印出来。

4.8.1 页面设置

页面设置包括设置工作表的打印方向、缩放比例、纸张大小、页边距、页眉、页脚等。

1．利用功能区按钮设置

在“页面布局”选项卡中，可以通过“页面设置”、“调整为合适大小”、“工作表选项”3 个命令组的相关按钮进行设置，如图 4-161 所示。

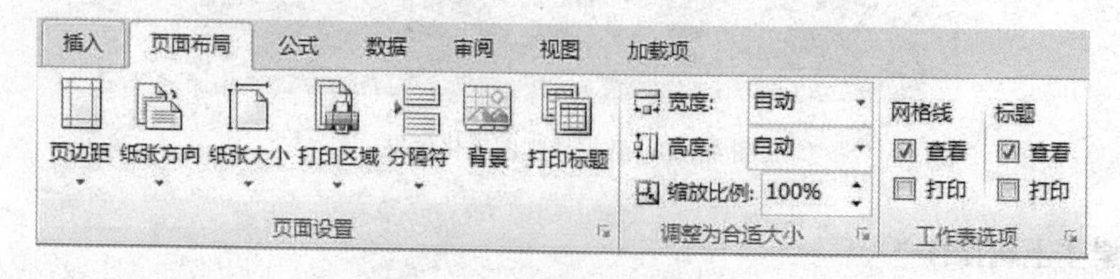

图 4-161 “页面布局”选项卡

（1）在“页面设置”命令组中的 7 个按钮可以进行页面设置。

1）“页边距”按钮：在打开的下拉列表中选择一种内置的页面布局方式。

2）“纸张方向”按钮：通过设置打印纸张的方向，可以切换页面的纵向或横向布局。

3）“纸张大小”按钮：可以选择打印纸张的页面大小。

4）“打印区域”按钮：默认状态下，Excel 会自动选择有内容的单元格区域作为打印区域。通过在工作表上设置打印区域，可以只打印所选区域中的数据。

设置方法：先在工作表中选定要打印的区域，再单击“打印区域”按钮，在打开的下拉列表中选择“设置打印区域”命令，选定区域的边框上出现虚线，表示打印区域已设置好。如果还有其他打印区域，选定区域后，在下拉列表中将出现“添加到打印区域”命令，如图 4-162 所示。选择该命令将添加区域。当工作表被保存后再次打开时，所设的打印区域仍然有效。

如想改变打印区域，需要取消原先设定的打印区域再重新设置。单击“打印区域”按钮，在打开的下拉列表中选择“取消打印区域”命令，原打印区域四周的虚线消失。

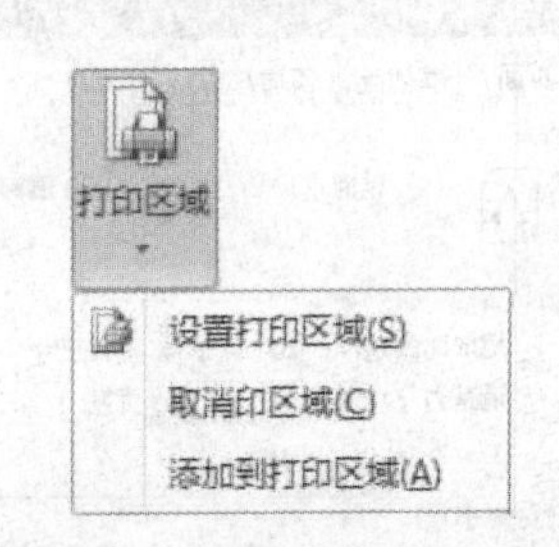

图 4-162 “打印区域”下拉列表

5）“分隔符”按钮：用于插入、删除分页符。

工作表是一个二维表格，不同于 Word 文件，它可以在横向和纵向两个方向扩展，所以能进行水平和垂直两个方向的分页。

Excel 具有自动分页的功能，根据纸张的大小、页边距的设置、缩放选项等插入自动分页符。分页符是为了便于打印，将一张工作表分隔为多页的分隔符，在工作表中显示为虚线。用户可以根据需要在工作表中手工插入分页符。分页符有水平分页符和垂直分页符两种。

选中行号或这一行最左侧单元格，单击“分隔符”按钮，在打开的下拉列表中选择“插入分页符”命令，将在该行上方插入水平分页符，如图 4-163 所示。选中列标或这一列最上方单元格后，选择“插入分页符”命令，将在该列左侧插入垂直分页符。单击工作表中任意一个单元格，选择该命令，将在活动单元格的上方和左侧添加水平和垂直两条分页符。

如果要删除分页符，先选定单元格，选择“分隔符”下拉列表中的“删除分页符”命令，将删除该单元格左侧和上方的分页符。选中整个工作表，选择“分隔符”下拉列表中的“重设所有分页符”命令可删除工作表中的所有手工分页符。但 Excel 2010 中的自动分页符不会被删除。

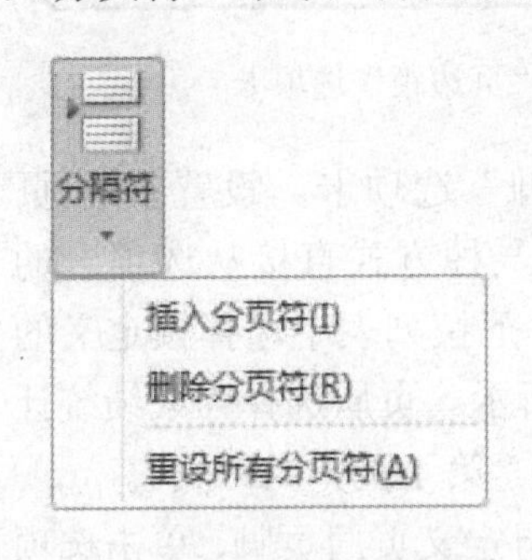

图 4-163 “分隔符”下拉列表

6）“背景”按钮：可以选择一张图片作为工作表的背景。

7）“打印标题”按钮：可以指定在每个打印页重复出现的行和列，单击将弹出“页面设置”对话框，可在“工作表”选项卡进行设置。

（2）在“调整为合适大小”命令组中的“缩放比例”文本框中选择所需的百分比，可以按实际大小的百分比扩大或缩小打印工作表。

（3）“工作表选项”命令组可以设置是否显示或打印工作表中的网格线和行号列标。“网格线”下方的“查看”复选框默认是选中状态，工作表中显示单元格框线；如果选中“打印”复选框，打印时将自动打印网格线；“标题”下方的“查看”复选框默认是选中状态，工作表中显示行号列标；如果选中“打印”复选框，打印时将自动打印行号列标。

2. 利用“页面设置”对话框进行设置

在“页面布局”选项卡中，单击“页面设置”命令组右下角的按钮，弹出“页面设置”对话框，如图4-164所示，在对话框中能够进行更加详细的参数设置。该对话框有“页面”、“页边距”、“页眉/页脚”和“工作表”4个选项卡。

（1）“页面”选项卡：可以设置打印纸张的方向、缩放比例、纸张大小和起始页码等。“起始页码”文本框中可输入首页页码，后续页码自动递增。

（2）“页边距”选项卡：用于设置打印时纸张打印内容的边界与纸张上下左右边沿之间的距离；设置页眉、页脚距纸张上下两边沿的距离（该距离应小于上下边距，否则页眉页脚将与正文重合）；设置打印数据在纸张上的居中方式，默认为靠上靠左对齐，如图4-165所示。

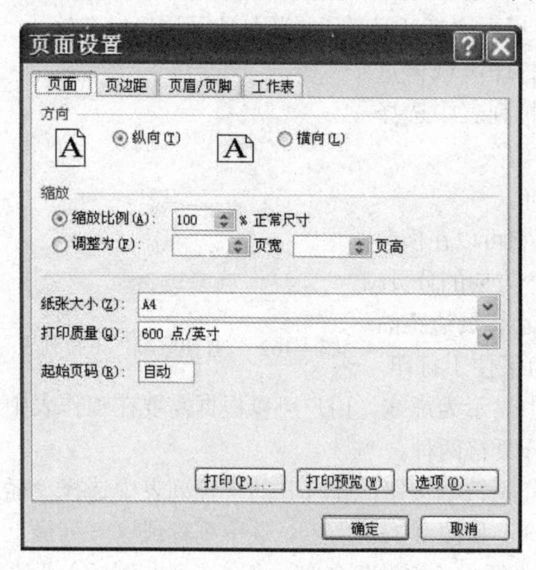

图4-164 “页面设置”对话框

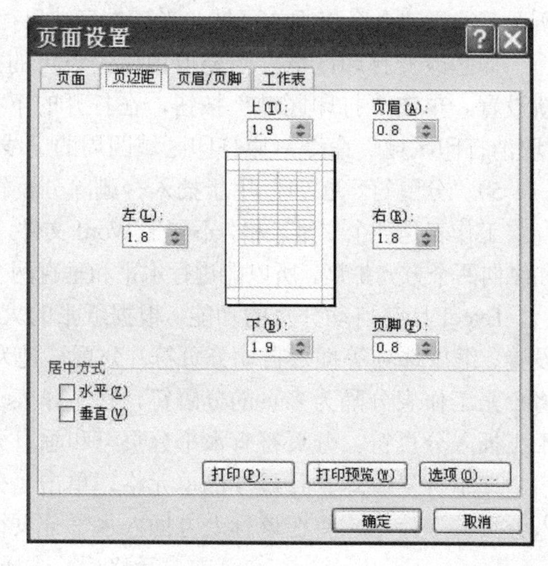

图4-165 “页边距”选项卡

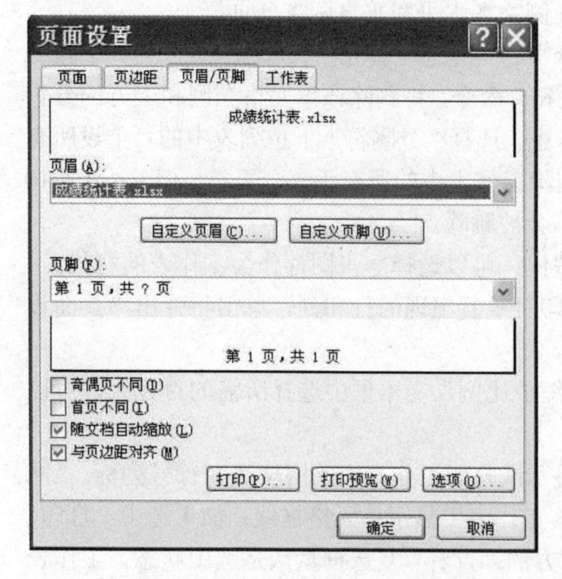

图4-166 “页眉/页脚”选项卡

（3）“页眉/页脚”选项卡。设置页眉/页脚有两种方式，第一种方式直接从选项卡的“页眉”或“页脚”下拉列表中选择预定义的格式，如图4-166所示。页眉选择“成绩统计表.xlsx”，页脚选择“第1页，共？页”。

第二种方式是自定义页眉页脚，单击选项卡上的“自定义页眉”或“自定义页脚”按钮，弹出“页眉”或“页脚”对话框，如图4-167所示。在“页眉”对话框中，有左对齐、居中、右对齐三种页眉，可以直接输入内容或单击文本框上方的按钮来插入内容。7个按钮自左至右分别用于定义字体、插入页码、总页码、当前日期、当前时间、工作簿名和工作表名。

（4）“工作表”选项卡。在“工作表”选项卡中可以设置打印区域、打印标题及其他打印选项，如图 4-168 所示。

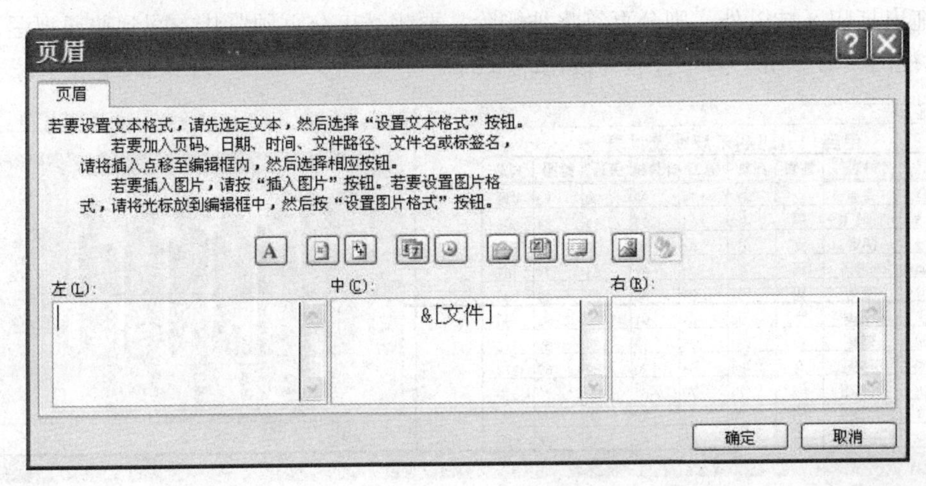

图 4-167 “页眉”对话框

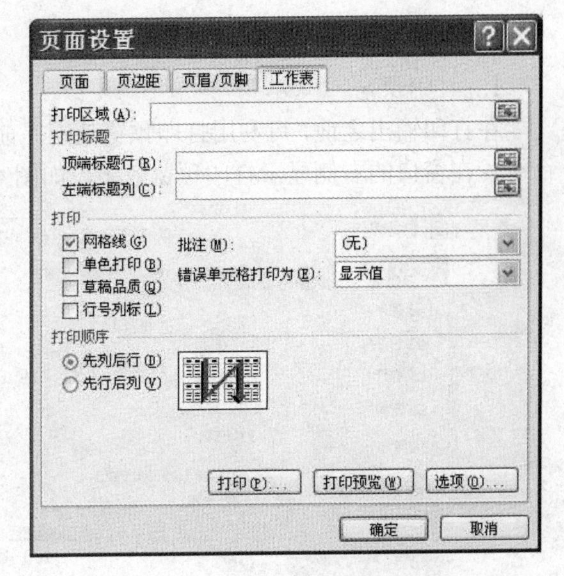

图 4-168 “工作表”选项卡

打印区域：单击“打印区域”右侧的折叠按钮，返回工作表界面，选择需要打印的部分区域。按住 Ctrl 键可同时选定多个打印区域。

打印标题：当工作表有多页时，部分打印页中看不到行标题或列标题，单击“顶端标题行”或“左端标题列”右侧的折叠按钮，返回工作表界面，选择需要打印的行标题与列标题区域。打印时各页上方和左侧将出现指定的行标题与列标题，便于对照数据。

打印：Excel 默认的打印方式是指输出工作表数据而不输出网格线和行号列号，选中“网格线”复选框可输出网格线，选中“行号列标”复选框可输出行号列标。

打印顺序：当工作表超出一页宽和一页高时，默认的“先列后行”方式规定先打印完垂直方向分页，再打印水平方向分页；“先行后列”与之相反。

4.8.2 分页预览

在“视图”选项卡的“工作簿视图”命令组中，单击“分页预览”按钮，即可进入分页预览视图，可以在窗口中查看工作表分页的情况，如图 4-169 所示。图中非打印区域为深色背景，打印区域为浅色背景。蓝色粗线为分页符，显示分页的情况，手动分页符以实线表示，自动分页符以虚线表示。分页预览视图中每页区域中都有暗淡页码显示。

在分页预览视图中可以对工作表进行编辑，设置、取消打印区域，插入、删除分页符。改变打印区域时，将鼠标指针移到打印区域的边界上，指针变为双向箭头，拖动鼠标即可改变打印区域。

只有在分页预览视图下才能调整手工分页符位置。将鼠标指针移到分页实线上，指针变为双向箭头，拖动鼠标可以调整分页符的位置，以改变显示的页数和每页的显示比例。若将分页符拖出打印区域以外，则分页符将被删除。要想结束分页预览状态回到普通视图，单击“工作簿视图”命令组中的“普通”按钮即可。

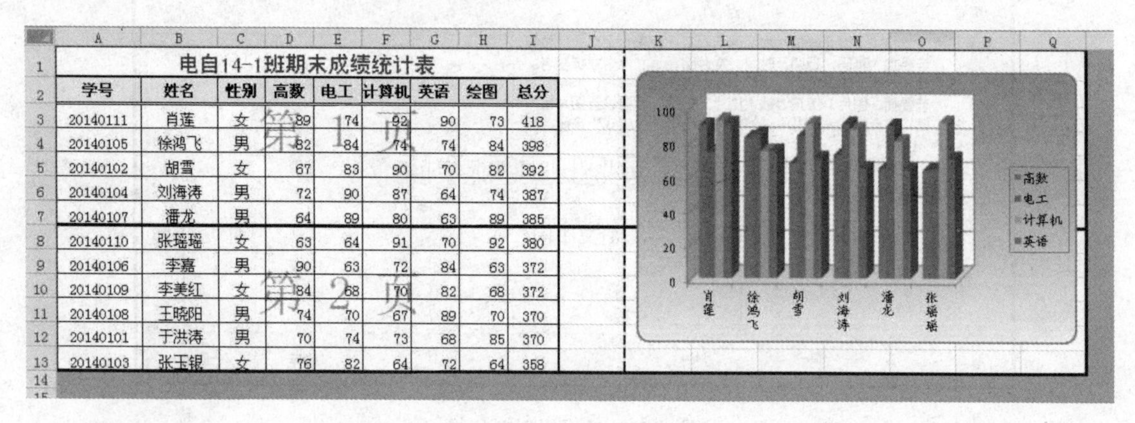

电自14-1班期末成绩统计表

学号	姓名	性别	高数	电工	计算机	英语	绘图	总分
20140111	肖莲	女	89	74	92	90	73	418
20140105	徐鸿飞	男	82	84	74	74	84	398
20140102	胡雪	女	67	83	90	70	82	392
20140104	刘海涛	男	72	90	87	64	74	387
20140107	潘龙	男	64	89	80	63	89	385
20140110	张瑶瑶	女	63	64	91	70	92	380
20140106	李嘉	男	90	63	72	84	63	372
20140109	李美红	女	84	68	70	82	68	372
20140108	王晓阳	男	74	70	67	89	70	370
20140101	于洪涛	男	70	74	73	68	85	370
20140103	张玉银	女	76	82	64	72	64	358

图 4-169 分页预览视图

4.8.3 打印输出

1. 打印预览

在打印输出之前，可利用打印预览功能提前查看工作表的打印效果。选择“文件”“打印”命令，在窗口的右侧显示打印预览效果，如图 4-170 所示。

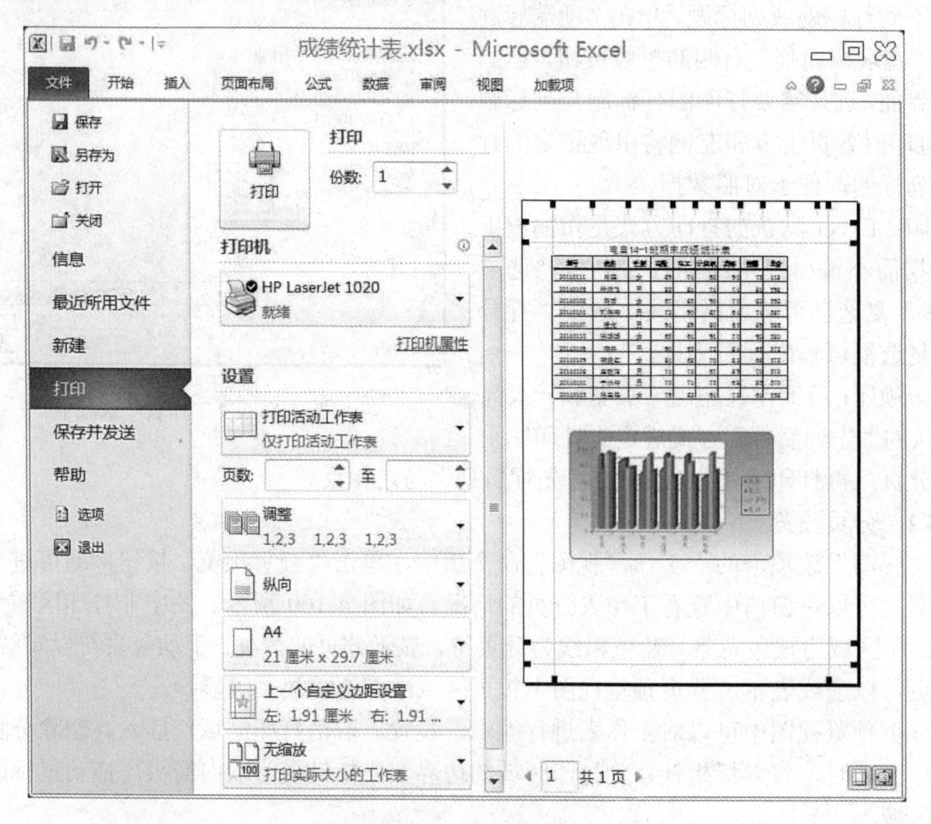

图 4-170 打印预览效果

单击窗口右下角的“显示边距”按钮，预览窗口中将出现虚线表示的页边距、页眉、页脚和各列列宽的控制线，用鼠标拖动控制线可直接改变它们的位置，比页面设置更为直观。再次单击将取消显示控制线。

单击窗口右下角的“缩放到页面”按钮，可以在打印区域的总体预览和放大状态之间切换。

2. 打印工作表

在打印之前还需要进行打印选项的设置。在窗口中间的设置区域设置打印的份数，选择连接的打印机，设置打印的范围和页码范围，可以重新设置打印的方向、纸张、页边距和缩放比例等。

（1）设置打印的范围：单击“打印活动工作表”右侧的下拉按钮，可选择更多打印范围，如图4-171所示。

在该下拉列表中，默认选择打印当前活动工作表，选择“打印整个工作簿”将按顺序打印工作簿中的全部工作表；选择“选定区域”将打印事先在工作表中选定的区域，该选定是一次性的，它不同于页面设置中的“设置打印区域”。

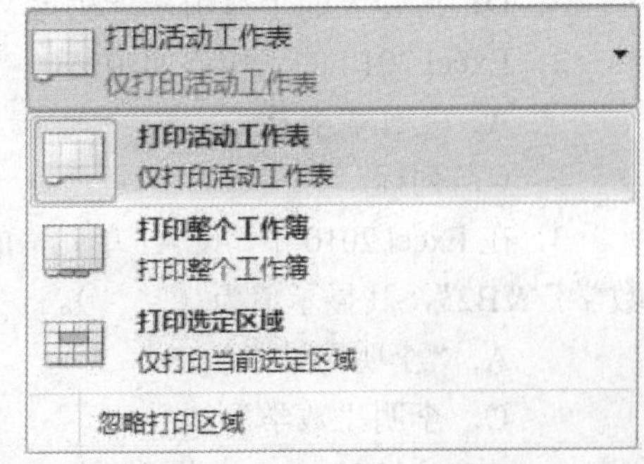

图4-171 “打印活动工作表”下拉列表

（2）Excel 2010默认情况下，按实际大小打印工作表（即无缩放），若想实现缩放打印，可在设置区域中，单击“无缩放”右侧的下拉按钮，在打开的下拉列表中根据需要选择合适的缩放方式。

所有参数设置完毕后，工作表即可以正式打印，单击图4-170中的“打印”按钮即可。

学生上机操作

打开“成绩统计表．xlsx”，在工作表“成绩单”中进行如下操作：

1．设置打印区域为所有成绩数据和三维簇状条形图，不包括二维折线图。

2．在成绩数据和三维簇状条形图之间插入分页符。

3．设置纸张大小为B5，横向；页边距为上下左右各2cm，水平居中。

4．设置页眉为“电自14-1成绩单”，楷体，居中，大小为14；页脚为当前日期，右对齐。

习 题 4

一、填空题

1．Excel 2010中，在对数据进行分类汇总前，必须对数据进行________操作。

2．Excel 2010中输入数据时，如果输入的数据具有某种内在规律，则可以利用它的________功能。

3．在Excel 2010中，单元格的引用（地址）有________、________和________3种形式。

4．Excel 2010提供了________和________两种筛选命令。

5．Excel 2010文档以文件形式存放于磁盘中，其文件默认扩展名为________。

6．Excel 2010中的某个单元格中输入“1/5”，按Enter键后显示________。

7．要冻结 1～5 行，应先选定第________行，然后单击“视图”选项卡“窗口”命令组中的“冻结窗格”按钮。

8．在 Excel 2010 中，工作簿一般是由________组成的。

9．启动 Excel 2010 后新建的第一个工作簿，其默认的工作簿名为________。

10．Excel 2010 的工作表最多有________行，最多有________列。

二、选择题

1．在 Excel 2010 中，下列关于对工作簿的说法错误的是（　　）。

A．默认情况下，一个新工作簿包含 3 个工作表

B．可以根据自己的需要更改新工作簿的工作表数目

C．可以根据需要删除工作表

D．工作表的个数由系统决定

2．Excel 2010 的工作界面中，（　　）将显示在名称框中。

A．工作表名称　　B．行号

C．列标　　D．活动单元格地址

3．在 Excel 2010 中，设 A1 单元格的值为“李明”，B2 的值为“89”，则在 C3 输入“=A1&”数学”&B2”，其显示值为（　　）。

A．“李明”数学”89”　　B．李明数学 89

C．李明“数学”89　　D．A1“数学”B2

4．在 Excel 2010 中，若单元格 C1 中公式为“=A1+B2”，将其复制到 E5 单元格，则 E5 中公式是（　　）。

A．=C3+A4　　B．=C5+D6　　C．=C3+D4　　D．=A3+B4

5．在 Excel 2010 中“A1:D4”表示（　　）。

A．A1 和 D4 单元格

B．左上角为 A1、右下角为 D4 的单元格区域

C．A、B、C、D 4 列

D．1、2、3、4 4 行

6．Excel 2010 中，如果要选取若干个不连续的单元格，应（　　）。

A．按住 Ctrl 键依次单击要选单元格

B．按住 Shift 键依次单击要选单元格

C．按住 Alt 键依次单击要选单元格

D．按住 Tab 键依次单击要选单元格

7．Excel 2010 中，不可以同时对多个工作表进行的操作是（　　）。

A．重命名　　B．删除　　C．复制　　D．移动

8．Excel 2010 中，如果在“筛选”中选定了性别中的“男”，表中显示的将全是男性的数据，则以下说法正确的是（　　）。

A．本表中性别为“女”的数据全部丢失

B．所有性别为“女”的数据暂时隐藏，还可恢复

C．在此基础上不能做进一步的筛选

D．筛选只对字符型数据起作用

9．Exce1 2010 中，下列关于图表的说法错误的是（　　）。

A．可以更改图表类型　　B．可以调整图表大小

C．不能删除数据系列　　D．可以更改图表坐标轴的显示

10．Excel 2010 的图表中，可以显示随时间而变化的连续数据的图表类型是（　　）。

A．柱形图　　B．折线图　　C．条形图　　D．饼图

三、上机练习题

打开文件“工资表.xls”，进行如下操作：

1．将 A1 单元格内容设为标题，跨列居中，字体为隶书，20 磅大小，深蓝色，水平垂直居中。

2．除标题外，文本单元格（包括序号）字体设为宋体，数字单元格字体设为 Times New Roman，大小均为 12。

3．设置第 1 行行高为 25，其他行行高为 20；设置 A 列列宽为 10，B、C 两列的列宽为 8，其他各列自动调整为最合适列宽。

4．所有文本居中对齐，数值右对齐。

5．给除标题外所有单元格区域添加细框线，绘制外框为绿色双框线。

6．给 B9 单元格添加批注“部门主任”。

7．用公式计算应发工资和实发工资。

应发工资=岗位工资+薪级工资+岗位津贴+住房补贴+其他补贴

实发工资=应发工资–扣税金–扣考勤–扣其他

8．按岗位工资降序排序，岗位工资相同时再按薪级工资降序排序。

9．将工作表 Sheet1 中的内容复制到 Sheet2，分类汇总出各部门实发工资总额。

10．将工作表 Sheet1 改名为“工资表”。

11．在“工资表”中，根据“姓名”、“实发工资”数据创建簇状圆柱图，将“应发工资”数据添加到图表中，水平轴文字竖排，在图表上方添加标题 “工资对比”，不显示网格线，给背景墙设置任意纯色填充效果。

12．利用“工资表”中的数据创建数据透视表，放在新工作表中。报表筛选字段为“部门”，行标签为“姓名”，数值区域为“应发工资”和“实发工资”，筛选出财务部和工程部中应发工资大于 3000 的人员数据。

13．对“工资表”进行打印设置，纸张大小为 A4，横向；页边距为上下左右各 1cm，水平垂直都居中；调整图表的位置，使所有内容打印在一页上；插入页眉为工作簿名；页脚为“第 1 页，共 1 页”。

第 5 章 PowerPoint 2010 演示文稿

Microsoft Office PowerPoint 2010（简称 PPT）是微软公司 Office 办公软件中制作演示文稿的软件。用户可以制作出精美多样的演示文稿，广泛应用于专家讲座、教育培训、产品演示、广告宣传等各个领域。借助于不同的放映形式，用户不仅可以在投影仪或者计算机上进行演示，也可以将演示文稿打印出来，制作成胶片，还可以制作成视频文件。因此 PowerPoint 2010 具有极其广泛的应用领域。

通常我们把用 PowerPoint 2010 做出来的文件称为演示文稿，其格式扩展名为 ppt、pptx；或者也可以保存为 pdf、图片、视频等。演示文稿中的每一页称为幻灯片，一个演示文稿可以由若干张幻灯片组成，每张幻灯片都是演示文稿中既相互独立又相互联系的内容。

学习目标

1．理解 PowerPoint 2010 中的常用术语；
2．了解演示文稿的工作界面；
3．熟练掌握 PowerPoint 2010 的基本操作方法；
4．熟练掌握 PowerPoint 2010 的制作和编辑；
5．熟练掌握 PowerPoint 2010 的动画设计、超链接技术和应用设计模版；
6．熟练掌握 PowerPoint 2010 的放映设置。

学习情境引入

为了更好地增进同学们之间的了解，班主任老师提议开展介绍自己家乡的主题班会。要求每个人介绍一下自己的家乡，形式不限，时间为 5min。某同学的家乡是著名的旅游城市——泰安，如何能最好地展示自己的家乡呢？某同学想制作一个介绍家乡的电子简介，那一定是用 PowerPoint 2010 来制作了。

5.1 PowerPoint 2010 基础知识

学习任务

认识 PowerPoint 2010，创建演示文稿——我的家乡。

知识点解析

前面已经学习了 Word 2010 和 Excel 2010，PowerPoint 2010 的基本操作和他们有很多的相似之处。本节重点介绍 4 种视图模式的使用特点。

5.1.1 PowerPoint 2010 的启动和退出

PowerPoint 2010 的启动和退出与其他微软程序一致，在此简单介绍一下常用方法。

1. PowerPoint 2010 的启动

（1）利用“开始”菜单。单击桌面左下角的“开始”按钮，如图 5-1 所示，在弹出的菜单中选择“所有程序”→“Microsoft Office”→“Microsoft Office PowerPoint 2010”命令即可启动。

图 5-1 启动 PowerPoint 2010

PowerPoint 2010 的窗口如图 5-2 所示。

（2）通过桌面快捷图标启动。若在桌面上创建了 PowerPoint 2010 快捷图标，则双击桌面快捷图标即可启动。

2. PowerPoint 2010 的退出

（1）在 PowerPoint 2010 工作界面标题栏右侧单击“关闭”按钮。

（2）选择“文件”→“退出”命令，可以退出 PowerPoint 2010。

图 5-2 PowerPoint 2010 窗口

5.1.2 PowerPoint 2010 的主窗口

1. PowerPoint 2010 的界面

PowerPoint 2010 的界面由标题栏、菜单栏、工具栏选项卡、工作区、状态栏等部分组成，如图 5-2 所示。

快速访问工具栏：该工具栏上提供了最常用的“保存”按钮、“撤销”按钮和“恢复”按钮，单击对应的按钮可执行相应的操作。单击其后的按钮，可以在打开的下拉列表中选择添加其他的命令按钮。

标题栏：位于工作窗口的右上角，用于显示演示文稿名称和程序名称，最右侧的 3 个按钮分别用于对窗口执行最小化、最大化和关闭等操作。

文件菜单：单击选择演示文稿的新建、打开、保存和退出等基本操作，该菜单右侧列出了用户经常使用的演示文档名称。

功能选项卡：相当于菜单命令，它将 PowerPoint 2010 的所有命令集成在几个功能选项卡中，选择某个功能选项卡可切换到相应的功能区。

功能区：在功能区中有许多自动适应窗口大小的工具栏，不同的工具栏中又放置了与此相关的命令按钮或列表。

幻灯片/大纲窗格：用于显示演示文稿的幻灯片数量及位置，通过它可更加方便地掌握整个演示文稿的结构。在幻灯片窗格下，将显示整个演示文稿中幻灯片的编号及缩略图。

幻灯片编辑区：是整个工作界面的核心区域，用于显示和编辑幻灯片。

备注窗格：位于幻灯片编辑区下方，可供幻灯片制作者或幻灯片演讲者查阅该幻灯片信息或在播放演示文稿时对需要的幻灯片添加说明和注释。

状态栏：位于工作界面最下方，用于显示演示文稿中所选的当前幻灯片以及幻灯片总张数、幻灯片采用的模板类型、视图切换按钮以及页面显示比例等。

2. PowerPoint 2010 的视图模式

为满足用户不同的需求，PowerPoint 2010 提供了多种视图模式以编辑查看幻灯片，在工作界面下方单击视图切换按钮中的任意一个按钮，即可切换到相应的视图模式下。下面对各视图进行介绍。

普通视图：PowerPoint 2010 默认显示普通视图，启动 PowerPoint 2010 就会显示这种视图。在该视图中可以同时显示幻灯片编辑区、幻灯片/大纲窗格以及备注窗格。它主要用于调整演示文稿的结构及编辑单张幻灯片中的内容。

幻灯片浏览视图：在幻灯片浏览视图模式下可浏览幻灯片在演示文稿中的整体结构和效果，一般此时在该模式下对幻灯片的顺序进行排列和管理。此模式可以改变幻灯片的版式和结构，但不能对单张幻灯片的具体内容进行编辑。

阅读视图：在该模式下，演示文稿中的幻灯片将以适应窗口大小进行放映，单击显示下一张。该视图仅显示标题栏、阅读区和状态栏，主要用于浏览幻灯片的内容。

幻灯片放映视图：在该视图模式下，演示文稿中的幻灯片将以全屏动态放映，该模式主要用于预览幻灯片在制作完成后的放映效果，还可以查看每张幻灯片的切换效果等。

5.1.3 演示文稿的基本操作

1. 创建新演示文稿

PowerPoint 2010 提供了多种创建演示文稿的方法，如创建空白演示文稿、利用模板创建演示文稿、使用 Office.com 创建演示文稿等。下面分别介绍。

（1）创建空白演示文稿。启动 PowerPoint 2010 后，系统会自动新建一个名为“演示文稿 1”的空白演示文稿。除此之外，用户还可通过命令创建空白演示文稿，启动 PowerPoint 2010 后，选择“文件”→“新建”命令，单击“可用的模板和主题”→“空白演示文稿”图标，再单击“创建”按钮，即可创建一个空白演示文稿，如图 5-3 所示。

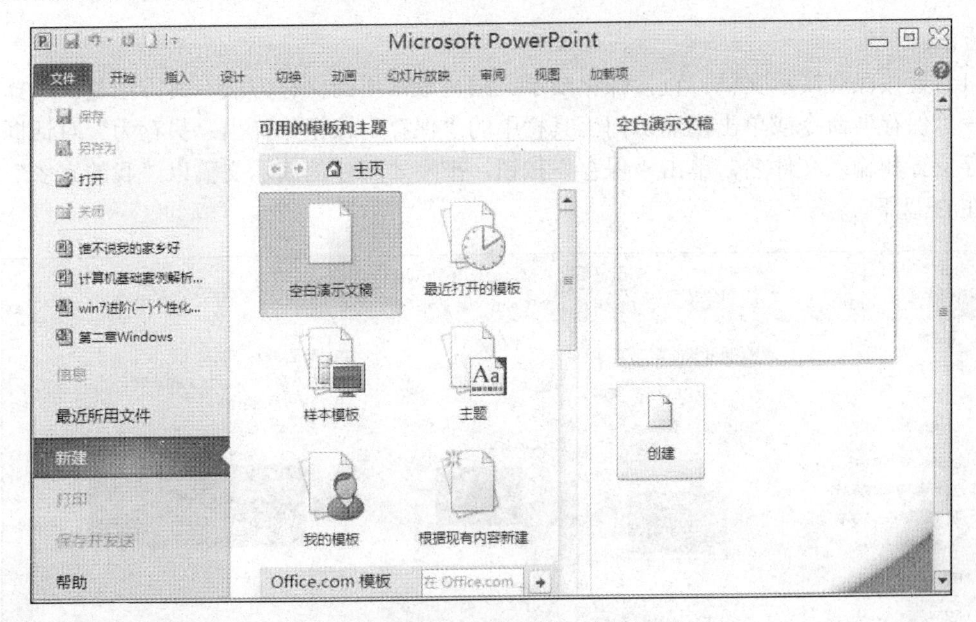

图 5-3　空白演示文稿

（2）利用模板创建演示文稿。用户可利用 PowerPoint 2010 提供的内置模板来创建演示文稿。

选择“文件”→“新建”命令，单击“可用的模板和主题”→“样本模板”图标，在打开的页面中选择所需的模板选项，单击“创建”按钮，如图 5-4 所示。

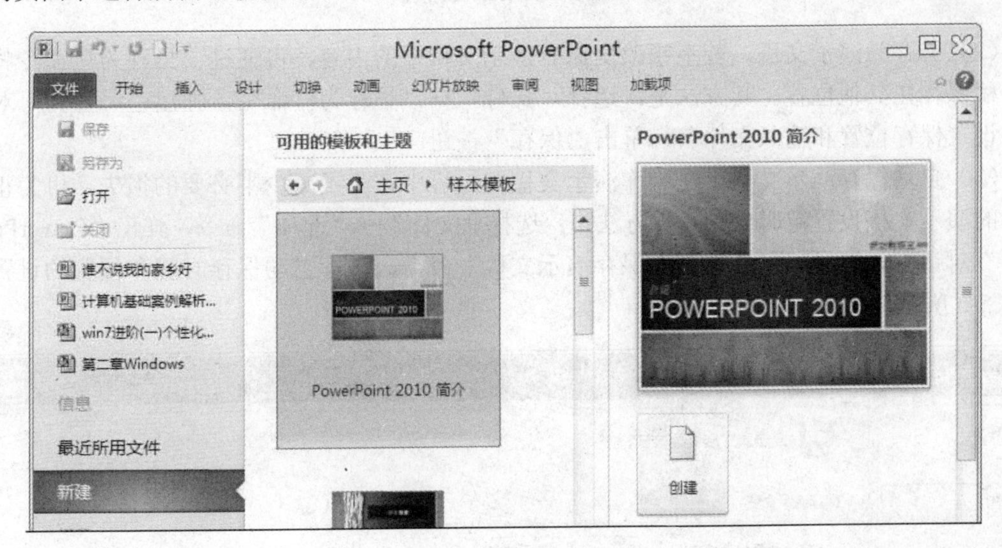

图 5-4　模板和主题

（3）使用 Office.com 上的模板创建演示文稿。选择“文件”→“新建”命令，如单击“Office.com 模板”→“培训”图标，在“培训”中选择“员工培训演示文稿”样式，如图 5-5 所示。

2. 保存演示文稿

制作好的演示文稿需要保存在计算机中。保存演示文稿的方法有很多，下面介绍几种常用的方法。

（1）直接保存演示文稿。直接保存演示文稿是最常用的保存方法。其方法是：选择“文件”→“保存”命令或单击快速访问工具栏中的“保存”按钮，弹出“另存为”对话框，选择保存位置和输入文件名，单击“保存”按钮。把刚才新建的演示文稿以“我的家乡”为名保存在D盘下。

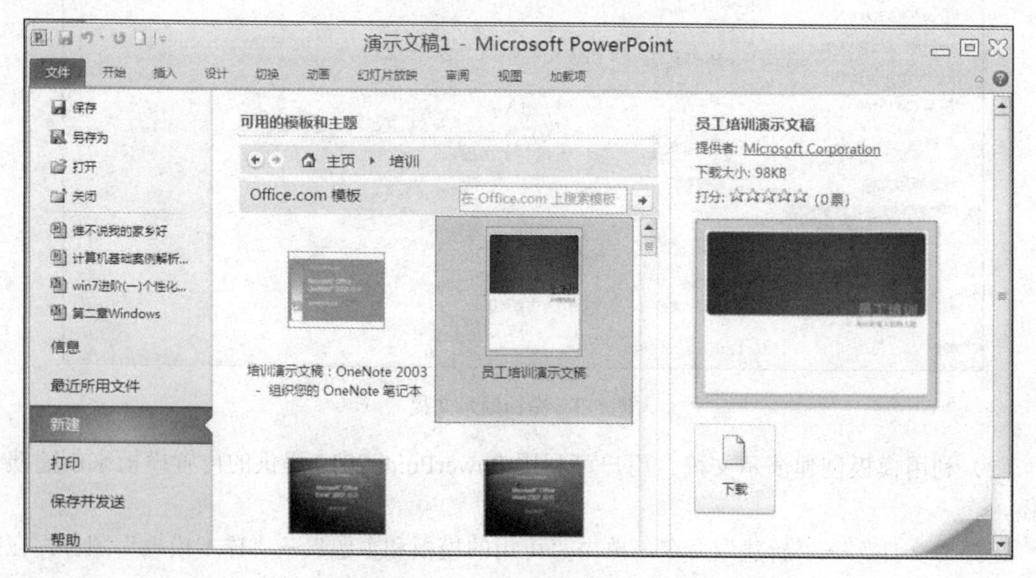

图 5-5　Office.com 模板

（2）另存为演示文稿。若不想改变原有演示文稿中的内容，可通过“另存为”命令将演示文稿保存在其他位置。其方法是：选择“文件”→“另存为”命令，弹出“另存为”对话框，设置保存位置和输入文件名，单击“保存”按钮。

（3）自动保存演示文稿。在制作演示文稿的过程中，为了减少不必要的损失，可为正在编辑的演示文稿设置定时保存。其方法是：选择“文件”→“选项”命令，弹出“PowerPoint选项”对话框，选择“保存”→“保存演示文稿”命令，进行自动保存时间和位置的设置，如图5-6所示。

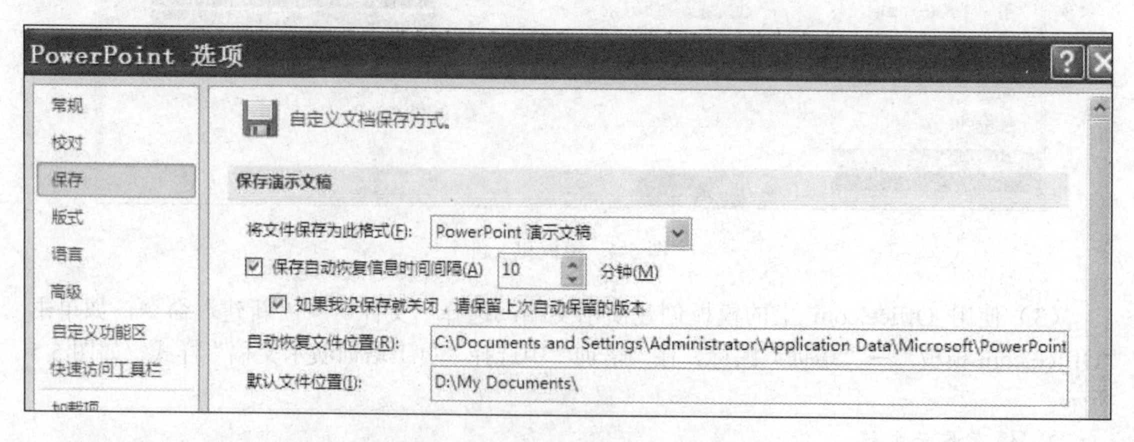

图 5-6　“PowerPoint 选项”对话框

3. 打开演示文稿

如需要打开已经存在的演示文稿，通常用到以下的方法：

（1）直接双击需打开的演示文稿图标。

（2）选择“文件”→“打开”命令，弹出“打开”对话框，在其中选择需要打开的演示文稿，单击“打开”按钮，即可打开选择的演示文稿。

（3）打开最近使用的演示文稿：如需要打开最近使用的演示文稿，可选择“文件”→“最近所用文件”命令，在打开的页面中将显示最近使用的演示文稿名称和保存路径，然后选择需打开的演示文稿完成操作。

4. 关闭演示文稿

关闭演示文稿的常用方法有以下4种：

（1）按Alt+F4组合键。

（2）通过快捷菜单关闭：在标题栏上右击，在弹出的快捷菜单中选择“关闭”命令。

（3）单击按钮关闭：单击标题栏右上角的“关闭”按钮，关闭演示文稿并退出程序。

（4）通过命令关闭：选择“文件”→“关闭”命令，关闭当前演示文稿。

学生上机操作

1. 启动PowerPoint 2010，新建空白演示文稿，并保存为“我的家乡.pptx”。
2. 根据题意收集和家乡相关的各种资料。
3. 收集优秀的演示文稿进行浏览，对自己的演示文稿进行构思。
4. 对这些收集的演示文稿文件以不同的视图查看。

5.2 幻灯片的编辑

学 习 任 务

利用PowerPoint 2010制作简单的演示文稿。

知识点解析

为了更好地展现幻灯片的内容，设计者不仅要合理设计每张幻灯片的版式，还要充分结合文字、图片、表格、图形等组成元素。本节将对幻灯片进行初期的的制作和编辑。

5.2.1 幻灯片的基本操作

1. 选择幻灯片

选择单张幻灯片：在幻灯片/大纲窗格或幻灯片浏览视图中，单击幻灯片缩略图，可选择单张幻灯片。

选择多张连续的幻灯片：在幻灯片/大纲窗格或幻灯片浏览视图中，单击要连续选择的第1张幻灯片，按住Shift键不放，再单击需选择的最后一张幻灯片，释放Shift键后两张幻灯片之间的所有幻灯片均被选择。

选择多张不连续的幻灯片：在幻灯片/大纲窗格或幻灯片浏览视图中，单击要选择的第1张幻灯片，按住Ctrl键不放，再依次单击需选择的幻灯片，可选择多张不连续的幻灯片。

2. 插入新幻灯片

按 Ctrl+M 组合键，即可快速添加一张空白幻灯片。

在普通视图下，将鼠标指针定位在左侧的窗格中，然后按 Enter 键，同样可以快速插入一张新的空白幻灯片。

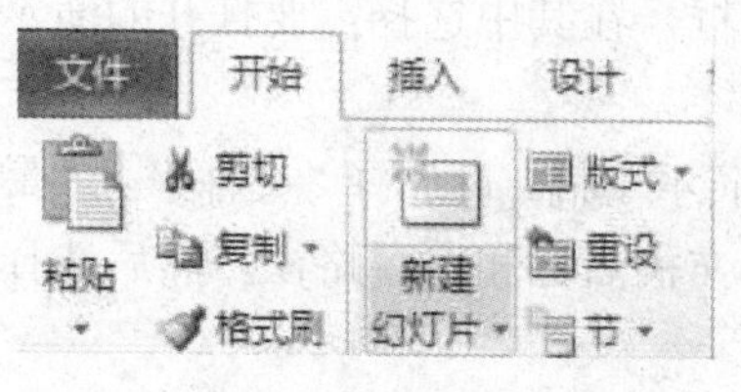

图 5-7 新建幻灯片

单击“开始”选项卡中“幻灯片”命令组中的“新建幻灯片”按钮，也可以选择新增一张幻灯片，如图 5-7 所示。

3. 移动和复制幻灯片

在制作演示文稿的过程中，如需要复制幻灯片或移动幻灯片，可通过以下方式完成：

（1）利用鼠标拖动移动和复制幻灯片。选择需移动的幻灯片，按住鼠标左键不放，拖动到目标位置后释放鼠标，完成移动操作。选择幻灯片后，按住 Ctrl 键的同时拖动到目标位置可实现幻灯片的复制。

（2）利用菜单命令移动和复制幻灯片。选择需移动或复制的幻灯片，右击，在弹出的快捷菜单中选择“剪切”或“复制”命令，然后将鼠标指针定位到目标位置，右击，在弹出的快捷菜单中选择“粘贴”命令，完成移动或复制幻灯片。

4. 删除幻灯片

在幻灯片/大纲窗格和幻灯片浏览视图中可删除演示文稿中多余的幻灯片。

选择需删除的幻灯片后，按 Delete 键或右击，在弹出的快捷菜单中选择“删除幻灯片”命令。

5.2.2 幻灯片版式的编辑

幻灯片版式是 PowerPoint 2010 中的一种常规排版的格式，它主要是由幻灯片的占位符（用来提示如何在幻灯片中添加内容的符号，最大特点是其只在编辑状态下才显示，而在幻灯片放映的版式下是看不到的）和一些修饰元素构成，通过幻灯片版式的应用可以完成对文字、图片等更加合理简洁的布局。

用户通过使用幻灯片版式，提高了 PowerPoint 2010 操作的自动化程度。PowerPoint 2010 中已经内置了许多常用的幻灯片的版式，如标题幻灯片、图片与标题幻灯片、内容与标题幻灯片，或者选择空白幻灯片等。

当我们打开 PowerPoint 2010，或者新建一个演示文稿时，默认的幻灯片版式就是标题幻灯片，如图 5-8 所示。

标题版式由标题和副标题的占位符组成，单击占位符，可以输入内容。还可以根据需要重新设置版式。

单击“开始”选项卡→“幻灯片”命令组→“版式”按钮，在里面选择任意一种版式，则应用于当前幻灯片。

在幻灯片的空白处，右击，在弹出的快捷菜单中选择“版式”命令，在弹出的级联菜单中，根据需要应用版式即可。

5.2.3 文本的编辑

1. 文字的编辑

（1）使用文字占位符。在版式幻灯片上面的“单击此处添加标题”上单击，提示文字即消失，变为光标在闪动，此时，就可以向输入框中输入文字了，如输入“谁不说我的家乡好”。

按照以上同样的步骤，在副标题的位置上输入文字“我的家乡——泰安”，如图 5-9 所示。

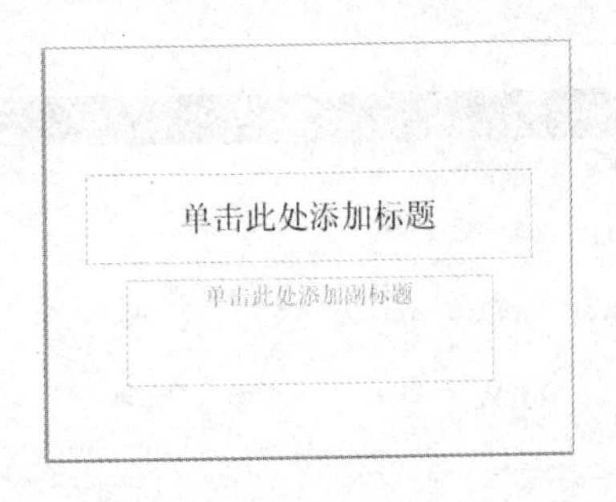

图 5-8　标题幻灯片

图 5-9　制作标题幻灯片

（2）使用文本框或艺术字。使用“文本框”插入文字，能在幻灯片的任意位置插入文本。

选择“插入”选项卡→“文本”命令组，单击“文本框”或“艺术字”按钮，如图 5-10 所示，选择“文本框”或“艺术字”实现文本输入。

图 5-10　选取文本框

（3）从外部导入文本。单击“插入”选项卡→“文本”命令组→“对象”按钮，在弹出的“插入对象”对话框中选中“由文件创建”单选按钮，选择“泰安简介”，单击“确定”按钮，如图 5-11 所示。

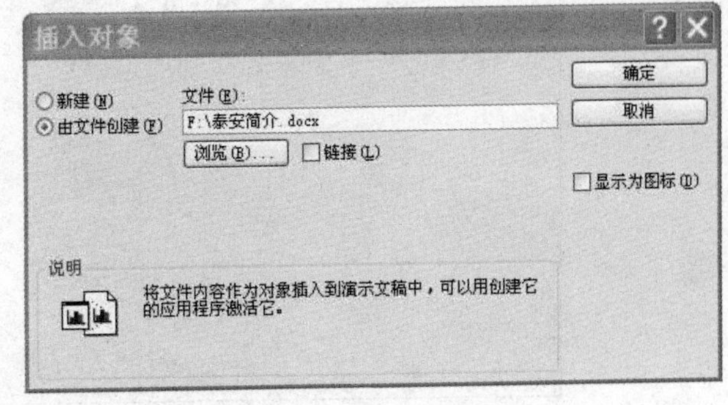

图 5-11　插入对象

2. 文字的格式化

文本的基本格式设置包括设置文字的属性和对齐方式。其中文字的基本属性有字体、字号、文字颜色、字符间距。设置文字的属性，可选中所需文字后，单击“开始”选项卡→“字体”命令组右下角的按钮，弹出“字体”对话框，如图 5-12 所示，进行设置后单击“确定”按钮。对文本框和艺术字的格式化设置同 Word 部分一致，不再赘述。

3. 段落格式的格式化

选择“开始”选项卡→“段落”命令组，单击各按钮进行设置；也可单击“段落”命令组右下角的按钮，在弹出的“段落”对话框中进行精确设置，如图 5-13 所示。

4. 项目符号和编号

单击“开始”选项卡→“段落”命令组→“项目符号”下拉按钮，设置项目符号，如图 5-14 所示。

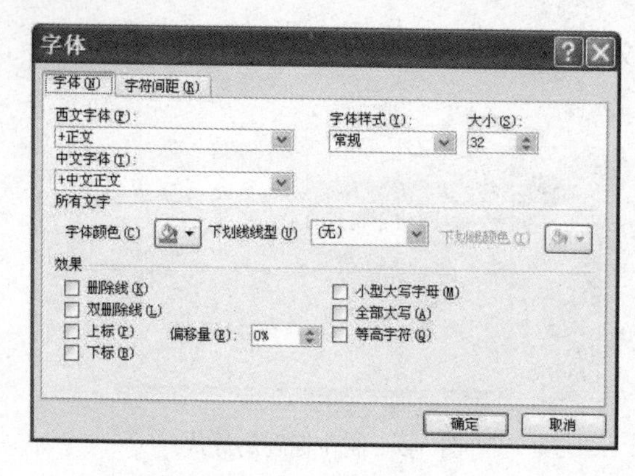

图 5-12 格式化文字

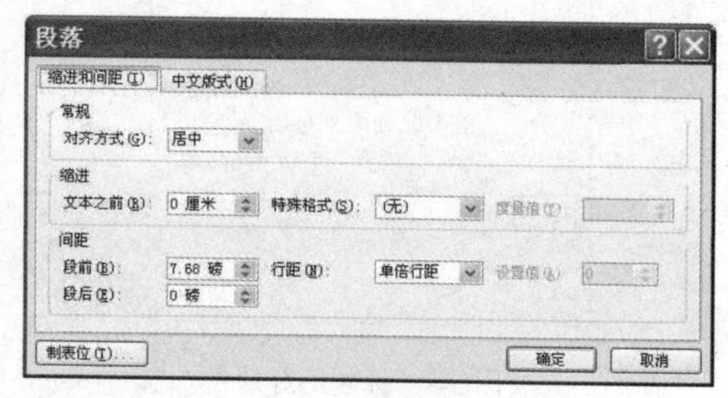

图 5-13 格式化段落

5.2.4 对象的编辑

为了制作更加丰富的幻灯片，可以在 PowerPoint 2010 中插入各种对象，如图像、表格、插图和多媒体等，以使演示文稿更加生动和精彩。

1. 图像的编辑

（1）插入剪贴画。单击“插入”选项卡→“图像”命令组→“剪贴画”按钮，打开图 5-15 所示的“剪贴画”窗格。在“搜索文字”文本框中输入所需剪贴画的说明文字，然后单击“搜索”按钮，即可显示搜索的结果。选择要插入的剪贴画，将剪贴画插入幻灯片中。

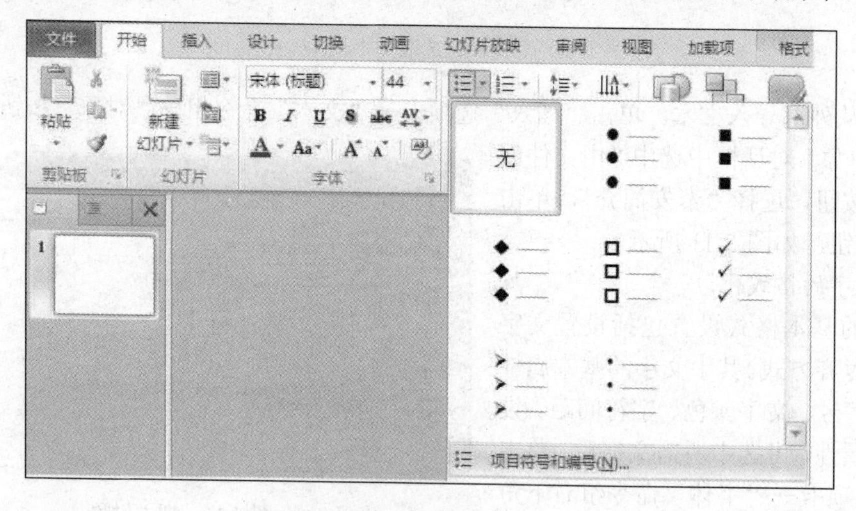

图 5-14 设置项目符号

（2）插入图片。单击“插入”选项卡→“图像”命令组→“图片”按钮，弹出“插入图片”对话框，选择要插入的图片，将图片插入幻灯片中。

（3）图像的格式化。双击插入的剪贴画或图片，在功能区显示“格式”选项卡，编辑图片操作都是在其中进行的，包括调整图片、修改格式、更改位置和大小、对图片进行排列等操作。例如，我们选择“裁剪”→“裁剪为形状”命令，如图 5-16 所示。也可以弹出“设置图片格式”对话框，进行更详细的设置，如图 5-17 所示。

2. 表格的编辑

（1）插入表格。

1）手动插入表格。单击“插入”选项卡→“表格”命令组→“表格”按钮，当鼠标指针变为笔的形状时，按住鼠标左键的同时拖动鼠标绘制表格，如图 5-18 所示。添加一张新幻灯片，插入一个 4×8 的表格，输入相应的文字。

2）使用命令插入表格。在 PowerPoint 2010 中可以单击“插入”选项卡→“表格”命令组→“表格”按钮，选择“插入表格”或“绘制表格”命令，自动插入表格。

3）插入 Excel 表格。可以在幻灯片中直接调用 Excel 应用程序，从而将外部表格对象插入幻灯片中。单击“插入”选项卡→“表格”命令组→“Excel 电子表格”按钮，会出现 Excel 电子表格的工作界面，其编辑方法与直接使用 Excel 程序一样。

（2）表格的格式化。与前面学习的 Word 一样，可以对插入的表格重新进行格式化。

1）应用表格快速样式。选择表格，单击“表格工具”选项卡→“设计”命令组→“表格样式”按钮，选择需要的样式，如选择“中”→“中度样式 2，强调 2”命令，如图 5-19 所示。

2）更改表格样式选项、表格边框底纹与 Word 一致，不再赘述。

图 5-15 剪贴画窗口

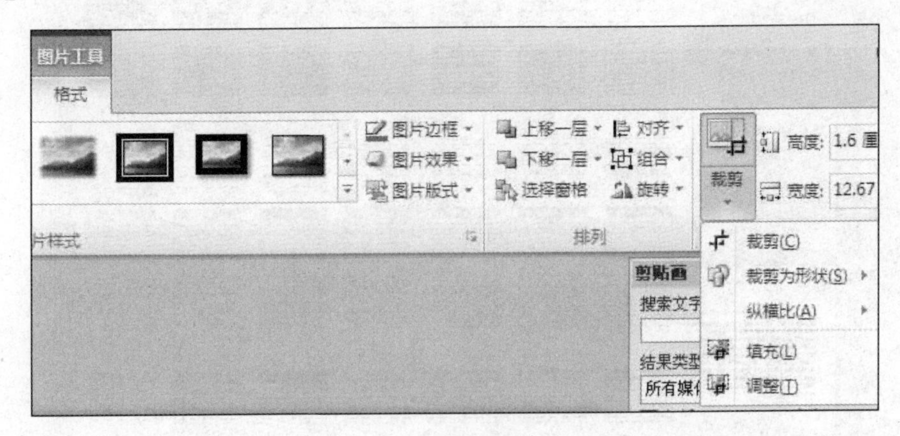

图 5-16 裁剪图片

3）形状格式的设置。选定表格，右击，在弹出的快捷菜单中选择“设置形状格式”命令，对表格效果进行详细的设置，如图 5-20 所示。

3. 图表的编辑

PowerPoint 2010 不仅可与 Excel 相结合，在幻灯片中实现图表的制作；也可以使用 SmartArt 智能图形直观地表现出企业组织内部的层次关系、循环关系、递进关系、流程关系等，而且在视觉上更加美观。

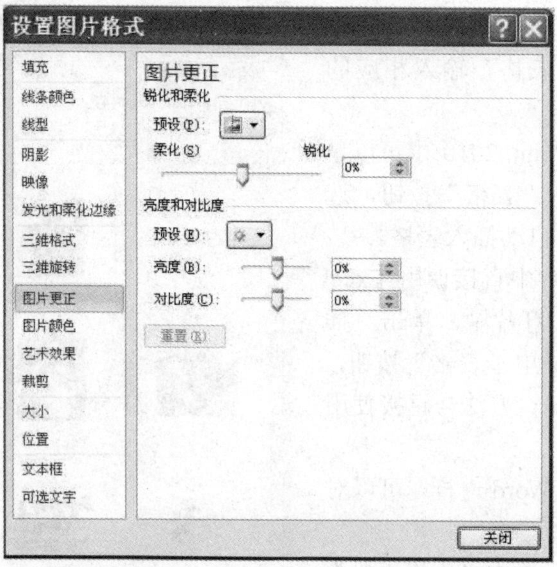

图 5-17 “设置图片格式”对话框

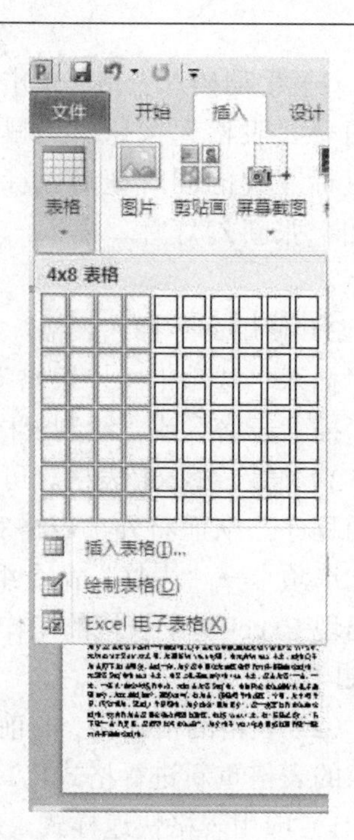

图 5-18 插入表格

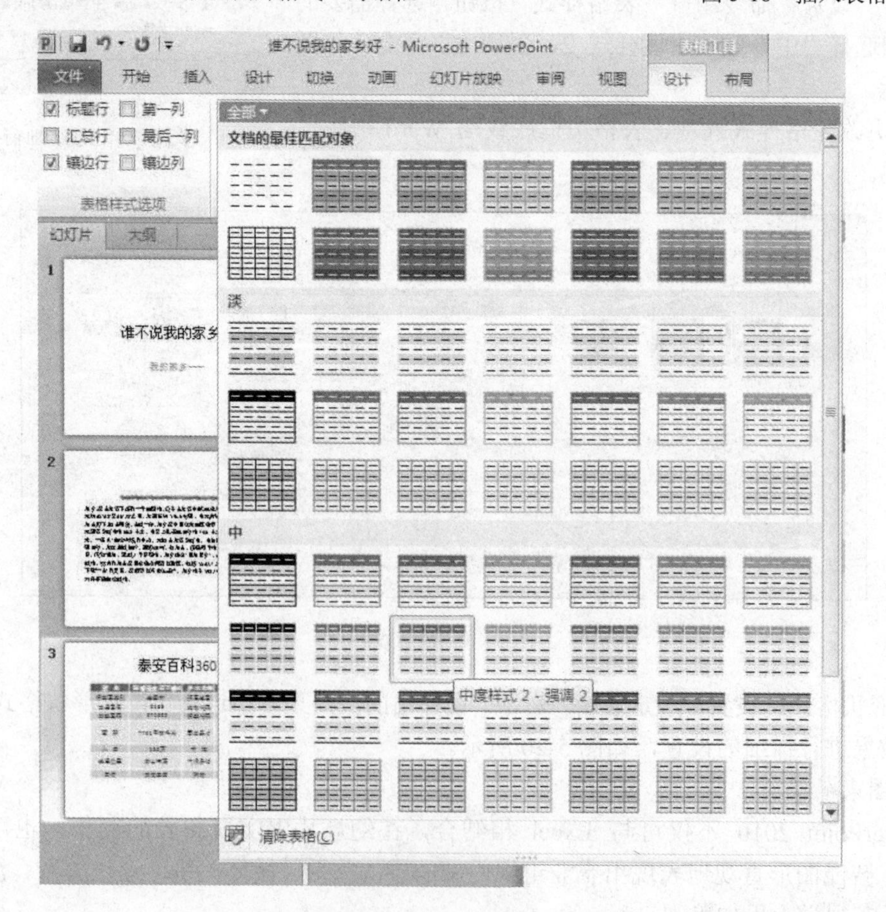

图 5-19 设置表格样式

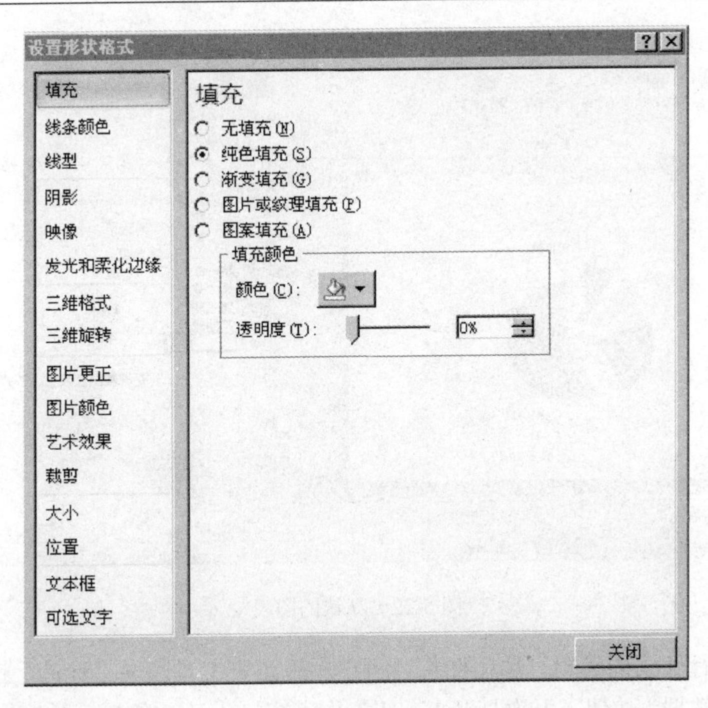

图 5-20　设置形状格式

（1）插入图表。新建一张“空白”版式的幻灯片，单击“插入”选项卡→“插图”命令组→“图表”按钮，在弹出的“插入图表”对话框中选择图表类型并单击“确定”按钮，如图 5-21 所示，选择“分离型饼图”。

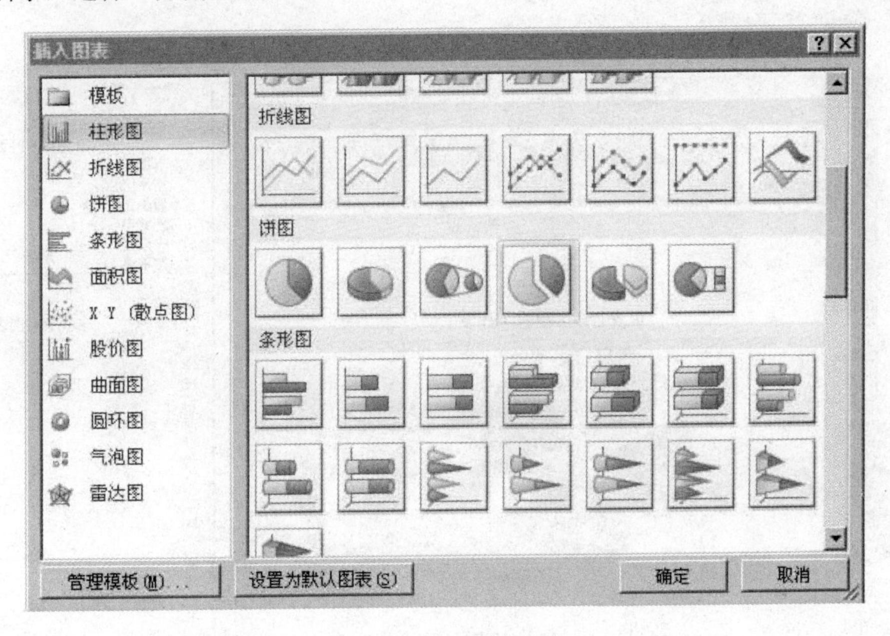

图 5-21　设置图表类型

（2）编辑图表。当前窗口会变成左右拆分的两个窗口：左为 PPT，右为 Excel。这是 Excel 2010 范例数据，范例数据的分离型饼图已经显示在幻灯片中了，如图 5-22 所示。

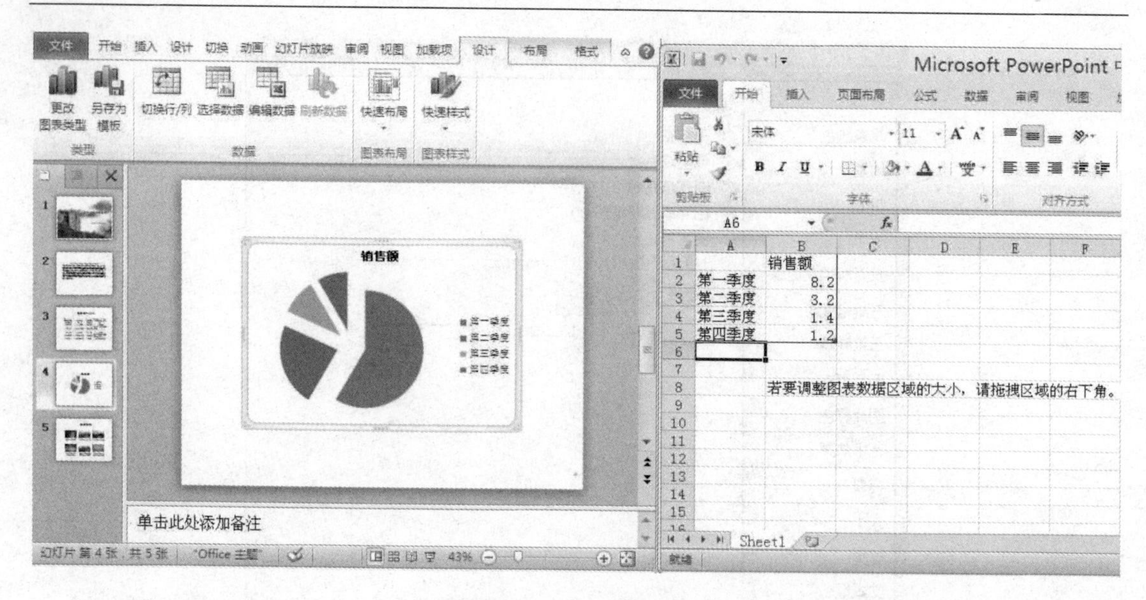

图 5-22 默认的图表

接下来，进行数据的编辑。单击图标，再单击“图表工具”→“设计”选项卡→“数据”命令组→“编辑数据”按钮，再次打开 Excel 工作表窗口，可以在 Excel 中增加数据并修改数据名称；也可弹出“选择数据源”对话框，更改坐标及图例项，结果如图 5-23 所示。

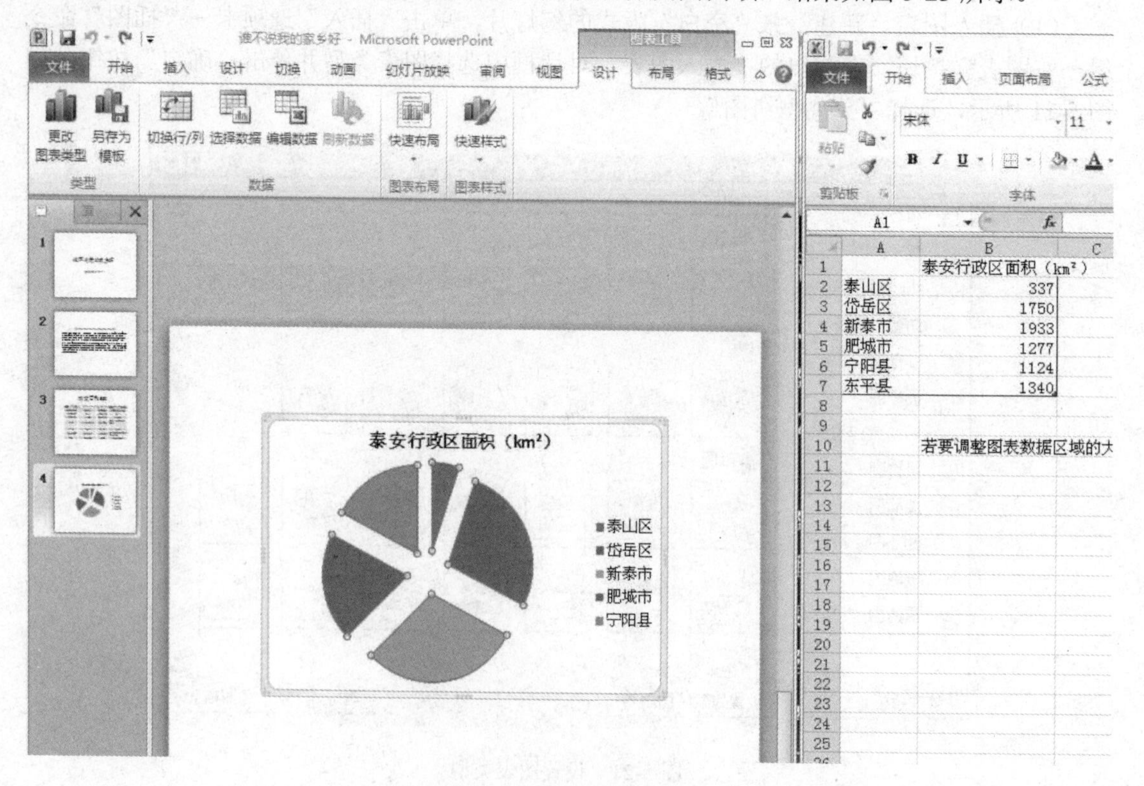

图 5-23 编辑后的图表

（3）图表的格式化。

1）更改图表布局。选择图表，单击“图表工具”→“设计”选项卡→“图表布局”命令组→“快速布局”按钮，如选择布局 5，如图 5-24 所示。

为了显示数据，可以在图表上右击，在弹出的快捷菜单中选择“设置数据标签格式”命令，弹出“设置数据标签格式”对话框，选择“标签选项”选项卡，选中“值”复选框，如图 5-25 所示。

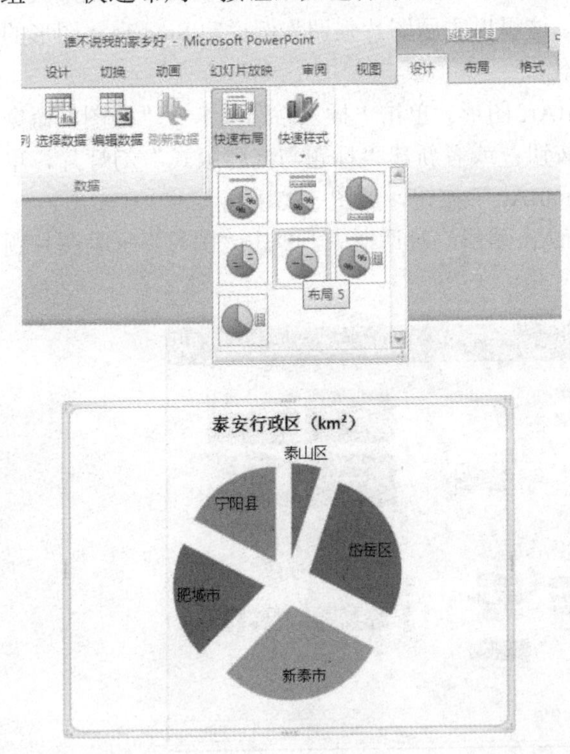

图 5-24 快速布局图表

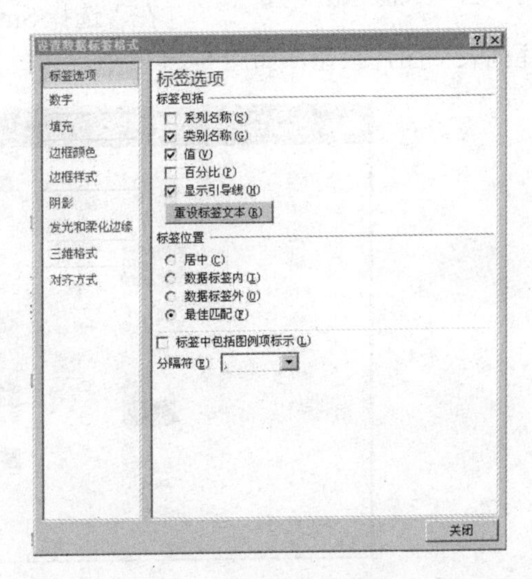

图 5-25 设置数据标签格式

2）应用快速样式。单击图表，单击“图表工具”→“设计”选项卡→“图表样式”命令组→“快速样式”按钮，打开图表样式下拉列表，选择样式 26，效果如图 5-26 所示。

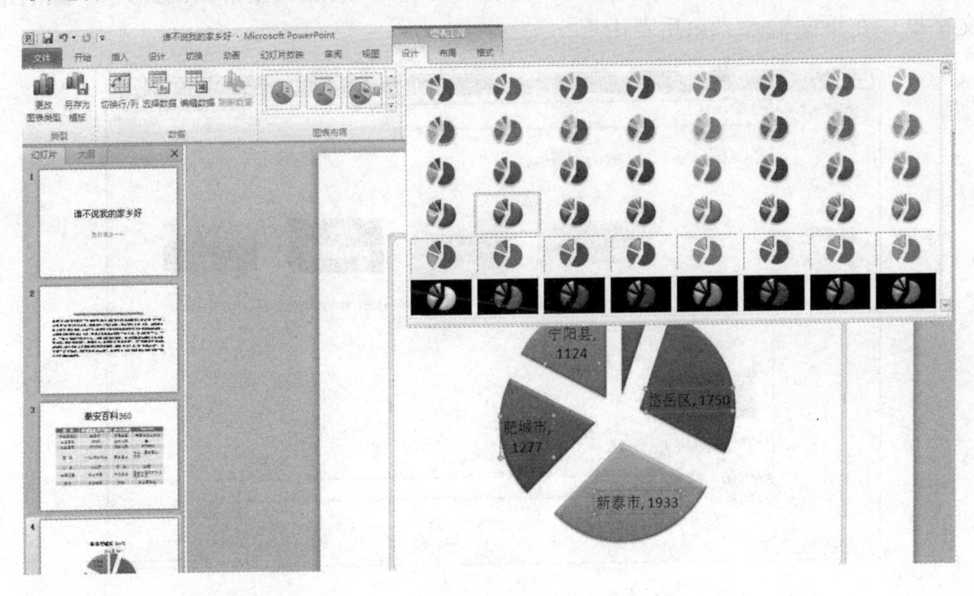

图 5-26 应用快速样式

4. SmartArt 图形的编辑

SmartArt 图形是 PowerPoint 2010 特色功能之一，用户可以选择不同的 SmartArt 图形类型制作漂亮的幻灯片。这里以主题图片强调为例说明 SmartArt 图形的创建、编辑和格式化。

图 5-27 “SmartArt”按钮

（1）插入 SmartArt 图形。单击“插入”选项卡→“插图”命令组→“SmartArt”按钮；或者新建“标题与内容版式”幻灯片，单击内容中“插入 SmartArt”按钮，如图 5-27 所示。

在“选择 SmartArt 图形”对话框中，单击“图片”→“图片题注列表”图片按钮，如图 5-28 所示。

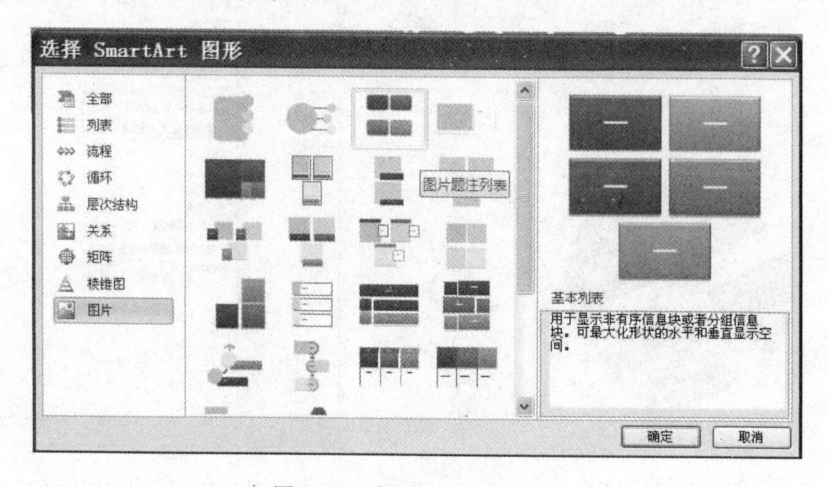

图 5-28 选择 SmartArt 图形

（2）编辑 SmartArt 图形。单击图形中的图片按钮，弹出“插入图片”对话框，如图 5-29 所示。在对话框里面添加事先准备好的图片资料。例如，添加一张泰山的图片，单击图形下面的文字框，在里面输入“东岳泰山”。

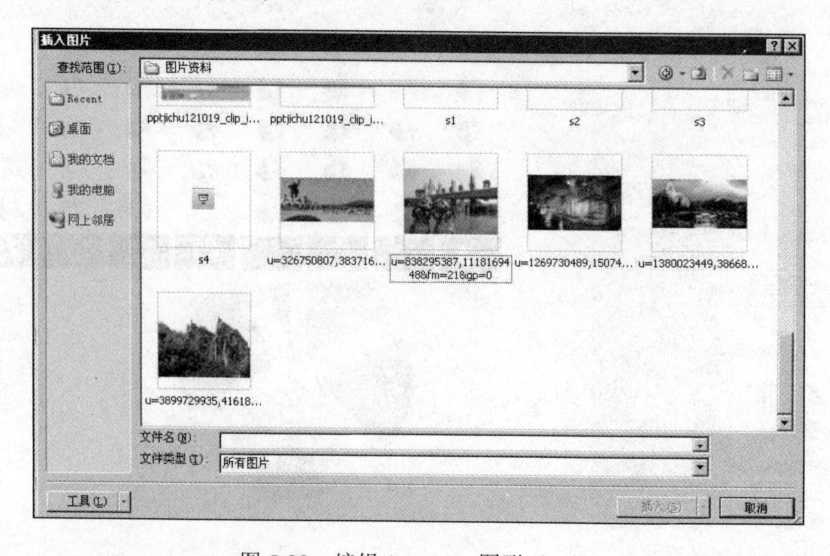

图 5-29 编辑 SmartArt 图形（一）

接下来，再添加其他 3 个图形中的图片和文字，如图 5-30 所示。

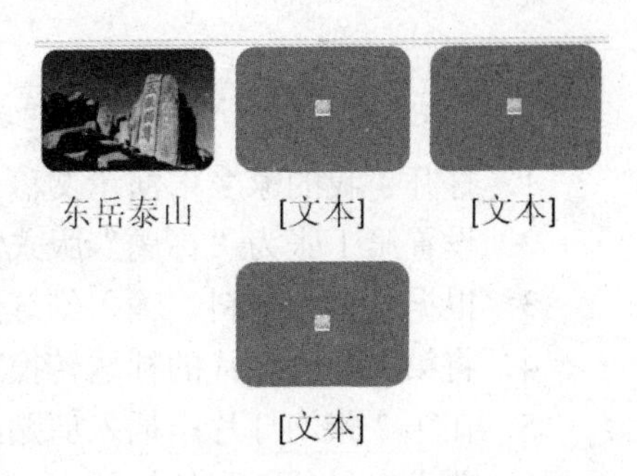

图 5-30　编辑 SmartArt 图形（二）

（3）SmartArt 图形的格式化。SmartArt 图形中每个形状都是相对独立的图形对象，因此它们可以旋转、调整大小等。在“设计”选项卡中可以为 SmartArt 图形更改颜色、样式及布局等。在“格式”选项卡中可以为 SmartArt 图形中的形状设置形状样式。

1）更改 SmartArt 图形的布局。选中 SmartArt 图形，单击“SmartArt 工具”→“设计”选项卡→“布局”命令组→“更改布局”按钮，选择一种样式，如“蛇形图片题注列表”，如图 5-31 所示。

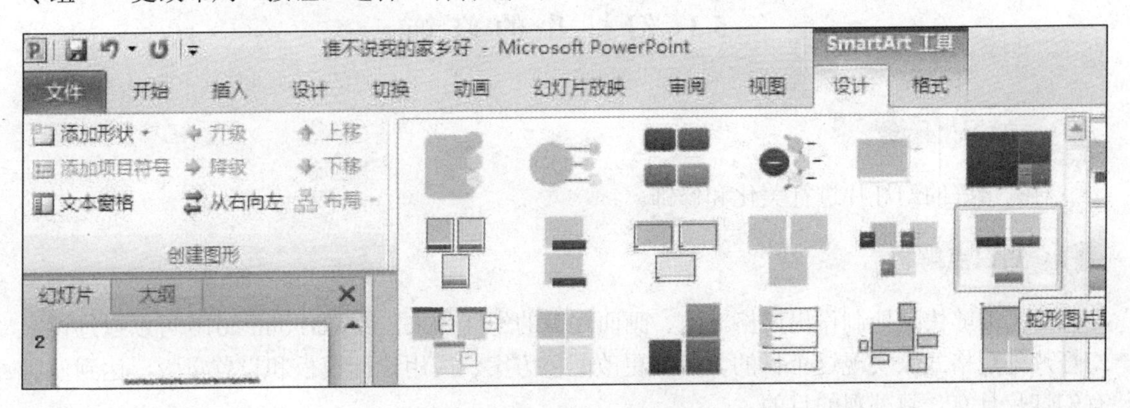

图 5-31　更改 SmartArt 图形的布局

2）更改 SmartArt 图形颜色。选中 SmartArt 图形，单击“SmartArt 工具”→“设计”选项卡→“SmartArt 样式”命令组→“更改颜色”按钮。选择一样满意的颜色，如“强调文字颜色 2 至 3”，如图 5-32 所示。

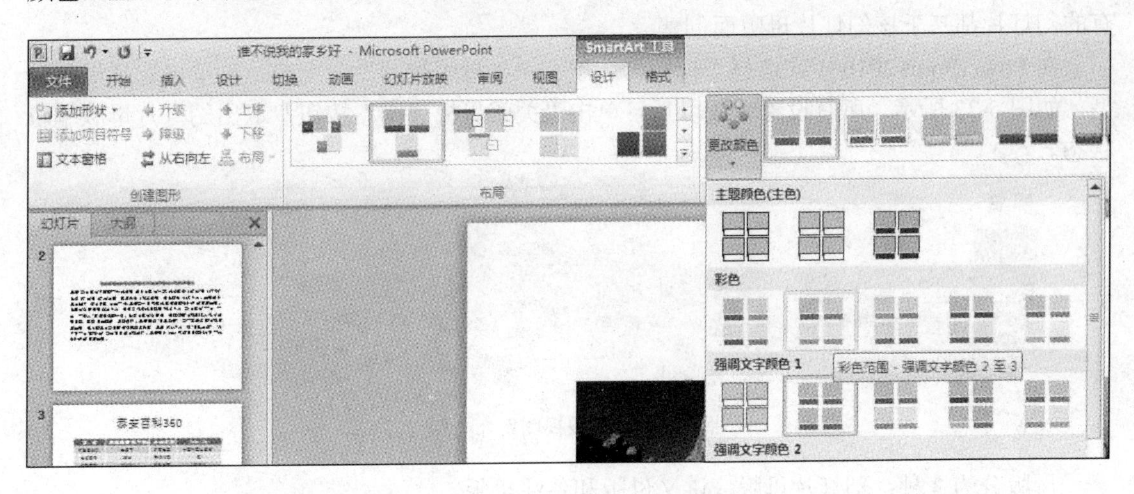

图 5-32　更改 SmartArt 图形颜色

3）更改图形框形状。单击“SmartArt 工具”→“格式”选项卡→“形状”命令组→“更改形状”按钮，在打开的下拉列表的“基本形状”中可以继续修改图形框的形状。

学生上机操作

1．打开“我的家乡”演示文稿，再插入 5 张新幻灯片。

2．设置第 1 张为“标题”版式，第 2 张为“标题和内容”版式，其余版式任意设置。

3．根据收集的材料，输入幻灯片中的文字。

4．将第 1 张幻灯片的标题转换成艺术字。

5．在第 2 张幻灯片中插入剪贴画。

6．要求在另外 4 张幻灯片中，有图片、表格、图表和形状等对象。

7．保存演示文稿。

5.3 幻灯片的修饰

学 习 任 务

对编辑好的幻灯片进行美化和修饰。

知识点解析

为了能够快速地制作出风格一致、画面精美的幻灯片来，PowerPoint 2010 可以通过设置幻灯片外观格式来实现这个目的。可以更改配色方案、应用设计模板和设置母版，达到使所有幻灯片具有一致外观的目的。

5.3.1 幻灯片的母版

演示文稿中的幻灯片经常会有重复内容，使用母版则可以统一控制整个演示文稿的某些文字安排、图形外观及风格等，一次就制作出整个演示文稿中所有幻灯片都通用的部分。所谓幻灯片母版，实际上就是一张特殊幻灯片，它可以被看做一个用于构建幻灯片的框架，所有的幻灯片都基于该幻灯片母版而创建。

在 PowerPoint 2010 中，选择“视图”选项卡→“母版视图”命令组，可单击选择母版类型，如图 5-33 所示。所有设置完成以后，单击“关闭母板视图”按钮，退出幻灯片母版编辑状态。

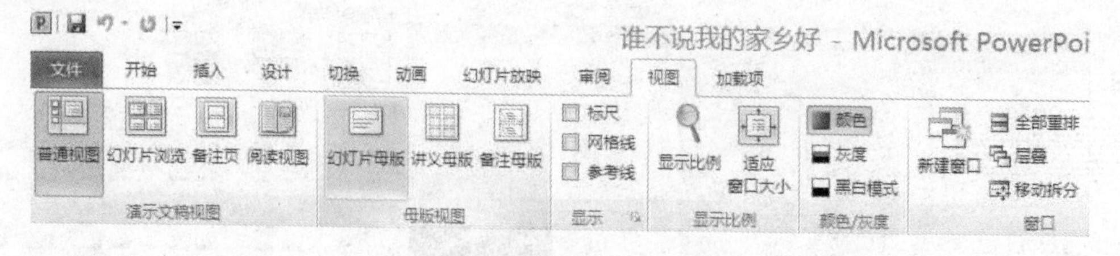

图 5-33 “母版视图”命令组

母版分为 3 种：幻灯片母版、讲义母版和备注母版。

1．幻灯片母版

幻灯片母版用于存储模板信息，在其中可对母版版式、主题及背景等进行设置，如图 5-34 所示。从图上可以看到，PowerPoint 2010 默认有 12 张幻灯片母版页面。其中第 1 张为所有母版页面的基础页，如果在这里更改了占位符的位置、大小及文字的外观属性等，将会反映到所有应用该母版的幻灯片中。

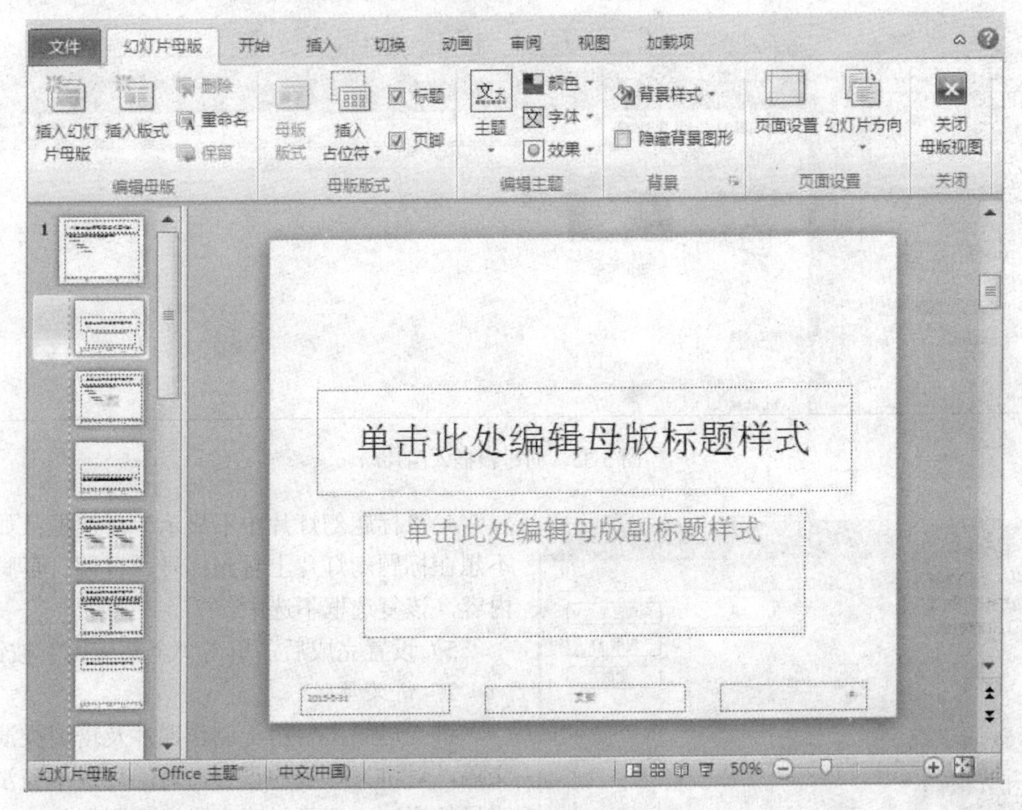

图 5-34　幻灯片母版

（1）向母版插入对象。要使每一张幻灯片都出现某个对象，可以向母版中插入该对象。例如，向幻灯片母版第 1 张中插入图片后，则演示文稿中的每一张幻灯片（除标题幻灯片外）都会出现该图片。如果只想修改幻灯片的封面，则可以在第 2 张幻灯片（标题幻灯片版式）中插入图片，如图 5-35 所示，插入图片“泰山风光”。

（2）设置页眉、页脚和幻灯片编号。在幻灯片母版视图下，单击“插入”选项卡→“文本”命令组→“日期和时间”按钮，这时会弹出“页眉和页脚”对话框，选择“幻灯片”选项卡，如图 5-36 所示。

设置页眉、页脚和幻灯片编号的具体操作步骤如下：

1)“日期和时间”复选框：选中该复选框，表示幻灯片母版视图中的“日期区”显示日期和时间；若选中了“自动更正”单选按钮，则时间域会随着制作日期和时间的变化而变化，用户可在下拉列表中选择合适的日期和时间形式，可在“语言”下拉列表中选择适当的语言；若选中了“固定”单选按钮，则需要用户自己输入一个日期和时间。

2)“幻灯片编号”复选框：选中该复选框，在幻灯片母版视图中的“数字区”会自动加上一个幻灯片数字编码，用于对每一张幻灯片进行编号。

3)“页脚”复选框：选中该复选框，在幻灯片母版视图中的“页脚区”输入内容，作为每一张幻灯片的注释。

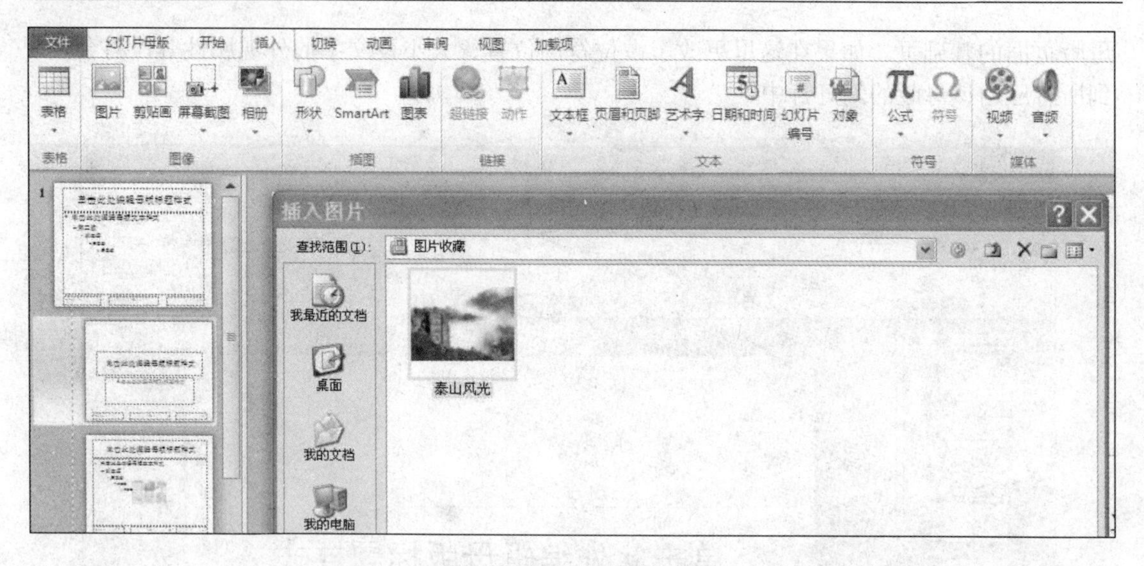

图 5-35 向母板插入图片

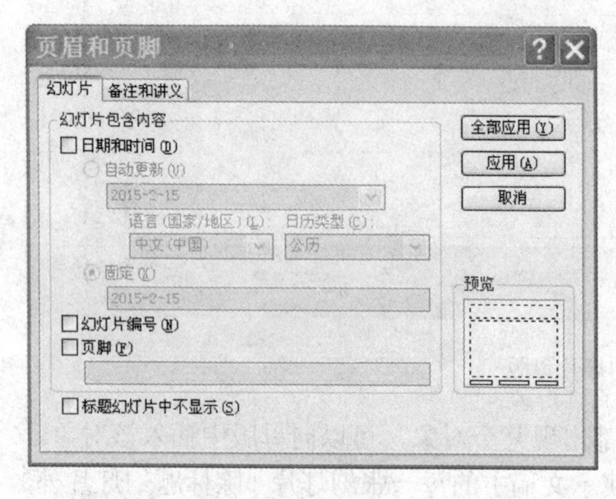

图 5-36 设置页眉、页脚和幻灯片编号

4)“标题幻灯片中不显示”复选框：如果不想在标题幻灯片上看到标号、日期、页脚等内容，该复选框不选中。

5）设置完成后，单击“全部应用”按钮。

2. 讲义母版

讲义母版主要用于制作课件及培训类演示文稿，对讲义母版的设置，对幻灯片本身没有明显的影响，但可以决定讲义视图下幻灯片显示出来的风格。讲义母版一般是用来打印的，它可以在每页中打印多张幻灯片，并且打印出幻灯片数量、排列方式以及页面和页脚等信息，如图 5-37 所示。

3. 备注母版

在演示并讲解幻灯片的时候，一般要参考一些备注来进行，而备注的格式可以通过备注母版来进行设置。备注内容主要面对的是演讲者本身，因此要求备注母版设置要简洁、可读性强，而对视觉效果没有更高的要求，如图 5-38 所示。

5.3.2 幻灯片的主题

PowerPoint 2010 为每种设计模板提供了几十种内置的主题颜色，可以根据需要选择不同的颜色来设计演示文稿，这些颜色是预先设置好的协调色。主题是由主题颜色、主题字体和主题效果三者组合而成的，将某个主题应用于演示文稿时，该演示文稿中所涉及的字体、背景、效果等都会自动发生变化。当需要更改演示文稿的主题时，配色方案也随之改变。

1. 应用预设的主题样式

对当前幻灯片修改主题，单击“设计”选项卡→“主题”命令组→“波形”按钮，如图 5-39 所示。

图 5-37　讲义母版

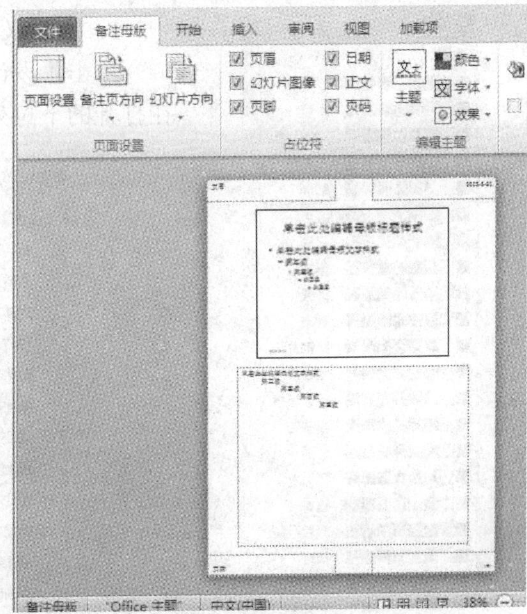

图 5-38　备注母版

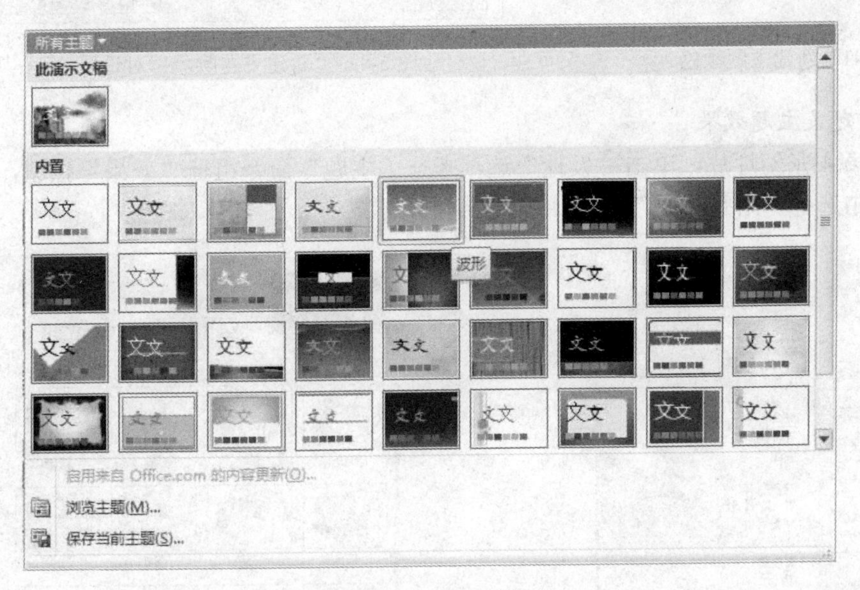

图 5-39　应用主题样式

如果想为某张或某几张幻灯片更换主题，可在主题样式上右击，在弹出的快捷菜单中选择“应用于选定幻灯片”命令，如图 5-40 所示。

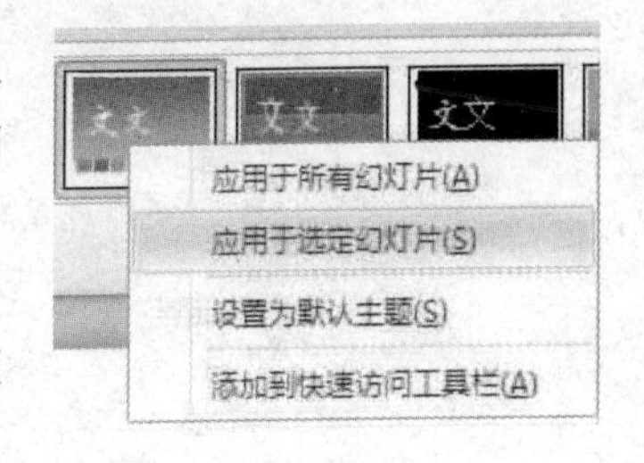

图 5-40　更换主题样式

2. *自定义主题颜色*

单击“设计”选项卡→“主题”命令组→“颜色”按钮，在打开的下拉列表中选择“新建主题颜色”命令，如图 5-41 所示。

在弹出的“新建主题颜色”对话框上，可以对现有的配色方案进行修改，并可以在右侧的预览窗口观察结果，如图 5-42 所示。

3. 自定义主题字体

单击“设计”选项卡→“主题”命令组→“字体”按钮，在打开的下拉列表中选择“行云流水”命令，如图 5-43 所示。

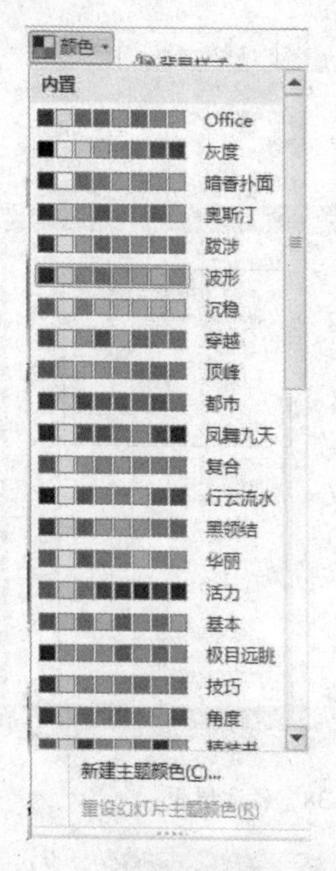

图 5-41　新建主题颜色

图 5-42　“新建主题颜色”对话框

4. 自定义主题效果

选择第 4 张幻灯片，单击“设计”选项卡→“主题”命令组→“效果”按钮，在打开的下拉列表中选择“暗香扑面”命令，如图 5-44 所示。

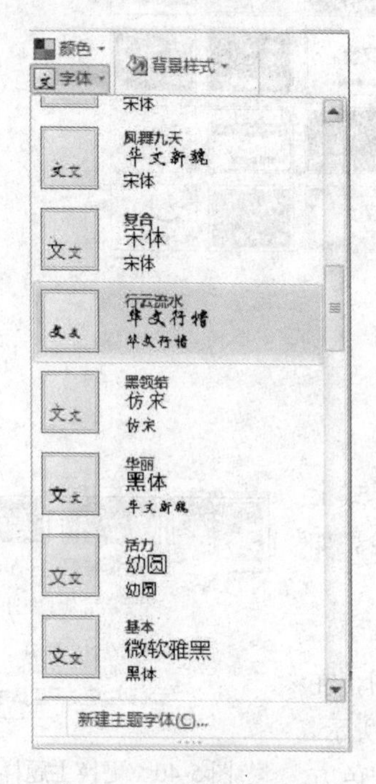

图 5-43　自定义主题字体

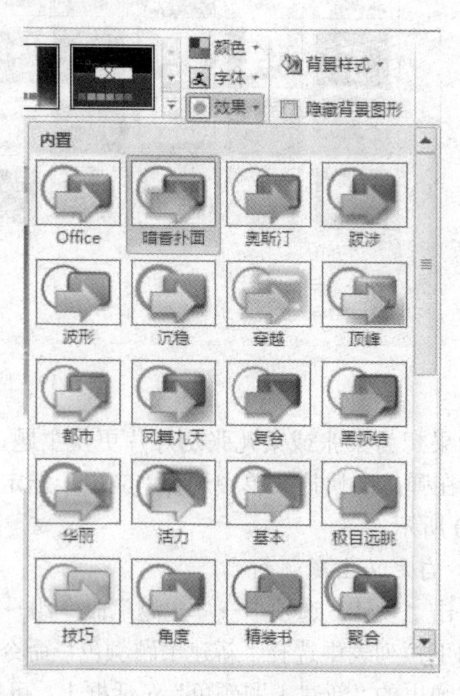

图 5-44　自定义主题效果

5.3.3　幻灯片的背景

不同的模板提供不同的背景色，PowerPoint 2010 的背景样式功能可以更改幻灯片背景颜色的显示样式。幻灯片背景可以是简单的颜色、纹理和填充效果，也可以是具有图案效果的文件。如果只是需要更改演示文稿的背景这一项，那么可以选择更改背景样式。

单击“设计”选项卡→“背景”命令组→“背景样式”按钮，在打开的下拉列表中选择“设置背景格式”命令，在弹出的对话框中选择“填充”→“纹理”→“蓝色面巾纸”，如图 5-45 所示。

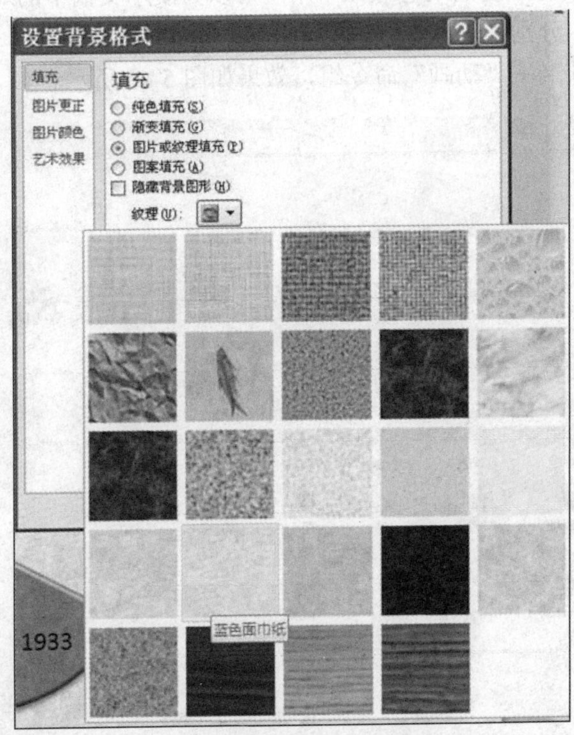

图 5-45　设置背景格式

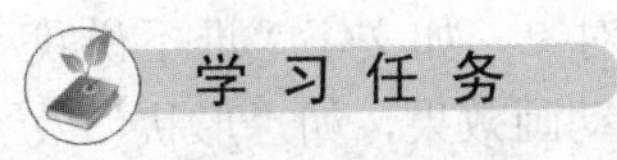

学生上机操作

1. 打开“我的家乡”，给幻灯片加上编号，并设置标题幻灯片不显示。
2. 将第 2 张幻灯片的背景颜色设置为“金色年华”，类型“矩形”，方向为“中心辐射”。
3. 将第 3 张幻灯片的主题类型设定为“新闻纸”。
4. 将第 4 张幻灯片的主题效果设置为“华丽型”。
5. 保存演示文稿。

5.4　演示文稿动态效果的设置

学 习 任 务

设置幻灯片的动态播放效果。

知识点解析

一个已经制作好的演示文稿，为了更加吸引观众，还需要设置动画效果。用户可以为文本、形状、声音、图像和图表等对象设置动画效果，使演示文稿变得更加生动。

常用的动态效果主要是设置幻灯片动画效果、幻灯片切换效果、超链接和动作。

5.4.1 设置幻灯片的动画效果

PowerPoint 2010 具有丰富的动态效果，用户可以为演示文稿中的对象创造精彩的视觉效果。动画效果有 4 种，分别是进入、强调、退出和动作路径。

选择“动画”选项卡→“动画”命令组，效果如图 5-46 所示。

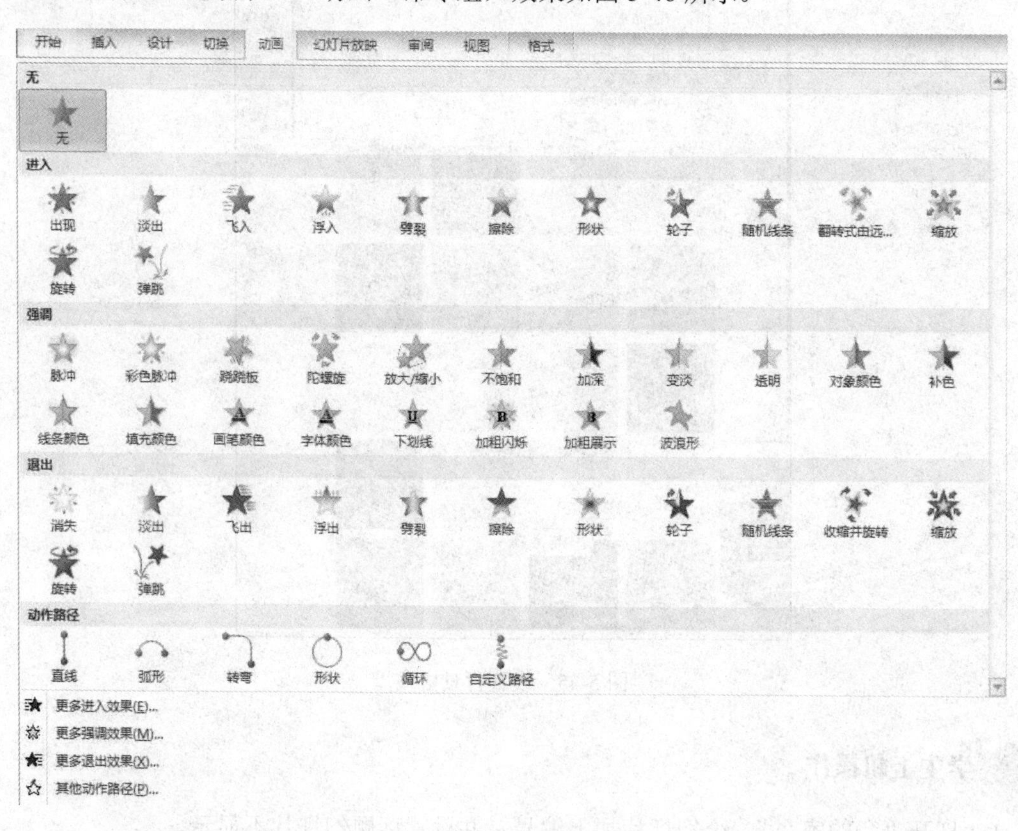

图 5-46 幻灯片的动画效果

“进入”式动画主要设置各种对象以多种动画效果进入幻灯片放映屏幕中。

“强调”式动画是为了突出幻灯片中的某个对象而设置的特殊动画效果。

“退出”式动画可以设置幻灯片中对象退出放映屏幕的动画效果。

“动作路径”式动画是使某个对象沿预定的路径运动而产生的动画效果。PowerPoint 2010 不仅提供了大量预设路径效果，还支持自定义路径效果。

1. 添加单个动画效果

打开演示文稿的第 1 张幻灯片，在幻灯片中选择要设置动画的对象，如文字“谁不说我的家乡好”，单击“动画”命令组中的“动画效果”按钮，选择一种动画效果，如“形状”效果，单击“预览”按钮，可以预览动画效果。

2. 为同一对象添加多个动画效果

选择要添加多个动画效果的文本或对象，如第 2 张幻灯片中的文字，单击“动画”命令组中的“动画效果”按钮，在其下拉列表中选择一种动画效果，如“动作路径”→“形状”。

保持选中状态，在“动画”选项卡的“高级动画”命令组中单击“添加动画”按钮，选择需要添加的第 2 个动画效果，如“轮子”效果。

继续保持选中状态，再次单击“添加动画”按钮，选择需要添加的第 3 个动画效果，如“浮入”效果，则为选中的对象添加了 3 个动画效果。

3. 编辑动画效果

添加动画效果后，还可对这些效果进行相应的编辑操作，如复制动画效果、删除动画效果和调整动画效果的播放顺序等操作。

（1）设置动画效果选项和播放顺序。保持选中状态，在“动画”选项卡的“高级动画”命令组中，单击“动画窗格”按钮，如图 5-47 所示。

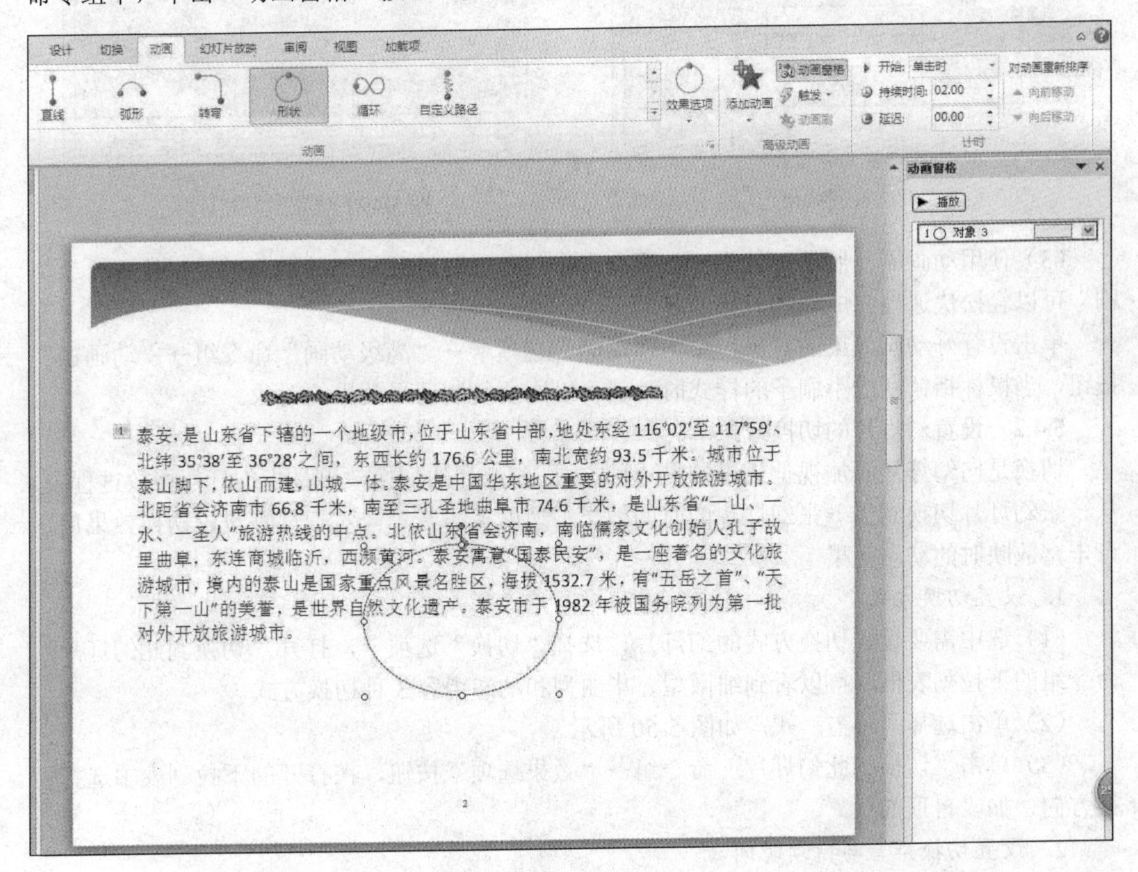

图 5-47　编辑动画效果

在幻灯片右侧的动画窗格内，可以看到当前幻灯片中所设置的动画效果和播放顺序列表。在列表中选择第 1 个，右击，在弹出的快捷菜单中选择“效果选项”命令，弹出“效果选项”对话框，如图 5-48 所示。在“效果”选项卡里可以进行相应的修改，比如在“增强”选项卡里可以添加动画声音等。

在列表中选择某个效果后，单击“动画”选项卡最右侧的“对动画重新排序”按钮，可以重新调整动画效果的播放顺序。

（2）设置触发和计时。在“图形扩展”对话框里，选择“计时”选项卡，可以设置幻灯片的触发条件。例如，可设置当前的开始为“单击时”发生，持续时间为“中速（2 秒）”，如图 5-49 所示。

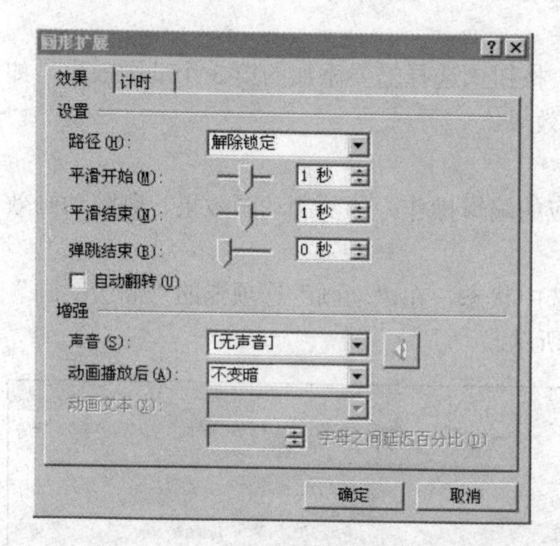

图 5-48 设置效果选项

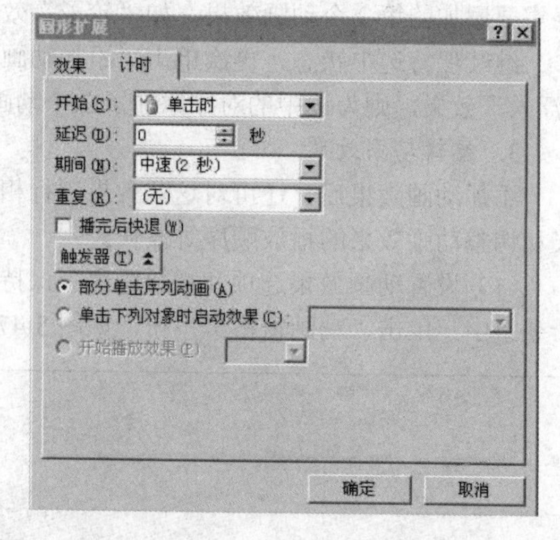

图 5-49 设置触发和计时

（3）使用动画刷复制动画效果。如果有多个对象需要设置相同的动画效果，使用“动画刷”可以轻松快速地完成动画效果的复制。

单击设置好动画效果的对象，单击“动画”选项卡→“高级动画”命令组→“动画刷”按钮，当鼠标指针变成小刷子的样式时，就可以刷要复制动画效果的对象。

5.4.2 设置幻灯片的切换效果

切换是向幻灯片添加视觉效果的另一种方式。幻灯片的切换效果是指幻灯片播放过程中，从一张幻灯片切换到另一张幻灯片的时间效果、速度及声音等。对幻灯片设置切换效果后，可丰富放映时的动态效果。

1. 设置切换方式

（1）选中需要设置切换方式的幻灯片，选择“切换”选项卡，打开“切换到此幻灯片”命令组的下拉列表框，可以看到细微型、华丽型和动态内容 3 种切换方式。

（2）单击选择“覆盖”式，如图 5-50 所示。

（3）单击“切换到此幻灯片”命令组→“效果选项”按钮，在打开的下拉列表中选择切换方向，如“自顶部”。

2. 设置切换声音与持续时间

选择“切换”选项卡→“计时”命令组，在“声音”下拉列表中设置切换声音，在“持续时间”文本框中设置切换效果的播放时间。点击“全部应用”按钮，则效果将应用于所有的幻灯片。

3. 设置切换方式

选择“切换”选项卡→“计时”命令组，在“换片方式”中可以选择“单击鼠标时”换片，或者“设置自助换片时间”。

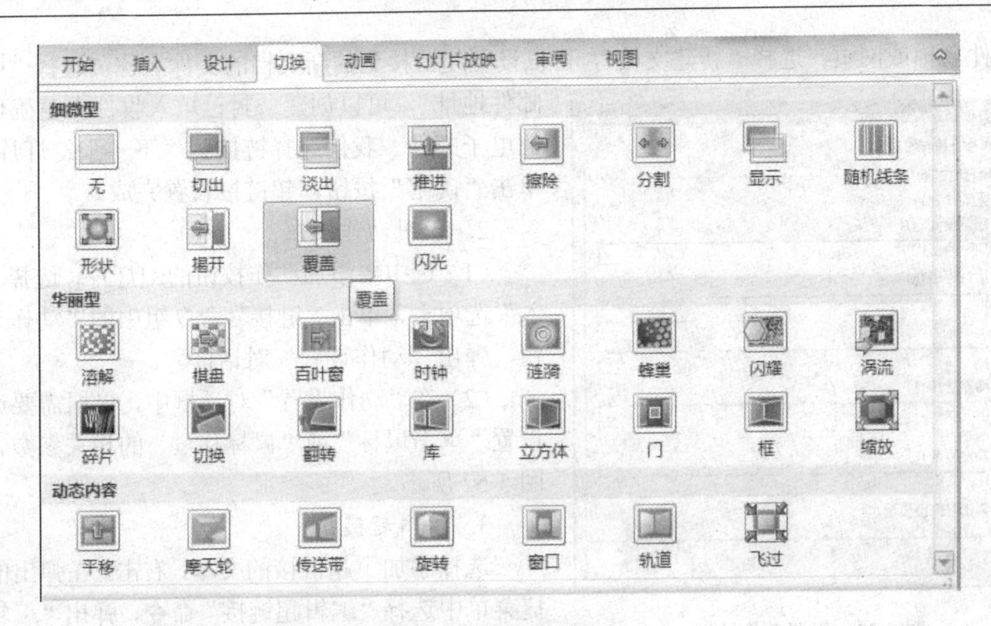

图 5-50 设置切换方式

5.4.3 设置幻灯片的超链接和动作按钮

可以在演示文稿中添加超链接，然后利用它跳转到不同的位置。例如，跳转到演示文稿的某一张幻灯片、其他演示文稿、Word 文档、Excel 电子表格、公司 Internet 地址等。还可通过链接在放映演示文稿时执行一个应用程序。

1. 创建超链接

创建超链接起点可以是任何文本或对象，激活超链接最好用单击的方法。设置了超链接，代表超链接起点的文本会添加下划线，并且显示成系统配色方案指定的颜色。

（1）选择代表超链接起点的文本或对象，选择“插入”选项卡，单击“链接”命令组中的“超链接”按钮，弹出“插入超链接”对话框，如图 5-51 所示。

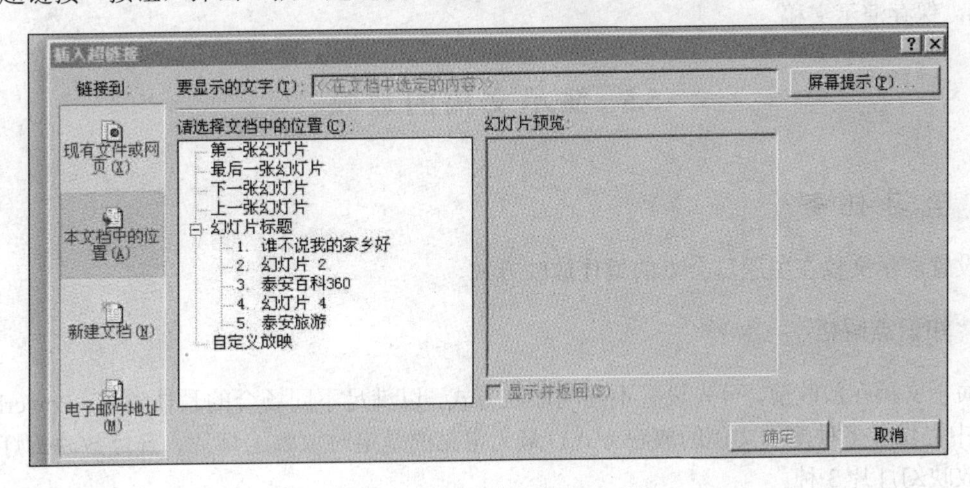

图 5-51 “插入超链接”对话框

（2）在“插入超链接”对话框中选择“本文档中的位置”，可以选择要超链接到的同一演示文稿中的不同幻灯片名称；选择“现有文件或网页”，可以选择超链接到的另一个演示文稿的文件名称或网页；选择“新建文档”，可以设置超链接到的新文档的文件名称；选择“电子邮件地址”，可以创建一封已填入收件人正确地址的电子邮件。我们选择链接到“下一张幻灯片”，单击“确定”按钮，超链接设置完成。

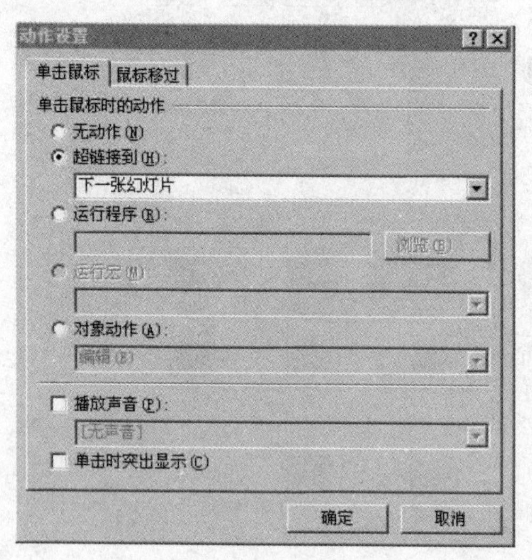

图 5-52　设置动作按钮

2. 使用动作按钮

（1）选中要添加动作按钮的幻灯片，选择“插入”选项卡，单击“链接”命令组中的“动作”按钮，弹出“动作设置”对话框。

（2）在“动作设置”对话框中，根据需要选择设置“单击鼠标”或“鼠标移过”的相关参数，如图 5-52 所示。

3. 编辑超链接

选择添加了超链接的文本，右击，在弹出的快捷菜单中选择“编辑超链接”命令，弹出“编辑超链接”对话框，在该对话框中进行超链接位置改变即可。

删除超链接的方法同上，只要在“编辑超链接”对话框中单击“取消链接”按钮即可。

学生上机操作

1. 打开“我的家乡”。
2. 将全部幻灯片的切换效果均设置为“每隔 2 秒”的“棋盘”效果。
3. 为第 4 号幻灯片中的对象设置指向第 2 号幻灯片的超链接。
4. 将所有的图片的动画效果设置为“进入”、“擦除”、“自底部”。
5. 将所有的文字的动画效果设置为“进入”、“飞入”、“自左侧”。
6. 保存演示文稿。

5.5 演示文稿的放映

学 习 任 务

设置演示文稿在主题班会上的最佳放映方式。

知识点解析

演示文稿在放映前，可先设置不同的放映方式，以满足不同场合的具体要求。PowerPoint 2010 中提供了多种演示文稿的放映方式，最为常见的是定时放映幻灯片、连续放映幻灯片、循环放映幻灯片 3 种。

5.5.1 开始放映幻灯片

1. 启动幻灯片放映

方法如下：

（1）按F5键。

（2）单击屏幕右下角的“幻灯片放映”按钮，可以从当前幻灯片放映。

（3）单击“幻灯片放映”选项卡→“开始放映幻灯片”命令组→“从头开始”按钮或“从当前幻灯片开始”按钮。

2. 自定义放映

为了给特定的观众放映演示文稿中特定的部分，可以创建自定义放映。

（1）单击“幻灯片放映”选项卡→“开始放映幻灯片”命令组→“自定义幻灯片放映”按钮，在打开的下拉列表中选择“自定义放映”命令，弹出“定义自定义放映”对话框。

（2）在对话框中单击“新建”命令，在“幻灯片放映名称”文本框中输入该自定义放映的名称，如图5-53所示，输入“我的家乡介绍”。

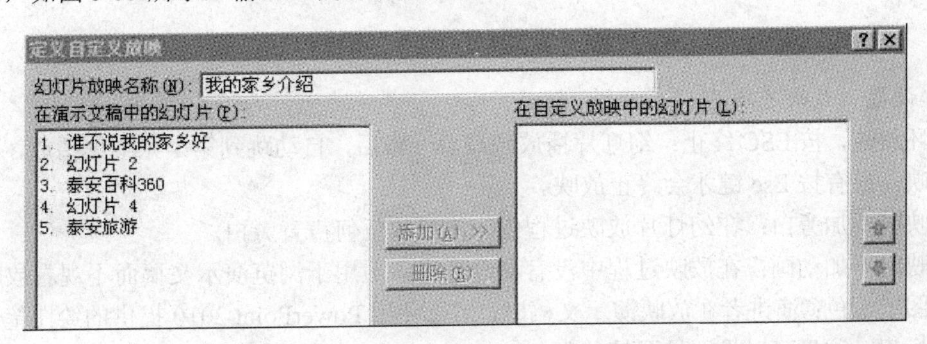

图5-53　定义自定义放映

1）在对话框左侧的“在演示文稿中的幻灯片”列表框中，列出了演示文稿中所有幻灯片的编号及标题，选中其中的准备组合成自定义放映的幻灯片标题，单击“添加”按钮，将其添加到对话框右侧的“在自定义放映中的幻灯片”列表框中。

2）单击右侧列表框中的幻灯片标题将其选中，然后单击“删除”按钮，可以将已经添加的自定义幻灯片从“在自定义放映中的幻灯片”列表框中删除。

3）编辑完成后，单击“确定”按钮。

5.5.2　设置幻灯片的放映方式

单击“幻灯片放映”选项卡→“设置”命令组→“设置幻灯片放映”按钮，打开图5-54所示的“设置放映方式”对话框。

1. 选择“放映类型”

演讲者放映（全屏幕）：是系统默认的放映类型，也是最常见的放映形式。在这种放映方式下，演讲者可以现场控制演示节奏，具有放映的完全控制权。一般用于召开各种会议或上课时的大屏幕放映。

观众自行浏览（窗口）：是在标准Windows窗口中显示的放映方式，选择这种放映方式，可以使观众在计算机上或在Internet上查看演示文稿。

在展台浏览（全屏幕）：是系统自动进行全屏幕幻灯片循环放映，不需要专人控制，在放映过程中，超链接等控制方法不工作。该放映类型必须设置每张幻灯片的放映时间或预先设定排练计时，否则可能会长时间停留在某张幻灯片上。

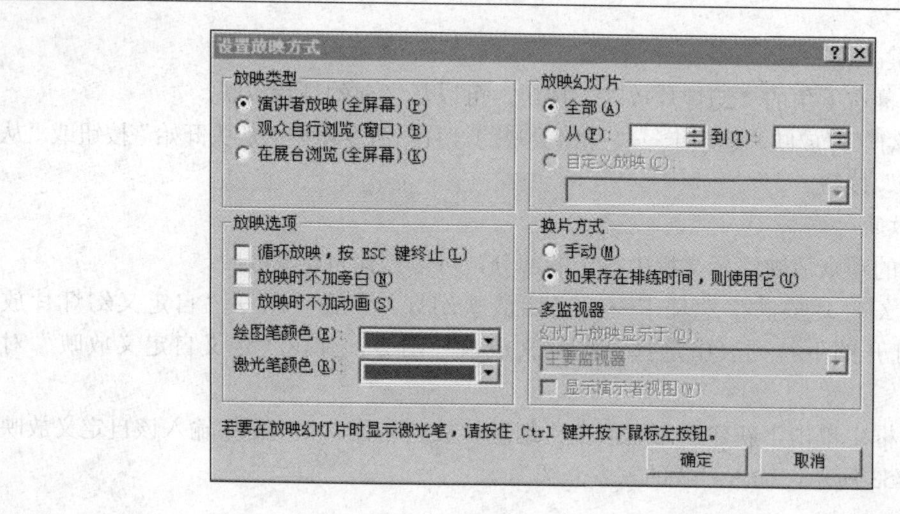

图 5-54 “设置放映方式”对话框

2. 设置“放映选项”

循环放映，按 ESC 终止：幻灯片播放到最后一张后，自动跳到第 1 张继续播放，而不是结束放映，只有按 Esc 键才会终止放映。

放映时不加旁白：在幻灯片放映过程中，不播放任何声音旁白。

放映时不加动画：在放映过程中没有动画效果，适用于浏览演示文稿而不观看放映。

绘图笔颜色：演讲者在放映演示文稿时，可以使用 PowerPoint 2010 提供的绘图笔在幻灯片上做标记，这里可以设置绘图笔的颜色。

3. 选择“放映幻灯片”范围

选中“全部”单选按钮，在演示文稿中放映所有幻灯片。选择“从…到…”单选按钮，则播放指定范围内的幻灯片。若选中“自定义放映”单选按钮，则需在下拉列表中选择“自定义放映”的演示文稿名。

4. 选择“换片方式”

有“手动”和“如果存在排练时间，则使用它”2 种方式。

5.5.3 控制幻灯片的放映过程

1. 控制幻灯片放映

在幻灯片放映过程中，可以利用鼠标或者键盘控制幻灯片放映。单击，切换到下一页；右击，弹出放映控制菜单，从中选择放映顺序。按键盘上的 Home 键可以跳至第 1 张幻灯片；按 End 键可以跳至最后一张幻灯片；按 Esc 键结束幻灯片放映。

2. 录制语音旁白

通过录制语音旁白，可以在幻灯片放映时播放语言说明。

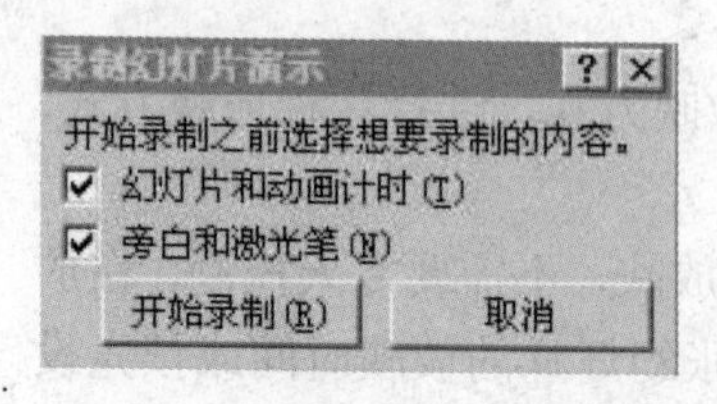

图 5-55 录制幻灯片演示

（1）设置录制旁白的选项。在普通视图或幻灯片浏览视图中，选择需要录制旁白的幻灯片，单击“幻灯片放映”选项卡→“设置”命令组→“录制幻灯片演示”按钮，弹出图 5-55 所示的对话框。

（2）录制旁白。进入幻灯片放映状态，同时开始对着话筒讲出旁白的内容，同时在弹出的“录制”对话框中显示时间。

单击幻灯片或按 Enter 键切换到下一张幻灯片，对需要录制旁白的每张幻灯片重复执行此过程。

按 Esc 键可退出录制过程。此时，演示文稿将切换到幻灯片浏览视图，可查看录制的效果，录制的幻灯片右下方会出现一个声音图标。

3. 排练计时

使用排练计时，可以将每张幻灯片上所使用的时间记录下来，并保存这些计时，用于自动放映。

单击“幻灯片放映”选项卡→“设置”命令组→“录制幻灯片演示”按钮，将会自动进入放映排练状态，在该工具栏中可以显示预演时间，如图 5-56 所示。

在放映屏幕中单击，可以排练下一个动画效果或下一张幻灯片出现的时间，鼠标停留的时间就是下一张幻灯片显示的时间。排练结束后将显示提示对话框，询问是否保留排练的时间。

图 5-56 显示预演时间

单击“是”按钮确认后，此时会在幻灯片浏览视图中每张幻灯片的左下角显示该幻灯片的放映时间。

4. 对幻灯片进行标注

在幻灯片放映过程中，演讲者可能要在幻灯片上强调或添加注释，PowerPoint 2010 提供了绘图笔工具，演讲者可以选择绘图笔的形状和颜色来书写和绘画，也可以随时擦除笔迹。

在幻灯片放映时，右击，在弹出的快捷菜单中选择“指针选项”命令，如图 5-57 所示。

选择一种笔形并选择一种颜色，可以进行绘画，绘画完成后，继续播放后面的幻灯片，当结束幻灯片放映后，会弹出图 5-58 所示的对话框，单击“放弃”按钮表示绘画丢失，单击“保留”按钮表示绘画内容保存在幻灯片中。

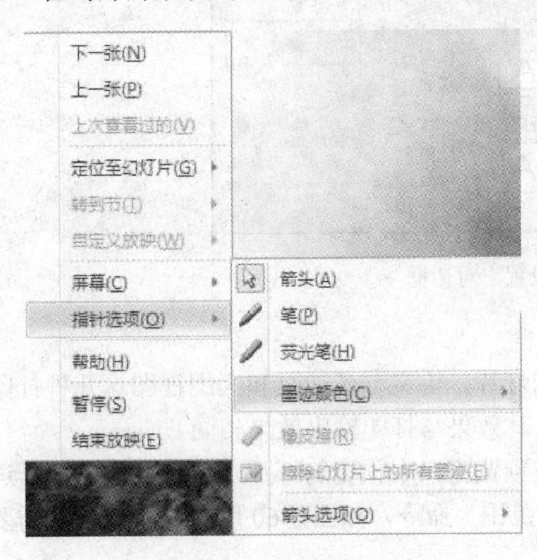

图 5-57 设置“指针选项”

图 5-58 选择是否保留墨迹注释

学生上机操作

1. 打开演示文稿。
2. 设置演示文稿的放映方式为“循环放映，按 Esc 键终止”。
3. 设置换片方式为“手动”。

4．将放映方式选择为“演讲者放映（全屏幕）”，将放映范围设置为 2 到 5。

5．保存演示文稿。

5.6 演示文稿的打印及输出

学习任务

将制作好的演示文稿进行打包输出。

知识点解析

在 PowerPoint 中可以将演示文稿输出为网页文件、图形文件、幻灯片放映文件、大纲/RTF 文件，在“保存与发送”对话框中的“文件类型”中按需选择即可。

5.6.1 打印演示文稿

1．演示文稿页面设置

在打印演示文稿之前，先对打印的幻灯片页面做一些设置，然后进行打印预览，直到效果满意才开始打印。

单击“设计”选项卡→“页面设置”命令组→“页面设置”按钮，在弹出的图 5-59 所示的“页面设置”对话框中进行设置即可。

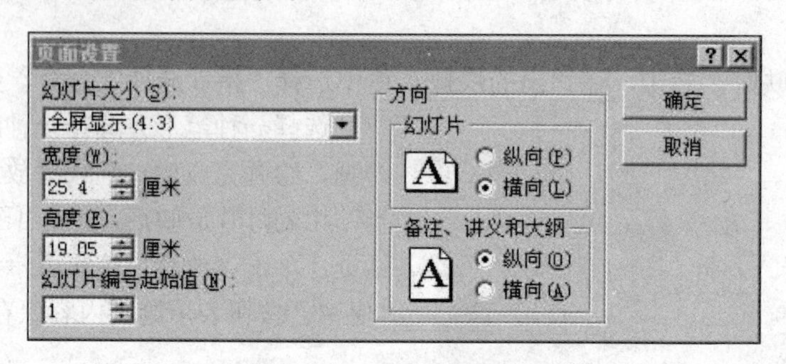

图 5-59 “页面设置”对话框

2．预览并打印

打印演示文稿时根据需要，可以将其分为幻灯片、讲义、备注页和大纲视图这几种打印稿形式。打印演示文稿前可以先进行打印预览，其效果与打印输出效果相同。

选择“文件”→“打印”命令，此时可以在预览窗口中预览幻灯片，选择打印份数，选择打印机；选择“设置”下拉列表中的“自定义范围”命令，如图 5-60 所示，从中选择需要的打印稿形式。

单击“打印”按钮或按 Ctrl+P 组合键，弹出“打印”对话框，单击“确定”按钮即可进行打印。

5.6.2 输出演示文稿

PowerPoint 2010 支持把演示文稿转换成视频，选择“文件”→“保存并发送”命令，在“文件类型”中选择“创建视频”命令，在右侧窗格中单击“创建视频”按钮，如图 5-61 所示。

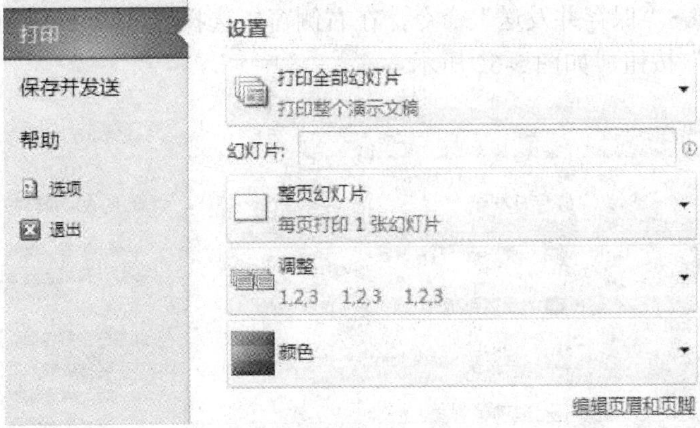

图 5-60　打印设置

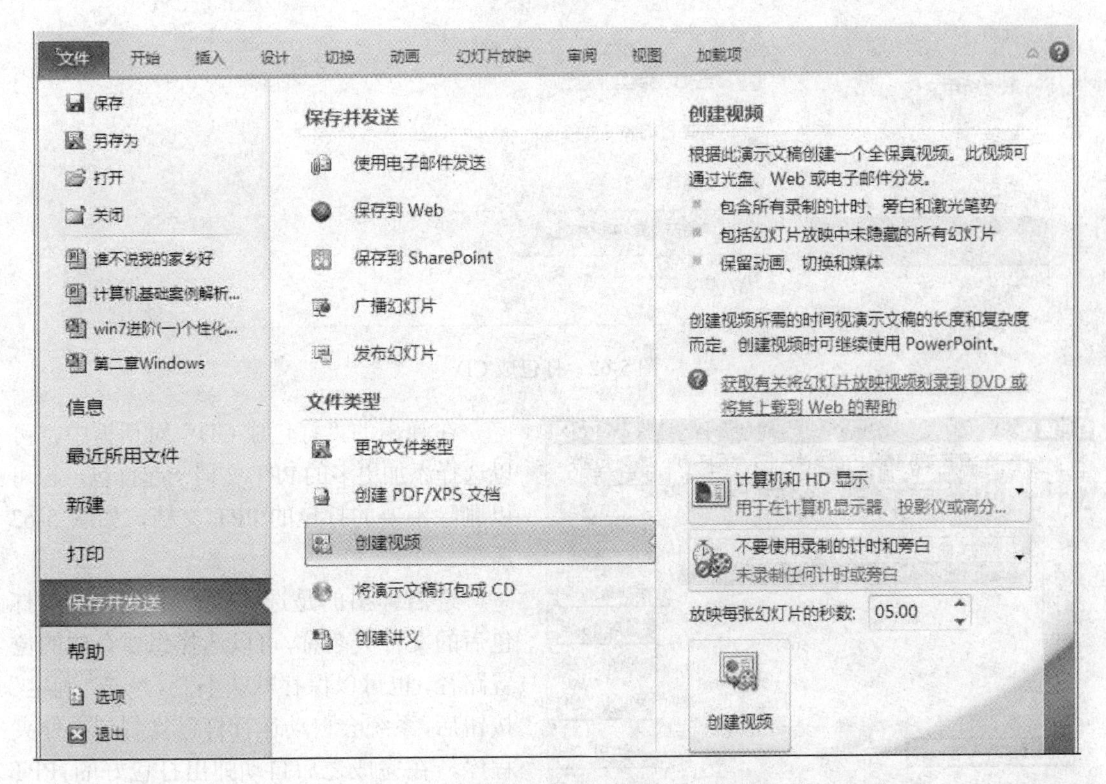

图 5-61　创建视频

在弹出的“另存为”对话框中设置存放视频的路径，单击“保存”按钮。开始转换，转换完成后，进入设置的存放路径，可看见生成的视频文件。双击该视频文件，即可使用默认的播放器进行播放。

5.6.3　打包演示文稿

演示文稿通常包含各种独立的文件，如音乐文件、视频文件、图片文件和动画文件等，尽管已结合在一起，难免会存在部分文件损坏或丢失的可能，导致整体无法发挥作用。

为此，PowerPoint 2010 提供了打包功能。所谓打包，指的就是将独立的已结合起来共同使用的单个或多个文件，集成在一起，生成一种独立于运行环境的文件。

选择“文件”→“保存并发送”命令，在右侧窗口选择“将演示文稿打包成 CD”命令，单击“打包成 CD”按钮，如图 5-62 所示。

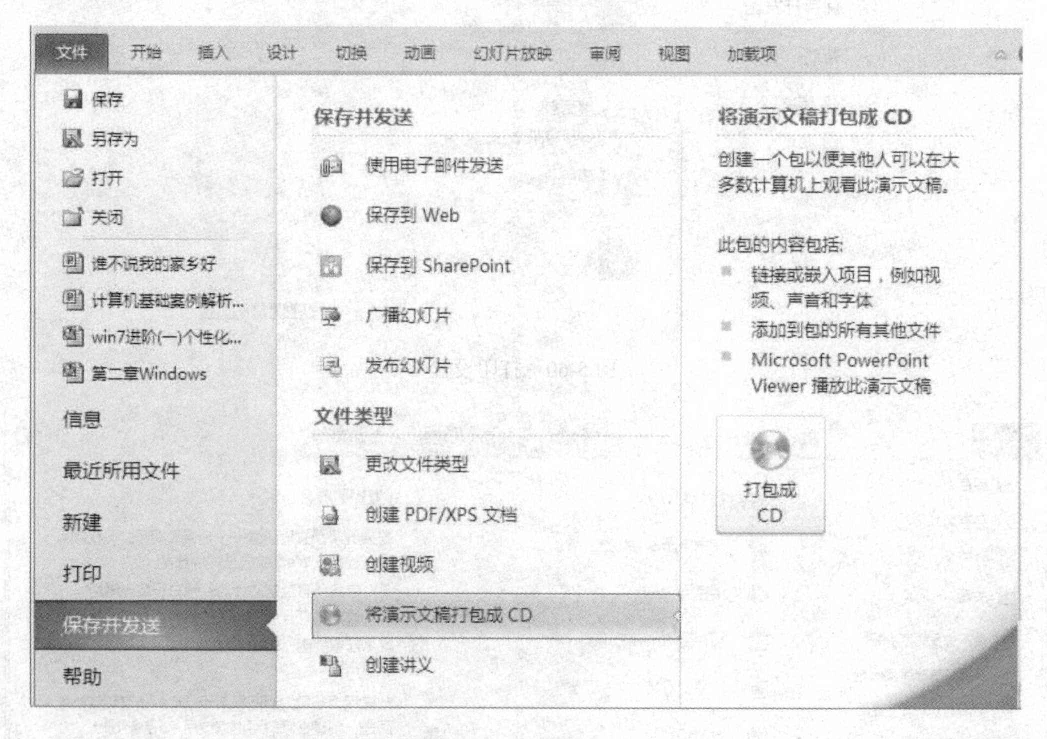

图 5-62　打包成 CD

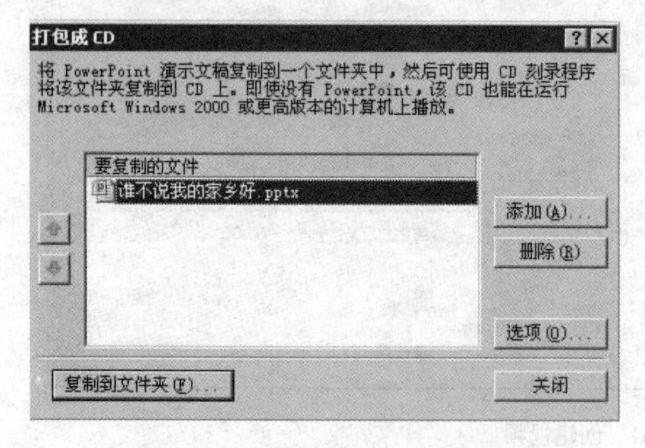

图 5-63　“设置打包成 CD”对话框

在弹出的“打包成 CD”对话框中，可以选择添加更多的 PPT 文档一起打包，也可以删除不要的打包的 PPT 文档，如图 5-63 所示。

之后弹出的是选择路径跟演示文稿打包后的文件夹名称，可以选择想要存放的位置路径，也可以保存默认不变。单击“确定”按钮后，系统会自动运行打包复制到文件夹程序，在完成之后自动弹出打包好的 PPT 文件夹，其中可看到 AUTORUN.INF 自动运行文件，如果我们是打包到 CD 光盘上的话，其具备自动播放功能。

5.6.4　发布演示文稿

选择“文件”→“保存并发送”命令，选择“发布幻灯片”命令，单击“发布幻灯片”按钮。

在弹出的“发布幻灯片”对话框中，在中间的列表框中选中需要发布到幻灯片库中的幻灯片前的复选框，在“发布到”文本框中输入幻灯片库的位置，如图 5-64 所示。单击“发布”按钮，即可完成幻灯片的发布。

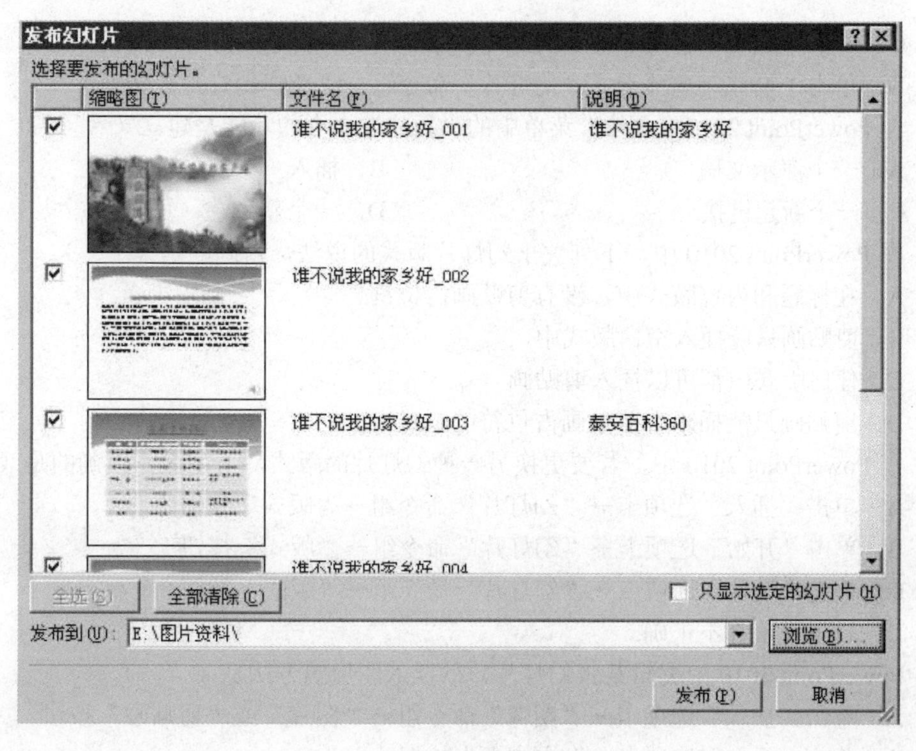

图 5-64 “发布幻灯片”对话框

学生上机操作

1．打开“我的家乡”。

2．在“保存与发送”对话框中的“更改文件类型”中选择保存为“PowerPoint 放映形式”。

3．保存演示文稿。

一、单选题

1．PowerPoint 2010 演示文稿的扩展名是（　　）。

A．psdx　　B．ppsx　　C．pptx　　D．ppsx

2．演示文稿的基本组成单元是（　　）。

A．图形　　B．幻灯片　　C．超链点　　D．文本

3．PowerPoint 中主要的编辑视图是（　　）。

A．幻灯片浏览视图　B．普通视图　　C．幻灯片放映视图　D．备注视图

4．在 PowerPoint 中，停止幻灯片播放的快捷键是（　　）。

A．End　　B．Ctrl+E　　C．Esc　　D．Ctrl+C

5．在 PowerPoint 2010 的普通视图下，若要插入一张新幻灯片，其操作为（　　）。

A．选择“文件”→“新建”命令

B．单击“开始”选项卡→“幻灯片”命令组→“新建幻灯片”按钮

C．单击“插入”选项卡→“幻灯片”命令组→“新建幻灯片”按钮
D．单击“设计”选项卡→“幻灯片”命令组→“新建幻灯片”按钮

6．在 PowerPoint 2010“文件”菜单中的“新建”命令的功能是建立（　　）。
A．一个演示文稿　　B．插入一张新幻灯片
C．一个新超链接　　D．一个新备注

7．在 PowerPoint 2010 中，下列关于幻灯片版式的说法，正确的是（　　）。
A．在标题和内容版式中，没有剪贴画占位符
B．剪贴画只能插入空白版式中
C．任何版式中都可以插入剪贴画
D．剪贴画只能插入有剪贴画占位符的版式中

8．在 PowerPoint 2010 中，若要更换另一种幻灯片的版式，下列操作正确的是（　　）。
A．单击“插入”选项卡→“幻灯片”命令组→“版式”按钮
B．单击“开始”选项卡→“幻灯片”命令组→“版式”按钮
C．单击“设计”选项卡→“幻灯片”命令组→“版式”按钮
D．以上说法都不正确

9．PowerPoint 2010 中编辑某张幻灯片，欲插入图像的方法是（　　）。
A．单击“插入”选项卡→“图像”命令组→“图片”或“剪贴画”按钮
B．单击“插入”选项卡→”文本框”按钮
C．单击“插入”选项卡→“表格”按钮
D．单击“插入”选项卡→”图表”按钮

10．在 PowerPoint 2010 中，下列说法正确的是（　　）。
A．不可以在幻灯片中插入剪贴画和自定义图像
B．可以在幻灯片中插入声音和视频
C．不可以在幻灯片中插入艺术字
D．不可以在幻灯片中插入超链接

11．在 PowerPoint 2010 中，选定了文字、图片等对象后，可以插入超链接，超链接中所链接的目标可以是（　　）。
A．计算机硬盘中的可执行文件　　B．其他幻灯片文件（即其他演示文稿）
C．同一演示文稿的某一张幻灯片　　D．以上都可以

12．幻灯片母版设置可以起到的作用是（　　）。
A．设置幻灯片的放映方式
B．定义幻灯片的打印页面设置
C．设置幻灯片的片间切换
D．统一设置整套幻灯片的标志图片或多媒体元素

13．在 PowerPoint 2010 中，设置幻灯片背景格式的 填充选项中包含（　　）。
A．字体、字号、颜色、风格　　B．纯色、渐变、图片或纹理、图案
C．设计模板、幻灯片版式　　D．以上都不正确

14．在 PowerPoint 2010 中，要设置幻灯片间切换效果，应使用（　　）选项卡进行设置。
A．“动作设置”　　B．“设计”　　C．“切换”　　D．“动画”

15．在 PowerPoint 2010 中，下列有关幻灯片放映，叙述错误的是（　　）。

A．可自动放映，也可人工放映

B．放映时可只放映部分幻灯片

C．可以将动画出现设置为“在上一动画之后”

D．无循环放映选项

二、简答题

1．PowerPoint 2010 与以往版本相比，有哪些新特点？

2．新建一个演示文稿通常有哪几种方法？

3．在 PowerPoint 2007 中，什么是标题母版？

4．如何保存用户自定义的主题？

5．如何更改设置好的动画效果？

6．如何在演示文稿中进行声音录制？

7．如何在幻灯片中设置文本超链接？

8．如何在幻灯片中设置动作按钮？

9．简述将演示文稿保存为视频的方法。

三、上机操作题

新建演示文稿文件，以“姓名+学号”为名保存，添加 5 张幻灯片，然后进行如下操作：

1．将第 1 张幻灯片的上部插入一个文本框，内容为 “共建美丽校园”，并将字体设置为楷体、加粗、字号为 48。

2．设置第 1 张幻灯片中的文本自定义动画效果为加粗闪烁、声音选择硬币。

3．设置第 2 张以后的幻灯片的背景的填充效果、过渡颜色为预设、红日西斜，底纹式样为横向。

4．在第 2 张幻灯片中，为其文本框添加文字“美丽的家园”，再插入剪贴画中自然界类“树木”图片，透明度为 60%。

5．在第 3 张幻灯片中插入图片，可以是自己收集校园的照片。

6．第 4 张幻灯片中，建立 SmartArt 图形，选择“关系”中的“齿轮”，输入学校的各院系名称。

7．在第 5 张幻灯片中，插入第 1 种艺术字，文字内容为“让我们共同努力”。

8．在第 2 张幻灯片中，为其中文本框中的文字“美丽的家园”设置超链接，链接到第 5 张幻灯片。

9．在第 5 张幻灯片中添加按钮，并为按钮设置超链接返回第 2 张幻灯片。

10．设置演示文稿的放映方式为“循环放映，按 Esc 键终止”，保存演示文稿。

第6章 网 络 基 础

1946 年第一台计算机诞生，没有人意识到 60 多年后的今天，计算机会在社会中占据举足轻重的地位。1969 年第一个数据包交换计算机网络的出现，也没有人想到 40 多年后的今天，计算机网络在社会各个领域的应用和影响会如此广泛和深远。各种网络应用的发展和完善，使人们的工作效率得以提高；远程教学的发展，使学习变得更加方便快捷；网络游戏、虚拟社区的发展，使人们的生活更加丰富多彩。网络已成为当今社会十分重要的基础设施，是学习、工作、生活中的一项基本技能。本章主要介绍计算机网络的基础知识和基本应用。

学习情境引入

罗庆想要在 Internet 上阅览新闻、观看多媒体信息，还要到网络上搜索和下载软件，此外还需要收发电子邮件。他是如何将计算机接入 Internet，并使用各类网络应用软件实现这些功能的呢？本章内容就和大家一起揭开网络神秘的面纱，看看这些功能到底是如何实现的。

学 习 目 标

1. 了解网络的功能和组成；
2. 了解网络体系结构；
3. 掌握 Internet 接入的方法；
4. 掌握常见 Internet 应用的使用方法；
5. 增强信息安全意识并了解信息安全防护措施。

6.1 计算机网络概论

学 习 任 务

了解网络的基本功能和发展史。

知识点解析

计算机网络从 20 世纪 60 年代发展起步至今，经历了 50 年的发展历程。任何事物的发展都遵循事物的发展规律——从低级到高级，从简单到复杂，计算机网络也不例外。在这一发展过程中，计算机技术与通信技术紧密结合，相互促进，共同发展，最终产生了计算机网络。

6.1.1 计算机网络的形成

计算机网络从产生到发展大体可以分为以下 4 个阶段。

1. *面向终端的计算机通信网络*

在 20 世纪 50 年代，计算机主机的价格相当昂贵，而通信线路和通信设备的价格则相对便宜。为了共享计算机主机资源，进行信息的综合处理，人们利用公用电话网将计算机主机通过线路控制器与多个远程终端相连接，达到多个终端远程共享一台计算机主机的目的，构成了面向终端的计算机通信网络。当时，这种面向终端的计算机通信网络应用范围广泛，涉及军事、航空、铁路、银行、教育等部门。

面向终端的网络虽然实现了远程通信，但是还存在很多问题和不足：

（1）主机负荷过重，导致响应速度过慢。

（2）终端速度慢，占用通信线路时间长，通信代价高。

（3）单个主机的可靠性低，一旦主机故障，则会导致整个系统瘫痪。

为了克服以上缺点，便产生了资源共享网络，进入网络发展的第二阶段。

2. 远程分组交换的计算机网络

20 世纪 60 年代末到 20 世纪 70 年代初，美国国防部高级研究计划署（ARPA）建立的 ARPANet 网投入使用，第一次实现了无限分组交换网与卫星通信网相结合构成的计算机网络系统，是现代计算机网络诞生的标志。ARPANet 最初只联结了 4 个站点，发展至今，网络已覆盖了全球几百个国家、几十万个网络、数十亿台计算机、几十亿用户，可以说现在的网络无处不在。其主要特征是：为了增加系统的计算能力和资源共享，把小型计算机连成实验性的网络。

3. 体系结构标准化的计算机网络

20 世纪 70 年代，国际上各个计算机厂商都意识到网络的重要性，纷纷发展自己的计算机网络系统，各种网络技术发展十分迅速，但是随之而来的是网络体系结构与网络协议的兼容问题。1980 年 2 月，IEEE（美国电气和电子工程师学会）下属的 802 局域网络标准委员会宣告成立，并相继提出 IEEE 801.5~802.6 等局域网络标准草案。作为局域网络的国际标准，它标志着局域网协议及其标准化的确定，为局域网的进一步发展奠定了基础。1981 年国际标准化组织（ISO）在计算机通信网络的基础上，完成了网络体系结构与协议的研究，提出了开放系统互联参考模型与协议，实现了不同厂家生产的计算机之间的互联。

4. 以 Internet 为核心的计算机网络

20 世纪 90 年代初至现在是计算机网络飞速发展的阶段，计算机网络向互联、高速、智能化方向发展，并获得广泛的应用。其主要特征是：计算机网络化、协同计算能力发展以及全球互联网络（Internet）的盛行。计算机的发展已经完全与网络融为一体，体现了“网络就是计算机”的口号。目前，计算机网络已经真正进入社会各行各业，为社会各行各业所采用。另外，虚拟网络 FDDI 及 ATM 技术的应用，使网络技术蓬勃发展并迅速走向市场，走进平民百姓的生活。

6.1.2 计算机网络的定义

计算机网络，是指利用通信线路将地理上分散的、具有独立功能的许多计算机系统和通信设备连接起来，在功能完善的网络软件及协议的支持下，实现资源共享和信息传递的系统。简单来说，计算机网络就是由通信线路互相连接的许多自主工作的计算机构成的集合体。图 6-1 所示是一个简单的计算机网络。

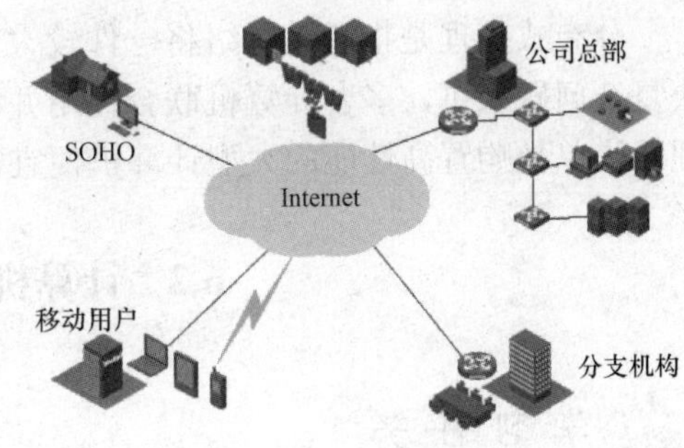

图 6-1 计算机网络

网络的规模大小不一，小到办公室、实验室

里的几台计算机连接，大到多个国家的众多计算机联网，不管网络的规模如何，所有的网络都应包含以下 3 个要素：计算机系统、数据通信系统、网络软件及协议。

（1）计算机系统：网络的基本模块，为网络用户提供共享资源和服务的计算机。

（2）数据通信系统：连接网络基本模块的桥梁，它提供各种连接技术和信息交换技术。

（3）网络软件及协议：网络的组织者和管理者，在网络协议的支持下，为网络用户提供各种服务。

6.1.3 网络的功能

计算机网络使计算机的作用范围超越了地理位置的限制，实现了数据的通信和资源的共享，大大加强了计算机本身的信息处理能力。而今计算机网络技术不断发展，计算机网络广泛应用于社会的各个领域，计算机网络的功能也在不断向外延伸。其主要功能归纳如下。

1. 数据通信

数据通信是指计算机与计算机、计算机与终端之间，可以快速、可靠地进行数据、程序或文件等资源的传输。这是实现其他功能的基础，也是计算机网络最基本的功能。其典型应用有电子邮件、传真、电子商务、远程数据交换、话音信箱、可视图文及遥测遥控等。

2. 资源共享

资源共享是计算机网络的主要功能。“资源”主要指计算机软件、硬件和数据资源。“共享”指的是网络中的用户都能够部分或全部地享受这些资源，如共享巨型计算机、小型机、大容量磁盘、打印机等。软件资源和数据资源的共享可以充分利用已有的信息资源，减少软件的重复开发，避免大型数据库的重复建设。

3. 提高系统的可靠性

在一个系统中，当某台计算机发生故障时必须通过维修或替换设备的方法来维持系统的继续运行，这样就会给用户带来不便。而当计算机联网后，各计算机可以在网络中互为后备，一旦某台计算机出现故障，则立刻切换至备份计算机，由备份计算机继续参与系统工作，完成数据处理。从而避免因单点失效对用户产生的影响，提高系统可靠性。更重要的是，由于数据和信息资源存放于不同的地点，还可防止操作失误或系统故障导致数据丢失，灾害造成的数据破坏。

4. 均衡负荷和分布式处理

均衡负荷是指工作被均匀地分配给网络上的各台计算机。网络控制中心负责分配和检测，当某台计算机负荷过重时，系统会自动转移部分工作到负荷较轻的计算机中去处理，提高处理问题的实时性。

分布式处理是指通过网络将一件较大的工作分配给网络上多台计算机去共同完成。对解决复杂问题来讲，多台计算机联合使用并构成高性能的计算机体系。这种协同工作、并行处理要比单独购置高性能的大型计算机便宜得多。

6.2 计算机网络的组成和分类

了解计算机网络的组成和分类；了解通信子网和资源子网的划分，以及各自在网络中的

作用；了解计算机网络的拓扑结构以及各自的优缺点。

知识点解析

计算机网络是由计算机系统、数据通信系统和网络软件与协议组成的一个有机整体。将地理位置不同的具有独立功能的多台计算机及其外部设备，通过通信线路连接起来，在网络操作系统，网络管理软件及网络通信协议的管理和协调下，实现资源共享和信息传递的计算机系统。

6.2.1 计算机网络的组成

按物理构成划分，计算机网络系统由网络硬件和网络软件两部分组成。在网络系统中，硬件对网络的性能起着决定性的作用，是网络运行的载体；而网络软件则是支持网络运行、提高效益和开发网络资源的工具。

1. 网络硬件

网络硬件是计算机网络系统的物质基础。计算机网络硬件系统是由主机设备、网络互连设备和传输介质组成的。

（1）主机设备。主机设备是网络中的用户使用的主体设备，一般可分为服务器和客户机两类。

服务器是提供计算服务、管理共享资源的设备。服务器响应服务请求，并通过网络及时进行处理。根据服务器所提供的服务类型不同，可以把服务器分为文件服务器、打印服务器、应用系统服务器、Web 服务器等。

客户机又称工作站，它是用户和网络的接口设备，是由计算机和相应的外部设备以及成套的应用软件包所组成的信息处理系统。用户通过它与网络交换信息，获取服务器所提供的各种服务和资源。客户机与服务器不同之处在于，服务器是为网络用户提供服务的，而客户机仅对操作该客户机的用户提供服务。现在的客户机大多由具有一定处理能力的个人微机、智能终端和相应的外部设备，如打印机、扫描仪来承担。

（2）网络互连设备。网络互连就是将一个个的网络通过一定的网络互连设备连接在一起，以实现更大范围内的资源共享。常用的网络互连设备主要包括网卡、中继器、集线器、网桥、交换机和路由器。

网卡也称网络适配器，它是计算机与网络缆线之间的物理接口。服务器和客户机均需安装网卡。网卡一方面将发送给其他计算机的数据转变成能在网络缆线上传输的信号发送出去；另一方面又从网络缆线接收信号并把信号转换成能在计算机内传输的数据。图 6-2（a）是一种以太网网卡。常见的网卡接口包括 RJ-45 接口、BNC 接口、AUI 接口、FDDI 接口、ATM 接口。其中 RJ-45 接口用于连接非屏蔽双绞线，是当前最常用的一种接口。

中继器是一种放大模拟或数字信号的网络连接设备。信号在网络传输过程中会随着网络长度的增加而逐渐衰减，中继器的主要功能就是通过对数据信号的重新发送或者转发，来增加网络的传输距离，提高网络可靠性。图 6-2（b）是一种中继器。

集线器的英文称为“HUB”，HUB 是一个多端口的转发器，是对网络进行集中管理的最小单元，其外观如图 6-2（c）所示。它的主要作用是对接收到的数据信号进行整形再生，提供信号的扩大和中转功能，用以增加网络传输长度，扩大网络传输范围。当以 HUB 为中心设备时，网络中某条线路产生了故障，并不影响其他线路的工作。多数时候它用在星形与树形网络拓扑结构中，一般有 4 个、8 个或更多端口，以 RJ-45 接口与各主机或集线器相连。

网桥也称桥接器，是连接两个局域网的一种存储/转发设备，它能将一个大的网段分割为多个网段，或将两个以上的网段互联为一个逻辑网段，使局域网上的所有用户都可访问服务器。在网络互连中它起到数据接收、地址过滤与数据转发的作用，用来实现多个网络系统之间的数据交换。

交换机是一种用于电（光）信号转发的网络设备，它可以为接入交换机的任意两个网络结点提供独享的电信号通路，可以把一个网络从逻辑上划分成几个较小的段。交换机的所有端口都共享同一指定的带宽，每一个连接到交换机上的设备都可以享有它们自己的专用信道。交换机的传输速率通常比集线器高。例如，同样是 100Mb/s 带宽，集线器是由连入其中的计算机共享 100Mb/s 带宽，而交换机则是每台计算机各自独享 100Mb/s 带宽。最常见的交换机是以太网交换机，其他常见的还有电话语音交换机、光纤交换机等。图 6-2（d）是交换机。

路由器又称网关设备，它能够连接多个不同的网络或网段，从而构成一个更大的网络，以实现更大范围内的信息传输。路由器具有判断网络地址和选择 IP 路径的功能，它能在多网络互连环境中建立灵活的连接，可用完全不同的数据分组和介质访问方法连接各种子网，路由器只接受源站或其他路由器的信息，属网络层的一种互连设备。目前路由器已经广泛应用于各行各业，各种不同档次的产品已成为实现各种骨干网内部连接、骨干网间互联和骨干网与互联网互联互通业务的主力军。图 6-2（e）是无线路由器。

图 6-2　网络互连设备

（a）网卡；（b）中继器；（c）集线器；（d）交换机；（e）路由器

（3）传输介质。正如高速公路和街道是提供汽车通行的基础设施一样，网络介质亦是数据传输的物理基础。网络传输介质是网络中传输信息的载体，常用的传输介质分为有线传输介质和无线传输介质两大类。

有线传输介质是在通信设备之间的连接介质，是导线或光纤等实际的物理介质，它能将信号从一方传输到另一方。常用的有线传输介质主要有双绞线、同轴电缆和光纤。双绞线和同轴电缆传输电信号，光纤传输光信号。

双绞线是由一对或者一对以上的相互绝缘的导线按照一定的规格互相缠绕（一般以逆时针缠绕）在一起而制成的一种传输介质。双绞线分为非屏蔽双绞线（UTP）和屏蔽双绞线（STP）。双绞线适合于短距离通信。非屏蔽双绞线价格便宜，传输速度偏低，抗干扰能力较差。屏蔽双绞线抗干扰能力较好，具有更高的传输速度，但价格相对较贵。双绞线需用 RJ-45 或 RJ-11 连接头插接，图 6-3（a）为双绞线结构。

同轴电缆由内导体铜芯、绝缘层、网状编制的外导体屏蔽层以及塑料封套组成，如图 6-3（b）所示。同轴电缆中的材料是共轴的，因此称它同轴电缆。外导体和内导体一般都采用铜质材料。同轴电缆可以是单芯的，也可以多条同轴电缆组合在一起。目前常用的同轴电缆有两种：一种是抗阻为 50Ω的基带同轴电缆，另一种是抗阻 70Ω的宽带同轴电缆。

光纤是光导纤维的简称，是一种由玻璃或塑料制成的纤维，是光传导工具，利用了光的全反射原理进行信号传播。由于可见光的频率非常高，因此，光纤的传输带宽远远大于其他各种传输介质的带宽，是最有发展潜力的有线传输介质。根据光纤传输数据模式的不同，光纤可分为多模光纤和单模光纤两种。图 6-3（c）是光纤的结构。

无线传输介质是指负责网络传输的传输介质，是各种波长的电磁波。电磁波在自由空间内传输，不受物理介质的束缚，所以非常适合边远山区、湖泊滩涂等难于敷设传输线的地方，同时也为大量便携式终端设备入网提供了条件。电磁波根据频谱可将其分为无线电波、微波、红外线、激光、卫星微波等。

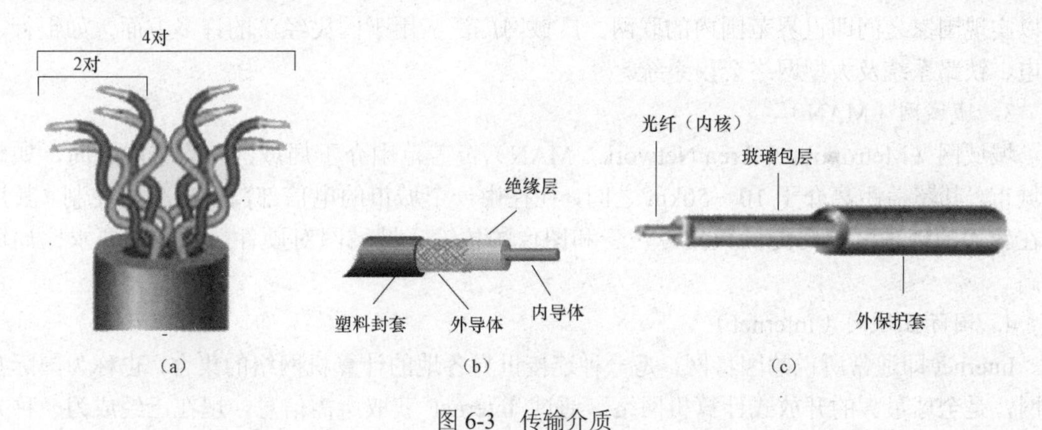

图 6-3 传输介质

（a）双绞线结构；（b）同轴电缆结构；（c）光纤结构

2. 网络软件

网络软件是实现网络功能所不可缺少的软环境。正因为网络软件能够实现丰富的功能，才使得网络应用如此广泛。网络软件通常包括网络操作系统（Network Operating System，NOS）、通信软件和通信协议。

网络操作系统能够让服务器和客户机共享文件和打印功能，它们也提供其他的服务，如通信、安全性和用户管理。

通信软件是用以监督和控制通信工作的软件。它除了作为计算机网络软件的基础组成部分外，还可用做计算机与自带终端或附属计算机之间实现通信的软件。

网络通信协议是管理网络如何通信的规则。协议按网络所采用的协议层次模型组织而成，为网络设备之间的通信指定了标准。没有协议，设备不能解释由其他设备发送来的信号，数据也不能传输到任何地方。4 种主要的网络协议组有 TCP/IP、IPX/SPX、NetBIOS 和 AppleTalk。

6.2.2 计算机网络的分类

计算机网络可以从不同的角度对网络进行不同的分类，按传输介质划分可分为有线网、光纤网、无线网；按数据交换方式划分可分为电路交换网、报文交换网、分组交换网；按通信方式划分可分为广播式传输网络、点到点式传输网络；按服务方式划分可分为客户机/服务器网络、对等网。最常见的是按地理覆盖范围分类，可以分为局域网、广域网、城域网和国际互联网（Internet）。

1. 局域网（LAN）

局域网（Local Area Network，LAN）是一种在小区域内通过通信线路将各种通信设备及计算机互连在一起，并进行数据通信的计算机通信网络。这种网络多装在一栋办公楼或一个校园里，属于某个部门或单位所有。局域网的典型特性，一是传输速率高；二是网络建设费用低，适合于中小型单位的计算机联网；三是误码率低。目前这种网络在我国得到了广泛的应用。

2. 广域网（WAN）

广域网（Wide Area Network，WAN）是一种跨城市或国家而组成的远距离的计算机通信网络，覆盖距离一般大于 50km。它不但可以实现一个单位内部、单位之间、省与省之间，还可以实现国家之间即世界范围内的联网。广域网广泛应用于国民经济的许多方面，如银行、邮电、铁路系统及大型网络会议系统。

3. 城域网（MAN）

城域网（Metropolitan Area Network，MAN）覆盖范围介于局域网和广域网之间，如整座城市。其覆盖距离介于 10～50km 之间，往往由一个城市的电信部门或大公司控制。其用于在较大的地理区域内提供数据、声音和图像的传输。城域网对硬件、软件的要求比局域网高。

4. 国际互联网（Internet）

Internet 即通常所说的因特网，是一种连接世界各地的计算机网络的集合，也称为国际互联网，是全球最大的开放式计算机网络。通过 Internet 获取所需信息，现在已经成为一种方便、快捷、有效的手段，已经逐渐被社会大众普遍接受，Internet 的普及是现代信息社会的主要标志之一。

6.2.3 计算机网络的拓扑结构

计算机网络的组建需要考虑很多问题，如选择适当的线路、连接方式、网络设备的位置、网络响应时间、吞吐量、可靠性等。为了应付复杂的网络结构设计，人们引入了网络拓扑结构的概念，用一些简单的几何形状来表示复杂的网络结构。

计算机网络拓扑通过网络中结点、结点与通信线路之间的连线来表示网络结构，反映网络中各实体的结构关系。常见的网络拓扑结构有星形、树形、总线型、环形、网状。

1. 星形拓扑结构

星形结构的网络是各工作站以星形方式连接起来的，网中的每一个结点设备都以中间结点为中心，通过连接线与中心结点相连，如果一个工作站需要传输数据，它首先必须通过中心结点，如图 6-4 所示。

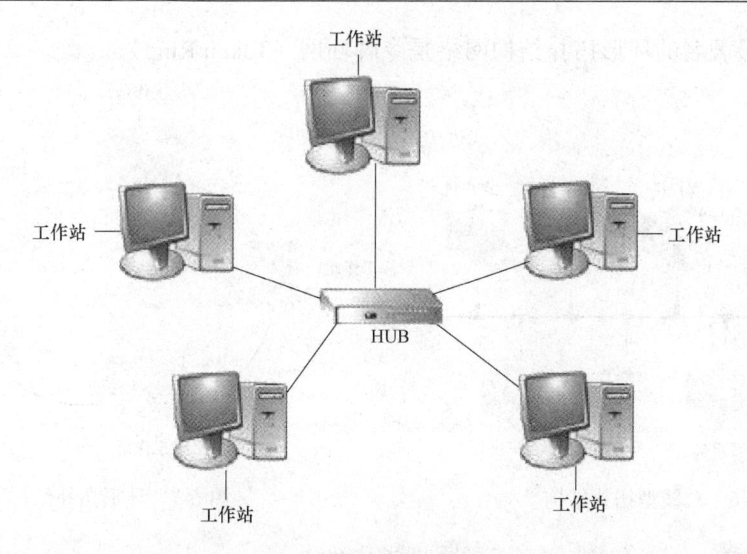

图 6-4　星形拓扑结构

它的网络结构简单、易于扩展。在星形结构的网络系统中，中心结点是控制中心，任意两个结点间的通信最多只需两步，星形结构可以很容易地移动、隔绝或与其他网络连接。另外星形拓扑结构的网络还具有传输速度快，建网容易、便于控制和管理等特点。

2. 树形拓扑结构

树形拓扑结构实际上是星形拓扑结构的一种变种，它将原来的用单独链路直接连接的结点通过多级处理主机分级连接，又被称为分级的集中式网络。

树形结构与星形结构相比降低了通信线路的成本，但增加了网络复杂性。网络中除最底层结点及其连线外，任一结点或连线的故障均影响其所在支路网络的正常工作。在网络中，任意两个结点之间不产生回路，并且，网络中结点扩充方便、灵活。树形拓扑结构如图 6-5 所示。

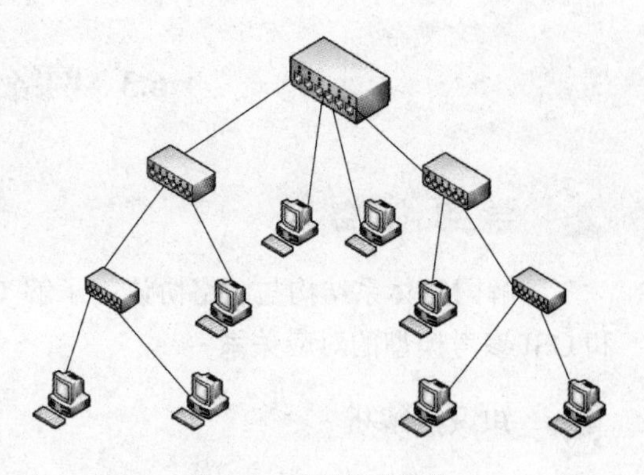

图 6-5　树形拓扑结构

3. 总线型拓扑结构

总线型结构网络是将各个结点设备和一根总线相连，网络中所有的结点工作站都是通过总线进行信息传输的，如图 6-6 所示。总线型结构网络简单、灵活，布线容易，可扩充性能好，进行结点设备的插入与拆卸非常方便。另外，总线结构网络可靠性高、网络结点间响应速度快、共享资源能力强、设备投入量少、成本低、安装使用方便。但是由于总线的传输距离有限，通信范围受到限制。另外，所有的工作站通信均通过一条共享的总线，所以实时性较差，并且容易产生信息堵塞。

4. 环形拓扑结构

环形结构是网络中各结点通过一条首尾相连的通信链路连接起来的一个闭合环形结构网，如图 6-7 所示。数据沿着环依次通过每台计算机直接到达目的地，环路上任何结点均可以请求发送信息。请求一旦被批准，便可以向环路发送信息。环形网中的数据可以单向也可以双向传输。最著名的环形拓扑结构网络是令牌环网（Token Ring）。

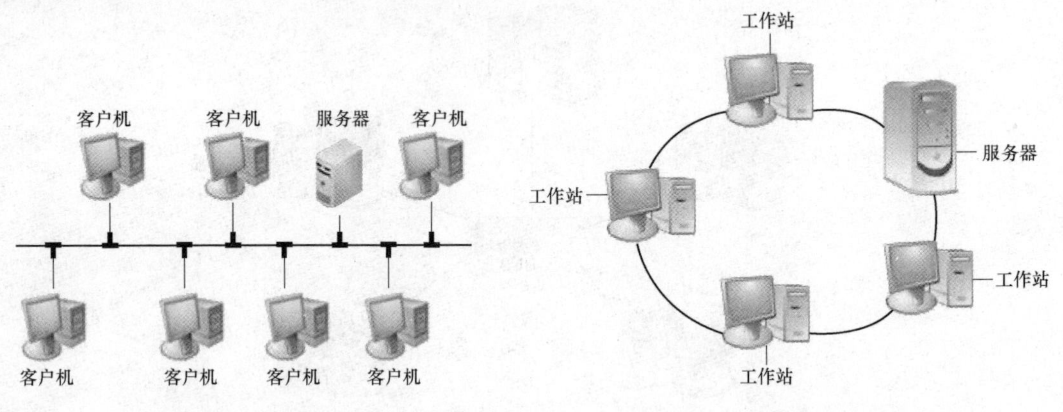

图 6-6 总线型拓扑结构

图 6-7 环形拓扑结构

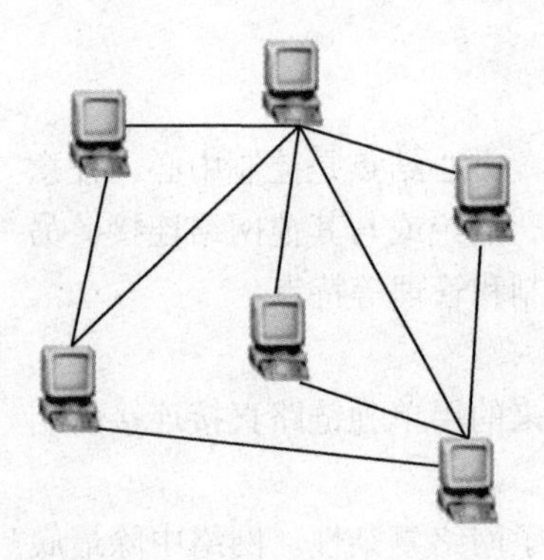

图 6-8 网状拓扑结构

5. 网状拓扑结构

计算机由一条或几条的直接线路连接的结构称为网状拓扑结构，如图 6-8 所示。

在网状网络中，如果一个计算机或一段线缆发生故障，网络的其他部分依然可以运行。如果一段线缆发生故障，数据可以通过其他的计算机和线路到达目的计算机。

网状拓扑建网费用高、布线困难。通常，网状拓扑只用于大型网络系统和公共通信骨干网，如帧中继网络、ATM 网络或其他数据包交换型网络。这些网络主要强调网络的可靠性。

6.3 网络体系结构与协议

学习任务

了解网络体系结构与网络协议；了解 OSI 参考模型各层的功能；了解 TCP/IP 参考模型和 OSI 参考模型的对应关系。

知识点解析

网络体系结构是指通信系统的整体设计，它为网络硬件、软件、协议、存取控制和拓扑提供标准。它广泛采用的是国际标准化组织（ISO）在 1979 年提出的开放系统互连（OSI-Open System Interconnection）的参考模型。

6.3.1 基本概念

1. 网络协议

协议（Protocol）是一种通信约定。一个计算机网络通常由多个互连的结点组成，而结点之间需要不断地交换数据与控制信息。要做到有条不紊地交换数据，并且保证相互交换的数据对方都能看懂，每个结点都需要遵守一些事先约定好的规则。就好像两个人之间说话交流，必须使用同一种语言一样，必须遵循相同的语法、语义等规则。

网络协议就是为实现网络中的数据交换建立的规则、标准或约定的集合，它主要由语法、语义和时序3部分组成，即协议的三要素。

（1）语法：是用户数据与控制信息的结构与格式。

（2）语义：是需要发出何种控制信息，以及要完成的动作与应做出的响应。

（3）时序：是对事件实现顺序控制的时间。

2. 层次

为了实现网络中计算机之间的通信，将总体需要实现的很多功能分配在不同的层次，每个层次要完成的任务和要实现的过程都有明确的规定。不同的系统分成相同的层次结构，不同系统的同等层次具有相同的功能。网络分层体系结构需要把每个计算机互联的总体功能划分成有明确定义的层次，并规定同层次进程通信的协议及相邻层之间的接口服务，即采用分而治之的模块化方法，将一个复杂的大问题，按照层次的概念，划分成很多小问题来分别解决。

计算机网络中采用层次结构的好处如下：

（1）各层之间相互独立，灵活性好。相邻层之间不需要知道对方是怎么实现的，只需要知道彼此相连接的接口就可以了。当任何一层发生变化时，只要接口保持不变，则其他层都不受任何影响。另外，因为各层之间相互独立，所以各层都可以采用自己最合适的技术来实现，只要通过接口互相连接即可。

（2）易于实现维护。因为整个系统已经被分解为若干个易处理的部分，这种结构使得一个庞大而又复杂系统的实现和维护变得容易控制。

（3）有利于促进标准化。因为各层的功能已经有了明确说明，所以有利于促进标准化工作。

3. 接口

接口是结点内相邻层之间交换信息的连接点。同一结点的相邻层之间存在着明确规定的接口，低层次向高层次通过接口提供服务，完成高层次分配的任务。只要接口不变，底层功能的具体实现方法不会对高层产生任何影响。在日常计算机使用中，USB接口就是计算机主机与USB设备之间规定的接口。不管什么设备，只要按照USB接口的标准进行设计生产，就可以通过主机的USB接口连入主机。

4. 网络体系结构

网络体系结构是指计算机网络及其部件所应完成功能的一组抽象定义，是描述计算机网络通信方法的抽象模型结构，一般是指计算机之间相互通信的层次，以及各层中的协议和层次之间接口的集合。

网络体系结构对计算机网络应实现的功能进行了精确的定义。为了减少计算机网络的复杂程度，按照结构化设计方法，计算机网络将其功能划分为若干个层次，较高层次建立在较低层次的基础上，并为其更高层次提供必要的服务功能。网络中的每一层都起到隔离作用，使得低层功能具体实现方法的变更不会影响到高一层所执行的功能。

6.3.2 OSI参考模型

1974年，IBM公司提出了世界上第一个网络体系结构，称为系统网络体系结构（SNA）。此后，许多公司纷纷提出自己的网络体系结构，这些体系结构的共同之处在于它们都采用了分层技术，但是层次的划分、功能的分配与采用的技术术语都不相同，所以采用不同体系结构的不同公司的计算机很难联网通信。随着信息技术的发展，各种计算机系统的联网和各种计算机网络的互联成为人们迫切需要解决的问题，OSI 参考模型就是在这一背景下提出并加以研究的。

1983 年，ISO（International Standards Organization，国际标准化组织）提出了 OSI（Open System Interconnection，开放系统互联）参考模型，该模型是设计和描述网络通信的基本框架，应用最多的是描述网络环境。它将计算机网络的各个方面分成互相独立的 7 层，描述了网络硬件和软件如何以层的方式协同工作，进行网络通信。它不但成为以前的和后续的各种网络技术评判、分析的依据，也成为网络协议设计和统一的参考模型。生产厂商根据 OSI 模型的标准设计自己的产品。

1. OSI 的分层结构

OSI 模型定义了不同计算机互联标准的框架结构，得到国际上的承认。它通过分层把复杂的通信过程分成多个独立的、比较容易解决的子问题。在 OSI 模型中，下一层为上一层提供服务，而各层内部的工作与相邻层无关，如图 6-9 所示。根据分而治之的原则，ISO 将整个通信功能划分为 7 个层次，分别为物理层、数据链路层、网络层、传输层、会话层、表示层和应用层。

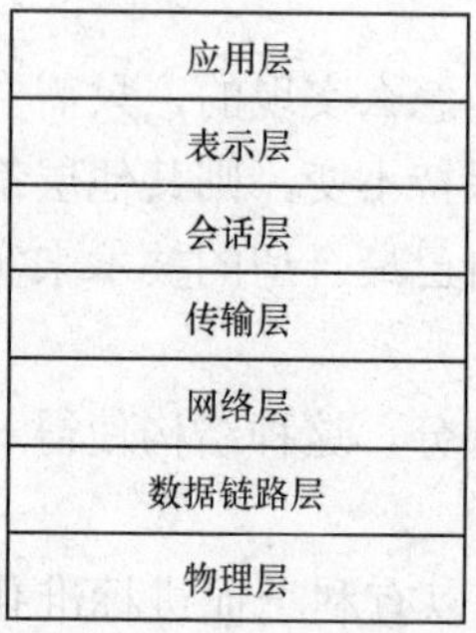

应用层
表示层
会话层
传输层
网络层
数据链路层
物理层

图 6-9　OSI 的分层结构

2. OSI 模型各层的主要功能

OSI 模型的每层包含了不同的网络活动，各层之间相对独立，又存在一定的关系。

（1）物理层。OSI 模型的最底层，也是 OSI 分层结构体系中最重要和最基础的一层。该层建立在通信介质基础之上，实现设备之间的物理接口。

（2）数据链路层。OSI 模型的第二层，它控制网络层与物理层之间的通信。它的主要功能是如何在不可靠的物理线路上进行数据的可靠传递。为了保证传输，从网络层接收到的数据被分割成特定的可被物理层传输的帧。

数据链路层指明将要发送的每个数据帧的大小和目标地址，以将其送到指定的接收方。该层提供基本的错误识别和校正机制，以确保发送和接收的数据一样。

（3）网络层。该层负责信息寻址及将逻辑地址和名字转换为物理地址，决定从源计算机到目的计算机之间的路由，并根据物理情况、服务的优先级和其他因素等确定数据应该经过的通道。网络层还管理物理通信问题，如报文交换、路由和数据竞争控制等。

（4）传输层。该层通过一个唯一的地址指明计算机网络上的每个结点，并管理结点之间的连接；同时将大的信息分成小块信息，分别传送到接收结点并在接收结点将信息重新组合起来。传输层提供数据流控制和错误处理，以及与报文传输和接收有关的故障处理。

（5）会话层。该层允许不同计算机上的两个应用程序建立、使用和结束会话连接，并执行名字识别及安全性等功能，允许两个应用程序跨网络通信。

会话层通过在数据流上设置检测点来保护用户任务之间的同步，这样如果网络出现故障，只有最近检测点之后的数据才需要重新传送。

（6）表示层。该层确定计算机之间交换数据的格式，可以称其为网络转换器。它负责把网络上传输的数据从一种陈述类型转换到另一种类型，也能在数据传输前将其顺序打乱，并在接收端恢复。

（7）应用层。OSI 的最高层，是应用程序访问网络服务的窗口。本层服务直接支持用户的应用程序，如 HTTP（超文本传输）、FTP（文件传输）、WAP（无线应用）和 SMTP（简单邮件传输）等。在 OSI 的 7 个层次中，应用层是最复杂的，所包含的协议也最多，有些正处于研究和开发之中。

3. OSI 模型中的数据传输过程

当两个使用 OSI 参考模型的系统 A 和 B 相互进行通信时，其数据的传输过程如图 6-10 所示。

（1）当系统 A 的应用进程的数据传送到应用层时，应用层数据加上本层控制报头后，组织成应用层的数据服务单元，然后传输到表示层。

（2）表示层接收到这个数据单元后，加上本层控制报头，组成表示层的数据服务单元，再传送到会话层。依此类推，数据传送到传输层。

（3）传输层接收到这个数据单元后，加上本层的控制报头，构成传输层服务数据单元，称为报文。

（4）传输层的报文传送到网络层时，由于网络数据单元的长度有限，传输层长报文将被分成多个较短的数据字段，加上网络层的控制报头，构成网络层的数据服务单元，称为报文分组。

（5）网络层的分组传送到数据链路层时，加上数据链路层的控制信息，构成数据链路层的数据服务单元，称为帧。

（6）数据链路层的帧传送到物理层后，物理层将以比特流的方式通过传输介质传输出去。当比特流到达目的结点系统 B 时，再从物理层上传，每层对其本层的控制报头进行处理后，将用户数据上交高层，最后将系统 A 的应用数据传送给系统 B 的应用。

尽管系统 A 的数据在 OSI 环境中经过复杂的处理过程才能送到另一个系统 B，但对于每台计算机的应用进程来说，这个处理过程是透明的，A 的应用进程数据好像是直接传送给 B 的应用进程，这就是开放系统在网络通信过程中本质的作用。

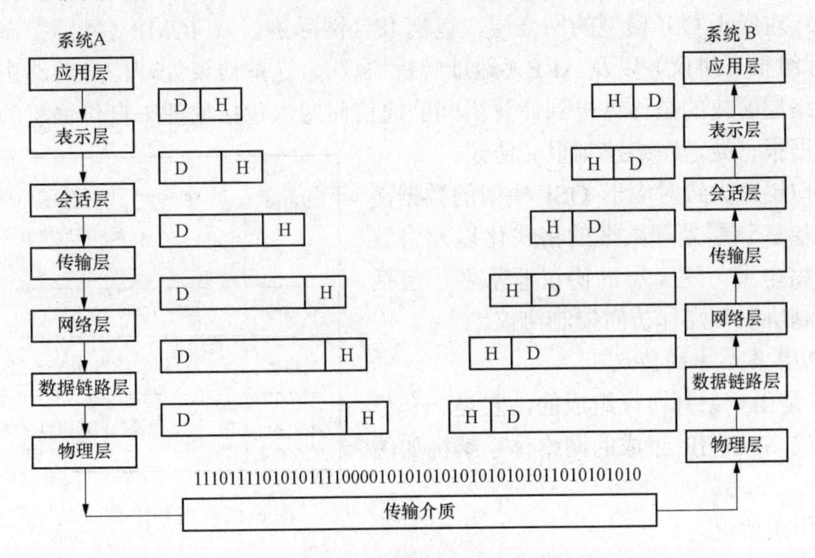

图 6-10　两个系统间的数据传输

6.3.3 TCP/IP 参考模型

传输控制协议/网际协议（Transmission Control Protocol/Internetwork Protocol，TCP/IP）协议组是一组工业标准协议。TCP/IP 不是一个简单的协议，而是一组小的、专业化协议，包括 TCP、IP、UDP、ARP、ICMP 以及其他的一些被称为子协议的协议。它是目前世界上应用最为广泛的协议。由于低成本以及在多个不同平台间通信的可靠性，TCP/IP 协议得到了广泛的应用，并成为业界实际上的标准，形成了 TCP/IP 参考模型。

1. TCP/IP 协议的体系结构

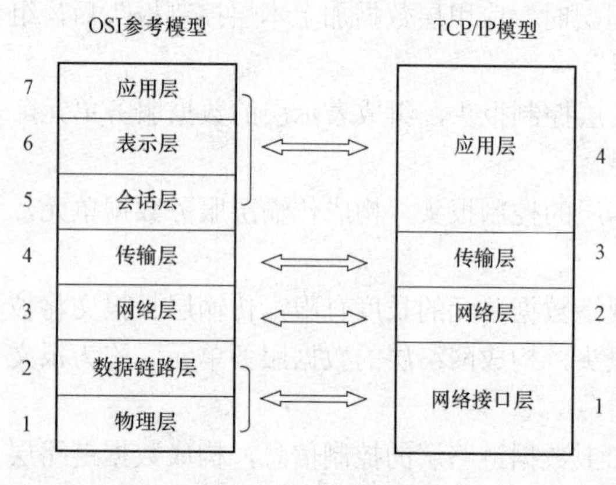

图 6-11 TCP/IP 模型

TCP/IP 协议是一个 4 层的模型结构，自上而下依次为应用层、传输层、网络层和网络接口层。TCP/IP 参考模型与 OSI 参考模型的对应关系如图 6-11 所示。但是由于 TCP/IP 是在 OSI 参考模型之前按照自己的模型发展形成的，因此它与 OSI 参考模型的对应关系不很严格。

应用层：大致对应于 OSI 模型的应用层、表示层和会话层。应用层提供了一组常用的应用程序给用户。应用程序借助于协议（如 Winsock API、文件传输协议 FTP、普通文件传输协议 TFTP、超文本传输协议 HTTP、简单邮件传输协议 SMTP、动态主机配置协议 DHCP 等）通过该层利用网络。每个应用程序都有自己的数据形式，它可以是一系列的报文或字节流，但不管采用哪种形式，都要将数据传送给传输层以便交换。

传输层：对应于 OSI 模型的传输层，包括 TCP（传输控制协议）以及 UDP（用户数据报协议），这些协议负责提供流控制、错误校验和排序服务。传输层解决的是计算机程序到计算机程序之间的通信问题，就是通常所说的“端到端”的通信。传输层对信息流具有调节作用，提供可靠性传输，确保数据到达无误。

网络层：对应于 OSI 模型的网络层，包括 IP（网际协议）、ICMP（网际控制报文协议）、IGMP（网际组报文协议）以及 ARP（地址解析协议）。这些协议处理信息的路由以及主机地址解析。网络层解决的是计算机到计算机间的通信问题，包括处理来自传输层的分组发送请求、处理数据报、处理网络控制报文协议。

网络接口层：大致对应于 OSI 模型的数据链路层和物理层。该层处理数据的格式化以及将数据传输到网络电缆。这一层的协议非常多，包括逻辑链路控制协议和媒体访问控制协议。

2. TCP/IP 各层中的协议

TCP/IP 是由一系列协议组成的，它是一套分层的通信协议。TCP/IP 组成的网络体系结构如图 6-12 所示。

应用层	Telnet、FTP、SMTP、DNS、HTTP 以及其他应用协议
传输层	TCP、UDP
网络层	IP、ARP、RARP、ICMP
网络接口	各种通信网络接口（以太网等）（物理网络）

图 6-12 TCP/IP 组成的网络体系结构

（1）应用层协议。

Telnet：Telnet 为远程通信协议，用户的终端能够很容易地通过这个协议接入远程系统。

FTP（File Transfer Protocol）：FTP 为文件传输协议，协议用于主机之间文件的交换。

SMTP（Simple Mail Transfer Protocol）：SMTP 为简单邮件传输协议，实现主机之间电子邮件的传送。

DNS（Domain Name System）：DNS 为域名系统，实现主机名和 IP 地址的映射。

DHCP（Dynamic Host Configuration Protocol）：DHCP 为动态主机配置协议，实现对主机的地址分配和配置。

RIP（Routing Information Protocol）：RIP 为路由信息协议，实现网络设备之间交换路由信息。

HTTP（Hyper Text Transfer Protocol）：HTTP 为超文本传输协议，实现 Internet 中客户机与 WWW 服务器之间的数据传输。

（2）传输层协议。

TCP（Transport Control Protocol）：TCP 为传输控制协议，它是最主要的协议，是面向连接的。TCP 是建立在 IP 之上的面向连接的端到端的通信协议。由于 IP 是无连接的不可靠的协议，IP 不能提供任何可靠性保证机制，因此 TCP 的可靠性完全由自身实现。TCP 采取了确认、超时重发、流量控制等各种保证可靠性的技术和措施。TCP 和 IP 两种协议结合在一起，实现了传输数据的可靠方法。面向连接的服务（如 Telnet、FTP、SMTP 等）需要高度的可靠性，所以它们使用了 TCP。

UDP（User Datagram Protocol）：UDP 为用户数据报协议，是面向无连接的通信协议，UDP 使用 IP 提供的数据报服务，并对 IP 进行了扩充。UDP 数据包括目的端口号和源端口号信息，由于通信不需要连接，因此可以实现广播发送。UDP 通信时不需要接收方确认，属于不可靠的传输，可能会出现丢包现象。UDP 与 TCP 位于同一层，但它不管数据包的顺序、错误或重发。UDP 主要用于那些面向查询-应答的服务。UDP 不提供任何可靠性保证机制，但 UDP 增加和扩充了 IP 接口能力，具有高效传输，协议和协议格式简单等优点。

（3）网络层协议。

IP（Internet Protocol）：IP 为网际协议，是最重要的一个网络层协议。IP 协议是 TCP/IP 协议簇的核心协议之一。IP 提供了无连接数据报传输和网际网路由服务。IP 的基本任务是通过互联网传输数据包，各个 IP 数据包之间是互相独立的。主机上的 IP 层基于数据链路层服务向传输层提供服务，IP 从源传输层实体获取数据，通过网络接口传送给目的主机的 IP 层。IP 不保证传送的可靠性，在主机资源不足的情况下，它可能丢弃某些数据包，同时 IP 也不检查被数据链路层丢弃的报文。

ICMP（Internet Control Message Protocol）：ICMP 为网际控制报文协议，是网络层的补充，可以回送报文，为 IP 提供差错报告，用来检测网络是否通畅。Ping 命令就是发送 ICMP 的 echo 包，通过回送的 echo relay 进行网络测试。

ARP（Address Resolution Protocol）：APR 为地址解析协议，ARP 是正向地址解析协议，通过已知的 IP，寻找对应主机的 MAC 地址。

RARP（Reverse Address Resolution Protocol）：RARP 是反向地址解析协议，通过 MAC 地址确定 IP 地址。

3. TCP/IP 协议的特点

（1）开放的协议标准，可以免费使用，并且独立于特定的计算机硬件与操作系统，因此，应用范围极广，是目前异种网络之间通信使用的唯一协议体系。

（2）独立于特定的网络硬件，可以运行在局域网、广域网，更适用于互联网中。

（3）统一的网络地址分配方案，使得整个 TCP/IP 设备在网中都具有唯一的地址。

（4）标准化的高层协议，可以提供多种可靠的用户服务。

6.4 Internet 基 础

学习任务

完成 TCP/IP 协议配置；通过 LAN 的方式接入 Internet，并使用 IE 浏览器访问网络资源。

知识点解析

Internet 是全世界最大的国际计算机互联网络，是一个建立在计算机网络之上的网络。Internet 作为全球最大的计算机网络，是人类社会所共有的巨大财富。它提供的信息资源包罗万象、服务项目五花八门，其发展速度之快、影响之广是任何人都未曾预料到的。

6.4.1 Internet 概述

1. Internet 的概念

互联网（Internet），又称网际网路或因特网，它是将全世界所有的计算机和各种计算机网络连接在一起，形成一个全球性网络，使得彼此互相通信、共享资源的网络环境。

2. Internet 的发展

20 世纪 60 年代初的美国，古巴核导弹危机发生，美国和苏联之间的冷战状态随之升温，核毁灭的威胁成了人们日常生活的话题。美国国防部认为，如果仅有一个集中的军事指挥中心，万一这个中心被苏联的核武器摧毁，全国的军事指挥将处于瘫痪状态，其后果将不堪设想。1969 年，美国国防部高级研究计划管理局（ARPA，Advanced Research Projects Agency）开始建立一个命名为 ARPAnet 的网络，把美国的几个军事及研究用计算机主机连接起来。从军事要求上是置于美国国防部高级机密的保护之下，从技术上它还不具备向外推广的条件。

1983 年，ARPA 和美国国防部通信局研制成功了用于异构网络的 TCP/IP 协议，美国加利福尼亚伯克莱分校把该协议作为其 BSD UNIX 的一部分，使得该协议得以在社会上流行起来，从而诞生了真正的 Internet。

1986 年，美国国家科学基金会（National Science Foundation，NSF）利用 TCP/IP 的通信协议，在 5 个科研教育服务超级计算机中心的基础上建立了 NSFnet 广域网。由于美国国家科学基金会的鼓励和资助，很多大学、政府资助的研究机构甚至私营的研究机构纷纷把自己的局域网并入 NSFnet 中。ARPAnet 网络之父，逐步被 NSFnet 所替代。到 1990 年，ARPAnet 已退出了历史舞台。目前，NSFnet 已成为 Internet 的重要骨干网之一。

1989 年，由 CERN 成功开发 WWW，为 Internet 实现广域超媒体信息截取、检索奠定了基础。

到了 90 年代初期，Internet 事实上已成为一个“网中网”。人们已经逐步把 Internet 当作一种交流与通信的工具，而不仅仅是共享 NSFnet 巨型机的运算能力。

1991 年，美国经营 CERFnet、PSInet 及 Alternet 网络的 3 家公司，组成了“商用 Internet

协会”（CIEA），宣布用户可以把它们的Internet子网用于任何的商业用途。Internet商业化服务提供商的出现，使工商企业终于可以堂堂正正地进入Internet。商业机构一踏入Internet的世界，就发现了它在通信、资料检索、客户服务等方面的巨大潜力。于是，其势一发不可收拾。世界各地无数的企业及个人纷纷涌入Internet，带来Internet发展史上一个新的飞跃。

Internet目前成为世界上信息资源最丰富的计算机公共网络，Internet被认为是未来全球信息高速公路的雏形。

3. Internet服务

使用Internet就是使用Internet所提供的各种服务。通过这些服务，可以获得分布于Internet上的各种资源，包括自然科学、社会科学等各个领域。同时，也可以通过Internet提供的服务发布自己的信息，这些发布的信息自然也就成为网上资源。

Internet提供的服务主要有电子邮件、World Wide Web、远程登录、文件传输、电子公告牌及网络新闻资源等。

（1）电子邮件（E-mail）。电子邮件是Internet最重要的服务功能之一。Internet用户可以向Internet上的任何人发送和接收任何类型的信息，发送的电子邮件可以在几秒到几分钟内送往分布在世界各地的邮件服务器中，那些拥有电子信箱的收件人可以随时取阅。这些邮件可以是文本、图片及声音等。电子邮件服务经历了从免费到收费的发展过程。当前的电子邮件服务是免费和收费并存。

（2）World Wide Web（WWW，万维网）。WWW是融和信息检索技术与超文本技术而形成的使用简单、功能强大的全球信息系统。它将文本、图像、文件和其他资源以超文本的形式提供给访问者，是Internet上最方便和最受欢迎的信息浏览方式。

（3）远程登录（Telnet）。它用来将一台计算机连接到远程计算机上，使之相当于远程计算机的一个终端。例如，将一台Pentium计算机登录到远程的超级计算机上，则在本地机上需要花长时间完成的计算工作在远程机上可以很快完成。

（4）文件传输（FTP）。文件传输可以在两台远程计算机之间传输文件。网络上存在着大量的共享文件，获得这些文件的主要方式是FTP。

（5）Internet新闻组。Internet新闻组使用户可在全球范围内就某一共同感兴趣的问题同许多人交流、讨论。一个新闻组有自己的主题，新闻组的成员向组内发送一条新闻后，组中的每个成员都会收到这一新闻。其他成员可以针对这一新闻发表赞同或反对观点，或者提出新的话题。

6.4.2 TCP/IP协议的配置

IP地址和子网掩码是TCP/IP网络中的重要概念，它们的共同作用是标示网络中的计算机并且能够识别计算机正在使用的网络。

1. IP地址

基于TCP/IP协议的网络，Internet中的每一台计算机都必须以某种方式唯一地标示自己；否则网络不知道如何传递消息，不能确定消息的接收者。

IP地址是TCP/IP网络及Internet中用于区分不同计算机的数字标识。作为统一的地址格式，它由32位二进制数组成。在实际应用中，将这32位二进制数分成4段，每段包含8位二进制数。为了便于应用，采用“点分十进制”方式表示IP地址。即将每段二进制都转换为十进制数，段与段之间用“.”号隔开。例如，192.168.3.133和202.201.110.1都是IP地址。

IP 地址采用两级结构，网络地址和主机地址。网络地址用于表示主机所属的网络，每个网络区域都有唯一的网络地址；主机地址用于代表某台主机，同一个网络区域内的每一台主机都必须有唯一的主机地址。IP 地址的结构使我们可以在 Internet 上很方便地进行寻址，这就是：先按 IP 地址中的网络地址把网络找到，再按主机地址把主机找到。因此，利用 IP 地址可以指出连接到某网络上的某计算机。

为了便于对 IP 地址进行管理，同时还考虑到网络的差异很大，有的网络拥有很多主机，而有的网络上的主机则很少。因此 IP 地址被分为 A、B、C、D、E 5 大类，其中 A、B、C 类是可供 Internet 网络上的主机使用的 IP 地址，而 D、E 类是供特殊用途使用的 IP 地址，地址保留，不作为 IP 地址编号使用。用户可以根据需要申请不同类型的 Internet 地址。不同类型 IP 地址的设计如图 6-13 所示。

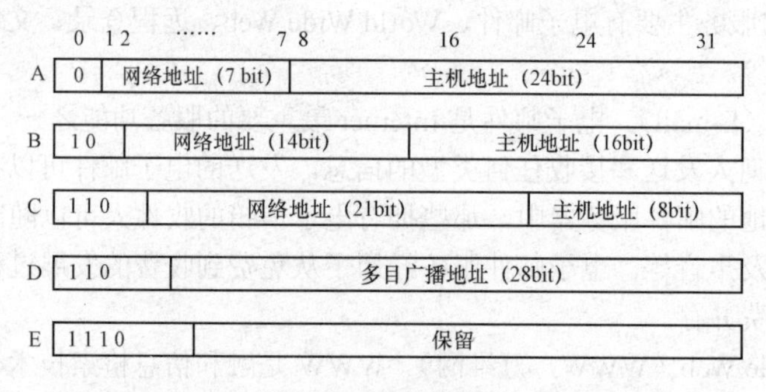

图 6-13 IP 地址分类

A～E 类 IP 地址的具体含义如下：

（1）A 类：A 类 IP 地址第一个字节的第一位是 0，第一个字节的后 7 位为网络地址，所以网络地址的范围是 0～127；之后的 24 位是主机地址，一个 A 类网络允许有 160 万个主机地址。通常 A 类地址分配给拥有大量主机的网络，特别是有众多子网所构成的网络。

（2）B 类：B 类 IP 地址第一个字节的第一位是 1，第二位是 0，其后 14 位为网络地址，最后的 16 位是主机地址。B 类地址通常用于表示大的网络，如国际性的大公司和政府机构网。B 类地址总共可表示 16384 个网络，每个网络最多可以有 65534 台主机。

（3）C 类：C 类 IP 地址第一个字节的前两位是 1，第三位是 0。其后 21 位为网络地址，最后 8 位是主机地址。C 类地址主要分配给局域网。C 类地址允许有 2097152 个网络，每个网络支持 254 台主机。

（4）D 类：D 类地址不标示网络，用于特殊的用途，基本的用途是多点广播。

（5）E 类：E 类地址暂时保留，仅作为 Internet 的实验开发之用。

在 IP 地址中，有一些地址包含着特殊的含义，主要的特殊地址有：主机地址全 0 表示为一个网络地址；主机地址全 1 表示为对应网络的广播地址；全 0 的 IP 地址 0.0.0.0，表示本机地址，只在启动过程时有效；全 1 的 IP 地址 255.255.255.255，表示本地广播。127.0.0.0 网络是回环网络 Loopback，用于本机测试。例如，Ping 127.0.0.1 是测试本机网卡是否工作正常。

目前，世界上大多数是 B 类和 C 类网络，通过 IP 地址的第一个十进制数可以识别网络所属的类别，由此可以得出主机所在网络的规模大小见表 6-1。

表 6-1 **IP 地 址 区 间**

址址类型	地址区间	网络数	主机数
A 类	1.0.0.1～126.255.255.254	$2^7-2=126$	$2^{24}-2=16777214$
B 类	128.0.0.1～191.255.255.254	$2^{14}-2=16382$	$2^{16}-2=65534$
C 类	192.0.0.1～223.255.255.254	$2^{21}-2=2097150$	$2^8-2=254$
D 类	224.0.0.1～239.255.255.255	$2^{28}=268435456$	0
E 类	240.0.0.1～255.255.255.255	$2^{28}=268435456$	0

2. 子网掩码

为了快速确定出 IP 地址的网络号及主机号，以判断两个 IP 地址是否属于同一网络，就产生了子网掩码的概念。子网掩码也是 32 位，按 IP 地址的格式给出。A、B、C 类 IP 地址的默认子网掩码见表 6-2。

表 6-2 **子 网 掩 码 区 间**

级别	二 进 制 数	子 网 掩 码
A 类	11111111 00000000 00000000 00000000	255.0.0.0
B 类	11111111 11111111 00000000 00000000	255.255.0.0
C 类	11111111 11111111 11111111 00000000	255.255.255.0

掩码中为 1 的位表示 IP 地址中相应的位为网络地址，为 0 的位则表示 IP 地址中相应的位为主机地址，用子网掩码和 IP 地址进行“与”运算可得出对应的网络地址。用此方法可判断两个 IP 地址是否属于同一子网。子网掩码的作用就是和 IP 地址结合，识别计算机正在使用的网络。

例如，10.68.89.9 是 A 类 IP 地址，默认的子网掩码为 255.0.0.0，分别转化为二进制执行“与”运算后，得出网络号为 10，而不是 10.68 或其他；205.30.151.8 和 202.30.152.90 为 C 类 IP 地址。默认的子网掩码为 255.255.255.0，执行“与”运算后得出两者网络号不相同，说明两台主机不在同一网络中。

3. IP 路由

在网络中要实现 IP 路由必须使用路由器，路由器可以是专门的硬件设备，也可以将某台计算机设置为路由器。

不论用何种方式实现，路由器都是靠路由表来确定数据报的流向的。IP 路由表中保存了网络 IP 地址与路由器端口的对应关系。当路由器接收到一个数据报时，便查询路由表，判断目的地址是否在路由表中，如果是，则直接送交该网络，否则转交其他网络，直到最后到达目的地。

如图 6-14 所示，计算机 A、B 就是通过若干路由器来完成彼此之间的信息交换的。

在 TCP/IP 网络中，IP 路由器又称 IP 网关。大家都知道，从一个房间走到另一个房间，必然要经过一扇门。同样，从一个网络向另一个网络发送信息，也必须经过一道“关口”，这道关口就是网关。网关就是一个网络连接到另一个网络的“关口”，也就是网络关卡。每一个结点都有自己的网关。我们在 TCP/IP 协议中配置了网关地址后，就可以和其他网段的用户进行通信了。

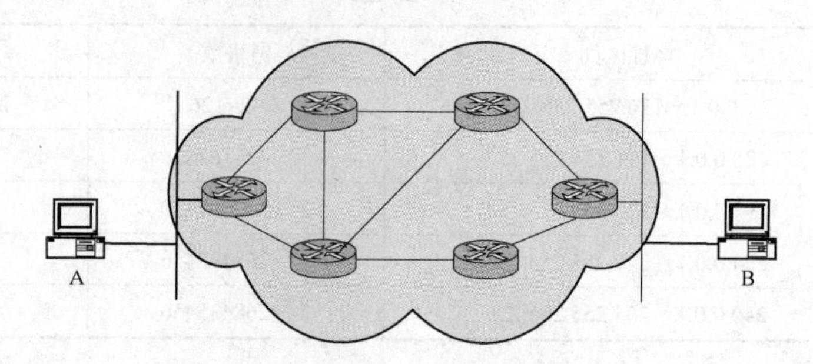

图 6-14 路由器

4. DNS（Domain Name System）

IP 地址由 4 部分数字构成，不容易记忆。人们更喜欢使用字符串，特别是有一定含义的字符串来表示网上的每一台主机。Internet 允许每个用户为自己的计算机命名，允许用户输入计算机名来替代十进制方式的 IP 地址。这就是 Internet 的域名系统（DNS）。Internet 提供将主机名字翻译成 IP 地址的自动转换服务，如 IP 地址 60.215.128.246 用域名表示可以表示成 www.sina.com。

Internet 的域名系统采用层次结构，如图 6-15 所示，按地理域或机构域进行分层。

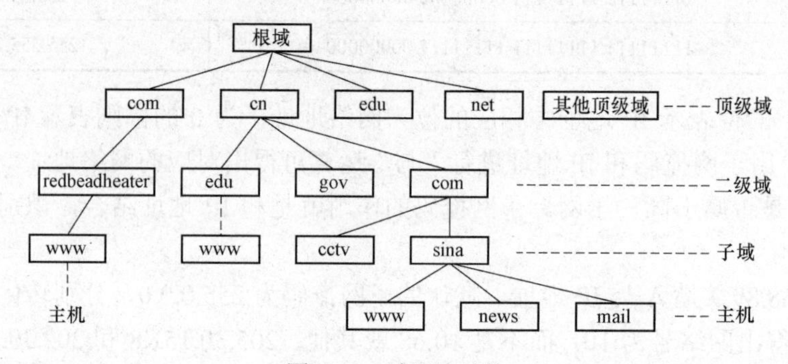

图 6-15 域层次结构

字符串的书写采用圆点将各个层次域隔开，分成层次字段。从右到左依次为顶级域名、二级域名等，最左的一个字段为主机名。Internet 主机域名的一般格式为

主机域名.三级域名.二级域名.顶级域名

例如，www.sina.com.cn 表示新浪公司的一台 Web 服务器，其中 www 为 Web 服务器名，sina 为新浪公司域名，com 为商业实体域名，顶级域 cn 为中国国家域名。顶级域名分为两大类：机构性域名和地理性域名。常用的机构性域名，如表 6-3 所示。

表 6-3 常用的机构性域名

域名	含　义	域名	含　义
com	盈利性的商业实体	org	非盈利性组织机构
edu	教育机构或设施	firm	商业或公司
gov	非军事性政府或组织	store	商场

续表

域名	含 义	域名	含 义
int	国际性机构	arts	文化娱乐
mil	军事机构或设施	arc	消遣性娱乐
net	网络资源或组织	infu	信息服务

地理性域名指明了该域名源自的国家或地区，几乎都是两个字母的国家代码。常用的地理性域名如表 6-4 所示。对于美国以外的主机，其顶级域名基本上都是按地理域命名的。

表 6-4 常用的地理性域名

域名	国家或地区	域名	国家或地区	域名	国家或地区
cn	中国	hk	香港	ch	瑞士
jp	日本	tw	台湾	nl	荷兰
de	德国	au	澳大利亚	ru	俄罗斯
ca	加拿大	fr	法国	es	西班牙
in	印度	it	意大利	se	瑞典
gh	英国	us	美国	dk	丹麦

那么，这些域名是怎样解释成对应的IP地址的呢？在因特网中，每个域都有各自的域名服务器，由它们负责注册该域内的所有主机，即建立本域中的主机名与IP地址对照表。当该服务器收到域名请求时，将域名解释为对应的 IP 地址，对于本域内未知的域名则回复没有找到相应域名项信息；而对于不属于本域的域名则转发给上级域名服务器去查找对应的IP地址。

我国的顶级域名由中国互联网信息中心（CNNIC）管理。它将 cn 域划分为多个二级域，将二级域的管理权授给不同的组织，而这些组织又可将其子域分给其他的组织来管理。例如，CNNIC 将我国教育机构的二级域（edu 域）的管理权授予中国教育科研网（CERNET）网络中心，CERNET 网络中心又将 edu 域划分为多个三级域，将三级域名分配给各个大学与教育机构，各大学网络管理中心又将三级域划分为多个四级域，将四级域名分配给下属部门或主机。

例如，主机域名 cs.tsinghua.edu.cn 表示中国清华大学计算机系的主机，如图 6-16 所示。

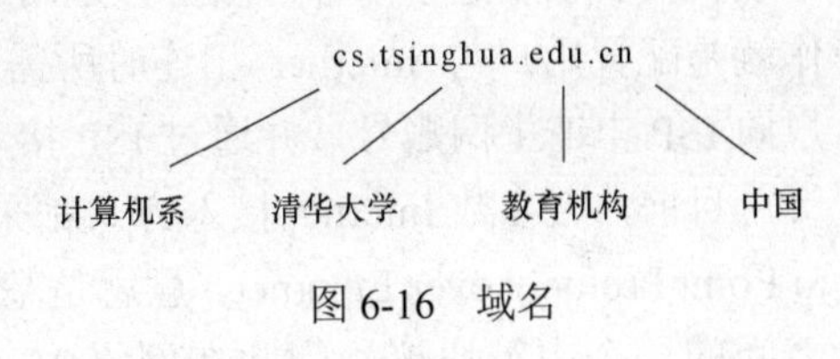

图 6-16 域名

这种层次结构的优点是：各个组织在它们的内部可以自由选择域名，只要保证组织内的唯一性，而不用担心与其他组织内的域名冲突。

6.4.3 Internet 接入

1. Internet 的接入方式

Internet 的世界丰富多彩，然而要想享受 Internet 提供的服务，则必须将计算机或整个局域网接入 Internet。国内常见的接入方式主要有以下几种：

（1）PSTN（公用交换电话网络）。PSTN 接入方式是早期最常用的一种接入方式，利用电话网络并通过调制解调器拨号的方式实现用户的接入。最高的速率为 56Kb/s。随着宽带的发展和普及，这种接入方式已被淘汰。

（2）ISDN（综合业务数字网）。ISDN 接入技术俗称“一线通”，它采用数字传输和数字交换技术，将电话、传真、数据、图像等多种业务综合在一个统一的数字网络中进行传输和处理。用户利用一条 ISDN 用户线路，可以在上网的同时拨打电话、收发传真，就像两条电话线一样。最高速率为 128Kb/s。

（3）ADSL（非对称数字用户环路）。ADSL 是一种能够通过普通电话线提供宽带数据业务的技术。ADSL 方案的最大特点是不需要改造信号传输线路，利用普通铜质电话线作为传输介质，配上专用的 Modem 即可实现数据高速传输。ADSL 支持上行速率 640Kb/s～1Mb/s，下行速率 1Mb/s～8Mb/s，其有效的传输距离在 3～5km 范围以内。

（4）光纤接入。光纤接入，是指用光纤作为主要的传输媒质，实现接入网的信息传送功能。通过光线路终端（OLT）与业务结点相连，通过光网络单元（ONU）与用户连接。光纤通信具有通信容量大、质量高、性能稳定、防电磁干扰、保密性强等优点。在干线通信中，光纤扮演着重要角色，在一些城市兴建高速城域网，主干网速率可达几十 Gb/s，并且推广宽带接入。光纤可以敷设到用户的路边或者大楼，可以以 100Mb/s 以上的速率接入。在接入网中，光纤接入也将成为发展的重点。光纤接入网是发展宽带接入的长远解决方案。

（5）无线接入。由于敷设光纤的费用很高，对于需要宽带接入的用户，一些城市提供无线接入。用户通过高频天线和 ISP 连接，距离在 20km 左右，带宽为 2～11Mb/s，费用低廉，性能价格比很高。但是受地形和距离的限制，适合城市里距离 ISP 不远的用户。

（6）Cable Modem 接入。Cable Modem（线缆调制解调器）利用现有的有线电视（CATV）网进行数据传输，速率可以达到 10Mb/s 以上。

2. 接入 Internet 的计算机的上网设置

个人用户计算机接入 Internet 一般要进行虚拟拨号或本地连接的设置。

（1）虚拟拨号（PPPoE 技术）设置。如果个人用户拥有了计算机、调制解调器和传输介质，那么就可以立即连接进入 Internet，并获取 Internet 上网服务吗？答案当然是否定的。用户还需要向 Internet 服务提供商（ISP）提出入网申请。

ISP（Internet Service Provider），互联网服务提供商，能提供拨号上网服务、网上浏览、下载文件、收发电子邮件等服务，是网络最终用户进入 Internet 的入口和桥梁。ISP 的主要工作就是配置用户与 Internet 相连时所需的设备，并建立通信连接，为用户提供信息服务。用户向 ISP 申请上网账号，并通过 ISP 接入 Internet。

目前，大多数 Internet 接入方式都采用虚拟拨号，也就是 PPPoE 技术。PPPoE 全称 Point to Point Protocol over Ethernet，意思是基于以太网的点对点协议。其实质是以太网和拨号网络之间的一个中继协议，因此在网络中，它的物理结构与原来的 LAN 接入方式没有任何变化，只是用户需要在保持原接入方式的基础上，安装一个 PPPoE 客户端。PPPoE 协议是公开协议，因此只要符合协议标准的客户端都能使用。目前流行的宽带接入方式都使用了 PPPoE 协议。

Windows XP 及其以后推出的 Windows 操作系统一般都集成了对 PPPoE 协议的支持，所以使用 Windows 7 的用户不需要再安装任何其他 PPPoE 软件，直接使用 Windows 7 的连接向导就可以轻而易举的建立自己的虚拟拨号上网连接，具体操作如下：

1）创建宽带连接。一般来说，在 Windows 7 下创建宽带连接的方法有 3 种：

方法 1：右击桌面上的“网络”图标，在弹出的快捷菜单中选择“属性”命令，打开“网络和共享中心”窗口。

方法 2：双击桌面上的 Internet Explorer 浏览器，选择“工具”→“Internet 选项”命令，选择“连接”选项卡，单击“添加”按钮，打开“网络和共享中心”窗口。

方法 3：选择“开始”→“控制面板”命令，然后在打开的控制面板中找到并双击“网络和共享中心”，如图 6-17 所示。

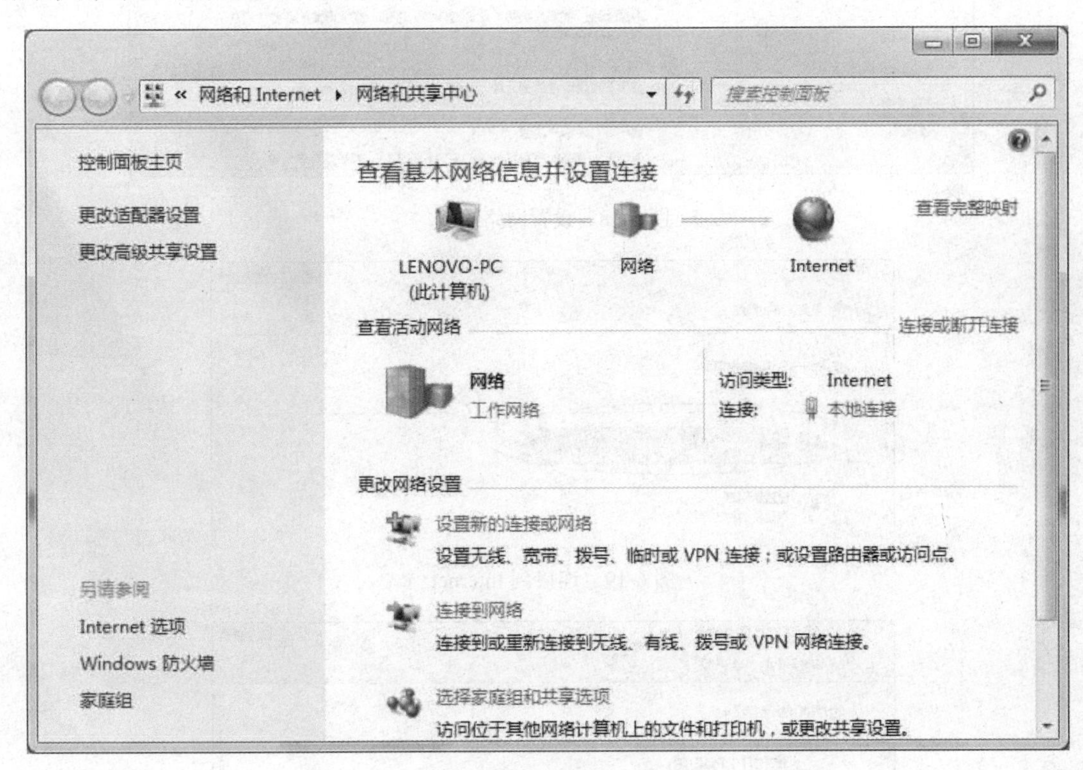

图 6-17　“网络和共享中心”窗口

2）在“网络和共享中心”窗口中，单击“设置新的连接或网络”，如图 6-18 所示。

3）在打开的新窗口中选择“连接到 Internet”，单击“下一步”按钮，如图 6-19 所示。

4）在打开的新窗口中，选择“宽带（PPPoE）（R）”默认选项，如图 6-20 所示。

5）在打开的窗口中，输入办理宽带时电信公司提供的用户名和密码，“连接名称”默认为“宽带连接”，再单击“连接”按钮，如图 6-21 所示。如果信号正常，账号和密码输入正确的话，用户就可以正常连接到 Internet 上了。

6）Windows 7 并没有提供建立桌面快捷图标的选项，为了以后能方便快捷的使用宽带连接，我们还需要创建一个宽带连接快捷方式到桌面上。按步骤 1）所述，打开“网络和共享中心”窗口，在图 6-17 中单击窗口左上角的“更改适配器设置”。

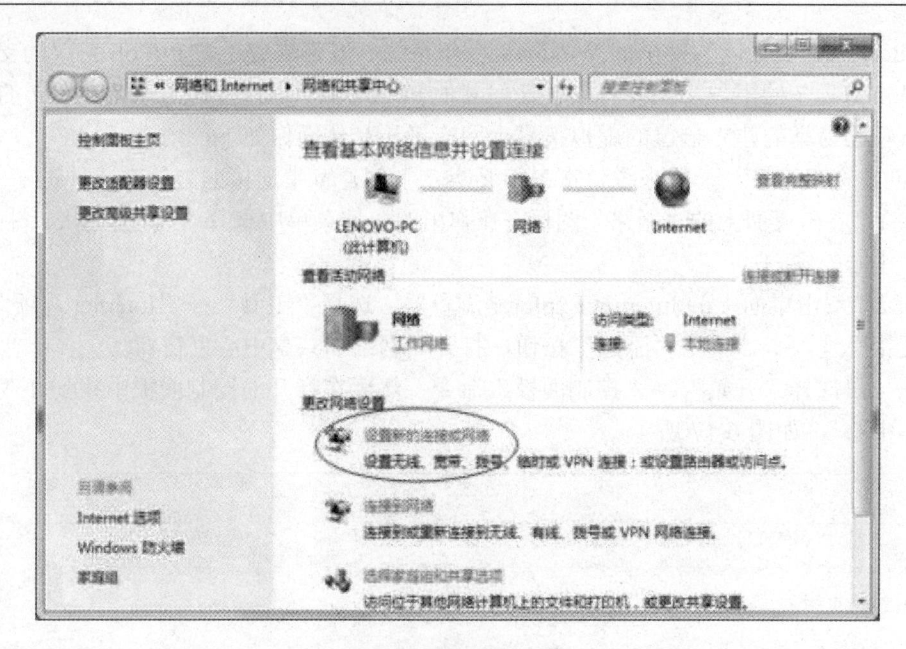

图 6-18　设置网络连接

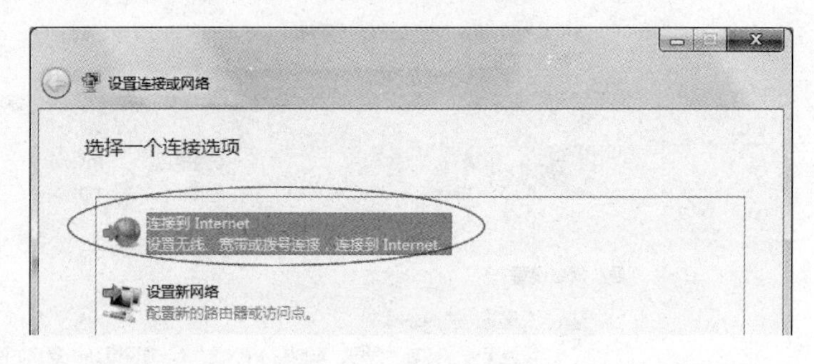

图 6-19　连接到 Internet

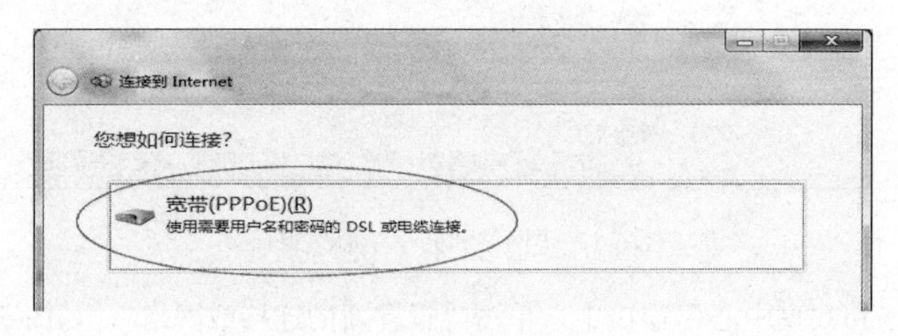

图 6-20　选择“宽带（PPPoE）（R）”

7）选择“宽带连接”，右击选择“创建快捷方式”命令，如图 6-22 所示。

8）在弹出的图 6-23 所示的警告提示框上单击“是”按钮，就可以将到宽带连接的快捷方式添加到桌面上。另外还可以直接单击上图中的“宽带连接”拖放到桌面上。也可实现桌面快捷方式的创建。

9）双击桌面上刚建立名为“宽带连接”的图标，在弹出的对话框中单击“连接”按钮，如图 6-24 所示。连接成功后桌面右下角的任务栏中将出现两个显示器连在一起的图标，单击图标可看到网络的连接状态，如图 6-25 所示。

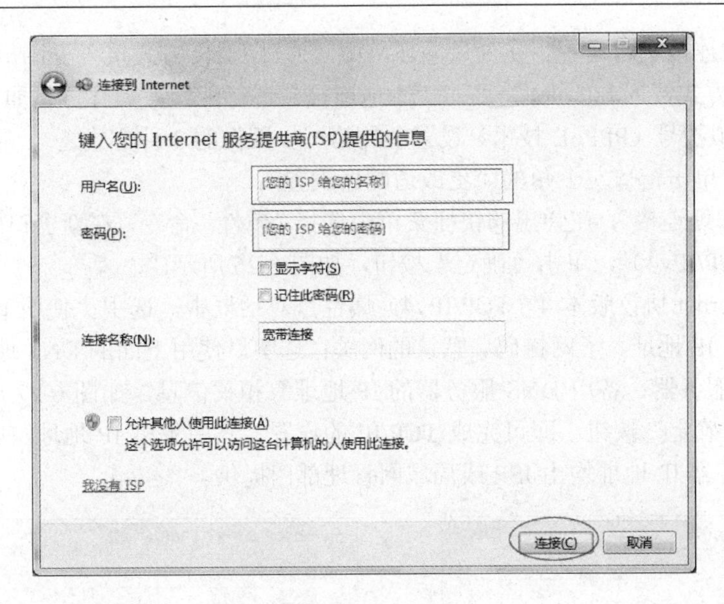

图 6-21　选择 PPPoE

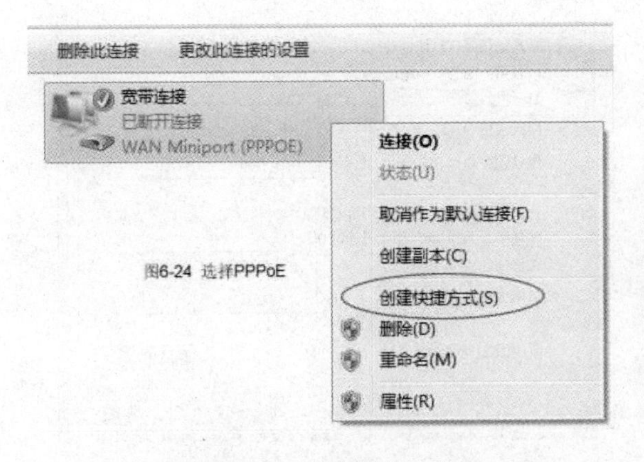

图 6-22　创建快捷方式

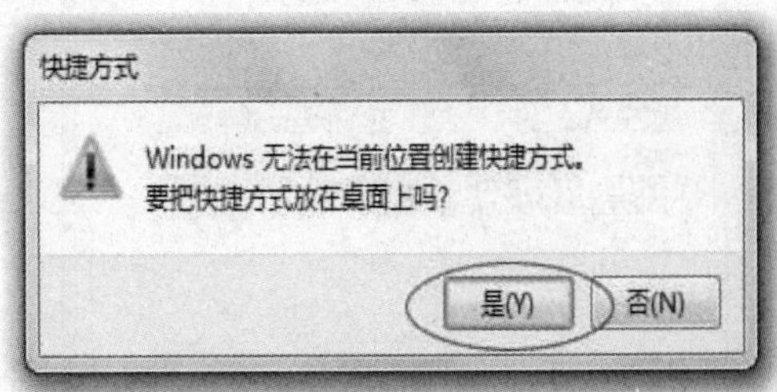

图 6-23　单击“是”按钮

图 6-24　连接

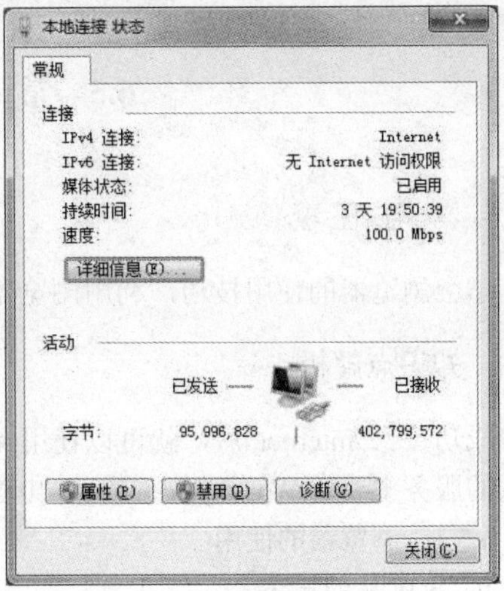

图 6-25　本地连接状态

（2）局域网连接上网设置。在局域网环境中，通过 LAN 方式接入 Internet 是比较方便的方法。用 LAN 方式接入 Internet 需要对“本地连接”进行配置，具体操作如下：

1）按照虚拟拨号（PPPoE 技术）设置中的第一步操作的 3 种方式之一，打开“网络和共享中心”窗口，单击窗口左上角的“更改适配器设置”。

2）右击“本地连接”，在弹出的快捷菜单中选择“属性”命令。在新窗口中选择“Internet 协议版本 4（TCP/IPv4）”，单击“确定”按钮，如图 6-26 所示。

3）在“Internet 协议版本 4（TCP/IPv4）属性”对话框中，选中“使用下面的 IP 地址”单选按钮，输入 IP 地址、子网掩码、默认的网关；选中“使用下面的 DNS 地址”单选按钮，输入首选 DNS 服务器、备用 DNS 服务器的 IP 地址等相关信息，如图 6-27 所示。选择输入完毕后，单击“确定”按钮，即可完成 TCP/IP 的设置。其中主机 IP 地址、网关地址、子网掩码、DNS 服务器 IP 地址均由 ISP 或局域网管理部门提供。

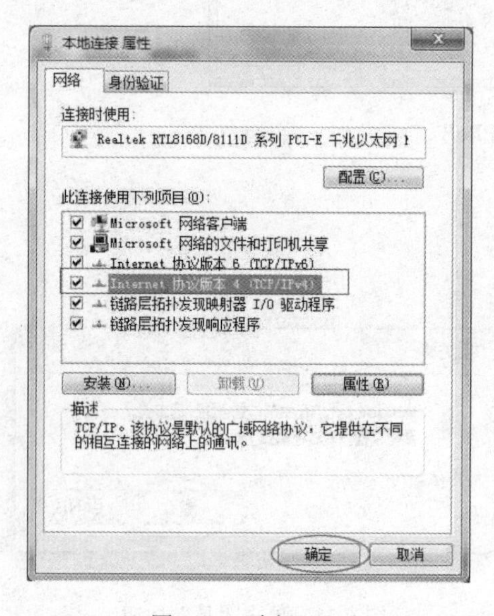

图 6-26 选择 IPv4

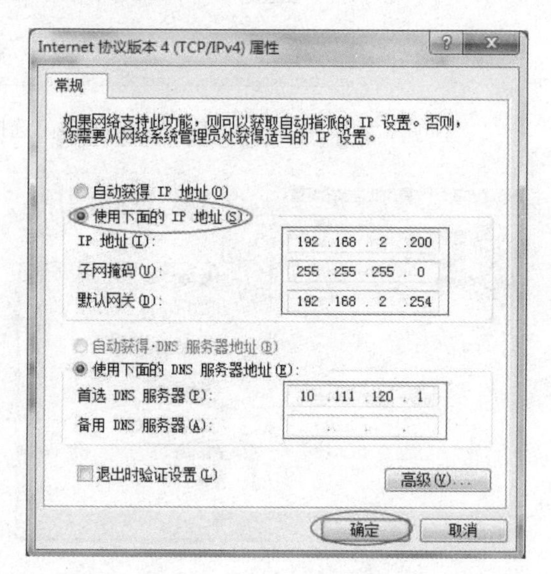

图 6-27 配置 IP 信息

6.5 常见 Internet 应用

学习任务

学会浏览器的使用技巧，利用浏览器收发电子邮件。

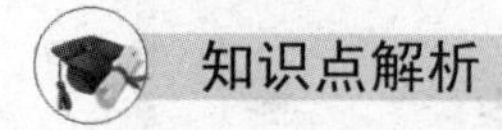

知识点解析

成功接入 Internet 后，就可以使用网络常用的软件访问网上丰富的信息资源了。Internet 提供的服务主要有 World Wide Web、电子邮件、文件传输、实时通信、远程登录等。

6.5.1 浏览器的使用

1. WWW 的概述

WWW（World Wide Web）是环球信息网的缩写，中文名字为“万维网”，常简称为 Web，分为 Web 客户端和 Web 服务器程序，是一个由许多互相链接的超文本组成的系统。WWW 可以让 Web 客户端（常用浏览器）访问浏览 Web 服务器上的页面。

万维网的应用是欧洲粒子物理研究所（CERN）的 Timonthy Berners-Lee 发明的，它使得因特网上信息的浏览变得更加容易。其利用由美国国家超级计算应用中心编写的 Mosaic 浏览器，只需通过单击，就可以浏览一个图文并茂的网页（Web Page），并且每一个网页之间都有链接，通过单击链接，用户就可以切换到该链接指向的网页。

2. WWW 的常用术语

（1）WWW 服务器：万维网信息服务是采用客户机/服务器模式进行的，这是因特网上很多网络服务所采用的工作模式。WWW 服务器主要采用超文本链路来链接信息页，负责存放和管理大量的网页文件信息，并负责监听和查看是否有客户端过来的连接。在进行 Web 网页浏览时，客户机与远程的 WWW 服务器建立连接，并向该服务器发出申请，请求发送过来一个网页文件，最后服务器把信息发送给提出请求的客户机。

（2）浏览器（Browser）：用户通过一个称为浏览器的程序来阅读页面文件。浏览器获取 Internet 上信息资源的应用程序，并解释它所包含的格式化命令，然后以适当的格式显示在屏幕上。国内常见的网页浏览器有 QQ 浏览器、Internet Explorer、Firefox、百度浏览器、搜狗浏览器、360 浏览器、傲游浏览器等，浏览器是最经常使用到的客户端程序。

（3）主页（Homepage）与页面（Page）：万维网中的文件信息被称为页面。每一个 WWW 服务器上均存放着大量的页面文件信息，其中输入一个网址后在浏览器中出现的第一个页面文件称为主页。

（4）超链接（Hyperlink）：包含在每一个页面中能够连到万维网上其他页面的链接信息。用户可以单击这个链接，跳转到它所指向的页面上。通过这种方法可以浏览相互链接的页面。

（5）HTML（Hyper Text Markup Language）：超级文本标记语言是标准通用标记语言下的一个应用，也是一种规范，一种标准。超级文本标记语言（HTML）是为“网页创建和其他可在网页浏览器中看到的信息”设计的一种标记语言。“超文本”就是指页面内可以包含图片、链接，甚至音乐、程序等非文字元素。网页的本质就是超级文本标记语言，通过结合使用其他的 Web 技术（如脚本语言、公共网关接口、组件等），可以创造出功能强大的网页。因而，超级文本标记语言是万维网（WWW）编程的基础，也就是说万维网是建立在超文本基础之上的。

（6）HTTP（Hyper Text Transmission Protocol）：超文本传输协议 HTTP 是标准的万维网传输协议，是用于定义合法请求与应答的协议。

（7）FTP（File Transfer Protocol）：FTP 是文件传输协议的简称，用于 Internet 上的控制文件的双向传输。它使得两个互联网站之间传递文件变得便捷。现在，已经有许多互联网站点都建立了可供大众访问的资料库，这些资料都可以通过 FTP 获取。这些站点若可以使用匿名 anonymous 账号登录，也就被称为匿名 FTP 服务器。

（8）URL（Uniform Resource Locator）：统一资源定位器 URL 作为页面的世界性名称，是互联网上标准资源的地址。互联网上的每个文件都有一个唯一的 URL，它包含的信息指出文件的位置以及浏览器应该怎么处理它，如 http：//www.tsinghua.edu.cn/index.htm。

URL 由 3 个部分组成：协议（http）、WWW 服务器的 DNS 名（如 www.tsinghua.edu.cn）和页面文件名（index.htm），由特定的标点分隔各个部分。

当人们通过 URL 发出请求时，浏览器在域名服务器的帮助下，获取该远程服务器主机的

IP 地址，然后建立一条到该主机的连接。在此次连接上，远程服务器使用指定的协议发送网页文件，最后，指定页面信息出现在本地机浏览器窗口中。

这种 URL 机制不仅在包含 HTTP 协议的意义上是开放的，实际上还定义了用于其他各种不同的常见协议的 URL，并且许多浏览器都能理解这些 URL，如表 6-5 所示。

表 6-5 常用的 URL

URL 类型	URL 地址
超文本 URL	http：//www.pku.edu.cn
文件传输（FTP）URL	ftp：//ftp.pku.edu.cn
远程登录（Telnet）URL	telnet：//bbs.pku.edu.cn

（9）Cookie（浏览器“小甜饼”）：Cookie 在互联网上最普通的含义是指 WWW 服务器暂存在浏览器的一段资料。当用户在浏览网站的时候，Web 服务器会先送一小资料放在用户的计算机上，Cookie 会帮用户把在网站上所打的文字或是一些选择，都记录下来。当下次用户再浏览同一个网站，Web 服务器会先查找有没有它上次留下的 Cookie 资料，如果有，会依据 Cookie 里的内容来判断使用者，送出特定的网页内容给用户。通常，Cookie 都被规定了一定的时效，超过规定时间后就会自动失效。而且，它们将被保存在内存中，如果浏览器关闭的时候其“有效期”还未到，则将被保存到磁盘。Cookie 包含某些特定信息，如登录、注册信息、在线购物信息，以及用户偏好等。

3. IE 浏览器的使用

Internet Explorer 浏览器是 Microsoft 公司开发的、使用最广泛的一种 WWW 浏览器软件。它是 Windows 操作系统默认的浏览器，也是访问 Internet 必不可少的一种工具。Internet Explorer，原称 Microsoft Internet Explorer（6 版本以前）和 Windows Internet Explorer（7、8、9、10、11 版本），在 IE7 以前中文直译为“网络探路者”，但在 IE7 以后便直接称“IE 浏览器”。下面我们以 Windows 7 系统自带的 IE8 为例，介绍浏览器的使用方法。

IE8 具有标签功能，可以在一个浏览器窗口中同时打开多个页面进行浏览，如图 6-28 所示。

（1）单击工具栏中的“新选项卡”按钮，即可打开一个新的选项卡页面。

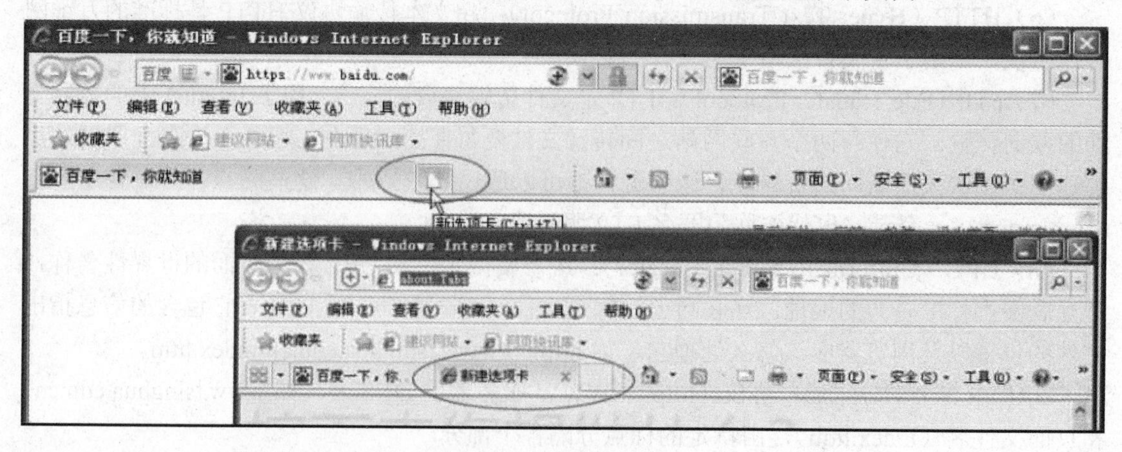

图 6-28 多页面浏览

（2）在新建的选项卡地址栏处，输入浏览的网址并按 Enter 键，网页内容就会显示在新的选项卡中。

（3）单击浏览器窗口的网页选项卡，就可以在多个网页之间任意切换，实现一个浏览器中同时浏览多个网页。

（4）如图 6-29 所示，单击网页选项卡名称左侧的“快速导航选项卡”按钮，可以将网页的显示方式由层叠改变为平铺。

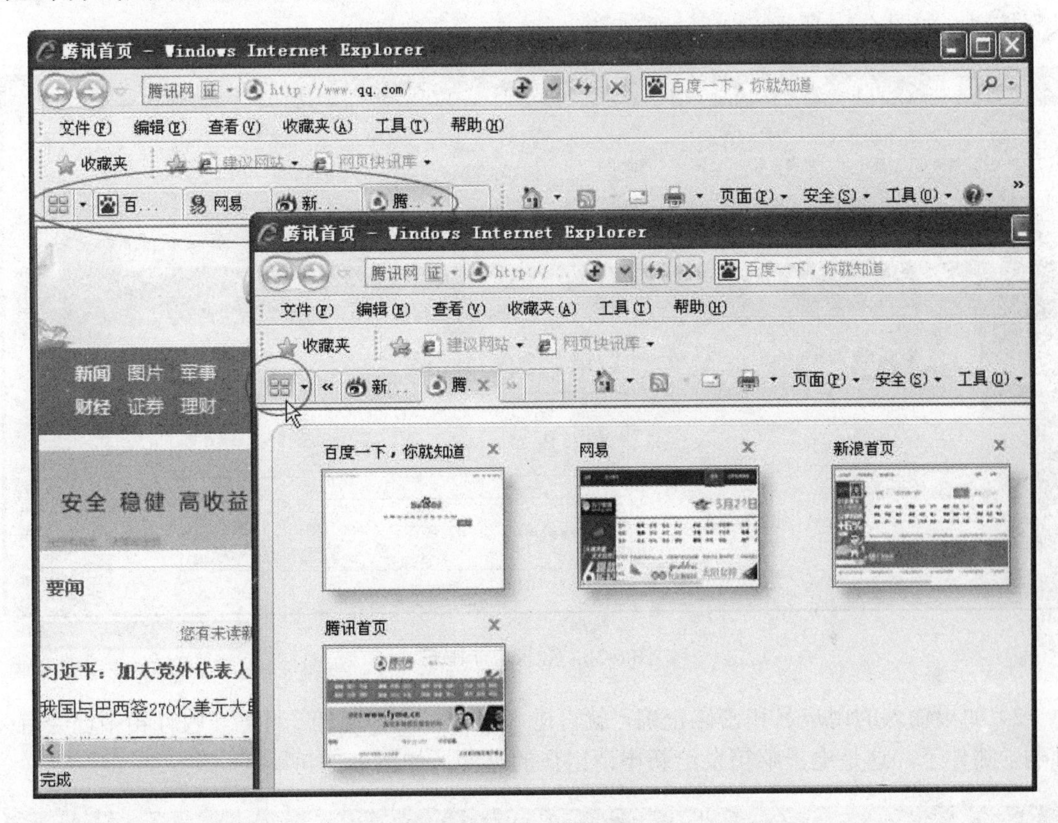

图 6-29 快速导航选项卡

（5）单击网页选项卡标签上的“关闭选项卡”按钮，即可关闭该选项卡。

6.5.2 电子邮件

电子邮件是伴随着 Internet 成长的，Internet 的发展史就是电子邮件的发展史。电子邮件服务是 Internet 最早提供的服务之一，也是目前 Internet 中最常用的一种服务。目前，世界上每时每刻都有数以亿计的人在使用电子邮件进行通信。

1. 电子邮件的基本概念

电子邮件服务又称为 E-mail 服务，是一种用电子手段提供信息交换的通信方式，是互联网应用最广的服务。通过网络的电子邮件系统，用户可以以非常低廉的价格、非常快速的方式（几秒钟之内可以发送到世界上任何指定的目的地）与世界上任何一个角落的网络用户联系。

电子邮件可以是文字、图像、声音等多种形式。同时，用户可以得到大量免费的新闻、专题邮件，并实现轻松的信息搜索。电子邮件的存在极大地方便了人与人之间的沟通与交流，促进了社会的发展。

2. 使用浏览器收发和管理电子邮件

只有拥有合法的电子邮件账号，才能通过它发送与接收电子邮件。在拥有了自己的电子邮箱后，无论我们身在何地，只要计算机连接到 Internet，就可以自由地使用我们的电子邮箱。

（1）登录电子邮箱。

1）在浏览器地址栏输入电子邮箱地址，打开登录邮箱界面，输入用户名和密码，单击“登录”按钮，如图 6-30 所示。

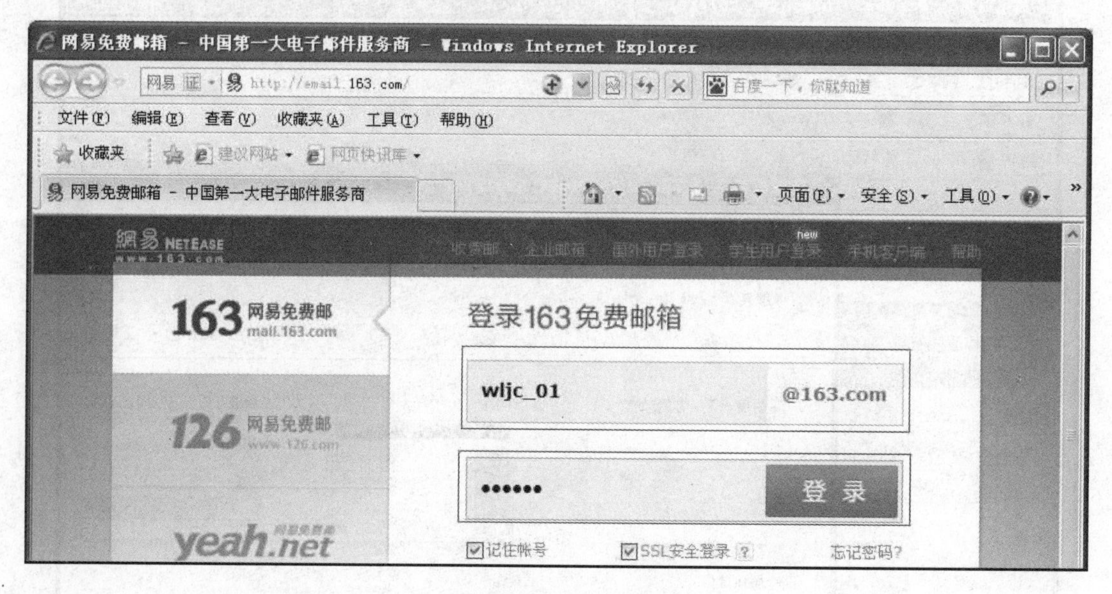

图 6-30　登录电子邮箱

2）如果输入的用户名和密码正确，就可进入用户的电子邮箱。此时，收件箱中已经有一封电子邮件了，这是电子邮箱发给新申请用户的邮件，如图 6-31 所示。

图 6-31　个人电子邮箱

（2）查看邮箱。

1）单击左侧“收件箱”文件夹，查看用户接收到的邮件目录，没有阅读的邮件会显示未阅读标志——未打开的信封符号，邮件标题的字体是粗体显示，收件箱后面也会标注未阅读邮件的数目。如图 6-32 所示。

图 6-32 收件箱

2）单击邮件“主题”，即可打开邮件。带附件的邮件，邮件右侧会显示一个小回形针的符号，如图 6-33 所示。

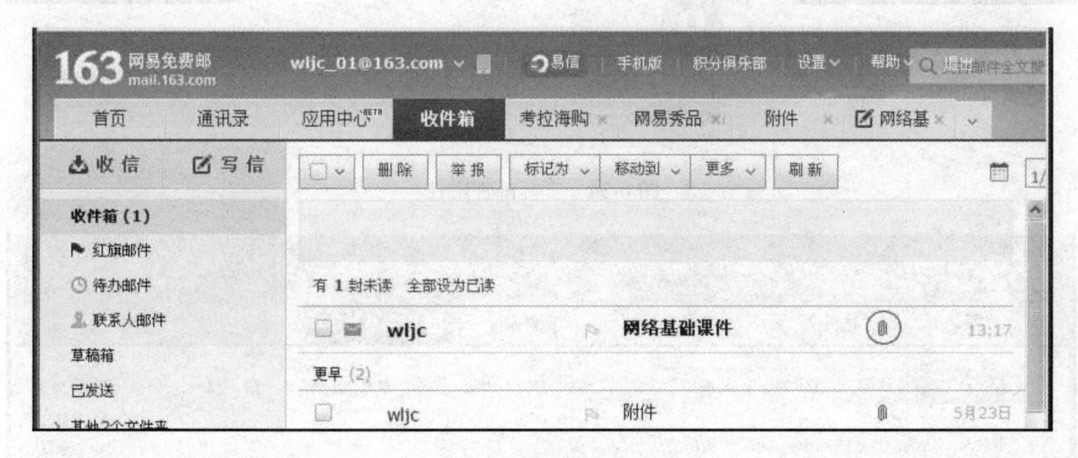

图 6-33 带附件的邮件

3）在阅读邮件页面中会显示附件的文件名，单击附件主题右侧的“查看附件”，页面跳转到底部的附件区域，我们可选择“下载”、“打开”、“预览”或“存网盘”等命令，如图 6-34 所示。如果用户的计算机安装了可以打开附件的应用程序，“打开”图标会变为我们可以单击的状态，这时候单击“打开”就可以显示附件内容了。如果计算机无法打开附件，我们可以选择“下载”命令，将附件下载到用户计算机后使用。

4）邮件阅读后，邮件状态栏中的未读标记就会自动消失。

（3）撰写和发送邮件。

1）撰写邮件：单击“写信”按钮，在打开的写信窗口中，依次在相应位置输入收件人地址、主题，并撰写邮件正文，如果需要添加附件，可以单击“添加附件”，如图 6-35 所示。邮件撰写完成后，单击“发送”按钮，可发送该邮件。

2）回复邮件：指在收到某封邮件后，向这封邮件的发送人回复一封邮件。在邮件阅读窗口中，单击“答复”按钮，就会打开“回复邮件”窗口，如图 6-36 所示。这时，系统会自动将发件人与收件人地址填好，并将邮件主题设置为“Re：XXX”。我们只需要书写邮件正文，并单击“发送”按钮即可。

图 6-34 打开邮件附件

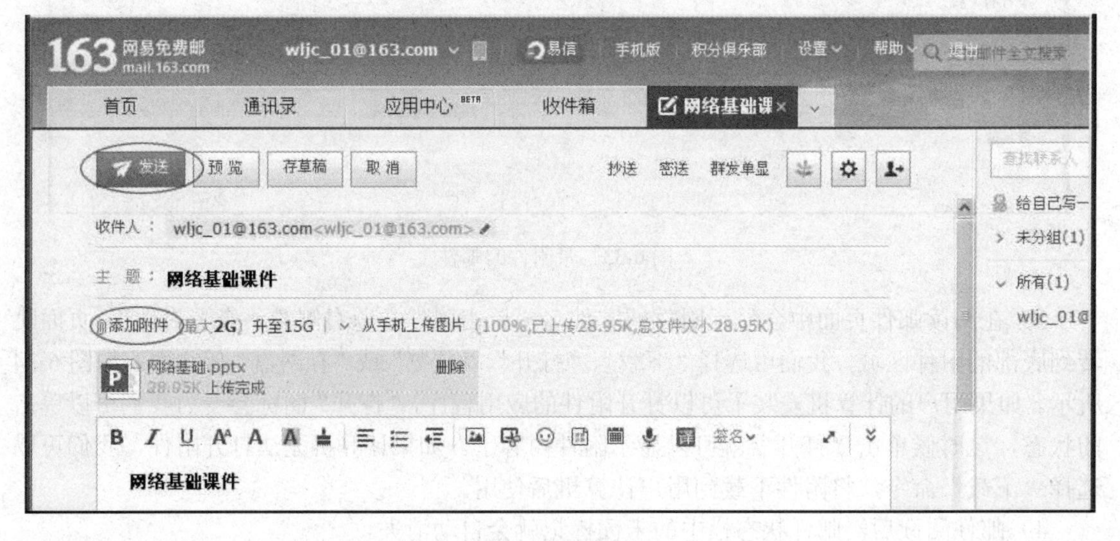

图 6-35 撰写邮件

3）转发邮件：指在收到某封邮件后，再将这封邮件转发给其他的收件人。转发邮件与回复邮件相似，但需要输入邮件的收件人。在邮件阅读窗口中，单击“文件”→“转发”按钮，就会打开“转发邮件”窗口，如图 6-37 所示。这时，系统会自动将发件人地址填好，并将邮件主题设置为“Fw：XXX”。用户只需在“收件人”文本框内，填入收件人地址，并单击“发送”按钮即可。

4）邮件发送后，系统会出现发送成功或发送失败的反馈信息，如图 6-38 所示。

（4）删除邮件。

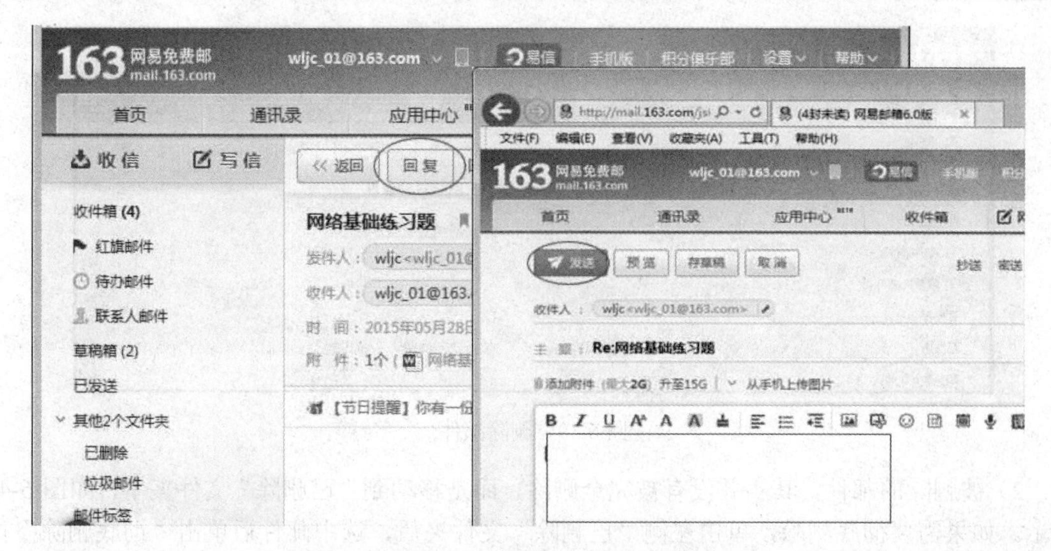

图 6-36 “回复邮件”窗口

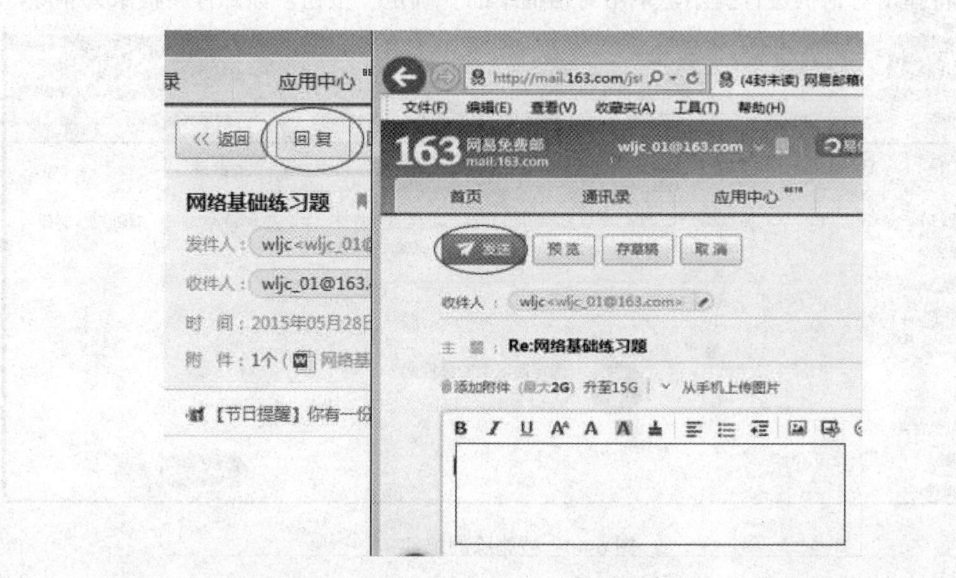

图 6-37 “转发邮件”窗口

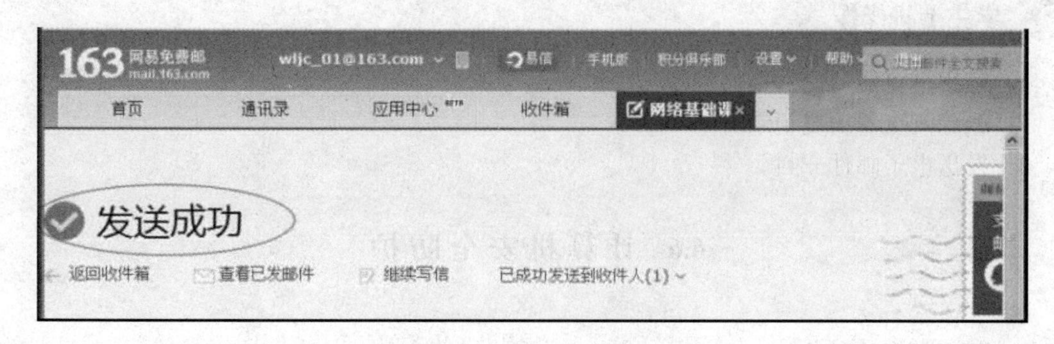

图 6-38　邮件发送成功

1）为节省邮箱空间，我们可以将不用的邮件删除。单击左侧的列表框，选中要删除的邮件，单击“删除”按钮，该邮件就被删除了，如图 6-39 所示。

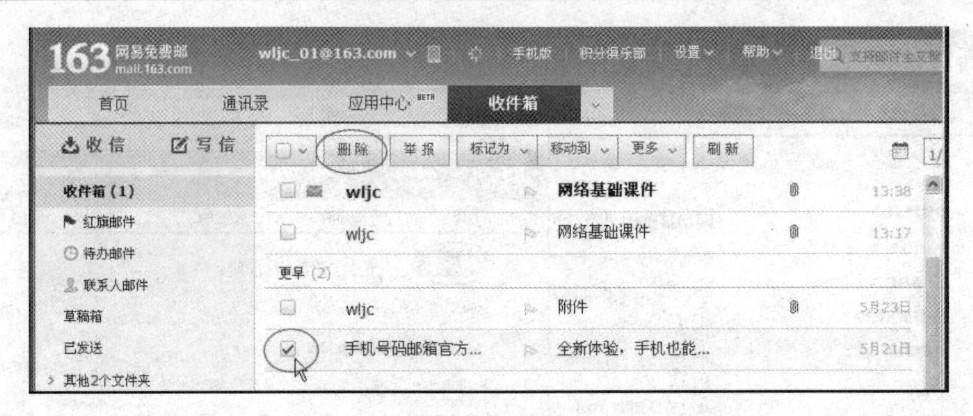

图 6-39 删除邮件

2）被删除的邮件，其实并没有被完全删除，而是移动到“已删除”文件夹中，如图 6-40 所示。如果需要彻底删除，单击左侧“已删除”文件夹后，选中邮件后单击“彻底删除”按钮，系统将弹出对话框进行提示，单击对话框中的“确定”按钮，该邮件将被永久删除。

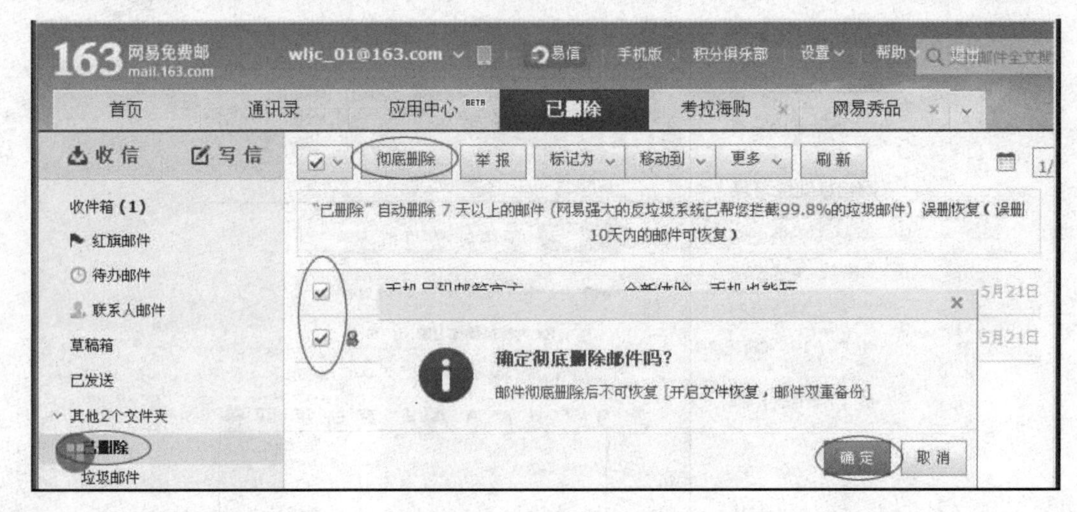

图 6-40 被删除的邮件

学生上机操作

1. 使用浏览器访问百度网址。
2. 删除浏览器历史记录。
3. 发送电子邮件一封。

6.6 计算机安全防护

学习任务

了解信息安全问题的危害及威胁的来源；了解信息安全防护的常见措施，掌握杀毒软件和个人防火墙软件的使用方法；了解网络道德和法规的相关知识。

知识点解析

计算机信息安全问题涉及国家安全、社会公共安全、公民个人安全等领域，与人们的工作、生产和日常生活存在密切的关系。近年来随着计算机技术、网络技术的迅速发展与普及，计算机信息犯罪呈越来越严重的趋势。

6.6.1 计算机信息安全概述

1. 信息安全定义

计算机信息安全定义：保障计算机及其相关的和配套的设备、设施（网络）的安全，运行环境的安全，保障信息安全，保障计算机功能的正常发挥，以维护计算机信息系统的安全，信息系统连续可靠正常地运行，信息服务不中断，最终实现业务连续性。

2. 信息安全威胁的主要来源

信息安全所面临的威胁来自很多方面，分为自然威胁和人为威胁。自然威胁是指那些来自自然灾害、恶劣的场地环境、电磁辐射和电磁干扰、网络设备自然老化等的威胁。自然威胁往往带有不可抗拒性。人为威胁分为以下几种：

（1）人为错误、内部操作不当或管理漏洞：信息系统用户的操作失误，特别是系统管理员的操作失误，可给系统安全带来很大的损失，有些损失甚至是无法挽回的。有时，系统管理员不严格遵守安全管理规程，会对信息安全造成威胁。网络系统的严格管理是企业、组织及政府部门和用户免受攻击的重要措施。

（2）计算机硬件系统、操作系统、应用软件等方面的漏洞：随着软件系统规模的不断增大，新的软件产品开发出来，系统中的安全漏洞或“后门”也不可避免地存在，如我们常用的操作系统，无论是 Windows 还是 UNIX 几乎都存在或多或少的安全漏洞，众多的各类服务器、浏览器、一些桌面软件等都被发现过存在安全隐患。大家熟悉的一些病毒都是利用微软系统的漏洞给用户造成巨大损失，可以说任何一个软件系统都可能会因为程序员的一个疏忽、设计中的一个缺陷等原因而存在漏洞，不可能完美无缺。这也是网络安全的主要威胁之一。

（3）计算机犯罪：是在信息活动领域中，利用计算机信息系统或计算机信息知识作为手段，或者针对计算机信息系统，对国家、团体或个人造成危害，依据法律规定，应当予以刑罚处罚的行为。犯罪行为具有智能化、隐蔽性、复杂性、跨国性、匿名性、发现概率太低、损失大、涉及面广等特点，对社会造成巨大的危害。

（4）“黑客”行为：“黑客”（Hack）对于大家来说可能并不陌生，他们是一群利用自己的技术专长专门攻击网站和计算机而不暴露身份的计算机用户，由于黑客技术逐渐被越来越多的人掌握和发展，目前世界上约有 20 多万个黑客网站，任何网络系统、站点都有遭受黑客攻击的可能。黑客的行为会扰乱网络的正常运行，甚至会演变成犯罪。根据目前网络技术的发展趋势来看，黑客攻击的方式越来越多地采用了病毒进行破坏，它们采用的攻击和破坏方式多种多样，对没有网络安全防护设备（防火墙）的网站和系统进行攻击和破坏，这给网络的安全防护带来了严峻的挑战。

（5）信息间谍：计算机间谍与黑客的共同特点是都能闯过为信息系统设置的各种安全机制，但黑客一般并没有明确的功利目的，而信息间谍则有明确的目的，信息系统被黑客光顾只有一种潜在的威胁，但被信息间谍光顾就有很现实的危险。

（6）恶意网址陷阱：互联网世界的各类网站，有些网站恶意编制一些盗取他人信息的软件，并且可能隐藏在下载的信息中，只要登录或者下载网络的信息就会被其控制和感染病毒，计算机中的所有信息都会被自动盗走，该软件会长期存在用户的计算机中，操作者并不知情，如现在非常流行的“木马”病毒。因此，上互联网应格外注意，不良网站和不安全网站千万不可登录，否则后果不堪设想。

6.6.2 计算机病毒

计算机病毒（Computer Virus）在《中华人民共和国计算机信息系统安全保护条例》中被明确定义，病毒指编制者在计算机程序中插入的破坏计算机功能或者破坏数据，影响计算机使用并且能够自我复制的一组计算机指令或者程序代码。

计算机病毒与医学上的“病毒”不同，计算机病毒不是天然存在的，是人利用计算机软件和硬件所固有的脆弱性编制的一组指令集或程序代码。它能潜伏在计算机的存储介质（或程序）里，条件满足时即被激活，通过修改其他程序的方法将自己精确复制或者以可能演化的形式放入其他程序中，从而感染其他程序，对计算机资源进行破坏。

1. 计算机病毒的特征

（1）繁殖性。计算机病毒可以像生物病毒一样进行繁殖，当正常程序运行时，它也进行自身复制，是否具有繁殖、感染的特征是判断某段程序为计算机病毒的首要条件。

（2）破坏性。计算机中病毒后，可能会导致正常的程序无法运行，计算机内的文件被删除或受到不同程度的损坏。破坏引导扇区及 BIOS，破坏硬件环境。

（3）传染性。计算机病毒传染性是指计算机病毒通过修改别的程序将自身的复制品或其变体传染到其他无毒的对象上，这些对象可以是一个程序，也可以是系统中的某一个部件。

（4）潜伏性。计算机病毒潜伏性是指计算机病毒可以依附于其他媒体寄生的能力，侵入后的病毒潜伏到条件成熟才发作，会使计算机变慢。

（5）隐蔽性。计算机病毒具有很强的隐蔽性，可以通过病毒软件检查出来少数，隐蔽性计算机病毒时隐时现、变化无常，这类病毒处理起来非常困难。

（6）可触发性。编制计算机病毒的人，一般都为病毒程序设定了一些触发条件，如系统时钟的某个时间或日期、系统运行了某些程序等。一旦条件满足，计算机病毒就会“发作”，使系统遭到破坏。

计算机病毒虽然有很好的隐蔽性，但它在传播过程中，总会露出一些蛛丝马迹。如果发现计算机在运行过程中有以下异常情况，就说明可能染上病毒。

1）机器经常出现死机现象。

2）磁盘的空间突然变小。

3）有规律地发现异常信息。

4）磁盘访问时间或程序装入时间比平时长。

5）程序和数据神秘地丢失。

6）发现可执行文件的大小发生变化或发现不知来源的隐藏文件等。

7）显示器上经常出现一些莫名其妙的信息或异常显示。

2. 计算机病毒的防治措施

计算机病毒要以预防为主。病毒主要是通过磁盘或光盘等媒介传播的，为了有效地防治病毒，应当遵循以下几点：

（1）不要运行来路不明的软件，尤其是盗版软件。

（2）重要的数据盘、程序盘应写保护，避免感染。

（3）不轻易到别人的机器上使用自己未写保护的盘，防治交叉感染。

（4）定期备份重要系统数据。

（5）应在机器中安装病毒实时监测软件。

6.6.3 信息安全防护措施

1. 正确使用杀毒软件

病毒的发作给全球计算机系统造成巨大损失，令人们谈“毒”色变。对于一般用户而言，首先要做的就是为计算机安装一套正版的杀毒软件。

杀毒软件是一种可以对病毒、木马等一切已知的对计算机有危害的程序代码进行清除的程序工具。集成防火墙的“互联网安全套装”、“全功能安全套装”等用于消除计算机病毒、特洛伊木马和恶意软件的一类软件，都属于杀毒软件范畴。杀毒软件通常集成监控识别、病毒扫描和清除、自动升级等功能，有的反病毒软件还带有数据恢复、防范黑客入侵、网络流量控制等功能。

2. 使用防火墙抵御攻击

可以安装个人防火墙以抵御黑客的袭击。用户可以使用 Windows 7 中自带的防火墙，也可以安装其他厂商提供的防火墙软件。目前各家杀毒软件的厂商都会提供个人版防火墙软件，防病毒软件中都含有个人防火墙，重点提示防火墙在安装后一定要根据需求进行详细配置，合理设置防火墙后应能防范大部分的蠕虫入侵。下面简要介绍一下 Windows 7 自带防火墙的基本配置方法。

（1）打开控制面板，单击“Windows 防火墙”图标。

（2）单击“使用推荐设置”按钮，按照默认方式使用 Windows 防火墙，或者通过左侧“打开或关闭 Windows 防火墙”按钮进入“自定义设置”界面，手动启动或关闭防火墙，如图 6-41 所示。

3. 分类设置密码并使密码设置尽可能复杂

在不同的场合使用不同的密码。网上需要设置密码的地方很多，如网上银行、上网账户、E-mail、社交软件以及一些网站的会员等。应尽可能使用不同的密码，以免因一个密码泄露导致所有资料外泄。对于重要的密码（如网上银行的密码）一定要单独设置，并且不要与其他密码相同。

设置密码时要尽量避免使用有意义的英文单词、姓名缩写以及生日、电话号码等容易泄露的字符作为密码，最好采用字符与数字混合的密码。

不要贪图方便在拨号连接的时候选择“保存密码”选项；定期地修改自己的上网密码，至少一个月更改一次，这样可以确保即使原密码泄露，也能将损失减小到最少。

4. 不下载来路不明的软件及程序，不打开来历不明的邮件及附件

不下载来路不明的软件及程序。几乎所有上网的人都在网上下载过共享软件，在带来方便的同时，也会悄悄地把一些你不欢迎的东西带到用户的机器中，如病毒。因此应选择信誉较好的下载网站下载软件，将下载的软件及程序集中放在非引导分区的某个目录，在使用前最好用杀毒软件查杀病毒。

图 6-41 Windows 防火墙配置界面

不要打开来历不明的电子邮件及其附件，以免遭受病毒邮件的侵害。在互联网上有许多种病毒流行，有些病毒就是通过电子邮件来传播的（如梅丽莎、爱虫等），这些病毒邮件通常都会以带有噱头的标题来吸引你打开其附件，如果抵挡不住它的诱惑，而下载或运行了它的附件，后果不堪设想，所以对于来历不明的邮件应当将其拒之门外。

5. 警惕“网络钓鱼”

目前，网上一些黑客利用“网络钓鱼”手法进行诈骗，如建立假冒网站或发送含有欺诈信息的电子邮件，盗取网上银行、网上证券或其他电子商务用户的账户密码，从而窃取用户资金的违法犯罪活动不断增多。公安机关和银行、证券等有关部门提醒网上银行、网上证券和电子商务用户对此提高警惕，防止上当受骗。

目前“网络钓鱼”的主要手法有以下几种方式：

（1）发送电子邮件，以虚假信息引诱用户中圈套。诈骗分子以垃圾邮件的形式大量发送欺诈性邮件，这些邮件多以中奖、顾问、对账等内容引诱用户在邮件中填入金融账号和密码，或是以各种紧迫的理由要求收件人登录某网页提交用户名、密码、身份证号、信用卡号等信息，继而盗窃用户资金。

（2）建立假冒网上银行、网上证券网站，骗取用户账号密码实施盗窃。犯罪分子建立起域名和网页内容都与真正网上银行系统、网上证券交易平台极为相似的网站，引诱用户输入账号密码等信息，进而通过真正的网上银行、网上证券系统或者伪造银行储蓄卡、证券交易卡盗窃资金。

（3）利用虚假的电子商务进行诈骗。此类犯罪活动往往是建立电子商务网站，或是在比较知名、大型的电子商务网站上发布虚假的商品销售信息，犯罪分子在收到受害人的购物汇款后就销声匿迹。

（4）利用木马和黑客技术等手段窃取用户信息后实施盗窃活动。木马制作者通过发送邮件或在网站中隐藏木马等方式大肆传播木马程序，当感染木马的用户进行网上交易时，木马程序即以键盘记录的方式获取用户账号和密码，并发送给指定邮箱，用户资金将受到严重威胁。

（5）利用用户弱口令等漏洞破解、猜测用户账号和密码。不法分子利用部分用户贪图方便设置弱口令的漏洞，对银行卡密码进行破解。

实际上，不法分子在实施网络诈骗的犯罪活动过程中，经常采取以上几种手法交织、配合进行，还有的通过手机短信、QQ、MSN 进行各种各样的“网络钓鱼”不法活动。

6. 防范间谍软件（Spyware）

最近公布的一份家用计算机调查结果显示，大约 80%的用户对间谍软件入侵他们的计算机毫无知晓。间谍软件（Spyware）是一种能够在用户不知情的情况下偷偷进行安装（安装后很难找到其踪影），并悄悄把截获的信息发送给第三者的软件。它的历史不长，可到目前为止，间谍软件数量已有几万种。间谍软件的一个共同特点是，能够附着在共享文件、可执行图像以及各种免费软件当中，并趁机潜入用户的系统，而用户对此毫不知情。间谍软件的主要用途是跟踪用户的上网习惯，有些间谍软件还可以记录用户的键盘操作，捕捉并传送屏幕图像。间谍程序总是与其他程序捆绑在一起，用户很难发现它们是什么时候被安装的。一旦间谍软件进入计算机系统，要想彻底清除它们就会十分困难，而且间谍软件往往成为不法分子手中的危险工具。

从一般用户能做到的方法来讲，要避免间谍软件的侵入，可以从下面 3 个途径入手：

（1）把浏览器调到较高的安全等级——Internet Explorer 预设为提供基本的安全防护，但用户可以自行调整其等级设定。将 Internet Explorer 的安全等级调到“高”或“中”可有助于防止下载。

（2）在计算机上安装防止间谍软件的应用程序（如 Microsoft Anti Spyware 是一款专门针对 Spyware 的程序，它是用于监测和移除系统中存在的 Spyware 和其他潜在的不受信任程序的软件），时常监察及清除计算机的间谍软件，以阻止软件对外进行未经许可的通信。

（3）对将要在计算机上安装的共享软件进行甄别选择，尤其是那些不熟悉的，可以登录其官方网站了解详情；在安装共享软件时，不要总是单击“OK”按钮，而应仔细阅读各个步骤出现的协议条款，特别留意那些有关间谍软件行为的语句。

7. 只在必要时共享文件夹

在内部网上共享的文件也不一定是安全的，其实用户在共享文件的同时就会有软件漏洞呈现在互联网的不速之客面前，公众可以自由访问用户的文件，并很有可能被有恶意的人利用和攻击。因此共享文件应该设置密码，一旦不需要共享时立即关闭。

一般情况下不要设置文件夹共享，以免成为居心叵测的人进入计算机的跳板。

如果确实需要共享文件夹，一定要将文件夹设为只读。通常共享设定“访问类型”不要选择“完全”命令，因为这一命令将导致只要能访问这一共享文件夹的人员都可以将所有内容进行修改或者删除。不要将整个硬盘设定为共享，如果某一个访问者将系统文件删除，会导致计算机系统全面崩溃，无法启动。

8. 定期备份重要数据

无论防范措施做得多么严密，也无法完全防止“道高一尺，魔高一丈”的情况出现。如果遭到致命的攻击，操作系统和应用软件可以重装，而重要的数据就只能靠日常的备份了。所以，无论采取了多么严密的防范措施，也要随时备份重要的数据，做到有备无患。

6.6.4 网络道德与法规

1. 网络道德简介

所谓网络道德，是指以善恶为标准，通过社会舆论、内心信念和传统习惯来评价人们的上网行为，调节网络时空中人与人之间以及个人与社会之间关系的行为规范。网络道德是时代的产物，与信息网络相适应，人类面临新的道德要求和选择，于是网络道德应运而生。

网络道德作为一种实践精神，是由人们对网络持有的意识态度、网上行为规范、评价选择等构成的价值体系，是一种用来正确处理、调节网络社会关系和秩序的准则。网络道德的目的是按照善的法则创造性地完善社会关系和自身，其社会需要除了规范人们的网络行为之外，还有提升和发展自己内在精神的需要。

2. 常见网络道德失范行为

目前比较严重的网络道德失范行为主要如下：

（1）网络犯罪。一些“黑客”时常会非法潜入网络进行恶性破坏，蓄意窃取或篡改网络用户的个人资料；利用网络赌博，甚至盗窃电子银行款项，通过网络传播侵权或违法的信息等网络犯罪行为日增，互联网已成为不法分子犯罪的新领域。

（2）色情和暴力风暴席卷而来。信息内容具有地域性，而互联网的信息传播方式则是全球性、超地域的，这使得色情和暴力等问题变得突出起来。由于互联网是全球共享的，这就使得某些人、个别国家的色情信息和暴力情节能够无障碍地在世界范围内传播。网络成为色情和暴力媒介，提供色情资料，灌输暴力思想，从而导致与传统优良文化道德冲突。由于文化传统、社会价值观和社会制度不同，它对我国的危害更加严重。

（3）网络文化侵略。互联网络信息环境的开放性，使多元文化、多元价值在网上交汇。近年来，一些西方发达国家凭借网上优势，倾销自己的文化，宣扬西方的民主、自由和人权观念。这就加剧了国家之间、地区之间道德和文化的冲突，对我国的精神文明建设构成干扰和冲击。

（4）破坏国家安全。世界上存在着对立的政治制度和意识形态，并不是到处充满善意。一些国家通过互联网发布恶意的反动政治信息，散布谣言，利用信息“炸弹”攻击他国，破坏其国家安全，甚至出于一定的政治目的，突破层层保密网，直接对其核心的系统中枢进行无声无息的破坏，达到不可告人的目的。

综上所述，道德是由一定的社会组织借助于社会舆论、内心信念、传统习惯所产生的力量，使人们遵从道德规范，达到维持社会秩序、实现社会稳定目的的一种社会管理活动。互联网正处于起步时期，在传统现实社会中形成的道德及其运行机制在网络社会中并不完全适用。我们不能为了维护传统道德而拒斥虚拟空间闯入我们的生活，我们也不能听任网络道德处于失范无序状态，或消极地等待其自发的道德运行机制的形成。我们必须通过分析网络社会道德不同于现实社会生活中的道德的新特点，提出新的道德要求，加快网络道德的引导、宣传和推广，倡导道德自律。

3．大学生网络行为规范

大学生网络行为规范有法律规范、纪律规范和道德规范。大学生除了自觉遵守网络行为规范外，还应充分发挥网络行为规范的示范效应，引导和影响身边的网民。

（1）合法：网络行为的法律规范。

当前大学生网络主体需要了解的我国网络法律规范主要有《中华人民共和国计算机信息网络国际联网管理暂行规定》、《全国人民代表大会常务委员会关于维护互联网安全的决定》、《互联网信息服务管理办法》、《互联网电子公告服务管理规定》、《互联网站从事登载新闻业务管理暂行规定》、《中国互联网络域名注册暂行管理办法》、《中国互联网络域名注册实施细则》、《中华人民共和国电信条例》等。

学生上网要自觉遵守国家制定的网络法律法规，树立保密意识、法律意识，责任意识、自律意识、文明上网。

不得利用计算机网络从事危害国家安全、破坏社会安定的违法犯罪活动，这些活动包括制作、散布计算机病毒、进入未经授权的计算机系统、盗用非法的IP地址入网等。

严禁在网络上发表损害党和政府形象、损害国家安全和社会稳定的任何言论。

（2）遵纪：网络行为的纪律制度规范。

大学生应该遵循的网络行为纪律主要如下：

1）遵守上网场所的有关规定：健康、文明地使用互联网络。

2）遵守公共场所的文明规范：不得大声喧哗、吵闹，安静有序地使用互联网络。

3）严禁访问含有不良信息以及存在安全隐患的网页。

4）严禁浏览色情、赌博、暴力等非法网站。

（3）守德：网络行为的道德伦理规范。

广大学生应以对自己、对学校、对社会负责的态度，培养良好的上网行为，自觉做到：不侮辱、欺诈他人；不沉溺网上游戏、聊天；不盗用他人网上地址和账号；不制作、传播网络病毒；不散发垃圾邮件；不浏览黄色或反动网站及各种有害信息；不破坏网络设备和程序；不随意公布个人和家庭信息；尊重包括版权和专利在内的财产权；尊重知识产权。

学生应正确地使用网络，把网络作为学习知识和提高素质的有效工具。通过互联网络进行知识学习，了解信息，开阔眼界，沟通交流，丰富生活。

学生上机操作

1．下载并安装360杀毒软件。

2．完成全盘病毒扫描。

3．完成Windows防火墙配置。

一、单选题

1．地址栏中输入的http：//www.baidu.com中，www.baidu.com是一个（ ）。

A．国家 B．文件 C．邮箱 D．域名

2．通常所说的 ADSL 是指（　　）。

A．网络服务商　B．计算机品牌　C．上网方式　D．网页制作技术

3．计算机网络最突出的特点是（　　）。

A．资源共享　B．运算精度高　C．运算速度快　D．内存容量大

4．下列 4 项中表示电子邮件地址的是（　　）。

A．ks@183.net　B．192.168.0.1　C．www.gov.cn　D．www.cctv.com

5．浏览网页时，当鼠标指针移动到已设置超链接的区域时，鼠标指针形状一般变为（　　）。

A．小手形状　B．双向箭头　C．禁止图案　D．下拉箭头

6．下列软件中可以查看 WWW 信息的是（　　）。

A．游戏软件　B．财务软件　C．杀毒软件　D．浏览器软件

7．E-mail 地址的格式是（　　）。

A．www.zjschool.cn　B．网址@用户名

C．账号@网址　D．用户名@邮件服务器域名地址

8．为了使自己的文件让其他同学浏览，又不想让他们修改文件，一般可将包含该文件的文件夹共享属性的访问类型设置为（　　）。

A．隐藏　B．完全　C．只读　D．不共享

9．Internet Explorer（IE）浏览器的“收藏夹”的主要作用是收藏（　　）。

A．图片　B．邮件　C．网址　D．文档

10．网址 www.pku.edu.cn 中的 cn 表示（　　）。

A．英国　B．美国　C．日本　D．中国

11．下列属于计算机网络通信设备的是（　　）。

A．显卡　B．网卡　C．音箱　D．声卡

12．以下能将模拟信号与数字信号互相转换的设备是（　　）。

A．硬盘　B．鼠标　C．打印机　D．调制解调器

13．网上的“黑客”是指（　　）的人。

A．免费上网　B．在网上玩游戏

C．从网上下载工具软件　D．在网上私闯他人计算机系统

二、简答题

1．网络协议的关键要素是什么？

2．OSI 共有几层？分别是什么？

3．简述调制解调器的主要功能。

4．什么是计算机网络的拓扑结构？常见的拓扑结构有几种？

三、操作题

以自己的姓名+学号建立一个文件夹，并将操作题的结果保存在学生的文件夹中。

1．运行 Internet Explorer，并完成下面的操作：

某网站的主页地址是 http：//www.sina.com.cn，打开此主页，通过对 IE 浏览器参数进行设置，使其成为 IE 的默认主页。

2．利用 Internet Explorer 浏览器提供的搜索功能，选取搜索引擎百度（网址为 http:

//www.baidu.com/）搜索含有单词“basketball”的页面，将搜索到的第一个网页内容以文本文件的格式保存到学生文件夹下，命名为“SS.txt”。

3．在 IE 收藏夹中新建文件夹“英语学习”，将旺旺英语学习网 http：//www.wwenglish.com 以“旺旺”为名称，添加收藏到“英语学习”中。

4．申请一个电子邮箱，按照下列要求，利用浏览器发送邮件：

收件人邮箱地址：a@163.com；

并抄送给：b@163.com；

邮件主题：小明的邮件；

邮件内容：朋友们，这是我的邮件，有空常联系！你的朋友小明。

附件：SS.txt。

参 考 文 献

[1] 龙马工作室．Office 2010 办公应用实战从入门到精通 [M]．超值版．北京：人民邮电出版社，2014.
[2] 龙马工作室．Excel 2010 办公应用实战从入门到精通 [M]．超值版．北京：人民邮电出版社，2014.
[3] 文杰书院．Excel 2010 公式・函数・图表与数据分析 [M]．北京：清华大学出版社，2015.
[4] 谢福．计算机文化基础（高职高专版）[M]．10 版．山东东营：中国石油大学出版社，2014.
[5] 蔡卫敏．计算机基础实用教程 [M]．北京：中国电力出版社，2005.
[6] 孟强．中文版 Office 2010 实用教程 [M]．北京：清华大学出版社，2014.
[7] 史建军．Internet 应用．[M]．3 版．北京：电子工业出版社，2008.
[8] 王硕．计算机网络教程 [M]．北京：人民邮电出版社，2008.
[9] 王晓华．计算机文化基础 [M]．北京：化学工业出版社，2014.